高等职业教育装备制造大类专业系列教材

FANUC 工业机器人技术与应用

（第二版）

覃京翎　梁增提　郑志明　主　编

中国建筑工业出版社

图书在版编目（CIP）数据

FANUC工业机器人技术与应用 / 覃京翎，梁增提，郑志明主编. — 2版. — 北京 ：中国建筑工业出版社，2023.11（2024.11重印）
高等职业教育装备制造大类专业系列教材
ISBN 978-7-112-28764-2

Ⅰ.①F… Ⅱ.①覃… ②梁… ③郑… Ⅲ.①工业机器人-高等职业教育-教材 Ⅳ.①TP242.2

中国国家版本馆CIP数据核字（2023）第098608号

本教材结合工厂应用实际，主要讲述了FANUC机器人的安全使用、基本应用、工业通信、典型应用及虚拟仿真等内容。全书共分15个教学项目，其中，实操项目一般分为任务分析、相关知识、任务实施和知识拓展四个部分。

本教材为高等职业教育装备制造大类专业系列教材，运用任务驱动的教学模式编写，降低了学习的难度，可以供从事FANUC工业机器人应用或其他相关行业的国内外技术人员参考。

为了便于本课程教学，作者自制免费课件资源，索取方式为：1. 邮箱：jckj@cabp.com.cn；2. 电话：(010)58337285。

责任编辑：司　汉
责任校对：赵　力

高等职业教育装备制造大类专业系列教材
FANUC工业机器人技术与应用（第二版）
覃京翎　梁增提　郑志明　主　编
*
中国建筑工业出版社出版、发行（北京海淀三里河路9号）
各地新华书店、建筑书店经销
北京科地亚盟图文设计有限公司制版
建工社（河北）印刷有限公司印刷
*
开本：787毫米×1092毫米　1/16　印张：21¾　字数：516千字
2024年6月第二版　2024年11月第二次印刷
定价：**56.00**元（赠教师课件）
ISBN 978-7-112-28764-2
(41206)

本书编委会

主　编： 覃京翎　梁增提　郑志明

主　审： 徐立宇

副主编： 廖仕军　陈柳艺　覃　鹏　谢帮灵

编　委： 廖金团　王莉莉　赵佳萌　易泽武

梁　云

第二版前言
Preface to the Second Edition
Wajah ke Editi Kedua

在国家大力推进“一带一路”倡议的背景下，教育交流与合作已经成为中国与“一带一路”共建国家“软联通”的重要组成部分之一。本教材是积极开展现代学徒制人才培养、实施现场工程师专项培养计划项目，校企合作共同开发的专业教材，践行“职业教育伴随企业走出去”，促进与“一带一路”共建国家的职业教育合作，以国际化项目“中国—东盟现代工匠学院”为载体，满足国内外学生和企业员工学习 FANUC 机器人技术的需求，而编写的中、英、印尼三语教材。

Under the background that the "Belt and Road" initiative is vigorously promoted in our country, education communication & cooperation has become an important part for "soft connectivity" between China and countries along the "Belt and Road". This textbook is a professional textbook jointly developed by schools and enterprises for actively conducting the Modern Apprenticeship System talent development, and for implementing the Field Engineer Special Training Project. Taking the internationalization project of "China-ASEAN Institute of Modern Craftsmanship" as the carrier, this textbook is a three-language textbook (Chinese, English and Indonesian) formulated to fulfill the plan of "enterprises going abroad and being accompanied by vocational education", and promote vocational education cooperation in countries along the "Belt and Road", to meet the demand of domestic and overseas students and enterprise staff to learn FANUC robot technologies.

Dalam rangka prakarsa "Sabuk dan Jalan" yang sedang didorong oleh China secara kuat, pertukaran dan kerjasama pendidikan telah menjadi salah satu bagian penting dari "Konektivitas Kelembagaan" antara China dan negara-negara sepanjang "Sabuk dan Jalan". Buku teks ini adalah buku teks profesional yang dikembangkan bersama oleh sekolah dan perusahaan untuk secara aktif melakukan pengembangan bakat Sistem Pemagangan Modern, dan untuk mengimplementasikan Proyek Pelatihan Khusus Insinyur Lapangan. Mengambil proyek internasionalisasi "Institut Keahlian Modern China-ASEAN" sebagai pembawa, buku teks ini adalah buku teks tiga bahasa (Mandarin, Inggris, dan Indonesia) yang diformulasikan untuk memenuhi rencana "perusahaan yang pergi ke luar negeri dan disertai dengan pendidikan kejuruan", dan mempromosikan kerja sama pendidikan kejuruan di negara-negara di sepanjang "Sabuk dan Jalan", untuk memenuhi permintaan siswa dalam dan luar negeri serta staf perusahaan untuk mempelajari teknologi robot FANUC.

本教材是国际、国内现代学徒制教学模式改革的建设成果之一，在全国首批现代学徒制试点项目、现场工程师专项培养计划建设中，我校（柳州城市职业学院）与上汽通用五菱汽车股份有限公司联合开展“上汽通用五菱印尼基地国际化人才培养项目”；与广西汽车集团联合成立“广西汽车集团现代学徒制工匠英才班”，推行校企“双主体”协同育人，在实践教学过程中校企共同开发的专业教材。本教材是“十四五”首批广西职业教育规划教材。本教材还是自治区级面向东盟国际化职业教育资源认定的国际化教材。

This textbook is one of the construction achievements in the reform of the Modern Apprenticeship System teaching mode at home and abroad. In the construction process of the Chinese first batch of Modern Apprenticeship System pilot projects and Field Engineer Special Training Project, our school (Liuzhou City Vocational College) and SAIC-GM-Wuling Automotive Co., Ltd. (SGMW) jointly carried out the "SGMW-Indonesia Base International Talents Training Project"; and our school also launched the "Guangxi Automobile Group Modern Apprenticeship System Craftsmanship Talent Class" with Guangxi Automobile Group to implement the school-enterprise "double body" collaborative education plan and to jointly develop this professional textbook during the practical teaching process in school-enterprise cooperation. This textbook is the first batch of vocational education planning textbooks of Guangxi Zhuang Autonomous Region in the "14th Five-Year Plan". This textbook is also an internationalized textbook recognized as an ASEAN-oriented internationalized vocational education resource by Guangxi Zhuang Autonomous Region. This textbook is also an internationalized textbook recognized as an ASEAN-oriented internationalized vocational education resource by Guangxi Zhuang Autonomous Region.

Buku pelajaran ini adalah salah satu hasil pembangunan roformasi mode pengajaran sistem pemagangan modern domestik dan internasional. Dalam proses pembangunan proyek percontohan Sistem Pemagangan Modern dan Proyek Pelatihan Khusus Insinyur Lapangan gelombang pertama di Tiongkok，sekolah kami (Liuzhou City Vocational College) dan SAIC-GM-Wuling Automotive Co，Ltd；dan bersama dengan Grup Mobil Guangxi untuk mendirikan " Kelas Bakat Tukang dengan Sistem Pemagangan Modern Grup Mobil Guangxi" dan mempromosikan sekolah dan perusahaan menjadi "dua badan utama" untuk bersama mengajar dan melatihan personel，maka buku pelajaran ini menjadi buku pelajaran profesional yang bersama dikembangkan oleh sekolah dan perusahaan dalam proses praktik dan pengajaran. Buku teks ini adalah buku teks perencanaan pendidikan kejuruan profesional pertama dari Daerah Otonomi Guangxi Zhuang dalam "Rencana Lima Tahun ke-14". Buku teks ini juga merupakan buku teks internasional yang diakui sebagai sumber daya pendidikan kejuruan internasional yang berorientasi ASEAN oleh Daerah Otonomi Guangxi Zhuang. Buku teks ini juga merupakan buku teks internasional yang diakui sebagai sumber daya pendidikan kejuruan internasional yang berorientasi ASEAN oleh Daerah Otonomi Guangxi Zhuang.

FANUC 工业机器人是当今制造业中被广泛应用的工业机器人中的佼佼者。本教材主要描述 FANUC 工业机器人的主要用途、基本结构、工作原理、主要参数、控制器及示教器、安全设备及安全操作等基础知识。教材详细说明了 FANUC 工业机器人的点动、示教编程、电气接线、I/O 分配、自动运行、备份与还原、零点复归、故障诊断与处理和基本保养等方法。此外，本教材对 FANUC 机器人的搬运、码垛、弧焊、点焊及视觉系统等工业典型应用，以及对 FANUC 机器人与 PLC 工业通信的方法进行了全面深入的介绍。通过本教材的系统学习，学习者能够掌握工业机器人安装与调试、运行与维修、改造与升级的必备基础知识和基本技术技能。教材将精益求精的工匠精神融入教学内容，注重学生创新精神和实践能力的培养。

FANUC Industrial Robots is a leading industrial robot competitor extensively applied in current manufacturing industry. This textbook mainly describes FANUC industrial robots' main usage, basic structure, working principle, main parameters, controller & demonstrator, security equipment, security operation and other basic knowledge, and it also explains its inching, teaching programming, electrical wiring, I/O distribution, automatic operation, backup & recovery, mastering, malfunction diagnosis & treatment, maintenance and other methods. In addition, it carries out a comprehensive in-depth introduction about the transportation, stacking, arc welding, spot welding, visual system and other typical applications of FANUC industrial robots. Through systematic learning with this textbook, students will be able to acquire essential foundational knowledge and basic technical skills in industrial robot installation, debugging, operation, maintenance, modification, and upgrading. This textbook integrates the spirit of craftsmanship, emphasizing the cultivation of students' innovative spirit and practical abilities.

Robot industrial FANUC adalah robot industrial yang paling banyak digunakan dalm bidang manufakttur kini. Buku pelajaran ini umumnya menjelaskan penggunaan utama, struktur dasar, prinsip-prinsip kerja, parameter-parameter pokok, mesin kontrol dan mesin pengajaran, pengetahuan dasar tentang peralatan keamanan dan pengoperasian aman. Juga secara rinci menerangkan tentang metode robot industrial FANUC seperti pergerakan titik, pengajaran pemrograman, penyambungan kawat, distribusi I/O, berjalan secara otomatis, pencadangan dan pemulihan, pemulihan titik nol, pembuatan palet, diagnosis dan perawatan kesalahan dan perawatan dasar dan lain-lain. Selain ini, buku ini juga secara mendalam memperkenalkan tentang aplikasi tipikal industrial seperti pergerakan, pembuatan palet, pengelasan busur dan titik serta sistem visual dan metode komunikasi antara robot FANUC dan PLC. Dengan belajar buku pelajaran ini secara sistematik, pelajar-pelajar dapat mengetahukan pengetahuan dasar dan menguasakan ketrampilan teknologi dasar tentang pemasangan dan komisioning, pengoperasian dan perawatan, perubahan dan peningkatan robot industrial. Buku ini mengintegrasikan semangat pengerjaan yang unggul ke dalam konten pengajaran, dan memperhatikan penanaman semangat inovatif dan kemampuan praktis pelajaran-pelajaran.

教材内容编排合理，知识体系完整，突出工程应用实际，案例典型真实，注重能力培养，在掌握 FANUC 机器人基本应用所需知识的基础上，一定程度上地增加了内容的深度和广度。教材基于“互联网＋教育”的先进教育理念，采用“纸质教材＋数字化资源”的出版形式，通过扫描二维码实现课程资源共享，可以观看微课、动画等视频类数字化资源，可以在任何时间、任何地点随扫随学，打破了传统教学的时空限制，以学生为中心，激发学生的自主学习，提高课程教学的质量。欢迎读者到智慧树在线教育平台上搜索学习柳州城市职业学院的在线课程：“工业机器人基础应用技术”。

This textbook is well-structured, with a comprehensive knowledge framework that highlights practical engineering applications, featuring typical and authentic case studies, and emphasizing the development of student skills. Building upon a solid foundation of essential knowledge for basic applications of FANUC industrial robots, this textbook increases the depth and breadth of content to a certain extent. Besides, the textbook is based on the advanced educational concept of "Internet + Education", adopting a publishing format of "paper textbook + digital resource". Through scanning QR codes, students can access and share course resources, including "mini lessons", animated videos, and other digital materials, which allowing for flexible learning anytime and anywhere, and breaking the limitations of traditional classrooms. With a student-centered approach, it can stimulate students' self-directed learning and enhance the quality of course instruction. Welcome to search and learn the online course "Basic Application Technology of Industrial Robots" at Liuzhou City Vocational College on the Zhihuishu online education platform.

Buku pelajaran ini disusun secara wajar dengan sistem pengetahuan yang lengkap untuk menonjolkan praktik aplikasi rekayasa dengan kasus-kasus yang tipikal dan benar dan memperhantikan pelatihan kemanpuan. Atas dasar pengetahuan yang diperlukan untuk aplikasi umum robot FANUC, kedalaman dan keluasan dari isi buku ini ditambahkan dengan tingkat tertentu. Buku pelajaran ini berdasarkan konsep pendidikan maju "Internet＋Pendidikan" dan mengadopsi bentuk penerbitan "buku kertas＋sumber digital", sehingga pelajar-pelajar dapat menonton seperti kelas mikro dan animasi melalui memindai kode QR untuk mewujudkan berbagi sumber daya kursus, jadi dapat belajar kapan pun dan di mana pun dan memecahkan batasan waktu dan ruang dari pengajaran tradisional agar merangsang antusiasme pelajar untuk belajar sendiri dengan pelajar sebagai pusat untuk meningkatkan kualitas pengajaran kursus. Selamat datang untuk mencari dan belajar kursus online "Basic Application Technology of Industrial Robots" di Liuzhou City Vocational College di platform pendidikan online Zhihuishu.

本教材由柳州城市职业学院、广西汽车集团有限公司和上汽通用五菱汽车股份有限公司合作编写，由覃京翎、梁增提、郑志明担任主编，徐立宇担任主审，廖仕军、陈柳艺、覃鹏、谢帮灵担任副主编，廖金团、王莉莉、赵佳萌、易泽武、梁云担任编委，梁增提负责统稿并校对。

This textbook is jointly formulated by Liuzhou City Vocational College, Guangxi Automobile Group Co., Ltd. and SAIC-GM-Wuling Automotive Co., Ltd. The Editors-in-Chief for the textbook are Qin Jingling, Liang Zengti and Zheng Zhiming. The Chief Reviewer is Xu Liyu. The Associate Editors are Liao Shijun, Chen Liuyi, Qin Peng, and Xie Bangling. The Editorial Board Members are Liao Jintuan, Wang Lili, Zhao Jiameng, Yi Zewu and Liang Yun. And Liang Zengti is responsible for the final compilation and proofreading.

Buku pelajaran ini disusun bersama oleh Perguruan Tinggi Vokasi Perkotaan Liuzhou, Grup Mobil Guangxi dan SAIC-GM-Wuling Automotive Co., Ltd. dengan Qin Jingling, Liang Zengti dan Zheng Zhiming sebagai pemimpin editor dan Xu Liyu sebagai peninjau, Liao Shijun, Chen Liuyi, Qin Peng dan Xie Bangling sebagai wakil editor, Liao Jintuan, Wang Lili, Zhao Jiameng, Yi Zewu, Liang Yun sebagai dewan editorial, dan Liang Zengti bertanggung jawab menyusun dan merevisi.

教材在编写过程中参考了大量的文献资料，同时，承蒙有关领导、专家和老师在编写时给予的支持和帮助，在此一并表示诚挚的谢意！由于编者的经验及知识水平有限，书中难免存在不足和疏漏之处，恳请广大读者批评指正。

We have referred to a significant amount of literature and research materials in the compilation process of this textbook. Meanwhile, we would like to express our sincere gratitude to the relevant leaders, experts and teachers for their support and assistance during the compilation! Due to the limited experience and knowledge of the editors, there may be deficiencies and omissions in the textbook, we earnestly request readers to provide constructive criticism and corrections.

Buku pelajaran ini mengacu pada banyak bahan referensi dalam proses penyusunan, dan dengan bantuan dan dukungan dari para pemimpin, pakar, dan dosen yang terkait. Dengan ini ucapkan terima kasih yang tulus! Buku ini mungkin memiliki kekurangan dan kelalaian karena pengalaman dan pengetahuan editor-editor yang terbatas, harap pembaca-pembaca bisa mengkritik dan mengoreksi.

目　录

Contents

Direktori

项目一　认识 FANUC 机器人
Item I　Know about FANUC Robot
Item I　Mengenal Robot FANUC

教学目标

1. 知识目标

（1）了解工业机器人在工程上的主要用途；

（2）了解工业机器人的基本结构、工作原理和主要参数；

（3）掌握控制柜的类型和组成结构；

（4）掌握示教器的构成、按键和菜单的功能。

2. 能力目标

（1）能够根据需要操作控制柜面板上的部件；

（2）能够操作示教器上的按键选择相应的功能。

3. 素质目标

（1）通过学习工业机器人的技术组成和工程应用场景，让学生了解先进制造业大环境下个人与行业面对的机遇与挑战，强调技术不断变革背景下坚持终身学习的重要性，建立“为中华之崛起而读书”的个人目标。

（2）通过工业机器人安装量位居世界第一和国产机器人品牌涌现的介绍，弘扬爱国主义精神，增强学生的专业自信心、民族自信心及民族自豪感。

（3）通过让学生了解国产工业机器人品牌的技术水平和市场占有率与国际一线品牌的差距，激发学生的爱国情怀，提升学生的国际视野，培养科技报国、制造强国的家国情怀和使命担当。

工业机器人是集机械、电子、控制、计算机、传感器、人工智能等多学科先进技术于一体的现代制造业自动化装备，主要应用于汽车、电子、金属、塑料等领域的搬运、焊接、打磨、切割等流程。

1-1 认识工业机器人

工业机器人可以代替或协助人类完成各种工作，特别是危险、有毒、有害的场合，它都可以大显身手。工业机器人可以连续 24 小时高精度运行，大大提高生产效率的同时保证了产品质量的优异和稳定，改善了工人劳动条件。

目前，国际上广泛应用的工业机器人品牌主要有日系的 FANUC、安川、川崎和欧系的 ABB、KUKA 等，本书只对 FANUC 机器人的应用进行介绍，其在国内的产品和技术服务商为上海发那科机器人有限公司。

在国家政策的推动下，我国工业机器人产业发展迅速，工业机器人安装量位居世界第一，主机和人才市场需求巨大，新松、汇川、新时达、埃斯顿、埃夫特、华数等众多本土品牌相继涌现。但由于产业起步较晚，国产品牌的市场占有率仅在 30%左右，关键技术和核心部件制造水平与国际一流品牌相比仍有差距。国家层面近年来出台了《“十四五”机器人产业发展规划》和《“十四五”智能制造发展规划》，为工业机器人的国产化、智能化、标准化、关键技术突破、产业集群与创新发展等方面做出了规划和部署。

一、机器人的用途

工业机器人在制造业中的应用领域非常宽泛，其用途主要有：

1. 弧焊（Arc Welding）

弧焊机器人（图 1.1.1）主要包括机器人和焊接设备两部分，机器人由机器人本体和控制柜（硬件及软件）组成。而焊接设备由焊接电源（包括其控制系统）、送丝机、焊枪等部分组成。弧焊机器人目前已广泛应用于汽车制造业的底盘、座椅骨架、导轨、消声器以及液力变矩器等的焊接。

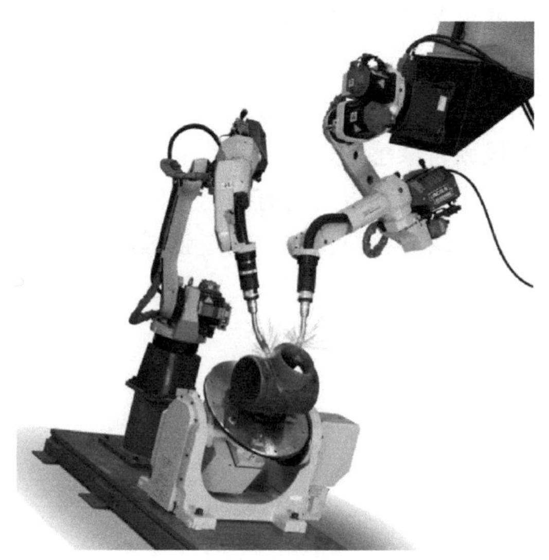

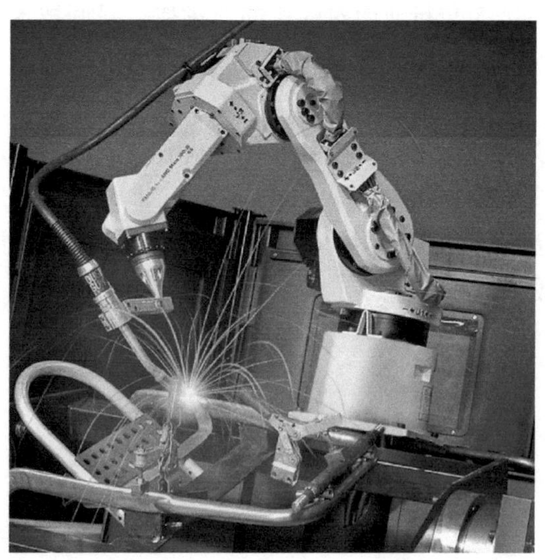

图 1.1.1　弧焊机器人

2. 点焊（Spot Welding）

点焊机器人（图 1.1.2）主要包括机器人和点焊焊接系统两部分，焊接系统主要由焊接控制器、焊钳（含阻焊变压器）及水、电、气等辅助部分组成。当今汽车制造业，装配一台汽车车体需要完成 3000～5000 个焊点，而其中的 60%是由机器人完成的。

3. 搬运（Handling）

搬运机器人（图 1.1.3）是可以进行自动化搬运作业的工业机器人，它可以安装不同的末端工具（如手爪夹具、真空吸盘、电磁铁等），以对各种不同形状的工件进行搬运作业，大大减轻了人类繁重的体力劳动。

4. 涂胶（Sealing）

涂胶机器人（图 1.1.4）主要应用于总装车间前、后风挡玻璃的涂胶及装配工序。相比于传统的人工涂胶或助力机械装配，涂胶机器人工作站能提高生产节拍，降低工人劳动强度，提高涂胶及装配质量，节约原料，保证了产品的稳定性。

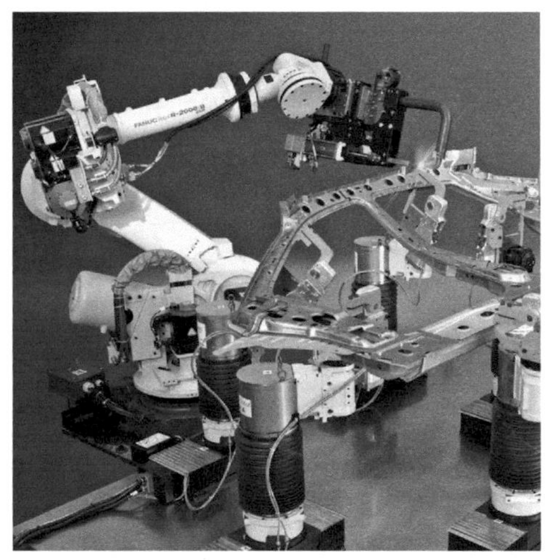

图 1.1.2　点焊机器人

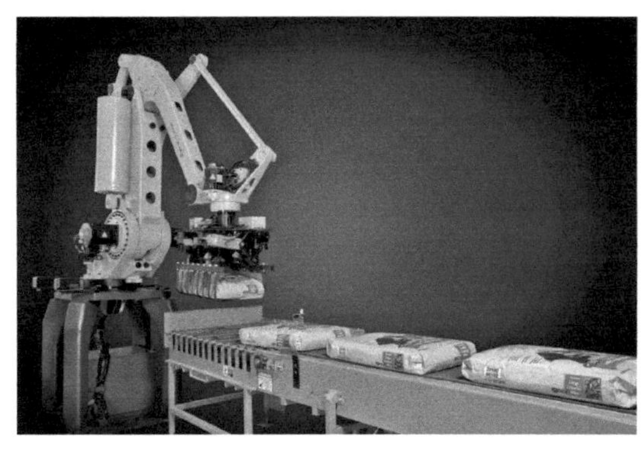

图 1.1.3　搬运机器人

图 1.1.4　涂胶机器人

5. 喷涂（Painting）

喷涂机器人（图 1.1.5）是可进行自动喷漆或喷涂其他涂料的工业机器人。当今汽车车体的喷漆作业，多以高速、高柔性、高精度的喷涂机器人来帮助客户提升涂装质量，减少生产废料。

6. 去毛刺（Deburring）、抛光打磨（Polish）

去毛刺、抛光打磨机器人（图 1.1.6）的应用，有效解决了人工作业的产品不良率高、效率低下、加工后的产品表面粗糙不均匀等问题，大大提高了产品质量的稳定性，并且降低了噪声和粉尘对工人健康的危害。

7. 切割（Cutting）

切割机器人（图 1.1.7），一般有激光切割、等离子切割、水切割、火焰切割等不同种类。其作业时不仅切口平整，速度快，精确度高，灵活性高，在复杂的三维零部件和特殊型材的切割加工中具有很大优势，而且省去了后续的打磨工序，受到制造业的青睐。

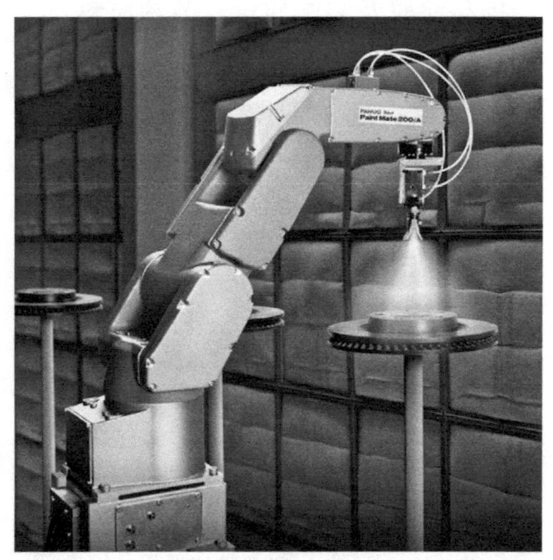

图 1.1.5　喷涂机器人

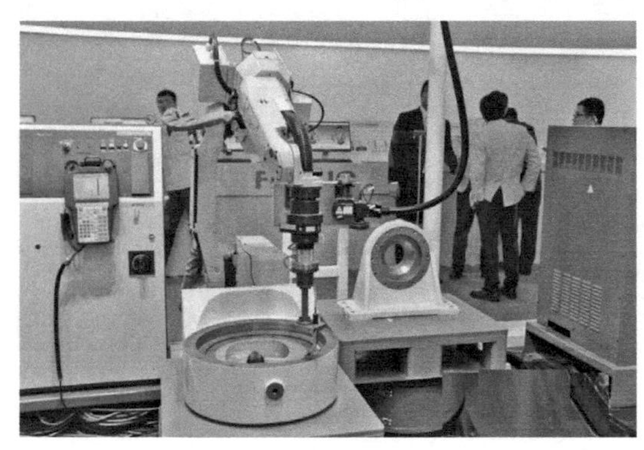

图 1.1.6　去毛刺、抛光打磨机器人

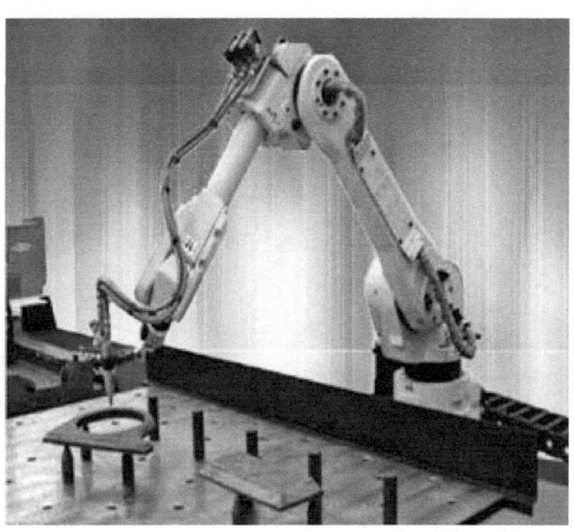

图 1.1.7　切割机器人

8. 激光焊接（Laser Welding）

激光焊接机器人（图 1.1.8）可以用于产品的表面加工、打孔、焊接和模具修复等。其特点是被焊接工件变形极小，几乎没有连接间隙，焊接深度/宽度比高，焊接后强度大，焊接质量比传统焊接方法高。

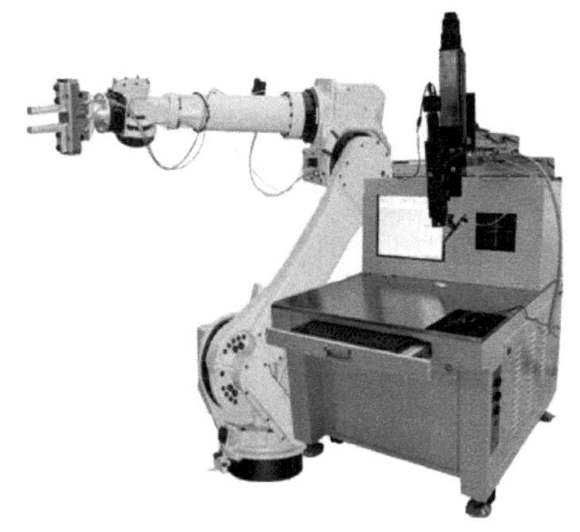

图 1.1.8　激光焊接机器人

二、机器人的结构及工作原理

如图 1.2.1 所示，工业机器人由本体、控制装置（亦称控制柜或控制器）、示教器和系统软件（安装于控制器中）组成。其中，机器人本体由伺服电机、传动机构、机械臂和针对不同应用的末端执行器（即针对不同应用的末端工具）等组成。

工业机器人的基本原理是示教再现，示教就是由用户使用示教器引导机器人，一步一步按实际任务操作一遍。机器人在示教过程中自动记忆每个动作的位置、姿态、运动参数、工艺参数等，形成一个从起点的位置和姿态到终点的位置和姿态的运动轨迹，并自动生成一个连续执行全部操作的程序。完成示教后，只需给机器人一个启动命令，机器人将精确地按示教动作，一步一步再现全部操作，进而完成工作任务。

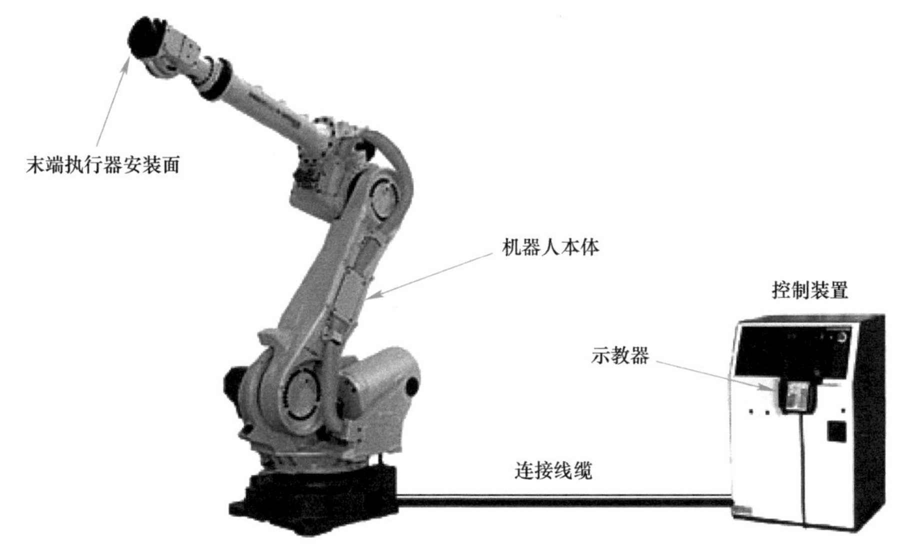

图 1.2.1　工业机器人的组成

三、机器人工作站的组成

工业控制现场中，一般由 HMI（Human Machine Interface，触摸屏）做人机界面，由 PLC（Programmable Logic Controller，可编程逻辑控制器）做主控制器，协调工业机器人和周边设备共同完成某一工艺的作业，组成一个完整的工业机器人工作站或生产线，如图 1.3.1 所示。

四、机器人的主要参数

工业机器人性能参数是衡量工业机器人产品品质的一个重要技术数据，一般包含：手

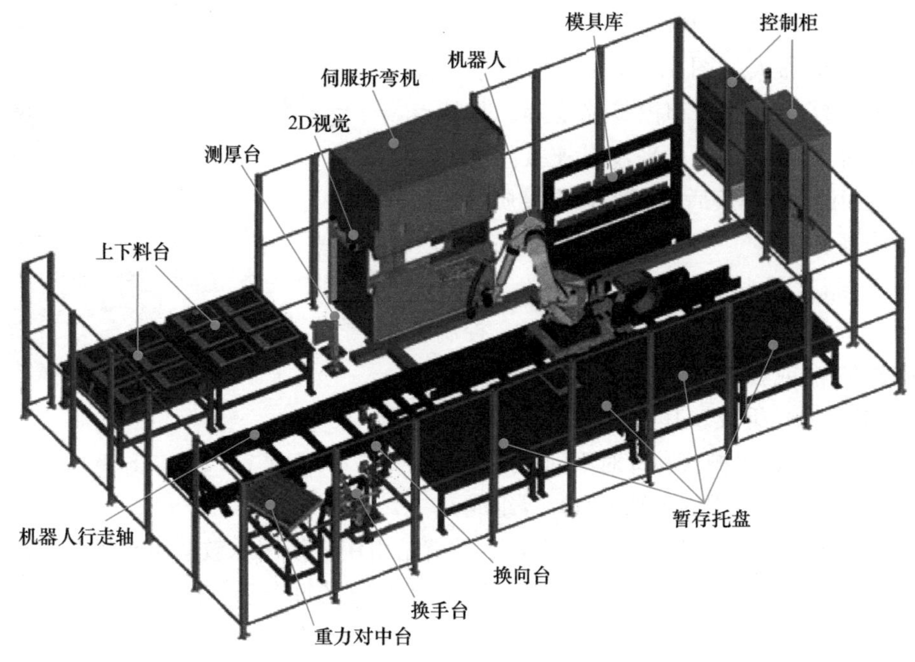

图 1.3.1　工业机器人组成的生产线

部负重、运动轴数、运动范围、安装方式、重复精度/重复定位精度、最大工作速度等。

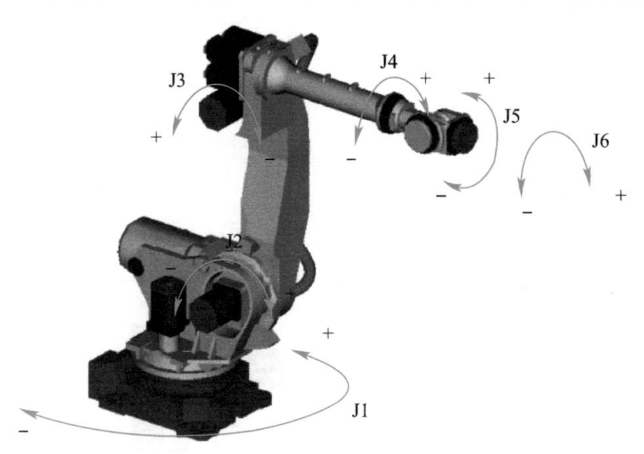

图 1.4.1　6 轴机器人

1. 手部负重

手部负重是指机器人末端执行器所能承受的最大重量。

2. 运动轴数

通常，工业机器人的运动轴按其功能可划分为机器人轴、基座轴和工装轴。机器人轴是指机器人本体的轴，通常指可自由活动的关节，目前商用的工业机器人大多以 6 轴为主。如图 1.4.1 所示。基座轴和工装轴统称为外部轴，基座轴主要是指使机器人整体直线移动的行走轴（移动滑台或导轨）；工装轴主要指使工件、工装夹具翻转或回转的轴，如回转台、翻转台、变位机等。

3. 运动范围

运动范围是指机器人手臂末端所能到达的所有点的集合，也叫工作范围。如图 1.4.2 所示。

4. 安装方式

包括三种安装方式：地装式、地装行走轴、天吊行走轴。

5. 重复定位精度

重复定位精度是指机器人抓手或末端执行器重复于同一目标位置的精度。

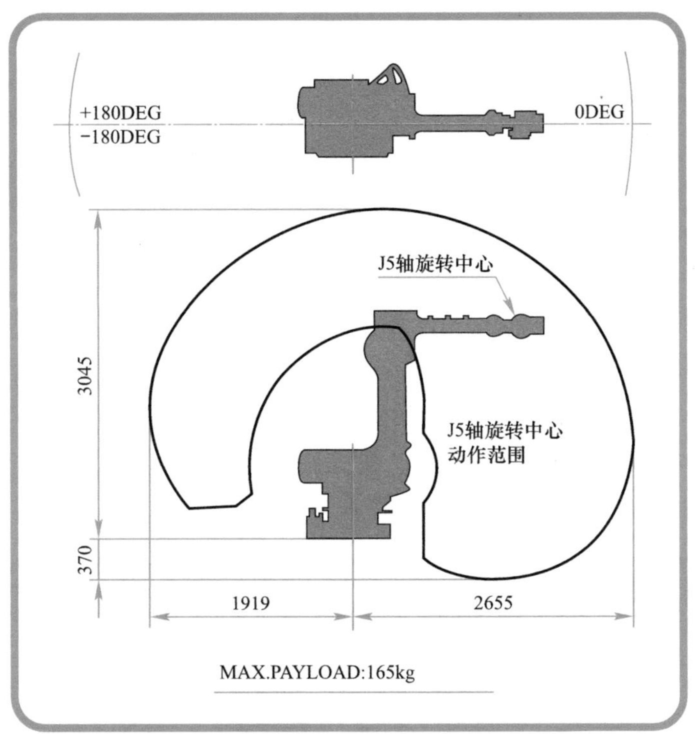

图 1.4.2　R-2000iB/165F 的动作范围标签

6. 最大运动速度

最大运动速度通常指机器人手臂末端的最大稳定速度，速度越大，工作效率就越高。

五、机器人的安装环境要求

（1）环境温度：0～45℃。

（2）环境湿度：普通：≤75%RH（无露水、霜冻）。

短时间：95%（一个月之内）；不可有结露现象。

（3）振动：≤0.5g（4.9m/s^2）。

六、机器人的系统软件

常用的 FANUC 机器人系统软件有：

1. Handling Tool 用于搬运
2. Arc Tool 用于弧焊
3. Spot Tool 用于点焊
4. Sealing Tool 用于涂胶
5. Paint Tool 用于喷涂
6. Laser Tool 用于激光焊接和切割

1-2 认识 FANUC 工业机器人

针对不同的工艺应用，需要在采购机器人时，指定应用场合，对应的系统软件将被默认安装于机器人的控制器中。可以通过按下彩屏示教器的【HELP】（帮助）键或依次操作【MENU】（菜单）键→选择【UTILITIES】（实用工具）→【Hints】（声明）进行查看，

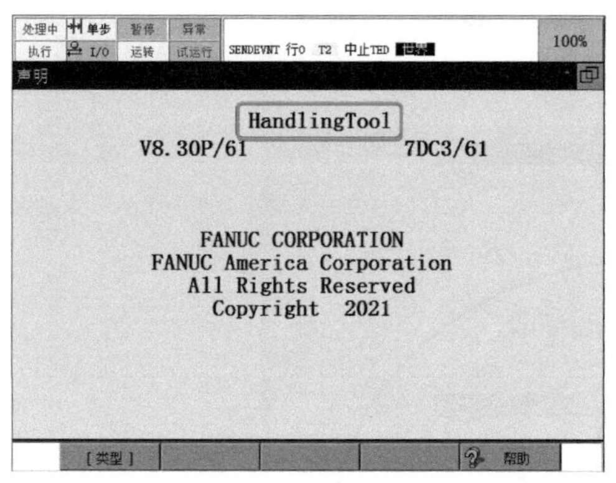

图 1.6.1 系统软件提示

如图 1.6.1 所示。

七、机器人的控制装置

控制装置（亦称控制器或控制柜）是机器人的控制单元，是工业机器人最为核心的零部件之一。FANUC 机器人目前最新型的控制柜型号主要是 R-30iB 型，其有 A 柜、B 柜、Mate 柜和分离式 A 柜之分。

（一）R-30iB 控制柜（图 1.7.1）

1. R-30iB A 柜（含分离式）主要用于中等功率机器人的控制。
2. R-30iB B 柜主要用于大功率机器人的控制。
3. R-30iB Mate 柜主要用于小功率机器人的控制。

图 1.7.1 R-30iB 型控制柜

（二）控制柜的组成

1. 控制柜外部部件

控制柜外部，主要由操作面板、断路器（即电源开关），以及从控制柜里连接出来的示教器（简称 TP）等部件组成，如图 1.7.2 所示。

2. 操作面板部件

操作面板主要由模式选择开关（Mode Switch）、报警复位按钮（Reset Button）、循环开始按钮（Cycle Start）、报警指示灯（Fault Light）、电源指示灯（Power Light）和急停按钮（Emergency Stop Button）等部件组成，如图 1.7.3 所示。

3. 控制柜内部部件

机器人控制柜内部主要由主板（Main Board）、主板电池（Battery）、紧急停止单元

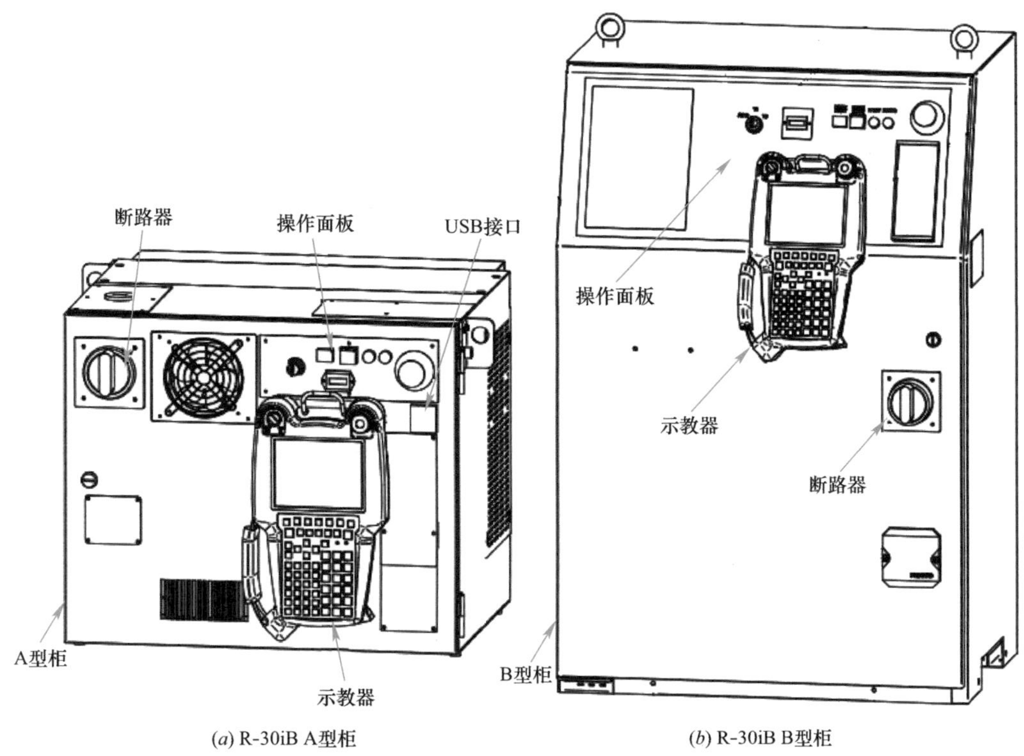

(*a*) R-30iB A型柜　　(*b*) R-30iB B型柜

图 1.7.2　R-30iB 控制柜的外部部件组成

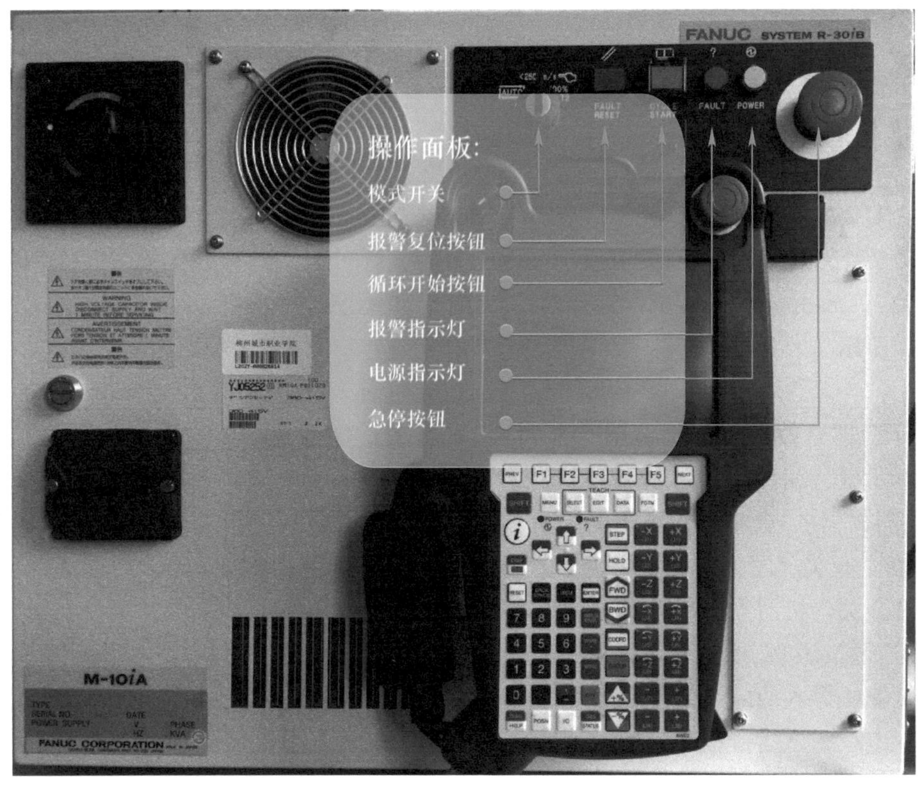

图 1.7.3　操作面板部件

（E-Stop Unit，急停板）、电源供给单元（Power Supply Unit，简称 PSU）、伺服放大器（Servo Amplifier）、风扇单元（Fans Unit）、变压器（Transformer，在控制柜背面）、再生电阻（Discharge Resistor，在控制柜背面）等部件组成，如图 1.7.4 所示。

图 1.7.4　A 型控制器内部的部件组成

八、机器人的示教器

（一）示教器的组成

FANUC 机器人的示教器（Teach Pendant 或 iPendant，简称 TP）主要由：显示屏（Display Screen）、示教器有效开关（TP Enable Switch）、急停按钮（E-STOP Button）、安全开关（Deadman Switch，在示教器背面）和示教器按键（TP Key）等组成，如图 1.8.1 所示。

其中：

1. 示教器有效开关：切换至 ON 时：TP 有效；OFF 时：TP 无效。当 TP 无效时，不能进行示教、编程和手动运行。

2. 急停按钮：此按钮被按下时，机器人立即停止运动。

3. 安全开关（图 1.8.2）：当 TP 有效时，只有安全开关被按下时，机器人才能运动，一旦松开开关，机器人立即停止运动，并报警。

（二）示教器的功能介绍

在工业机器人的应用中，示教器是被经常使用到的器件，一般用来对机器人进行点动、示教编程、试运行程序、信号配置、系统配置以及查看机器人状态如查询故障信息、位置信息、生产运行情况等。

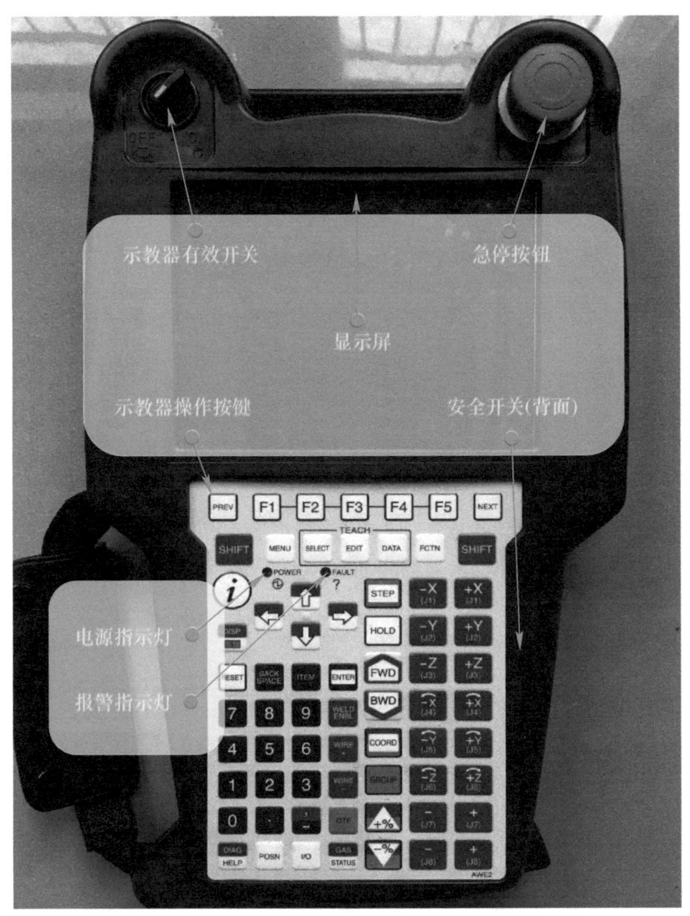

图 1.8.1　FANUC 机器人的彩屏 TP（示教器）

1. 示教器种类

FANUC 机器人的示教器主要进行了单色屏、彩色屏、新彩屏的升级改进，如图 1.8.3 所示，新彩屏 TP 还可以选购触摸操作的型号。

2. 彩屏 TP 的状态窗口

新彩屏 TP 的显示屏上部窗口叫做状态窗口，用于指示机器人当前的一些状态信息，如图 1.8.4 所示。其主要显示 8 个软件 LED、报警信息、当前执行的程序名及行号、机器人运行模式、程序执行状态、点动坐标(示教坐标)、速度倍率等信息，软件 LED 的详细说明见表 1.8.1。

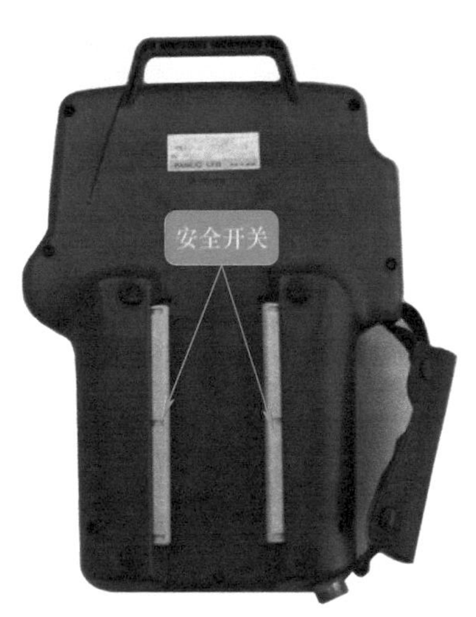

图 1.8.2　安全开关（在 TP 背面）

3. 彩屏 TP 的按键

示教器按键如图 1.8.5 所示，主要由与菜单相关的按键、与点动相关的按键、与执行相关的按键、与编辑相关的按键和其他按键组成，各按键的详细说明见表 1.8.2。

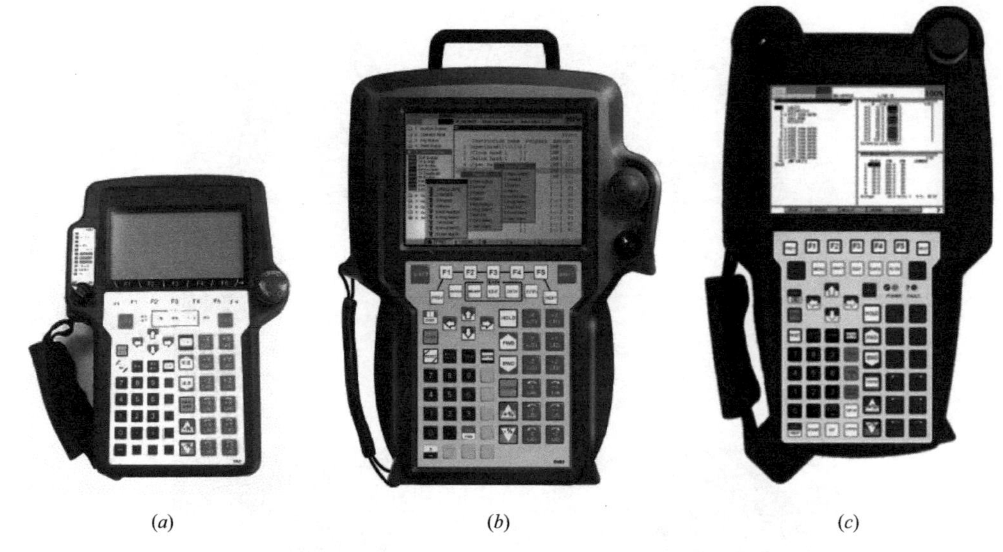

图 1.8.3　示教器的种类

（a）单色 TP；（b）彩色 TP；（c）最新型彩色屏 TP

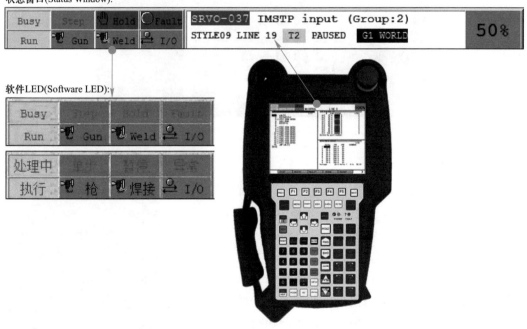

状态窗口(Status Window):

Busy　Step　Hold　Fault　SRVO-037 IMSTP input (Group:2)　50%
Run　Gun　Weld　I/O　STYLE09 LINE 19 T2 PAUSED G1 WORLD

软件LED(Software LED):

Busy　Step　Hold　Fault
Run　Gun　Weld　I/O

处理中　单步　暂停　异常
执行　枪　焊接　I/O

图 1.8.4　彩色 TP 的状态窗口

彩色 TP 软件 LED 说明　　表 1.8.1

不带图标的显示表示“OFF”带有图标的显示表示“ON”，含义为：		
Busy	Busy	控制器在处理信息
Step	单步	机器人正处于单步运转模式

续表

不带图标的显示表示“OFF”带有图标的显示表示“ON”，含义为：		
Hold	暂停	按下了 HOLD（暂停）按钮，或者输入了 HOLD 信号
Fault	异常	机器人发生了报警
Run	Run	正在执行程序
Gun	Gun	功能根据应用程序不同而定，如 Gun 表示点焊机器人加压有效；Weld 表示焊接有效
Weld	Weld	
I/O	I/O	

图 1.8.5　彩屏 TP 的按键

1-3 认识示教器的按键

示教器按键说明　　表 1.8.2

按键		描述
F1　F2　F3　F4　F5		功能键：F1～F5 用于选择 TP 屏幕上显示的内容，每个功能键在当前屏幕上有唯一的内容对应
NEXT	NEXT	下一页切换
MENU	MENU	显示主菜单
SELECT	SELECT	显示程序选择界面

续表

按键		描述
EDIT	EDIT	显示程序编辑界面
DATA	DATA	显示数据界面
FCTN	FCTN	显示辅助功能菜单
DISP	DISP	只存在于彩屏 TP，与 SHIFT 组合可显示 DISPLAY 界面，此界面可改变显示窗口数量；单独使用可切换当前显示窗口
FWD	FWD	与 SHIFT 组合使用可从前往后执行程序，程序执行过程中如果 SHIFT 键松开则程序暂停
BWD	BWD	与 SHIFT 组合使用可反向单步执行程序，程序执行过程中如果 SHIFT 键松开则程序暂停
STEP	STEP	在单步执行和连续执行之间切换
HOLD	HOLD	暂停机器人运动
PREV	PREV	返回上一屏幕
RESET	RESET	消除报警
BACK SPACE	BACK SPACE	清除光标之前的字符或者数字
ITEM	ITEM	快速移动光标至指定行
ENTER	ENTER	确认键
		光标移动键
DIAG/HELP	DIAG HELP	单独使用显示帮助界面，与 SHIFT 组合显示诊断界面
GROUP	GROUP	运动组切换
POSN	POSN	显示位置信息

续表

按键		描述
7 8 9 4 5 6 1 2 3 0 . ,/-		数字和符号键
SHIFT	SHIFT	用于点动机器人，示教位置，执行程序，左右两个按键功能一致
-X(J1) +X(J1) -Y(J2) +Y(J2) -Z(J3) +Z(J3) -X(J4) +X(J4) -Y(J5) +Y(J5) -Z(J6) +Z(J6)		运动键：与 SHIFT 组合使用可点动机器人
COORD	COORD	单独使用可选择当前的点动坐标系（示教坐标），每按一次此键，当前坐标系依次显示 JOINT，JGFRM，WORLD，TOOL，USER；与 SHIFT 组合使用可改变当前 TOOL、JOG、USER 的坐标系号
+% -%		加/减速度倍率键
用户键		用户键有 7 个，针对不同的系统应用，默认的按键功能不同；用户可以对这 7 个按键设置不同的宏指令而执行不同功能

（三）主菜单说明

按下【MENU】(菜单）键，将弹出系统的主菜单，如图 1.8.6 所示，详细说明见表 1.8.3。

（四）辅助功能菜单说明

按下【FCTN】（功能）键，将弹出系统的辅助功能菜单，如图 1.8.7 所示，详细说明见表 1.8.4。

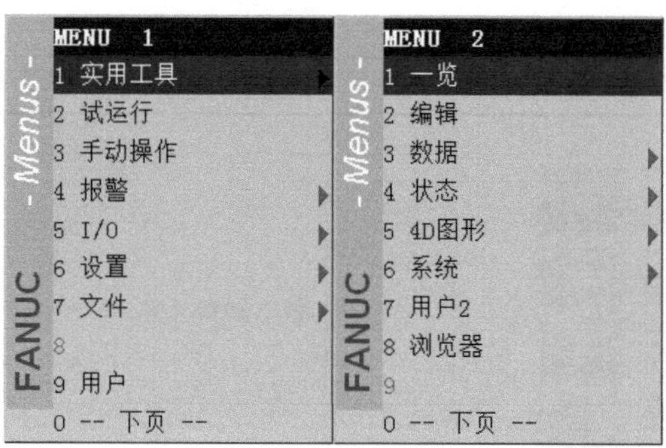

图 1.8.6　系统主菜单

系统主菜单介绍　　表 1.8.3

项目	功能
UTILITIES（实用工具）	显示声明提示
TEST CYCLE（试运行）	进行测试运转
MANUAL FCTNS（手动操作）	执行宏指令
ALARM（报警）	显示报警历史和详细信息
I/O（设定输入/输出信号）	显示和手动设置输出，仿真输入/输出，分配信号
SETUP（设置）	设置系统
FILE（文件）	读取或存储文件
SOFT PANEL	执行经常使用的功能
USER（用户）	显示用户信息
SELECT（程序一览）	列出和创建程序
EDIT（编辑）	编辑和执行程序
DATA（数据）	显示寄存器、位置寄存器和堆码寄存器等数据
STATUS（状态）	显示系统状态
POSITION（现在位置）	显示机器人当前的位置
SYSTEM（系统）	设置系统变量，Mastering
USER2（用户 2）	显示 KAREL 程序输出信息
BROWSER（浏览器）	浏览网页，只对 iPendant 有效

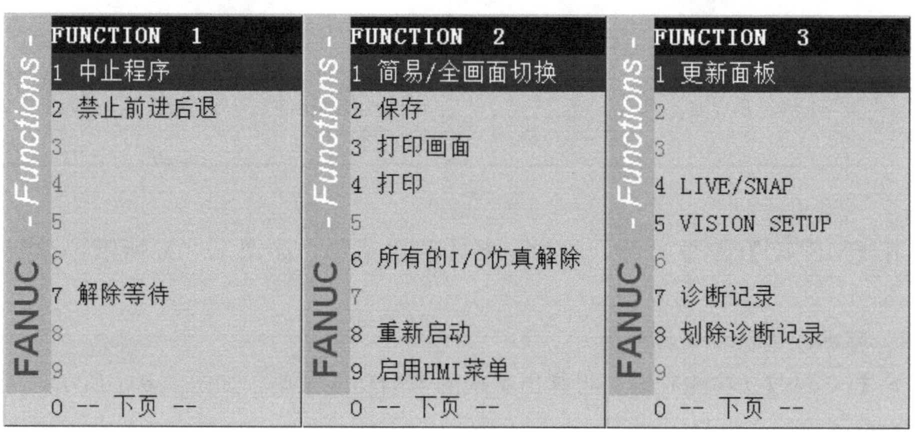

图 1.8.7　辅助功能菜单

辅助功能菜单介绍　　表 1.8.4

项目	功能
ABORT（中止程序）	强制中断正在执行或暂停的程序
Disable FWD/BWD（禁止前进/后退）	使用 TP 执行程序时，选择 FWD/BWD 是否有效
CHANGE GROUP（改变组）	改变组（只有多组被设置时才会显示）
TOG SUB GROUP（切换副组）	在机器人标准轴和附加轴之间选择示教对象
TOG WRIST JOG（切换姿势控制操作）	—
RELEASE WAIT（解除等待）	跳过正在执行的等待语句，当等待语句被释放，执行中的程序立即被暂停在下一个语句处等待
QUICK/FULL MENUS（简易/完整菜单）（简易/全画面切换）	在快速菜单和完整菜单之间选择
SAVE（保存）	保存当前屏幕中相关的数据到软盘或存储卡
PRINT SCREEN（打印画面）	原样打印当前屏幕的显示内容
PRINT（打印）	用于程序，系统变量的打印
UNSIM ALL I/O（所有 I/O 仿真解除）	取消所有 I/O 信号的仿真设置
CYCLE POWER（重新启动）	重新启动（POWER ON/OFF）
ENABLE HMI MENUS（人机接口有效菜单）	用来选择当按住 MENUS 键时，是否需要显示菜单

习　题

1. 工业机器人主要由＿＿＿＿＿、＿＿＿＿＿、＿＿＿＿＿、＿＿＿＿＿等组成。
2. 工业机器人本体由＿＿＿＿＿、＿＿＿＿＿、＿＿＿＿＿和针对不同应用的＿＿＿＿＿（即针对不同应用的末端工具）等组成。
3. 工业机器人的运动轴通常包括＿＿＿＿＿和＿＿＿＿＿。
4. 请简述工业机器人的基本原理。

项目二　安全使用 FANUC 机器人
Item II　Safe Use of FANUC Robot
Item II　Menggunakan FANUC Robot Dengan Aman

教学目标

1. 知识目标

（1）了解操作工业机器人的相关安全用具；

（2）了解操作工业机器人的一般注意事项；

（3）了解工业机器人的日常安全维护方法；

（4）掌握工业机器人安全设备的功能和特点。

2. 能力目标

（1）能够正确、规范地穿戴安全用具；

（2）能够正确使用工业机器人的安全设备；

（3）能够进行工业机器人的日常安全测试及安全维护。

3. 素质目标

（1）通过正确、规范穿戴安全用具的学习，培养学生规范操作，不违章指挥、不违章作业、不盲目蛮干的安全生产、文明生产意识和良好的职业素养。

（2）通过日常安全测试和日常安全维护的学习，培养学生细心观察、防微杜渐、防患于未然的安全思想，树立“安全第一、生命至上”的安全意识。

在使用机器人和外围设备及其组合的机器人系统时，必须充分考虑使用者和系统的安全，本项目内容说明了安全使用 FANUC 机器人而需遵守的内容。

一、安全用具

2-1 FANUC 机器人的安全操作

在进行机器人的操作、编程、维护时，作业人员必须注意人身安全，至少应穿戴以下安全用具后再进行作业（图 2.1.1）：

（1）适合于作业内容的工作服。

（2）安全鞋。

（3）安全帽（必须规范佩戴）。

（4）跟作业内容及环境相关的必备的其他安全装备（如防护眼镜、防毒面具等）。

图 2.1.1　安全用具

二、安全设备

（一）急停设备

当发生危害人身及设备安全的紧急情况时，可以通过按下以下急停设备，来使机器人紧急停止，达到保护的措施：

（1）机器人控制柜上的急停按钮。

（2）示教器上的急停按钮。

（3）外部急停按钮。

1. 急停按钮

FANUC 机器人系统自带的急停按钮，主要有两个，分别配置在控制柜和示教器上，如图 2.2.1 所示。

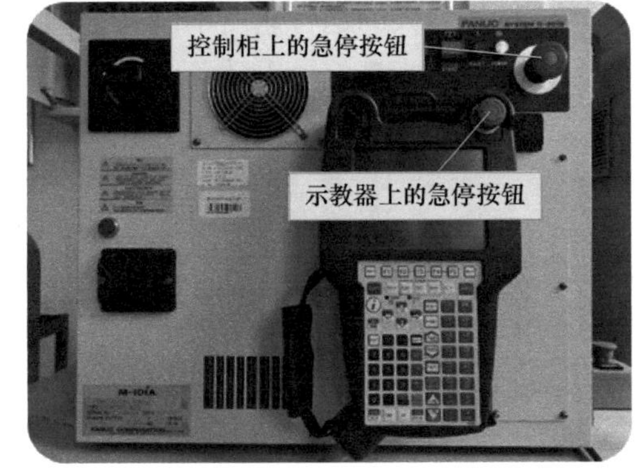

图 2.2.1　FANUC 机器人系统自带的急停按钮

（1）当按下控制柜上的急停按钮时，示教器上会显示“SRVO-001 Operator panel E-stop”（操作面板紧急停止）的报警。

（2）当按下示教器上的急停按钮时，示教器上会显示“SRVO-002 Teach Pendant E-stop”（示教器紧急停止）的报警。

2. 外部急停（输入信号）

外部急停（输入信号）来自外围设备（如外部急停按钮），如图 2.2.2 所示，其信号

图 2.2.2 安全门控制盒上的外部急停按钮

接线端在机器人控制柜内的急停板上。

当按下外部急停按钮时，示教器上会显示“SRVO-007 External emergency stops”（外部紧急停止）的报警。

注意：当以上急停设备被按下时，机器人将立即停止运行。危险情况解除后，可沿着顺时针方向转动急停按钮，然后按下示教器上的【RESET】按键来解除报警。

（二）模式选择开关

模式选择开关安装在机器人控制柜上面，用户可以通过这个开关来选择一种机器人的操作模式，被选的模式将通过拔走钥匙来锁定，如图 2.2.3 所示。

通过这个开关来转换模式时，机器人系统停止运行，并且相应的信息会显示在示教器（TP）的液晶显示屏（LCD）上。

模式选择开关有两种（旧型机器人）或三种操作模式：

1. AUTO：自动模式

（1）操作面板有效。

（2）能够通过操作面板的启动按钮或者外围设备的 I/O 信号来启动机器人程序。

（3）安全光栅信号有效。

（4）机器人能以指定的最大速度运行。

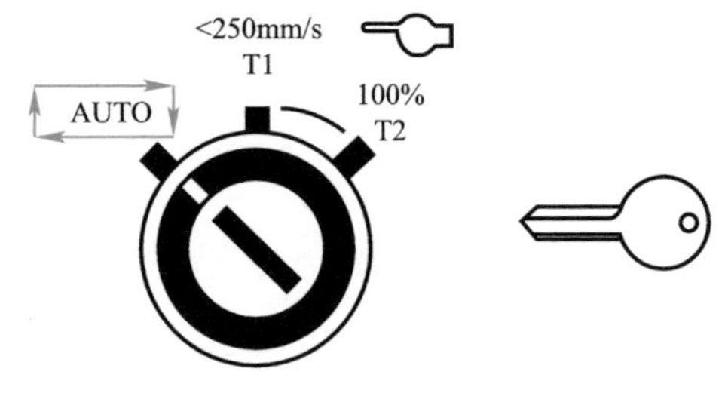

图 2.2.3 模式选择开关及钥匙

2. T1：示教模式 1

（1）机器人的运行速度不能高于 250mm/s。

（2）安全光栅信号无效。

（3）程序只能通过示教器（TP）来激活。

3. T2：示教模式 2

（1）程序只能通过示教器（TP）来激活。

（2）机器人能以指定的最大速度运行（速度倍率 100%）。

（3）安全光栅信号无效。

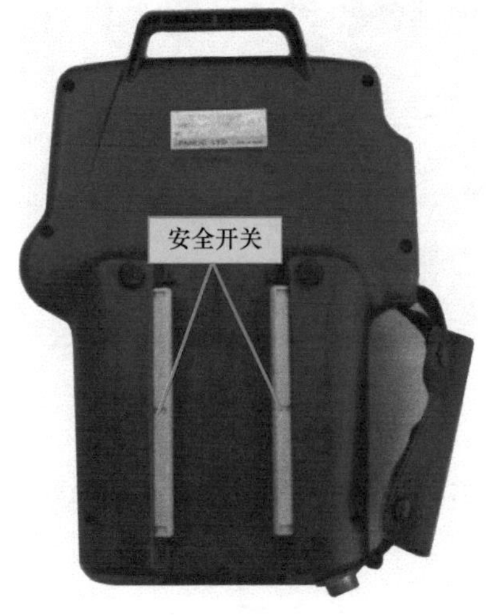

图 2.2.4 安全开关

（三）安全开关

安全开关（Deadman Switch）相当于一个“使能装置”，它设置在示教器背面，左右各一个，功能相同，如图 2.2.4 所示。

安全开关是一个“三挡”开关，在示教模式 T_1 或 T_2，且示教器有效时，只有轻按任意一个安全开关时机器人才可以运动。如果松开两个开关或者紧按任意一个安全开关，机器人将立即停止运动，并在示教器上显示“SRVO-003 Deadman switch released”（安全开关已释放）的报警。

（四）安全装置

FANUC机器人及其系统，还需配置如下这些安全装置（图2.2.5），用于隔离或防止人员误入机器人工作的危险区域：

（1）安全栅栏（固定的防护装置）。

（2）安全门（带互锁装置）。

（3）安全插销和槽。

（4）安全光栅（上下料处设置）。

（5）安全激光扫描仪（防止外来物进入机器人作业的危险区域）。

（6）与作业现场相关的其他安全保护设备。

2-2 安全插销及安全光栅的功能

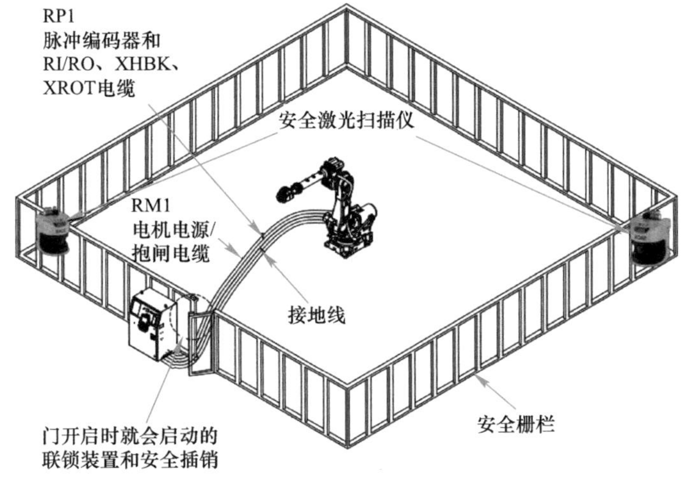

图2.2.5　安全装置示意图

1. 安全栅栏的要求

（1）栅栏不能有尖锐的边沿和凸出物，并且它本身不是引起危险的根源。

（2）栅栏应能防止人们通过打开互锁设备以外的其他方式进入机器人的保护区域（即非安全区域）。

（3）栅栏永久地固定在一个地方，只有借助工具才能使其移动。

（4）栅栏要尽可能地不妨碍查看机器人运行及生产过程。

（5）栅栏应该安置在与机器人最大运动范围有足够距离的地方。

（6）栅栏要良好接地以防止发生意外的触电事故。

2. 机器人自动运行中进入栅栏的安全步骤

（1）停止机器人，如：按下操作面板或者示教器上的急停按钮；按下【HOLD】按键暂停机器人程序；使用有效开关使示教器有效；打开安全门（拔下安全插销）；操作模式开关来改变模式。

（2）改变操作模式从AUTO至T1或者T2，并拿起操作模式选择开关上的钥匙来锁定模式。

（3）进行必要的能量锁定。

（4）规范穿戴安全用具。

（5）拔出安全插销，打开安全门，锁定安全插销状态，如图 2.2.6 所示。

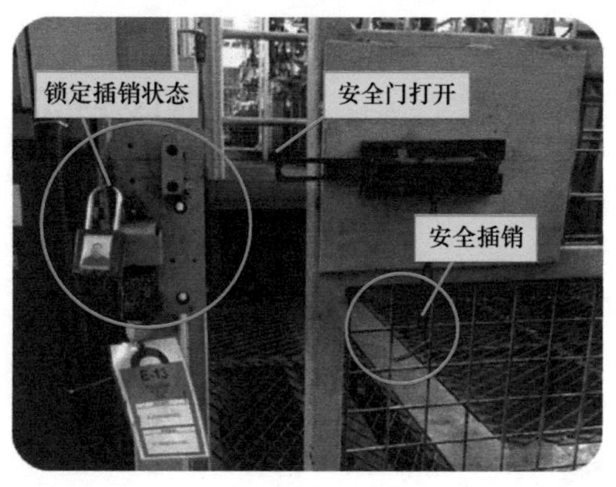

图 2.2.6　打开安全门及插销并锁定示意图

（6）进入安全栅栏内。

注意：除已授权人员外，一般人员禁止进入到安全栅栏内。

3. 安全门的要求

（1）除非安全门关闭，否则机器人不能自动运行。

（2）安全门的关闭不能重新启动自动运行，这是控制位必须要考虑的动作。

（3）安全门利用安全插销和插槽来实现互锁。

（4）安全门必须在危险发生前一直保持关闭状态（带保护闸的防护装置）或者是在机器人运行时打开安全门就能发送一个停止或急停命令（互锁的防护装置）。

三、一般注意事项

（1）在安装机器人系统以后首次使用机器人操作、测试机器人或机器人系统时，应以低速进行，再逐渐地加快速度，并确认是否有异常。

（2）在试运行和功能测试过程中，只有当安全设施起作用后，人员才被允许进入到安全保护区域内。

（3）在点动、示教机器人时，手爪、焊枪、焊钳、喷枪等机器人末端工具在接近工件时，必须降低速度倍率，以免点动速度过快或误操作而引起撞击。

（4）要预先考虑好避让机器人的运动轨迹，并确认该线路不受干涉。

（5）使用机器人操作时，务必在确认安全栅栏内没有人员后再进行操作。同时，检查是否存在潜在的危险，当确认存在潜在危险时，务必排除危险之后再进行操作。

（6）不得戴着手套操作机器人操作面板和示教器（TP）。

（7）要定期备份保存系统或文件数据。

（8）永远不要认为机器人没有移动，其程序就已经完成，因为这时机器人很有可能是在等待让它继续移动的输入信号。

四、日常的安全维护

在每天操作系统前，清理系统的每个部件，检查系统部件是否有损坏或裂缝，还要检查但不限于以下内容：

（一）操作前

（1）输入电源电压。

（2）水、气等输入压力。

（3）各连接电缆的扭曲或损坏情况。

（4）连接器的松动情况。
（5）紧急停止功能。
（6）示教器上的安全开关功能。
（7）安全门互锁及其他安全装置的功能。
（8）机器人移动产生的振动、噪声。
（9）控制柜和外部设备的功能是否正常。
（10）润滑油量。
（11）机器人和外部设备上的固定物。

（二）操作后

（1）操作结束时，恢复机器人到离开周边设备的安全位置，然后断开控制柜电源。
（2）清理各部件，检查是否有损坏和裂缝。
（3）清理控制柜通风口和风扇马达的积灰。
（4）断开水、气等输入源。

习　　题

1. 工业机器人的急停设备主要有__________的急停按钮、__________的急停按钮和__________急停按钮。

2. FANUC 机器人有__________、__________、__________共三种操作模式。

3. 非自动运行模式时，松开或紧按安全开关时，TP 上会显示__________报警。

4. 按下 TP 上的急停按钮时，TP 上会显示__________示教器紧急停止的报警。

5. 操作机器人时，必须正确佩戴__________，不能戴着__________操作 TP 示教器。

项目三　点动 FANUC 机器人
Item III　Inching FANUC Robot
Item III　Robot FANUC Inching

教学目标

1. 知识目标

（1）了解 FANUC 机器人通电和断电的方法；

（2）了解点动 FANUC 机器人的一般步骤；

（3）了解 FANUC 机器人的奇异点和位置信息；

（4）掌握 FANUC 机器人在各坐标系下的运动方向；

（5）掌握安全门、安全插销及安全光栅对机器人运行的影响。

2. 能力目标

（1）能够正确、规范地给 FANUC 机器人通电、断电；

（2）能够根据需要正确切换机器人的坐标系；

（3）能够在关节、直角坐标系下正确点动 FANUC 机器人。

3. 素质目标

（1）通过预判机器人的运动方向进行速度调节和紧急情况下操作安全设备的学习，培养学生严谨务实的职业精神和安全操作、规范操作的安全意识。

（2）通过本项目的学习，学生得以第一次动手操作使机器人运动，检验各坐标系下机器人的运动情况，激发学习兴趣，培养学生主动探索、勇于实践的科学精神和锐意进取的优良工作作风。

一、机器人的通电与关电

（一）通电

3-1 FANUC 机器人的基本操作

1. 接通电源前，应确保工作区域内没有人或杂物，并检查包括机器人、控制器、周边设备等是否正常。

2. 确认 TP 或操作面板上的急停按钮已经按下并锁定。

3. 将控制柜面板上的断路器（图 3.1.1）置于 ON。

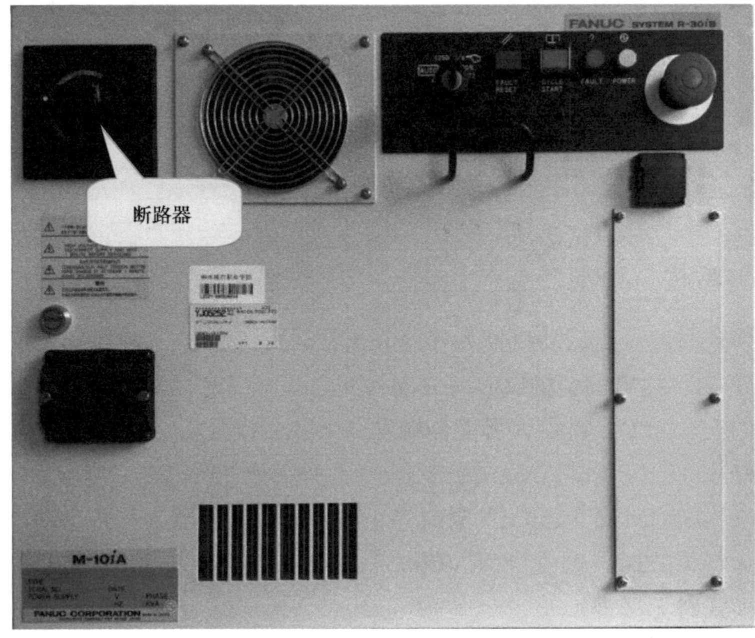

图 3.1.1　控制柜断路器示意图

（二）关电

1. 确保机器人已经回到安全的初始位置。

2. 通过 TP 或操作面板上的暂停或急停按钮停止机器人。

3. 操作面板上的断路器置于 OFF。

注意：如果有外部设备诸如打印机、视觉系统等和机器人相连，在关电前，要首先将这些外部设备关掉，以免损坏。

二、安全门、安全插销及安全光栅操作

为了安全，企业现场的工业机器人都是用栅栏围起来的，通常在上下料的位置安装安全光栅以防止非正常物料进入危险区域，并设置一个供授权人员进出的安全门，如图 3.2.1 所示。

机器人通电后，应检查安全光栅、各急停按钮功能、安全门及插销均正常后方可点动机器人。如图 3.2.2 所示，正常工作时，安全门应关闭并插上安全插销，防止人员进出，仅在维护或示教机器人时方可入内。

1. 安全门关闭、插上安全插销时

（1）示教模式时，可以点动机器人，运动速率最大可以达到 100%。

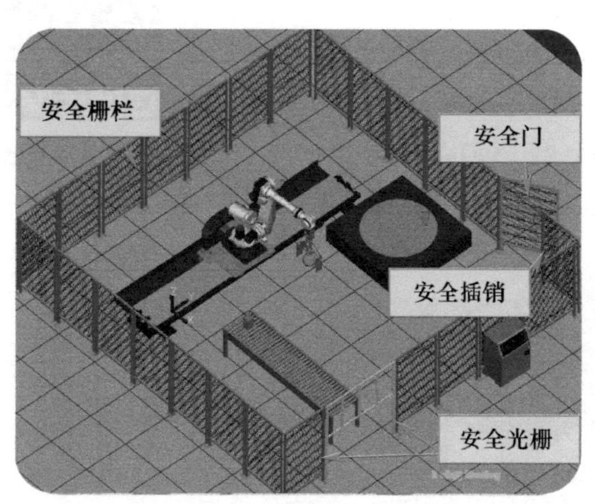

图 3.2.1　安全栅栏、安全光栅、安全门和安全插销示意图

图 3.2.2　安全门关闭并插上安全插销

（2）自动模式时，可以启动机器人程序并正常运行。

2. 安全门开启、拔出安全插销时（应确保开启安全门时，安全插销被拔出）

根据不同的安全配置，机器人可能会触发以下某个报警：

（1）“SRVO-007 External emergency stops”外部紧急停止，机器人停止运动。

（2）“SRVO-037 IMSTP input”瞬时停止信号输入，机器人停止运动。

（3）自动运行模式时，触发“SRVO-004 Fence open”，防护栅打开报警，机器人停止运动；示教模式时无报警。

3. 安全门开启后

如果安装了“安全门关闭”及“安全门开启”两个安全插销插座，可在安全门开启的情况下，把安全插销从“安全门关闭”的插座中拔出，插入“安全门开启”的那个插座中（UI[3]为 OFF）。此时：

（1）示教模式时，可以点动机器人，但点动速率被限制在 50%以下（修改系统变量 $SCR.$SFJOGOVLIM 可以改变此速率），程序执行的速率被限制在 30%以下（修改系统变量 $SCR.$SFRUNOVLIM 可以改变此速率）。

（2）自动模式时，启动程序将会触发“SYST-011 运行任务失败”和“SYST-009 安全栅栏打开”报警，程序无法执行。

三、点动机器人

（一）点动机器人

将示教器有效开关切换至 ON（有效）→将模式选择开关切换至 T1 或 T2（示教模式）→按住 DEADMAN（安全开关）→按【COORD】键选择所需的示教坐标系→按【RESET】键复位系统报警，此时，点动条件成立。按住【SHIFT】键+各运动键，即可点动机器人，如图 3.3.1 所示。

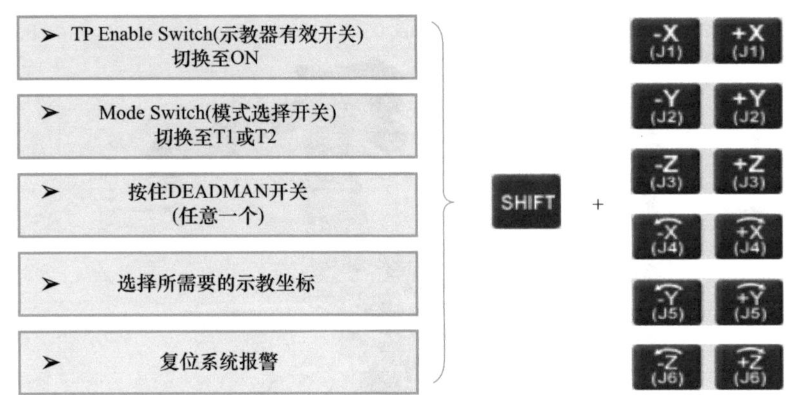

图 3.3.1　点动机器人示意图

（二）点动速度的调节

FANUC 机器人运动速度倍率的调节，主要有两种方法：

1. 单独按加/减速度倍率键

（1）按 +% 【＋%】键时，速率将按 VFINE（微速）→FINE（低速）→1%…→5%…→100%的方式调高。其中：1%到5%之间时，每按一下，增加1%；5%到100%之间时，每按一下，增加5%。

（2）按 -% 【－%】键时，速率将按 100%…→5%…→1%→FINE（低速）→VFINE（微速）的方式调低。其中：5%到1%之间时，每按一下，减少1%；100%到5%之间时，每按一下，减少5%。

2. 按住【SHIFT】键，再按加/减速度倍率键

（1）按【SHIFT】+【＋%】键时，速率将按 VFINE→FINE→5%→50%→100%五挡递增。

（2）按【SHIFT】+【－%】键时，速率将按 100%→50%→5%→FINE→VFINE 五挡递减。

注意：系统变量 $SHFTOV_ENB=1 时，此功能方才有效。

（三）示教坐标系的选择

FANUC 机器人的坐标系主要有：JOINT（关节坐标）、JGFRM（手动坐标）、WORLD（全局坐标/世界坐标）、TOOL（工具坐标）和 USER（用户坐标）等。观察示教器屏幕的右上角，可以获知当前的示教坐标系名称，如图 3.3.2 所示。

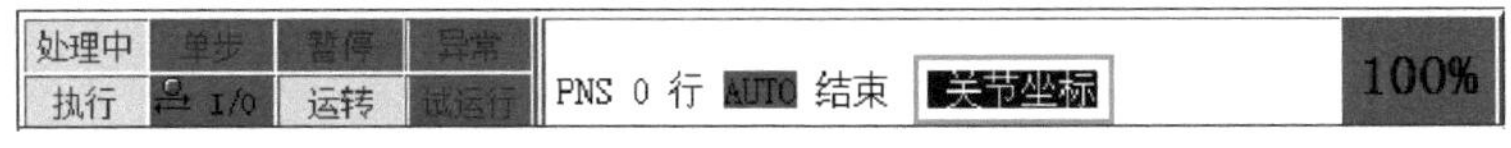

图 3.3.2　当前坐标系为 JOINT（关节坐标）

机器人点动时的运动形式，取决于当前的示教坐标系，其可以通过按下示教器上的【COORD】键进行切换选择。其中：

1. JOINT（关节坐标）时，可以单独点动机器人的 J1、J2、J3、J4、J5、J6 轴，如图 3.3.3 所示。

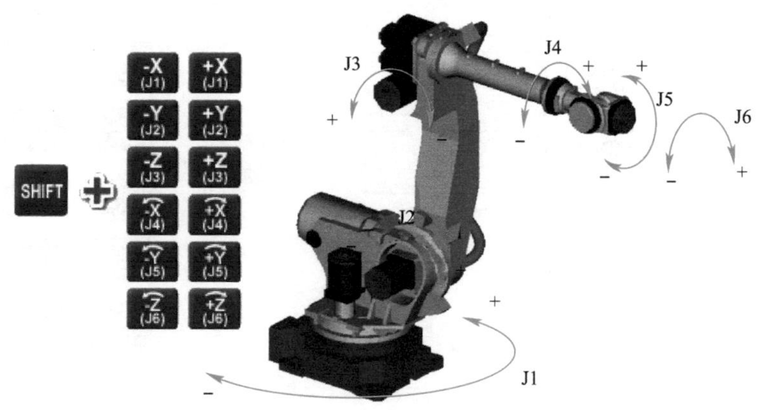

图 3.3.3　JOINT（关节坐标）的点动示意图

2. WORLD（世界坐标）时，以当前工具坐标系的原点位置为基准，可以点动机器人沿着世界坐标系的 X、Y、Z 轴方向直线运动，或绕着它们回转，如图 3.3.4 所示。

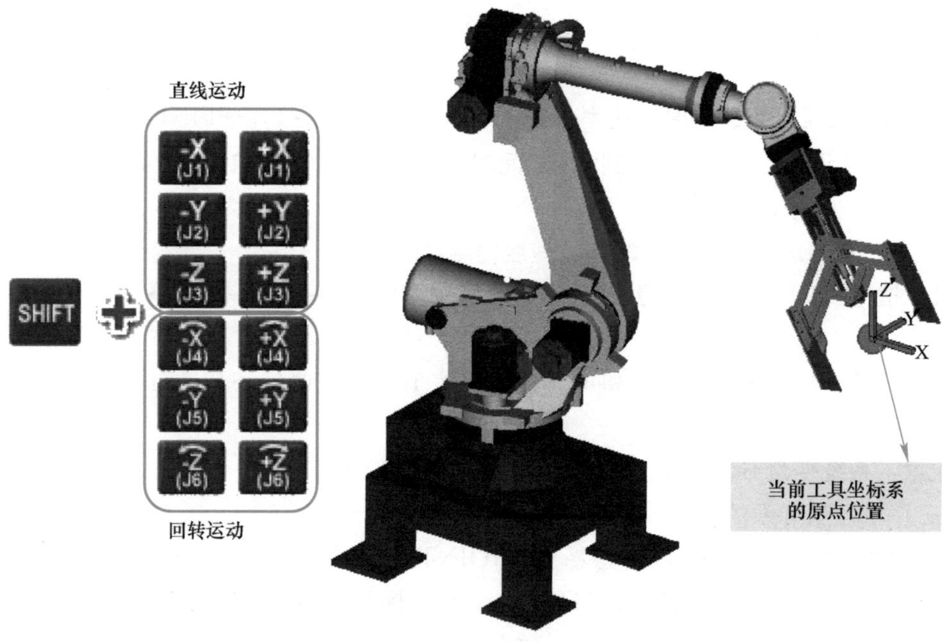

图 3.3.4　WORLD（世界坐标）的点动示意图

3. TOOL（工具坐标）时，以当前工具坐标系的原点位置（TCP）为基准，可以点动机器人沿着当前工具坐标系的 X、Y、Z 轴方向直线运动，或绕着它们旋转，如图 3.3.5 所示。

此外：

(1) 未经定义的 JGFRM（手动坐标）和 USER（用户坐标）与世界坐标系重合，点动效果相同。

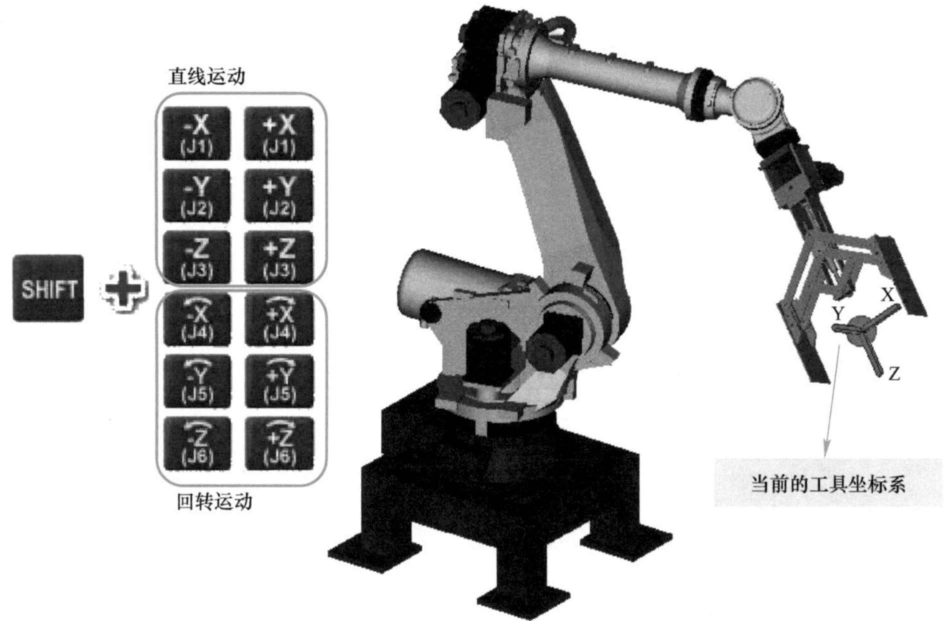

图 3.3.5　TOOL（工具坐标）的点动示意图

（2）详细的坐标系介绍请参考项目四的内容。

（四）奇异点

在点动机器人的过程中，如果发生【MOTN-023 In singularity】（在奇异点附近）的报警，表明机器人的 J5 轴在 0°位置附近，机器人处于奇异点附近。此时，无法在直角坐标系下点动机器人。

发生该报警时，可以将示教坐标切换为【JOINT】（关节坐标），然后将 J5 轴调开 0°的位置，才能在直角坐标系下继续点动机器人。

当运行程序时产生该报警，可以将动作指令的动作类型改为 J，或者修改机器人的位置姿态，以避开奇异点位置，也可以使用附加动作指令（Wjnt）以解决该问题。

四、机器人的位置信息

按下示教器上的【POSN】（位置）键进入 POSITION（位置）界面，界面上以关节角度或直角坐标系值的形式显示机器人的当前位置信息。其中：

（1）按下【F2】功能键选择 JNT（关节），将显示 JOINT 关节坐标系下各轴的角度信息，如图 3.4.1 所示。

（2）按下【F3】功能键选择 USER（用户），将显示当前工具坐标系相对于当前用户坐标系的坐标系原点位置偏移量（X，Y，Z）和 X 轴、Y 轴、Z 轴的回转角度（W，P，R）信息，如图 3.4.2 所示。

（3）按下【F4】功能键选择 WORLD（世界），将显示当前工具坐标系相对于世界坐标系的坐标系原点位置偏移量（X，Y，Z）和 X 轴、Y 轴、Z 轴的回转角度（W，P，R）信息，如图 3.4.3 所示。

其中：Tool 表示当前使用的工具坐标系号；Frame 表示当前使用的用户坐标系号。

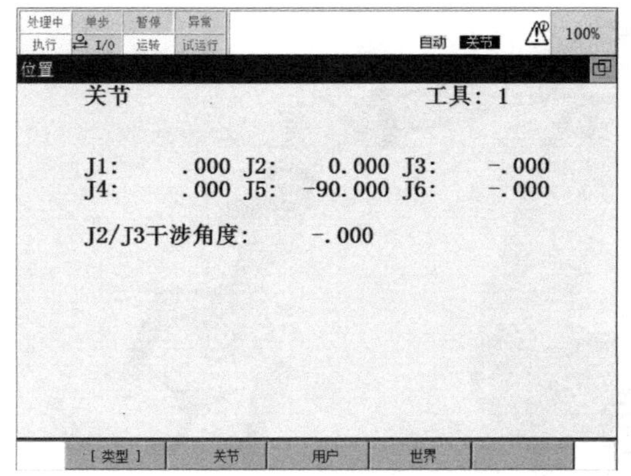

图 3.4.1　在关节坐标系下各轴的位置信息

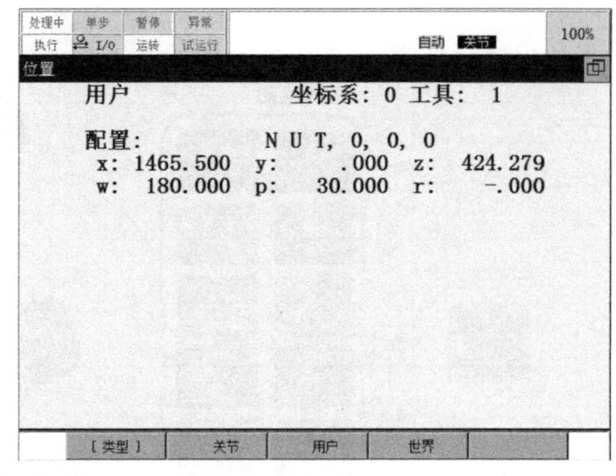

图 3.4.2　在用户坐标系下的机器人位置信息

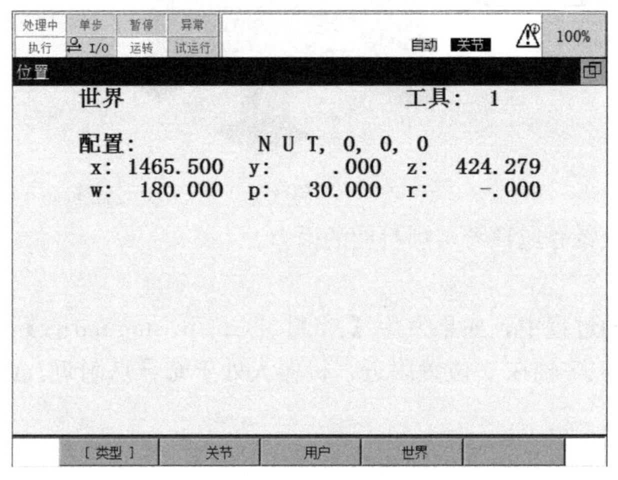

图 3.4.3　在世界坐标系下的机器人位置信息

此外：界面中的位置信息只是用来显示的，不能直接修改；如果系统中安装了扩展轴，E1、E2 以及 E3，表示扩展轴的位置信息。

习　题

1. 达到__________、__________、__________、__________的条件时，按住【SHIFT】键＋运动键，即可点动 FANUC 机器人。

2. FANUC 机器人的示教坐标系有______、______、______、______、______等，它显示在示教器屏幕的右上角，只影响机器人的示教，不影响程序的运行。

3. 工业机器人处于奇异点附近，示教坐标为__________时将无法点动机器人。

项目四　设置机器人的坐标系
Item IV　Set Up the Coordinate System of the Robot
Item IV　Mengatur Sistem Koordinat Robot

教学目标

1. 知识目标

（1）了解机器人坐标系的定义；

（2）了解 FANUC 机器人常用直角坐标系的定义和使用场景；

（3）掌握 FANUC 机器人用户、工具坐标系的设置流程；

（4）掌握工具中心点（TCP）和机器人位置点数据的定义。

2. 能力目标

（1）能够进行用户坐标系的设定、检验和激活；

（2）能够进行工具坐标系的设定（三点法）、检验和激活；

（3）能够进行工具坐标系的设定（六点法）、检验和激活。

3. 素质目标

（1）结合二维码微课资源教学，学生可以在任何时间、任何地点随扫随学，反复巩固，打破了传统教学的时空限制、工位限制和实践课时限制，以学生为中心，激发学生自主学习的主观能动性和锐意进取的良好作风。

（2）通过总结实践操作中因对知识点理解不透彻、粗心大意、细节把控不足，而容易出现的坐标系设置错误、切换不正确或偏差大等问题，培养学生严谨治学、务实求真、善于反思、精益求精的工匠精神。

坐标系是为确定机器人的位置和姿态而在机器人或空间上进行定义的位置指标系统，FANUC 机器人的坐标系有关节坐标系和直角坐标系。

1. 关节坐标系

关节坐标系中，机器人的位置和姿态，由各个轴关节的角度而确定，如图 4.0.1 所示为所有轴关节都为 0°时的状态。

4-1 FANUC 机器人的常用坐标系

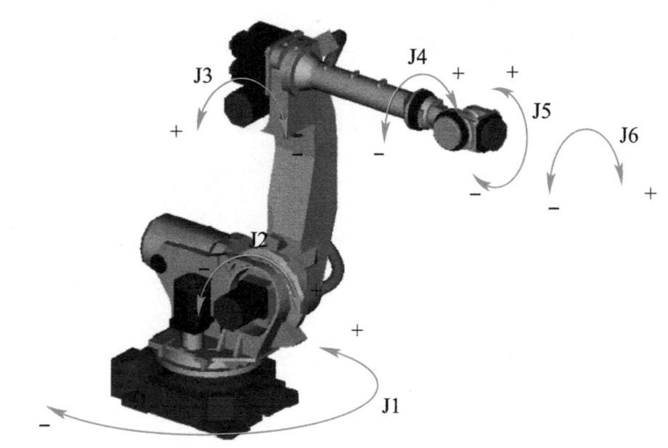

图 4.0.1　关节坐标系

2. 直角坐标系

直角坐标系中，机器人的位置和姿态，主要是通过设定一个空间上的参考直角坐标系（用户坐标系）和一个工具侧的直角坐标系（工具坐标系），由两个坐标系原点之间的直角坐标偏移量 X、Y、Z 和两者相对于 X 轴、Y 轴、Z 轴的回转角 W、P、R 予以定义。图 4.0.2 为（W，P，R）的含义。

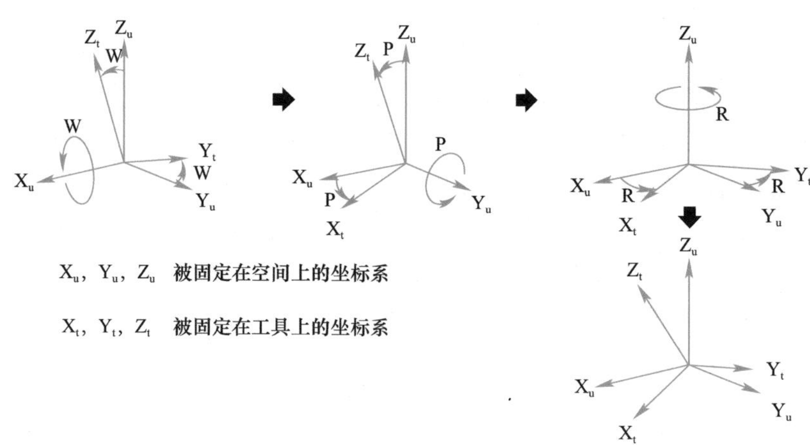

图 4.0.2　（W，P，R）的含义

直角坐标系常用的有世界坐标系、工具坐标系、用户坐标系和点动坐标系等。

3. 世界坐标系

世界坐标系是被固定在空间上的标准直角坐标系，顶吊安装以外的机器人，其原点位置在 J1 轴上水平移动 J2 轴而交叉的位置。世界坐标系的 X 轴正方向为机器人底座电缆进线的方向，如图 4.0.3 所示。

4. 用户坐标系和工具坐标系

FANUC 机器人在编程之前，通常需要先设定用户坐标系和工具坐标系。机器人程序中记录的所有位置点信息，均为工具坐标系相对于用户坐标系的偏移量和回转角。

用户坐标系为程序中记录所有位置点信息的参考坐标系，工具坐标系则定义了工具中心点或工具尖点（TCP）的位置和工具的姿势。

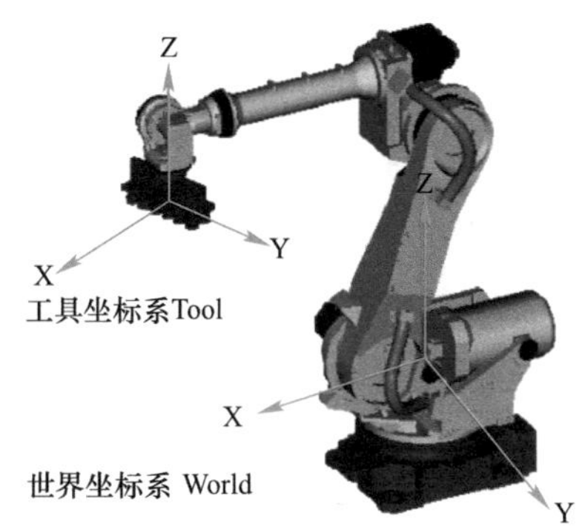

图 4.0.3　世界/工具坐标系

注意：在示教编程后改变了工具或用户坐标系设定数据的情况下，各位置点信息将会改变。此时，必须重新设定程序中的各个示教点，否则，直接执行原程序恐会造成误动作而损坏设备。

任务一　用户坐标系的设置

一、任务分析

任务描述：为了在倾斜工作台面上示教轨迹时更快捷、更方便地调整机器人的位置和姿态。在倾斜的工作台面上设置一个用户坐标系（User2），坐标系原点及 X 轴和 Y 轴的正方向如图 4.1.1 所示。

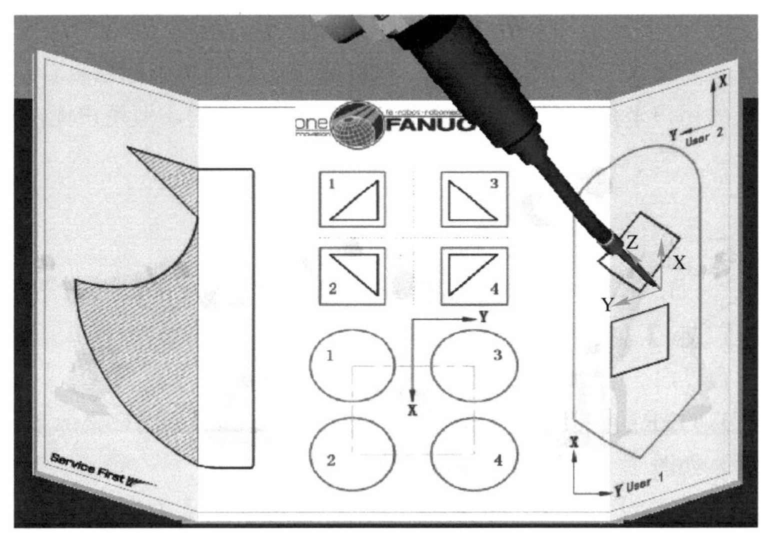

图 4.1.1　建立用户坐标系示意图

任务分析：建立用户坐标系是为了设定一个参考坐标系，确定工作台上的运动方向，方便不同工作台上的调试工作。

如图 4.1.1 所示，如果存在某个坐标系的两个轴方向正好平行于倾斜工作台面的话，只需点动这两个轴（X 和 Y）就可以很方便地使机器人平行于台面运动，方便调试。

用户坐标系的设置方法有三点示教法、四点示教法和直接输入法三种。按本任务的要求，可以采用最简便的“三点示教法”来设置用户坐标系，即对 3 个点：坐标系的原点、X 轴方向的 1 点、Y 轴方向的 1 点进行示教。设置完成后，需要激活并验证该设置。

二、相关知识

用户坐标系是用户对不同工作台或作业空间进行定义的直角坐标系，它实际上是通过偏移世界坐标系的坐标原点（得到偏移量 X、Y、Z）并回转 X 轴、Y 轴、Z 轴（得到回转角度 W、P、R）来进行定义。用户坐标系在尚未设定时，等同于世界坐标系，如图 4.1.2 所示。

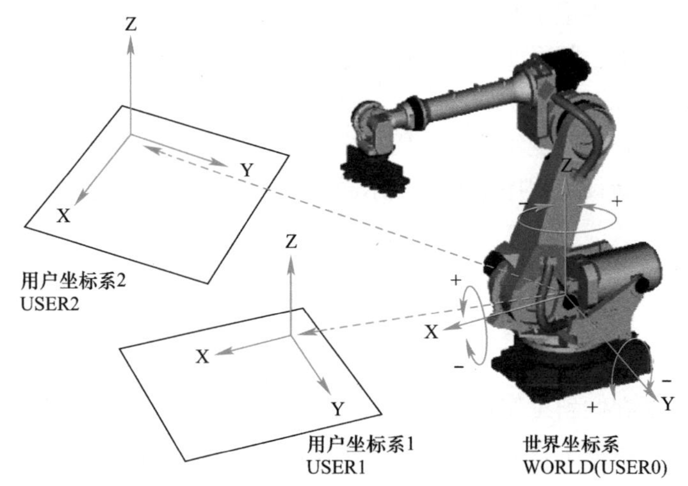

图 4.1.2 世界/用户坐标系示意图

默认可以设置 User1 至 User9 共 9 个用户坐标系，它被存储在系统变量 $MNUFRAME 中。此外，默认的用户坐标系 User0 和 WORLD 世界坐标系重合。新的用户坐标系都是基于默认的用户坐标系变化得到的，User0 可以被使用，但用户无法修改。

4-2 用户坐标系的设置与应用

三、任务实施

（一）用户坐标系设置（三点示教法）

步骤如下：

1. 依次按键操作：【MENU】（菜单）→6【SETUP】（设置）→F1【Type】（类型）→【Frames】（坐标系），进入如图 4.1.3 所示的坐标系设置界面。

2. 按 F3【OTHER】（其他/坐标）选择【USER Frame】（用户坐标系），进入用户坐标系的列表界面，如图 4.1.4 所示。

3. 移动光标至需要设置的用户坐标系，按 F2【DETAIL】（细节）进入该编号坐标系的设置界面，按 F2【METHOD】（方法），如图 4.1.5 所示。

4. 移动光标，选择所用的设置方法【Three point】（三点法），按【ENTER】（回车）键确认，进入具体设置界面，如图 4.1.6 所示。可将光标定位在 Comment（注释）处，按【ENTER】（回车）键修改注释。

5. 记录 Orient Origin Point（坐标原点）

（1）点动机器人工具尖端至需要的用户坐标系原点，光标移至 Orient Origin Point（坐标原点），按【SHIFT】+F5【RECORD】（记录）记录当前位置。

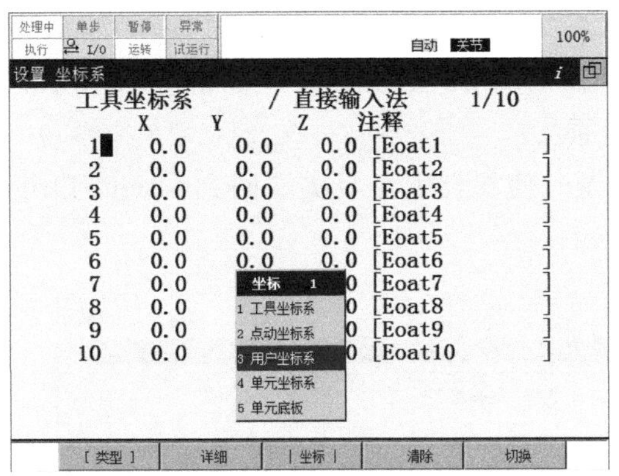

图 4.1.3 坐标系设置界面

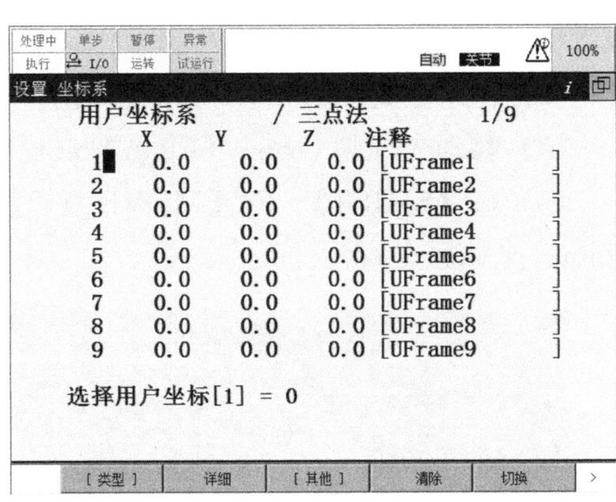

图 4.1.4 用户坐标系列表界面

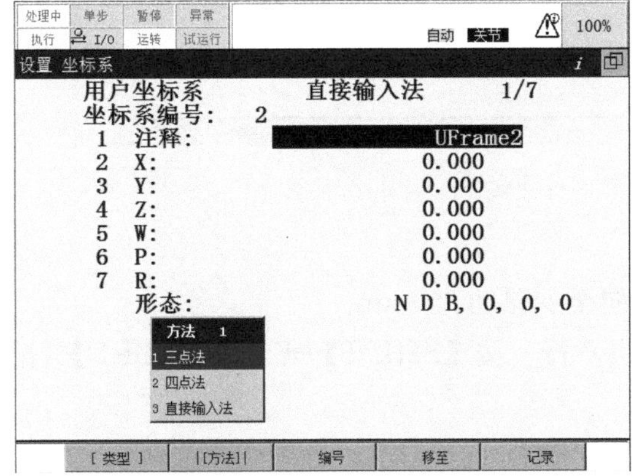

图 4.1.5 用户坐标系 2 设置界面

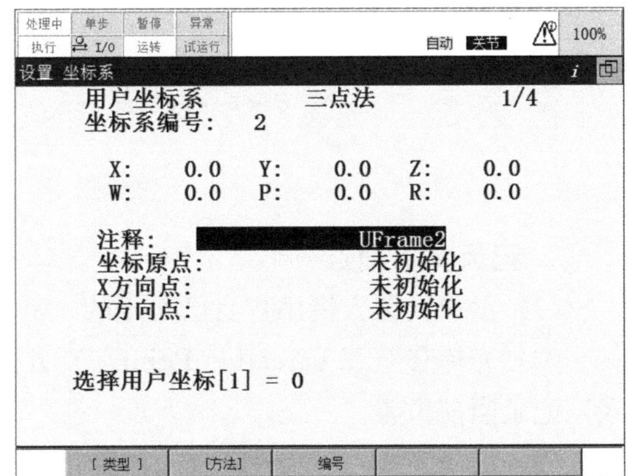

图 4.1.6 用户坐标系 2 的三点法设置界面

（2）当记录完成，UNINIT（未初始化）变成 RECORDED（已记录），如图 4.1.7 所示。

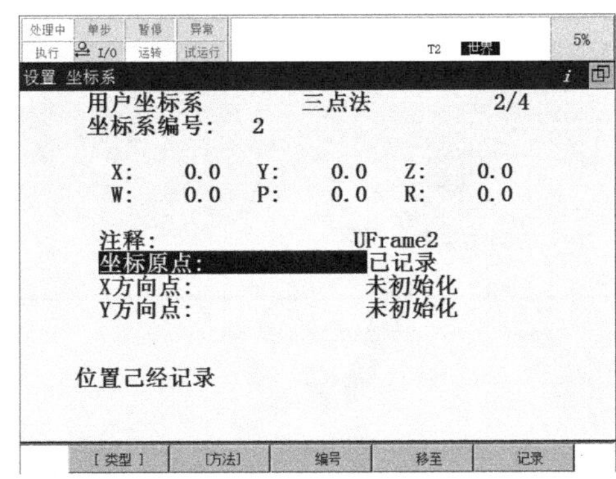

图 4.1.7 记录坐标系原点

6. 按【COORD】（示教坐标系）键将机器人的示教坐标切换成（WORLD）世界坐标系。

7. 记录 X 方向点

（1）示教机器人沿用户自己希望的+X 方向至少移动 250mm。

（2）光标移至 X Direction Point（X 方向点）行，按【SHIFT】+F5【RECORD】（记

录）记录当前位置。

（3）记录完成，UNINIT（未初始化）变为 RECORDED（已记录），如图 4.1.8 所示。

（4）移动光标到 Orient Origin Point（坐标原点）。

（5）按【SHIFT】+F4【MOVE_TO】（移至）使机器人工具尖端回到 Orient Origin Point（坐标原点）。

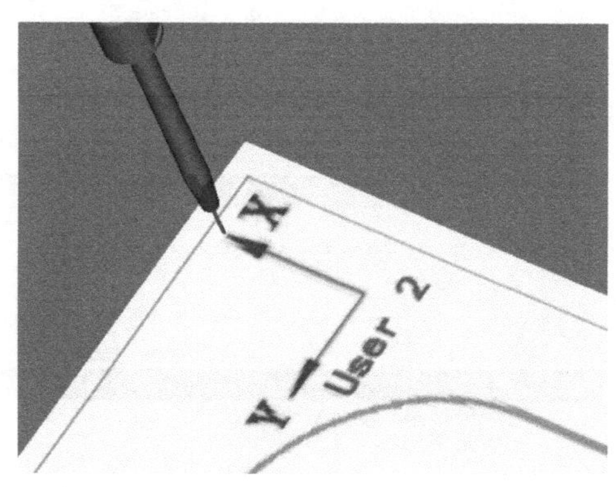

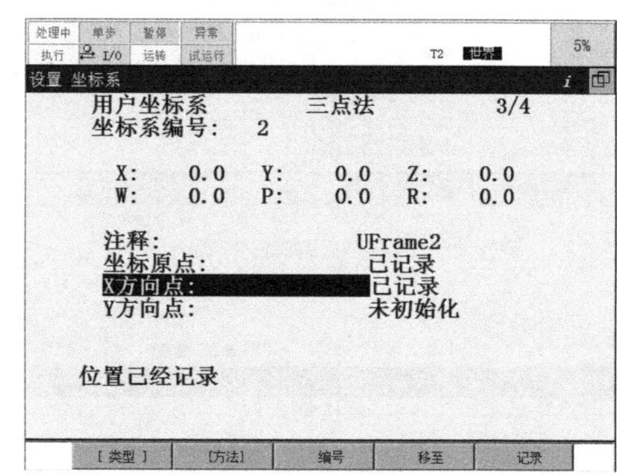

图 4.1.8　记录 X 方向点

8. 记录 Y 方向点

（1）示教机器人沿用户自己希望的+Y 方向至少移动 250mm。

（2）光标移至 Y Direction Point（Y 方向点）行，按【SHIFT】+F5【RECORD】（记录）记录当前位置。

（3）记录完成，UNINIT（未初始化）变为 USED（已使用），如图 4.1.9 所示。

3 个点均记录完成之后，系统自动计算生成该用户坐标系的数据，如图 4.1.9 示教器画面所示。X、Y、Z 的数据：代表当前设置的用户坐标系的原点相对于世界坐标系原点的偏移量。W、P、R 的数据：代表当前设置的用户坐标系相对于世界坐标系的旋转量。

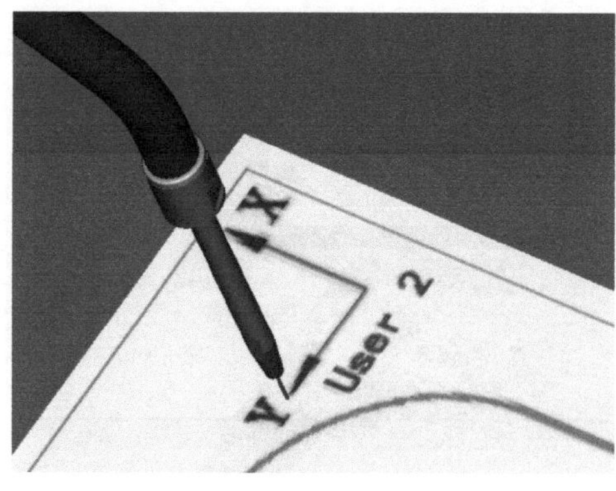

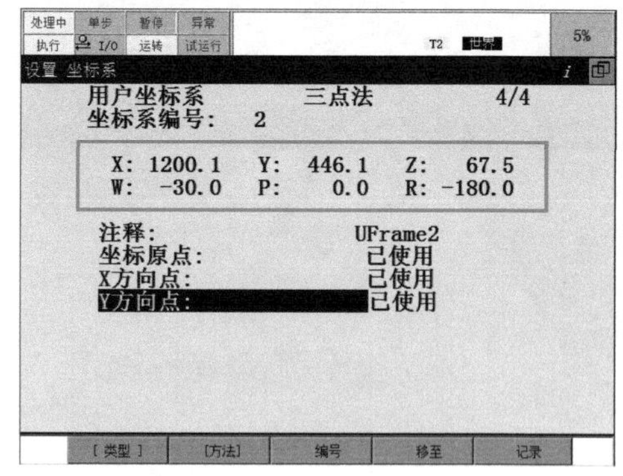

图 4.1.9　记录 Y 方向点

（二）激活用户坐标系

方法一：

1. 按【PREV】（前一页）键返回到用户坐标系列表界面，按 F5【SETIND】（切换），屏幕中出现：Enter frame number：（输入坐标系编号：），用数字键输入所需激活的用户坐标系号，如图 4.1.10 所示。

2. 按【ENTER】（回车）键确认，屏幕中将显示被激活的用户坐标系号，即当前有效的用户坐标系号，如图 4.1.11 所示。

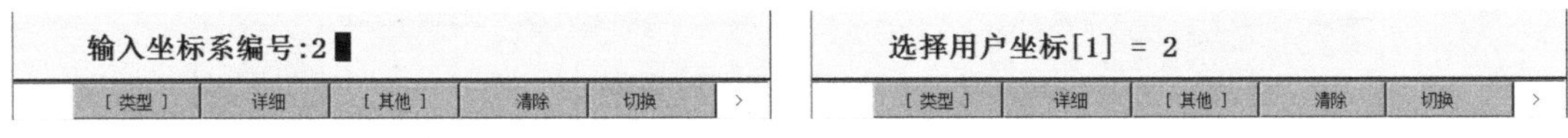

图 4.1.10　输入待激活的用户坐标系号　　　图 4.1.11　激活 2 号用户坐标系

方法二：

1. 按【SHIFT】+【COORD】键，弹出切换示教坐标系号的黄色对话框，如图 4.1.12 所示，当前有效的工具坐标系号是 1，用户坐标系号是 0。

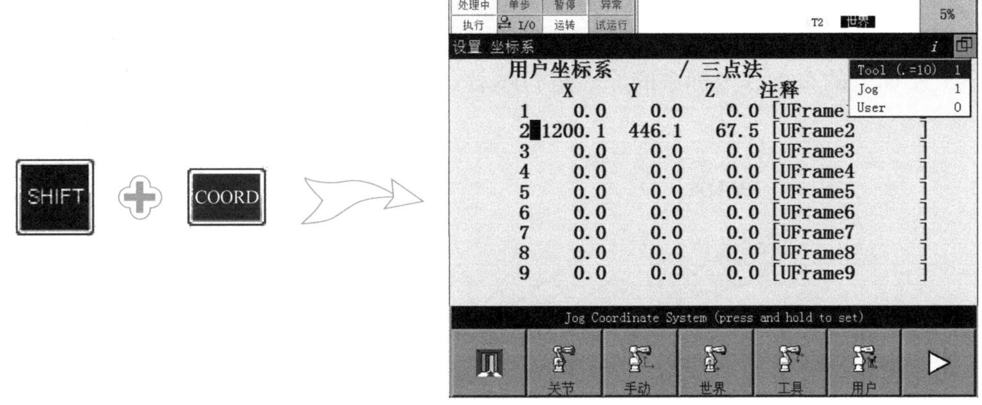

图 4.1.12　切换坐标系号

2. 把光标移到 User（用户）行，用数字键输入所要激活的用户坐标系号：2 即可。确认 2 号用户坐标系激活成功的界面如图 4.1.13 所示。

此外，对于多个运动组的机器人系统，应先切换至所需的 Group（组）后，再切换该运动组的坐标系号，如图 4.1.14 所示为 Group2（组 2）外部轴的坐标系号切换界面，仅有一个机器人运动组时不会显示 Group（组）项。

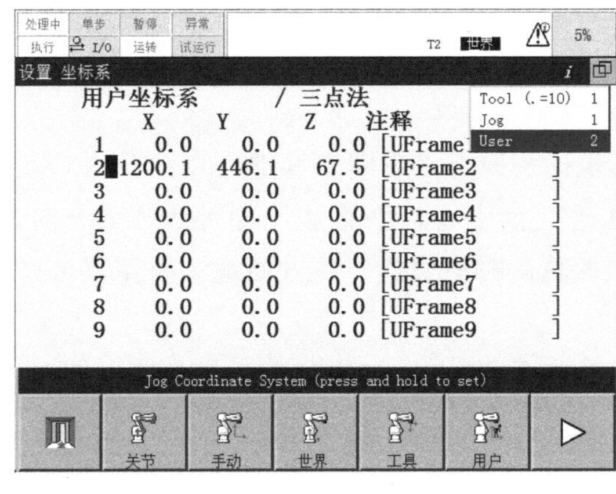

图 4.1.13　确认激活成功

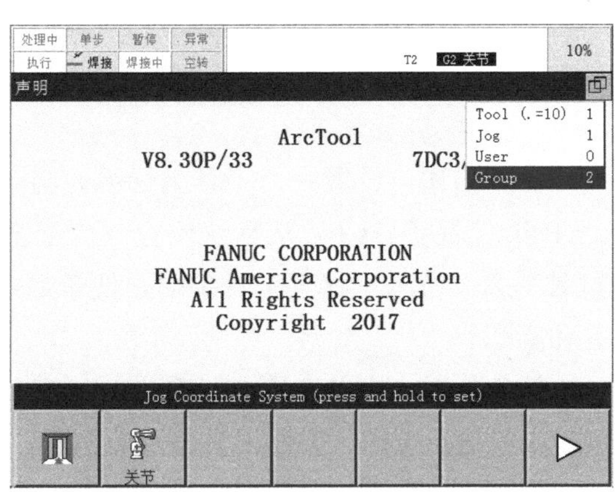

图 4.1.14　多运动组的坐标系号切换

（三）检验用户坐标系

为检验当前所激活的用户坐标系是否已经正确设置，执行如下操作步骤：

1. 将机器人的示教坐标系通过【COORD】键切换成用户坐标系，如图 4.1.15 所示。

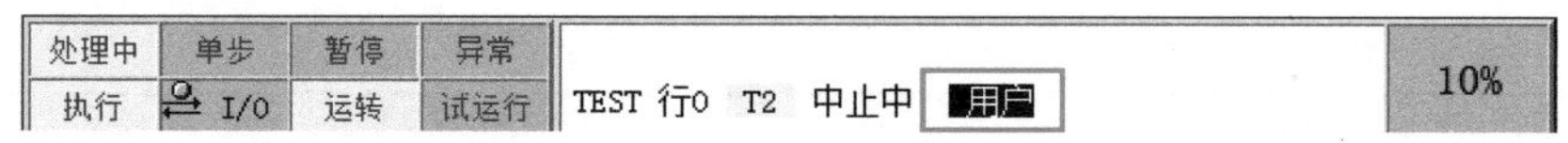

图 4.1.15　切换示教坐标系

2. 示教机器人分别沿 X、Y、Z 方向运动，检查当前用户坐标系的方向设定是否正确，若偏差不符合要求，重复以上所有步骤进行重新设置。

四、知识拓展

（一）四点示教法

对 4 个点，即平行于坐标系的 X 轴的开始点、X 轴方向的 1 点、XY 平面上的 1 点、坐标系的原点进行示教，如图 4.1.16 所示。

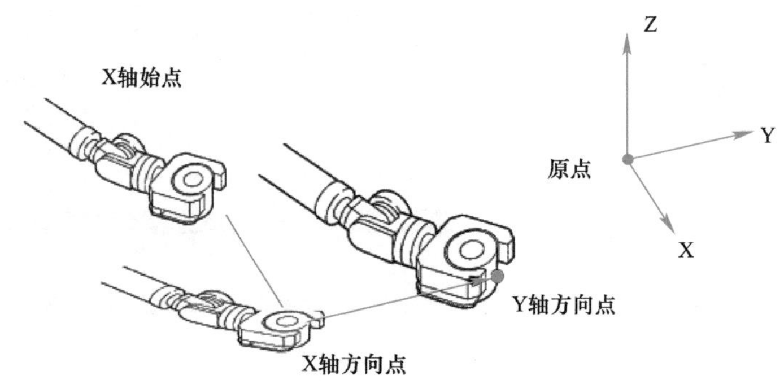

图 4.1.16　用户坐标系四点示教法示意图

（二）直接输入法

直接输入相对于世界坐标系的用户坐标系原点的位置 X、Y、Z 和世界坐标系的 X 轴、Y 轴、Z 轴的回转角 W、P、R 的值，设置界面从图 4.1.5 中选择进入。

任务二　工具坐标系的设置

一、任务分析

任务描述：设置一个工具坐标系，将工具坐标系原点（也即工具中心点：Tool Center Point，简称 TCP）从默认位置（位于 J6 轴法兰盘中心，垂直法兰向外为＋Z 方向，如图 4.2.1 所示）移至工具尖端，便于后续示教轨迹时更快捷、更方便地调整工具的位置和姿态。

任务分析：建立工具坐标系是为了确定工具的 TCP 点，方便调整工具姿态。同时，确定工具进给方向，方便工具位置的调整。

如图 4.2.2 所示，若图中的手爪有一个旋转点（TCP），使手爪直接绕着这个旋转点旋转（绕 X 轴旋转）就可以调整工具对准工件。同时，若把手爪方向取为某个轴方向（Z

轴)，则只需点动这个轴，就可以直接移动手爪至正确的抓取位置了。

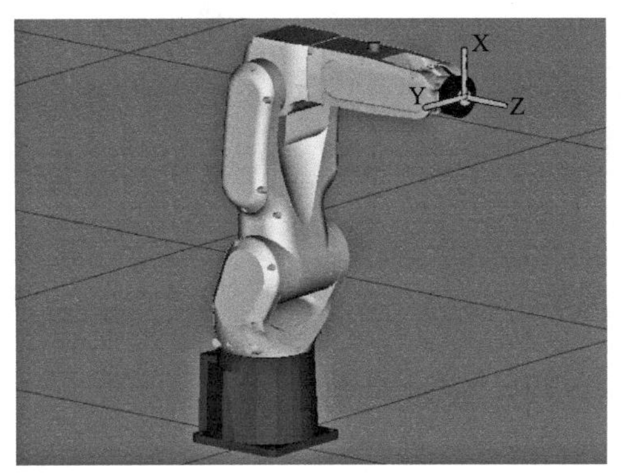

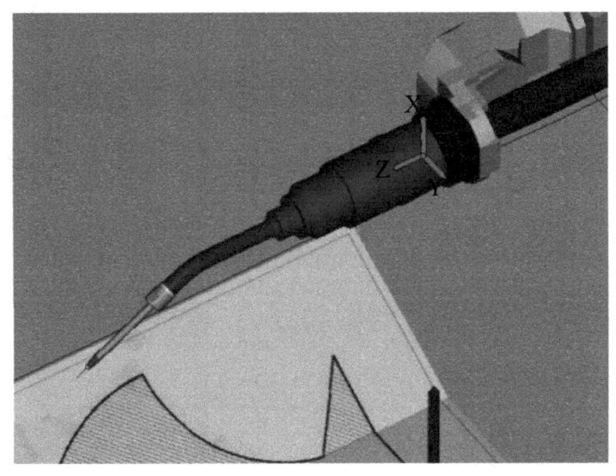

图 4.2.1　默认的工具坐标系示意图

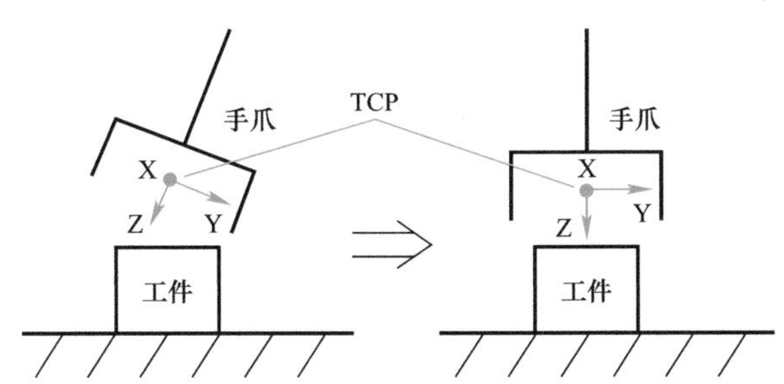

图 4.2.2　建立手爪工具坐标系示意图

工具坐标系的设置方法有三点示教法、六点示教法、直接输入法等，其中：

(1) 三点示教法只对默认的工具坐标系进行平移，不改变其姿态（即不改变各个坐标轴的方向)。

(2) 六点示教法不但平移了默认的工具坐标系，还同时改变其姿态。

(3) 直接输入法适用于已知工具具体尺寸的情况，直接输入偏移数据和回转角度，即可方便快捷地完成设置。

用户可视不同情况选用合适的方法来设置工具坐标系，设置完成后，需要激活并验证该设置。

二、相关知识

工具坐标系是表示工具中心点（TCP）位置和工具姿势的直角坐标系，通常以 TCP 为原点，并将工具方向取为 Z 轴。如图 4.2.3 所示，TCP 一般设置在焊枪焊丝端部、点焊静电极头前端、手爪夹具中心等。

通常我们所说的机器人轨迹及速度，其实就是指 TCP 点的轨迹和速度。

默认可以设置 Tool1 至 Tool10 一共 10 个工具坐标系，它被存储于系统变量 $MNU-TOOL 中。工具坐标系需要在编程前先行设定，未定义的默认工具坐标系，将由机械接口坐标系（位于 J6 轴法兰中心）来代替，如图 4.2.1 中 X、Y、Z 轴所组成的坐标系。所有设定的工具坐标系都是对默认的工具坐标系进行偏移及回转变化得到的。

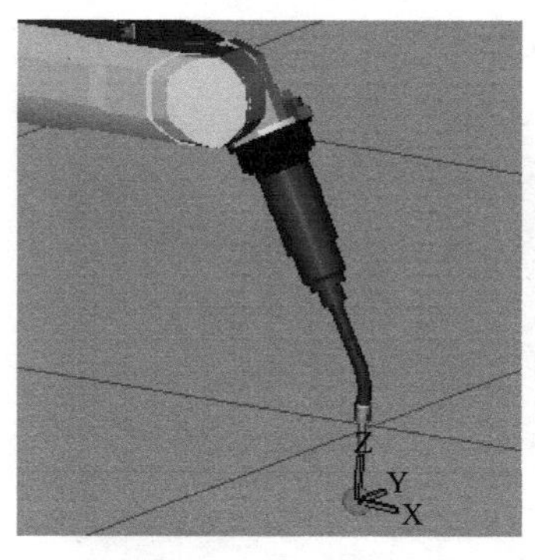

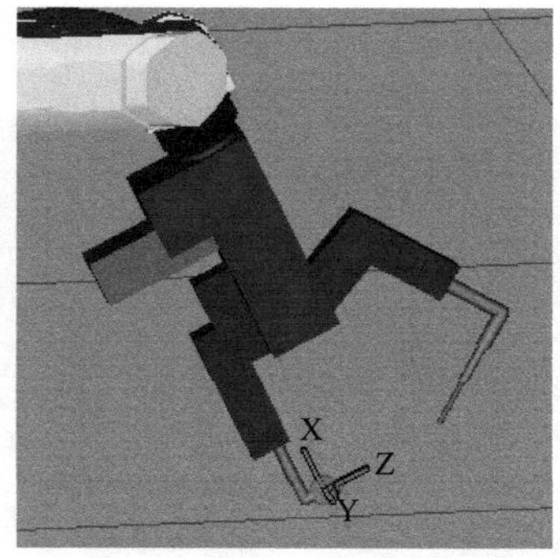

图 4.2.3　常用工具的工具坐标系设置示意图

4-3 工具坐标系的设置与应用（三点法）

三、任务实施

（一）工具坐标系设置（三点示教法）

步骤如下：

1. 依次按键操作：【MENU】（菜单）→6【SETUP】（设置）→F1【Type】（类型）→【Frames】（坐标系），进入如图 4.2.4 所示的坐标系设置界面。

2. 按 F3【OTHER】（其他/坐标）选择【Tool Frame】（工具坐标系）进入工具坐标系的列表界面，如图 4.2.5 所示。

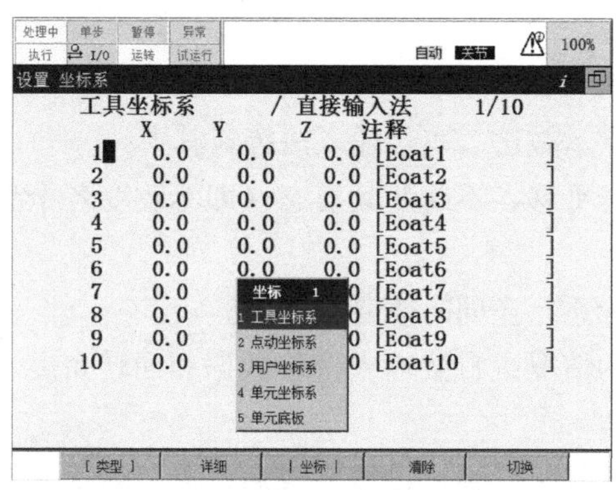

图 4.2.4　坐标系设置界面

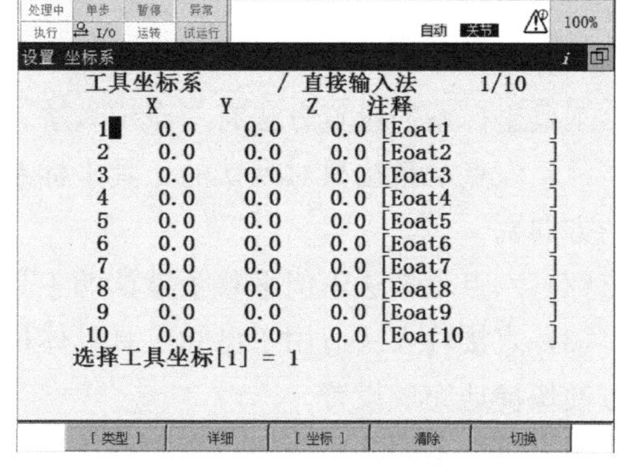

图 4.2.5　工具坐标系列表界面

3. 移动光标到所需设置的工具坐标系号处，按键 F2【DETAIL】（详细）进入详细设置界面，如图 4.2.6 所示。

4. 按 F2【METHOD】（方法），移动光标，选择所用的设置方法【Three Point】（三点法），按【ENTER】（回车）键确认，进入如图 4.2.7 的三点法设置界面。

5. 记录接近点 1

（1）移动光标到接近点 1（Approach Point 1）；

（2）把示教坐标切换成世界坐标（WORLD）后点动机器人，使工具尖端接触到基准点；

（3）按【SHIFT】+F5【RECORD】（记录）记录接近点 1，如图 4.2.8 所示。

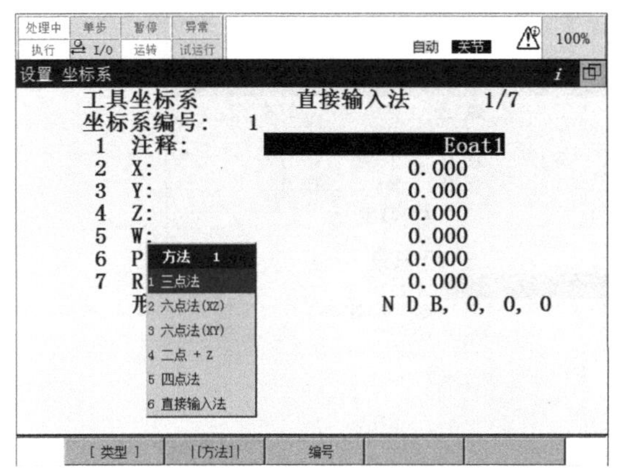

图 4.2.6　工具坐标系 1 的设置界面

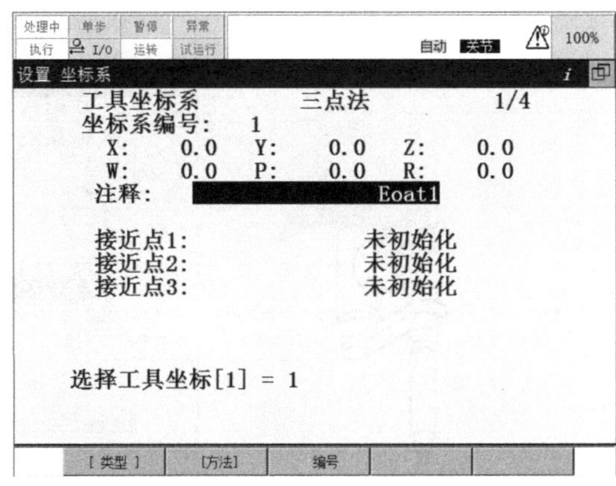

图 4.2.7　工具坐标系 1 的三点法设置界面

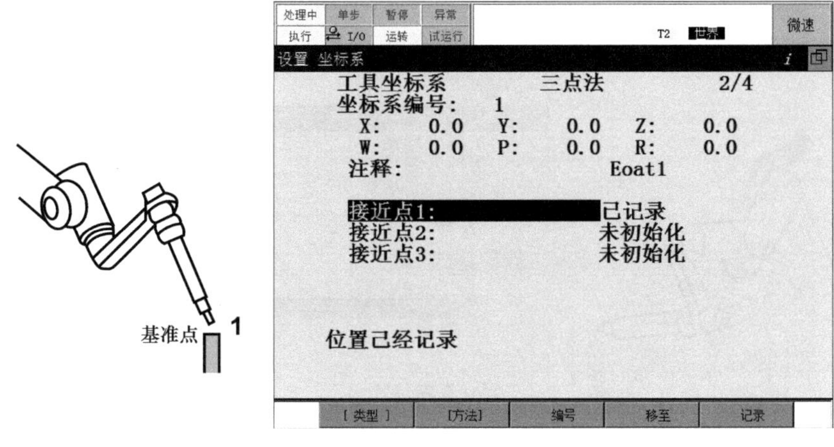

图 4.2.8　记录接近点 1

6. 记录接近点 2

(1) 沿世界坐标 (WORLD)+Z 方向移动机器人 50mm 左右。

(2) 移动光标到接近点 2 (Approach Point 2)。

(3) 把示教坐标切换成关节坐标 (JOINT)，旋转 J6 轴 (法兰面) 至少 90°，不要超过 180°。

(4) 把示教坐标切换成世界坐标 (WORLD) 后点动机器人，使工具尖端接触到基准点。

(5) 按【SHIFT】+F5【RECORD】(记录) 记录接近点 2，如图 4.2.9 所示。

7. 记录接近点 3

(1) 沿世界坐标 (WORLD) 的+Z 方向移动机器人 50mm 左右。

(2) 移动光标到接近点 3 (Approach Point 3)。

(3) 把示教坐标切换成关节坐标 (JOINT)，旋转 J4 轴和 J5 轴，均不超过 90°。

(4) 把示教坐标切换成世界坐标 (WORLD)，移动机器人，使工具尖端接触到基准点。

(5) 按【SHIFT】+F5【RECORD】(记录) 记录接近点 3，如图 4.2.10 所示。

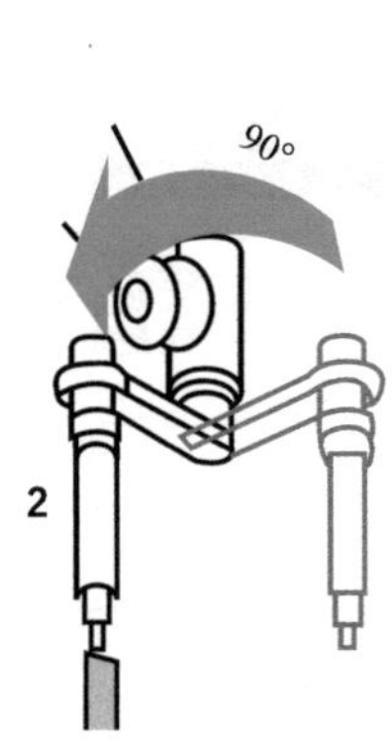

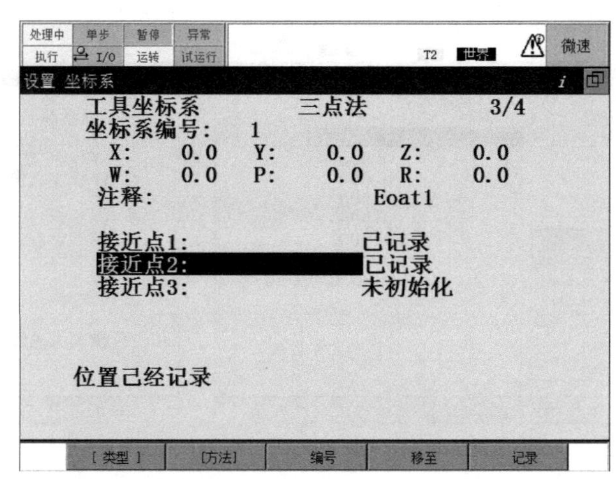

图 4.2.9 记录接近点 2

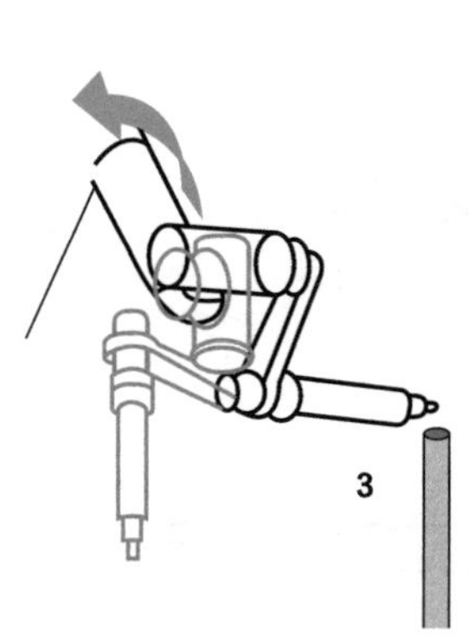

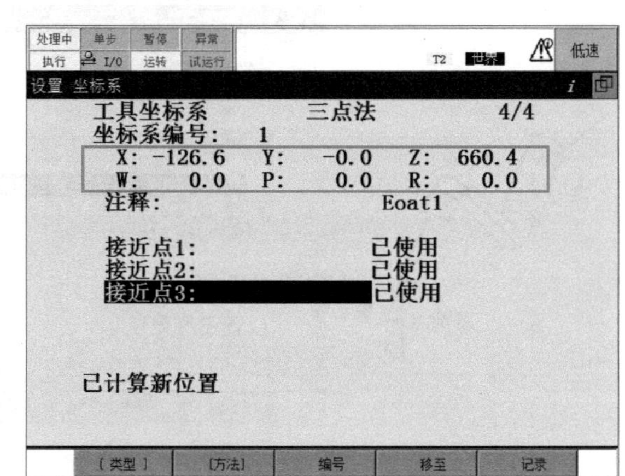

图 4.2.10 记录接近点 3

8. 当 3 个点记录完成，新的工具坐标系数据被自动计算生成，如图 4.2.10 中圆角矩形框内所示。其中：

（1）X、Y、Z 中的数据：代表当前设置的 TCP 点相对于 J6 轴法兰盘中心的偏移量。

（2）W、P、R 的值为 0：表示三点示教法只是从 J6 轴法兰中心平移了整个工具坐标系，并不改变其姿态（即不改变坐标系各个轴的方向），如图 4.2.11 所示。

4-4 工具坐标系的设置与应用（六点法）

（二）工具坐标系设置（六点示教法）

步骤如下：

1. 依次按键操作：【MENU】（菜单）→【SETUP】（设置）→F1【TYPE】（类型）→【Frames】（坐标系）进入坐标系设置界面，如图 4.2.4 所示。

2. 按 F3【OTHER】（坐标）选择【Tool Frame】（工具坐标系）进入工具坐标系的列表界面，如图 4.2.5 所示。

3. 移动光标至需要设置的工具坐标号上，按 F2【DETAIL】（详细）进入该工具坐标系的详细设置界面，按 F2【METHOD】（方法），如图 4.2.12 所示。

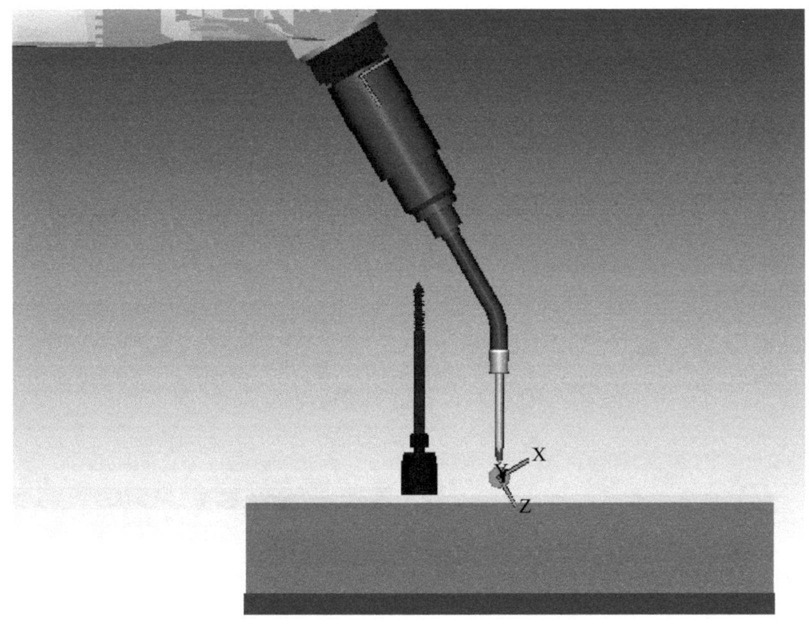

图 4.2.11　三点法设置的工具坐标系

4. 选择所用的设置方法【Six Point（XZ)】(六点法（XZ））,进入如图 4.2.13 所示界面。

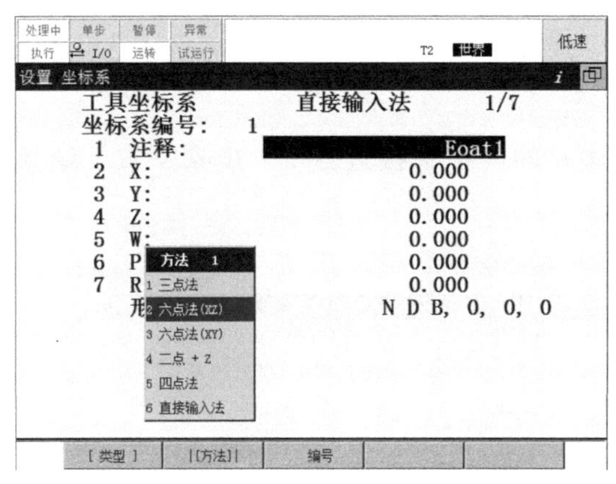

图 4.2.12　工具坐标系 1 的设置界面

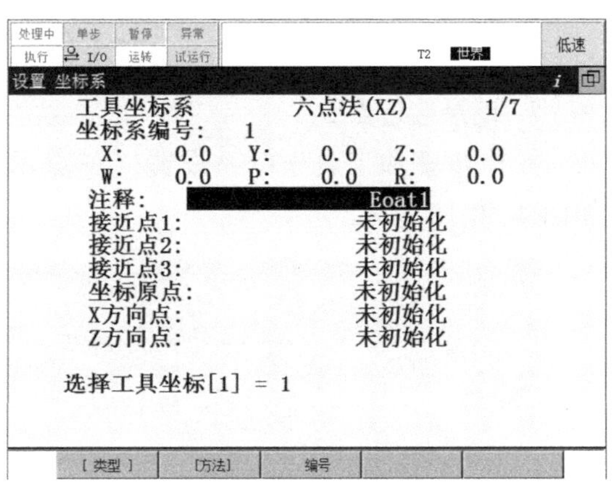

图 4.2.13　工具坐标系 1 的六点法设置界面

5. 记录接近点 1

(1) 移动光标到接近点 1（Approach Point 1)。

(2) 点动机器人使工具尖端接触到基准点，并使工具轴平行于世界坐标系轴（如焊丝前端平行于世界坐标系 Z 轴)。

(3) 按【SHIFT】+F5【RECORD】(记录）记录接近点 1，如图 4.2.14 所示。

6. 记录接近点 2

操作步骤和工具坐标系设置（三点示教法）的“记录接近点 2”步骤一致，结果如图 4.2.15 所示。

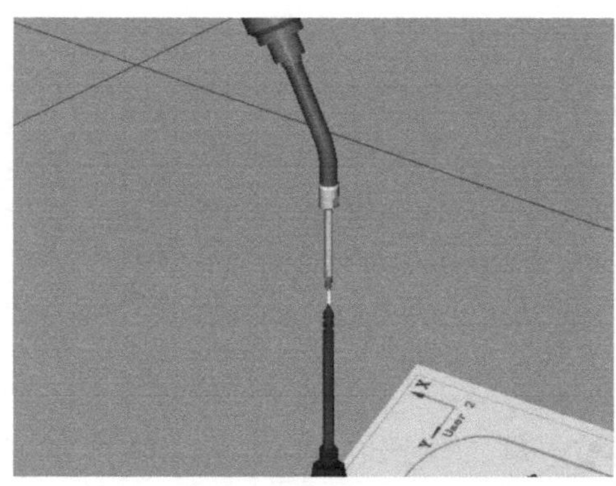

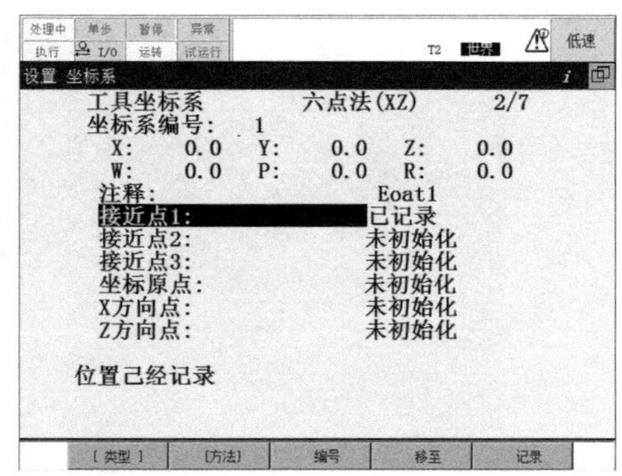

图 4.2.14　记录接近点 1

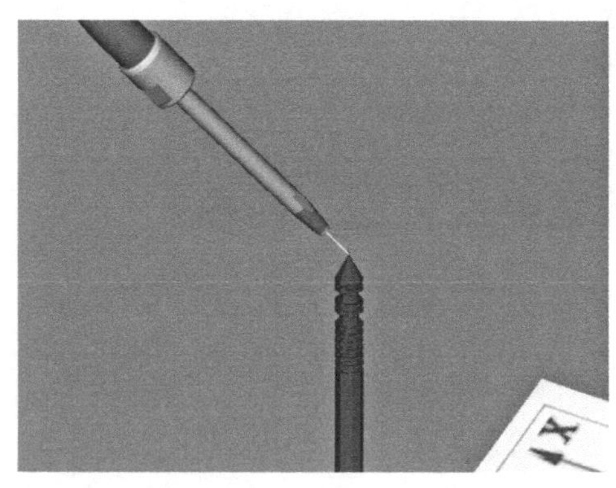

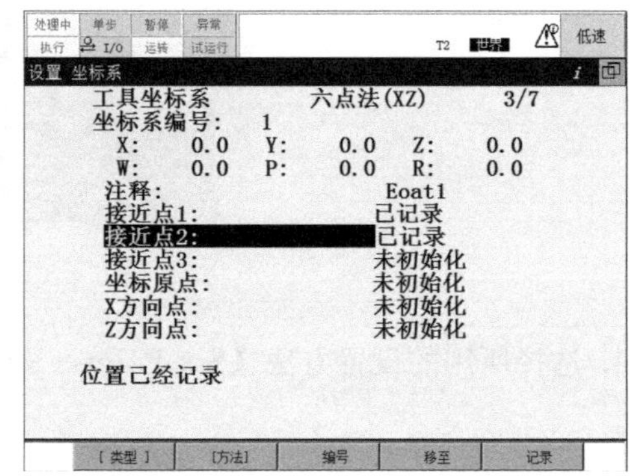

图 4.2.15　记录接近点 2

7. 记录接近点 3

操作步骤和工具坐标系设置（三点示教法）的“记录接近点 3”步骤一致，结果如图 4.2.16 所示。

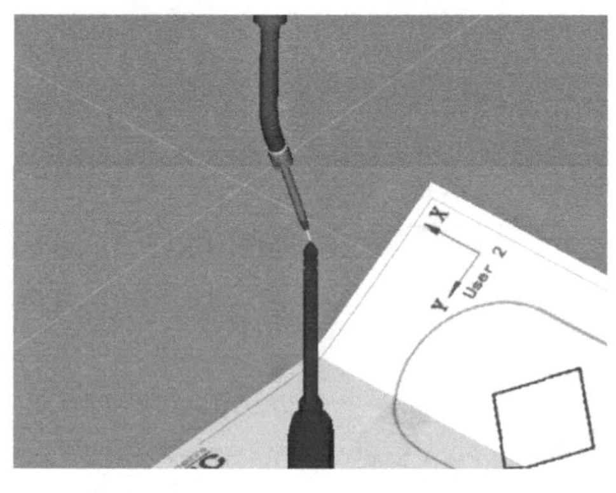

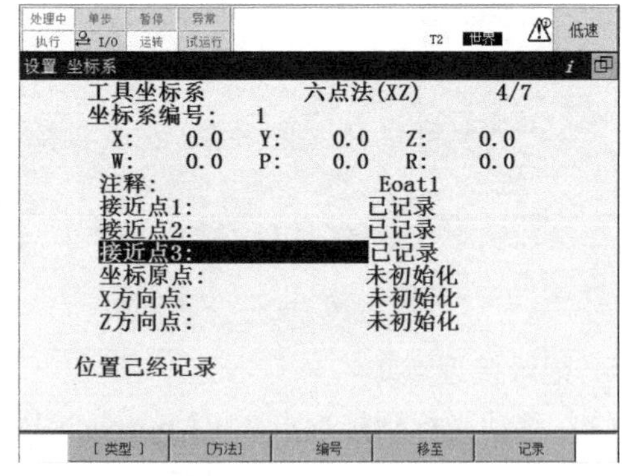

图 4.2.16　记录接近点 3

8. 记录 Orient Origin Point（坐标原点）

（1）移动光标到接近点 1（Approach Point 1）。

（2）按【SHIFT】+F4【MOVE_TO】（移至）使机器人回到接近点 1。

（3）移动光标到坐标原点（Orient Origin Point）。

（4）按【SHIFT】+F5【RECORD】（记录）记录坐标原点，即把接近点 1 设置成坐标原点，如图 4.2.17 所示。

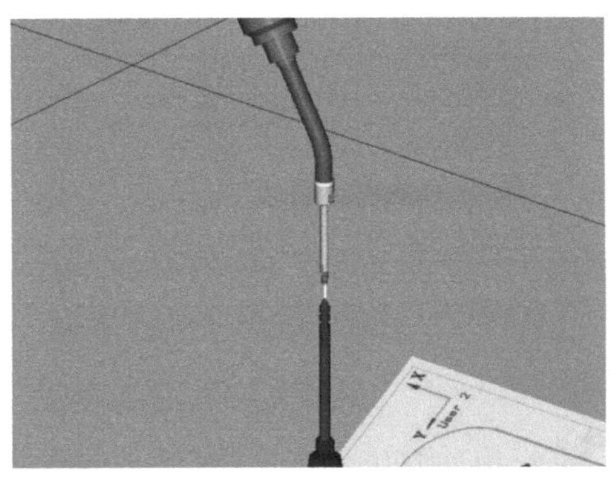
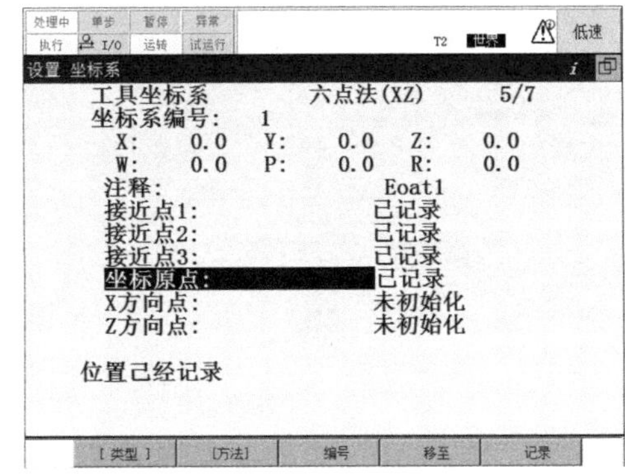

图 4.2.17　记录坐标原点

9. 定义+X 方向点

（1）移动光标到 X 方向点（X Direction Point）。

（2）把示教坐标切换成世界坐标（WORLD）。

（3）移动机器人，使工具沿所需要设定的+X 方向至少移动 250mm。

（4）按【SHIFT】+F5【RECORD】（记录）记录 X 方向点，如图 4.2.18 所示。

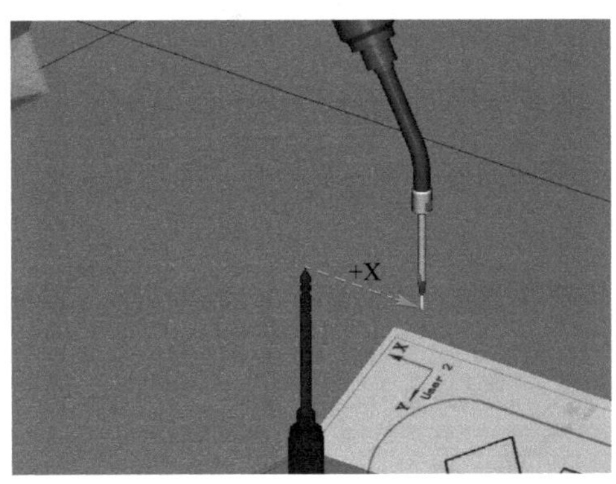

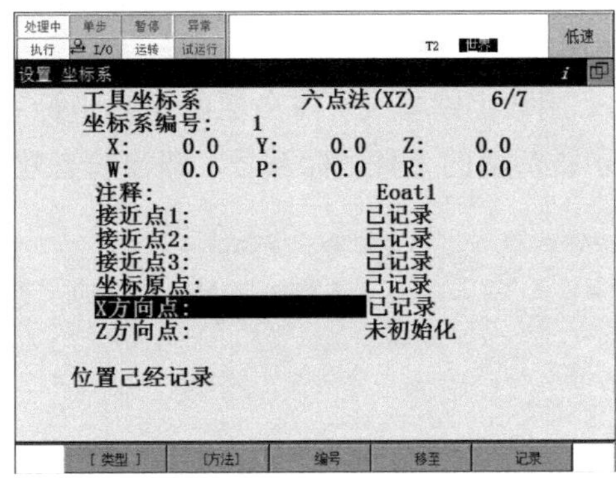

图 4.2.18　记录+X 方向点

10. 定义+Z 方向点

（1）移动光标到坐标原点（Orient Origin Point）。

（2）按【SHIFT】+F4【MOVE_TO】（移至）使机器人移动回 Orient Origin Point（坐标原点）。

（3）移动光标到 Z 方向点（Z Direction Point）。

（4）移动机器人，使工具沿所需要设定的+Z 方向［以世界坐标（WORLD）方式点动］至少移动 250mm。

（5）按【SHIFT】+F5【RECORD】（记录）记录 Z 方向点，如图 4.2.19 所示。

当 6 个点记录完成，新的工具坐标系数据被自动计算生成，如图 4.2.19 中矩形框内所示。其中：

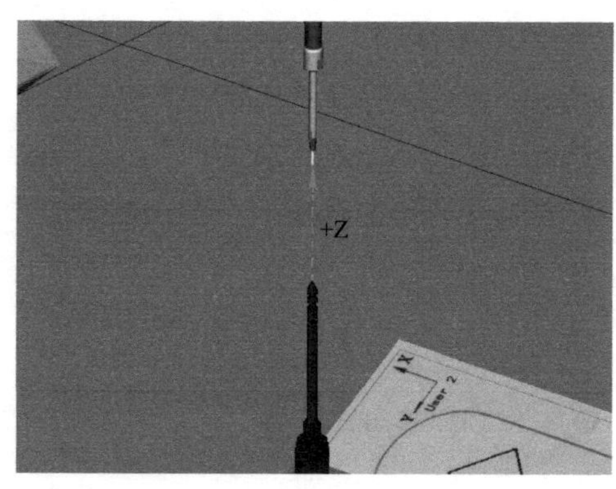

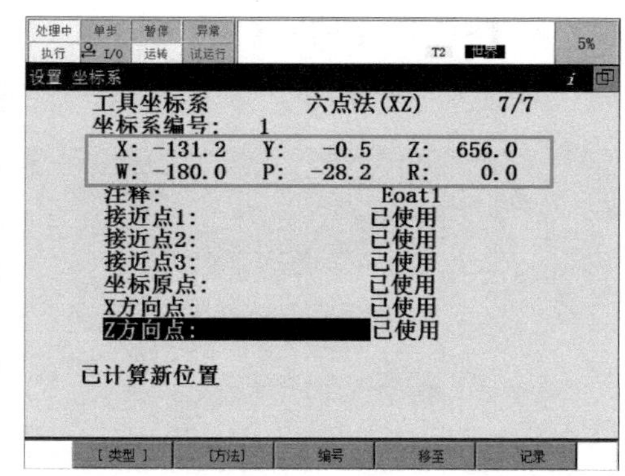

图 4.2.19　记录 + Z 方向点

（1）X、Y、Z 中的数据代表当前设置的 TCP 点相对于 J6 轴法兰盘中心的偏移量。

（2）W、P、R 中的数据代表当前设置的工具坐标系与默认工具坐标系的旋转量。

可见，六点示教法平移了 TCP 点的位置，而且改变了默认工具坐标系的姿态。设置完成的工具坐标系 Z 轴和焊枪尖端平行，采用它来示教焊接轨迹时将会特别方便，如图 4.2.20 所示。

（三）激活工具坐标系

方法一：

1. 按【PREV】（前一页）键返回到工具坐标系列表界面，按 F5【SETIND】（切换），屏幕中出现：Enter frame number：（输入坐标系编号：），如图 4.2.21 所示。

2. 用数字键输入所需激活的工具坐标系号，按【ENTER】（回车）键确认；屏幕中将显示被激活的工具坐标系号，即当前有效的工具坐标系号，如图 4.2.22 所示。

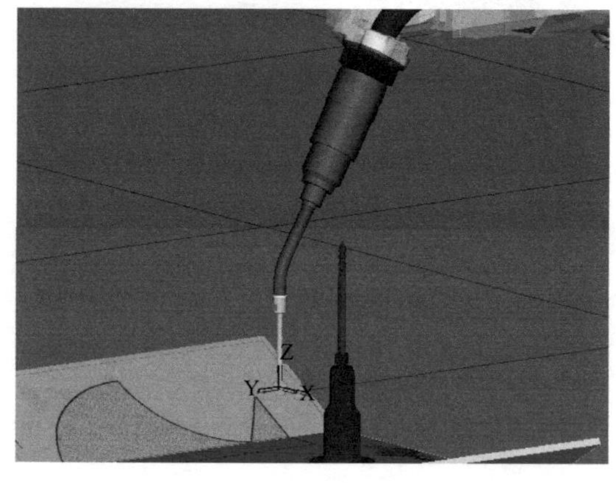

图 4.2.20　六点法设置的工具坐标系

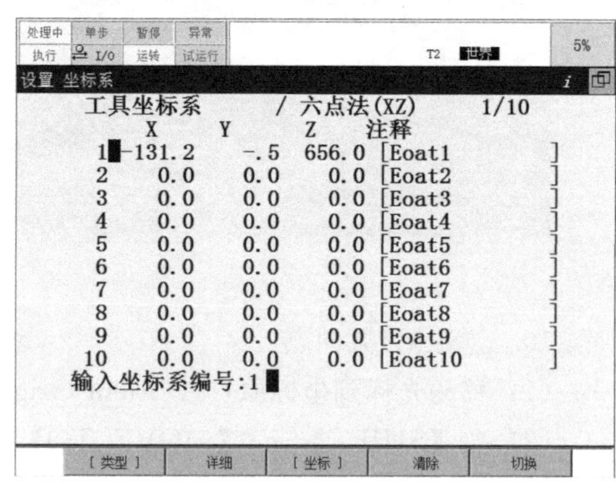

图 4.2.21　输入待激活的工具坐标系号

选择工具坐标[1] = 1

[类型]　详细　[坐标]　清除　切换

图 4.2.22　激活 1 号工具坐标系

方法二：

1. 按【SHIFT】+【COORD】键，弹出黄色对话框，如图 4.2.23 所示。

2. 把光标移到 Tool（工具）行，用数字键输入所要激活的工具坐标系号：1～10 即可。如图 4.2.24 所示，确认 1 号工具坐标系激活成功。

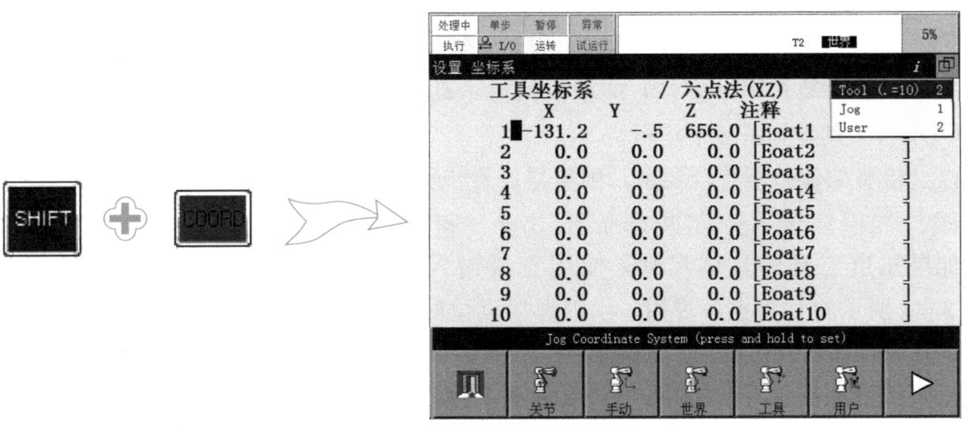

图 4.2.23　切换坐标系号

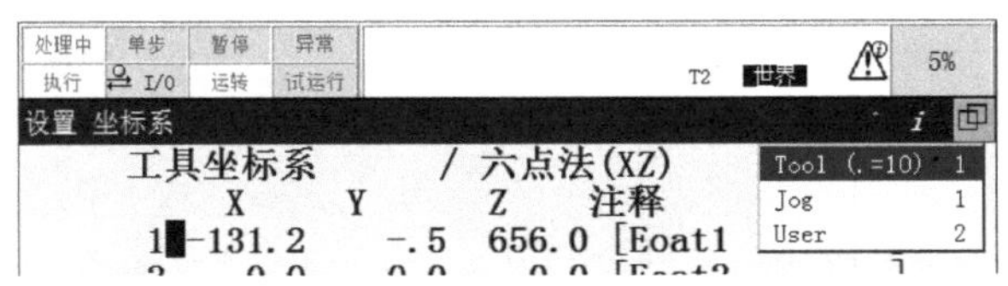

图 4.2.24　确认激活成功

（四）检验工具坐标系

为检验当前所激活的工具坐标系是否已经正确设置，执行如下操作步骤：

1. 检验 X、Y、Z 方向

（1）将机器人的示教坐标系通过【COORD】键切换成工具坐标系，如图 4.2.25 所示。

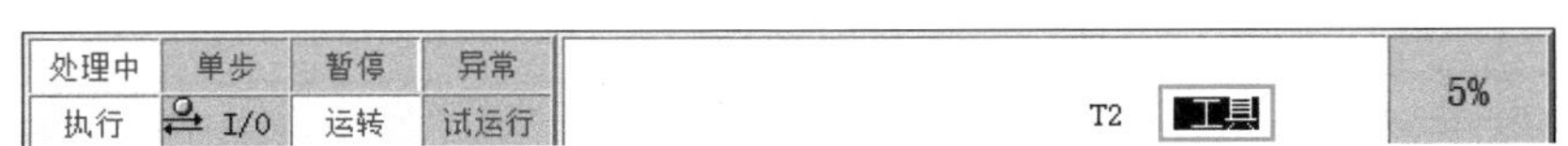

图 4.2.25　切换示教坐标系至工具

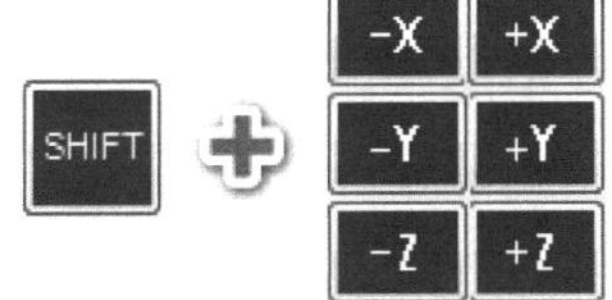

（2）示教机器人分别沿 X、Y、Z 方向运动，检查工具坐标系的方向设定是否符合要求。

2. 检验 TCP 位置

（1）将机器人的示教坐标系通过【COORD】键切换成世界坐标系，如图 4.2.26 所示。

图 4.2.26　切换示教坐标系至世界

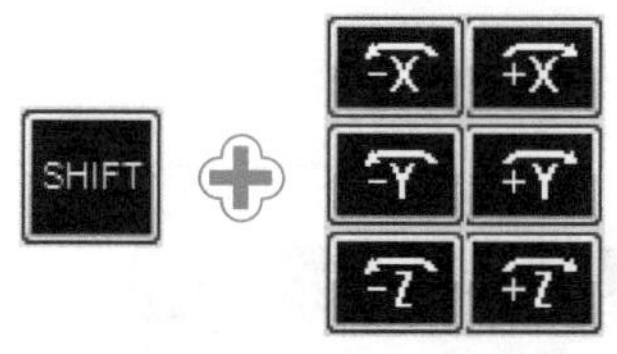

（2）移动机器人对准基准点，示教机器人绕 X、Y、Z 轴旋转，检查 TCP 点的位置是否符合要求。

绕 X、Y、Z 轴旋转过程中 TCP 点（工具中心点或工具尖端）应基本保持不动，本操作也可以直接在当前示教坐标系为 TOOL（工具坐标系）下进行。

以上检验如偏差不符合要求，则重复设置步骤。

四、知识拓展——工具坐标系设置（直接输入法）

如果知道工具的具体尺寸，使用直接输入法来设置工具坐标系会更为便捷。如图 4.2.27 所示的 C 型点焊焊钳，示教焊接点位时为了方便调整焊钳姿态，通常需要设置一个工具坐标系，将 TCP 点（坐标原点）从默认的 J6 轴法兰中心移至静电极头的尖端，且使该工具坐标系的+Z 方向与电极头方向一致。

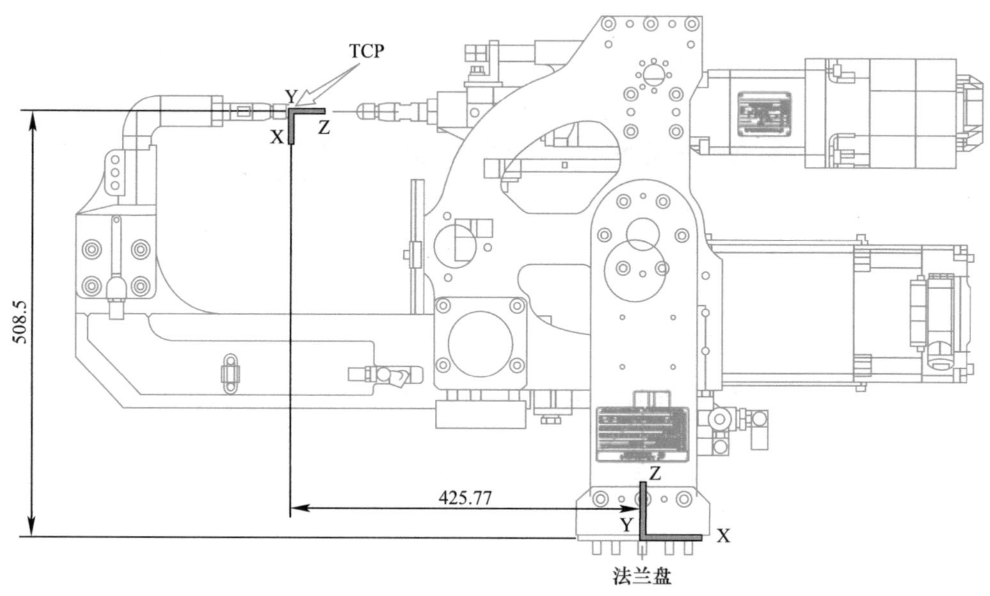

图 4.2.27　C 型点焊焊钳尺寸图

由于已知焊钳的具体尺寸，可采用直接输入法来设置工具坐标系，步骤如下：

1. 在工具坐标系列表界面中，移动光标到所需设置的工具坐标号上，按 F2【DETAIL】（详细）进入该工具坐标系的详细设置界面。接着按 F2【METHOD】（方法），选择直接输入法【Direct Entry】，如图 4.2.28 所示。

2. 按【ENTER】（回车）键确认，进入直接输入法的设置界面。参考图 4.2.27 所示的尺寸和工具坐标系轴方向，直接输入默认 TCP 点的偏移量（X=−425.77，Z=508.5）和 Y 轴的回转角度（P=90）。输入完成即可得到正确的焊钳工具坐标系，如图 4.2.29 所示。

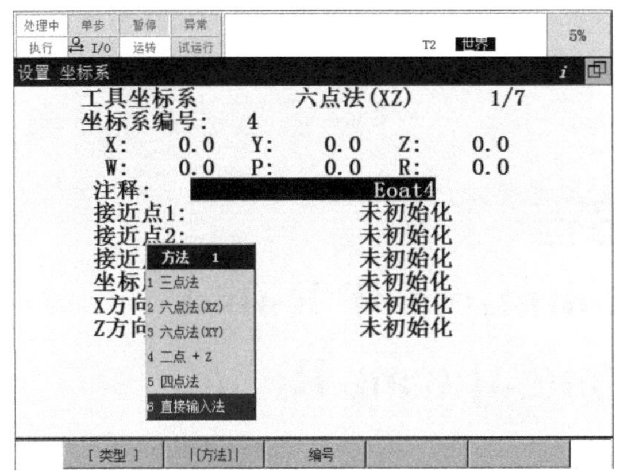

图 4.2.28　切换工具坐标系的设置方法

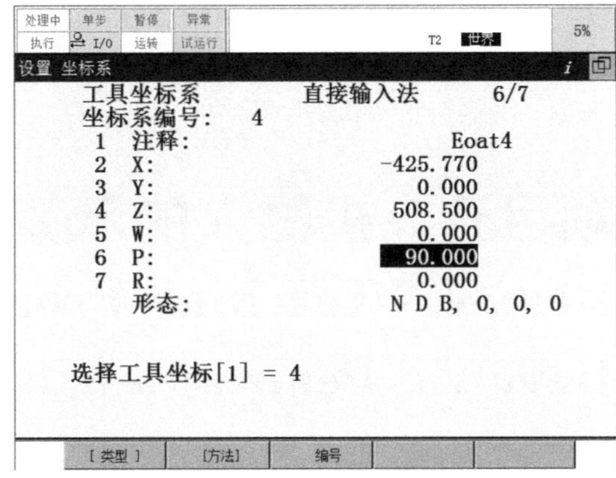

图 4.2.29　直接输入法设置界面

习　　题

1. 用户坐标系一共有____个，用户可以设定的用户坐标系共有____个，默认的用户坐标系与________重合，可以使用但不可修改的用户坐标系是________。

2. 工具坐标系原点（工具中心点或工具尖点）通常称为________，默认的工具坐标系原点位于____________________。

3. 建立__________是为了确定工具的 TCP 位置和工具的进给方向，方便点动调整工具位置和姿态，用户可以设定的工具坐标系共有______个。

4. 按下________________键，可以显示当前激活有效的用户及工具坐标系号对话框。

5. 请简述工具坐标系设置三点法与六点法的区别，以及如何检验它们是否已正确设定。

项目五　机器人的示教编程
Item V　Teaching Programming of Robot
Item V　Pemrograman Pengajaran Robot

教学目标

1. 知识目标

（1）了解 FANUC 机器人的程序编辑界面；

（2）了解 FANUC 机器人的定位类型、位置点资料；

（3）掌握 FANUC 机器人动作指令的格式、类型及示教方法；

（4）掌握 FANUC 机器人常用控制指令的应用场景及应用技巧。

2. 能力目标

（1）能够进行机器人程序的创建、选择、删除、复制及查看属性等操作；

（2）能够根据工作要求使用正确的指令编写机器人的程序，并能执行、测试或编辑程序。

3. 素质目标

（1）通过总结实践操作过程中常出现的不合理动作指令、指令速度、定位类型、点位注释、多余程序行等问题，培养学生善于思考、善于总结、规范编程、追求卓越等优秀的职业素养。

（2）通过强调各指令的工程应用场景和技巧，使程序不断优化和完善，在潜移默化中培养学生的工程实践素养和一丝不苟、精益求精的工匠精神。

任务一　程序的管理

一、创建程序

操作步骤：

1. 在示教器上按下【SELECT】（程序一览）键，显示如图 5.1.1 所示的程序一览界面。

5-1 程序管理

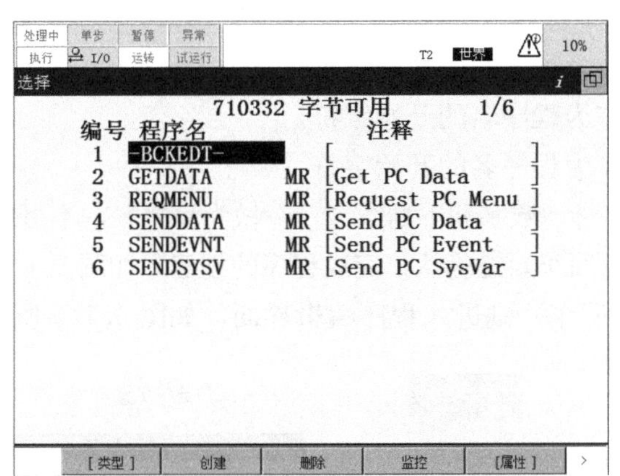

图 5.1.1　程序一览界面

2. 按下 F2【CREATE】（创建），显示新建程序界面，如图 5.1.2 所示。

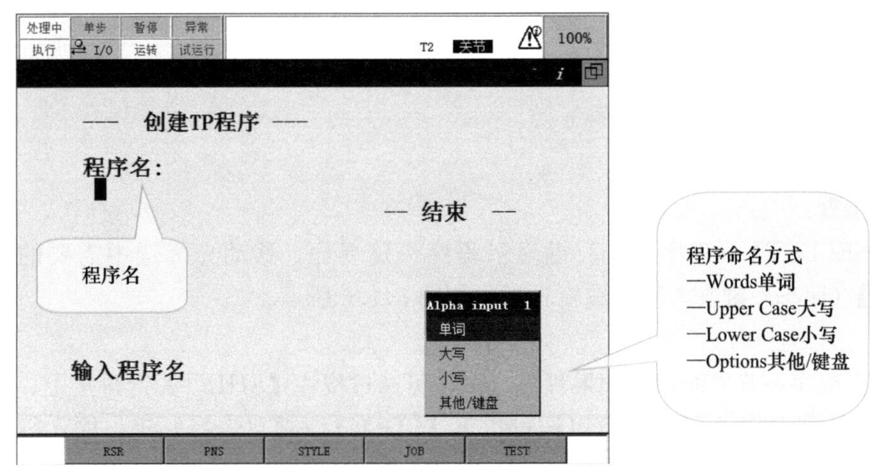

图 5.1.2　新建程序界面

3. 按上下光标键选择程序命名方式，再使用功能键（F1～F5）和数字键输入程序名，如图 5.1.3 所示。

其中：

（1）选择【Words】（单词）命名方式时，F1～F5 键分别对应常用的单词：RSR、PNS、STYLE、JOB、TEST，在【MENU】（菜单）→“系统”→“配置”中，可更改这些常用单词。

（2）选择【Upper Case】（大写）命名方式时，F1～F5 键分别对应 26 个英文大写字母和符号。

（3）选择【Lower Case】（小写）命名方式时，F1～F5 键分别对应 26 个英文小写字母和符号。

如要将程序取名为 TEST01，选择【Words】（单词）方式，按下 F5 “TEST”，再按数字键 0 和 1 即可。

注意：

（1）不可以以空格作为程序名的开始字符。

（2）不可以以符号作为程序名的开始字符。

（3）不可以以数字作为程序名的开始字符。

（4）可以使用大写字母、数字和下划线“_”做为程序名，不可使用@、*、.符号。

4. 按下【ENTER】（回车）键确认，完成程序的创建，如图 5.1.4 所示。按 F3【EDIT】（编辑）或【ENTER】（回车）键进入程序编辑界面，如图 5.1.5 所示。

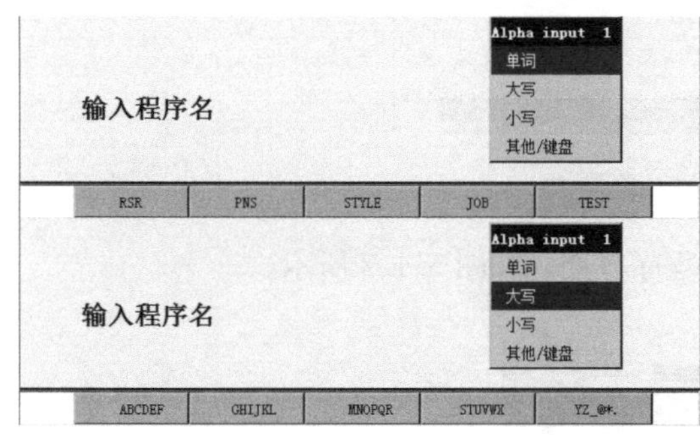

图 5.1.3　程序命名方式界面

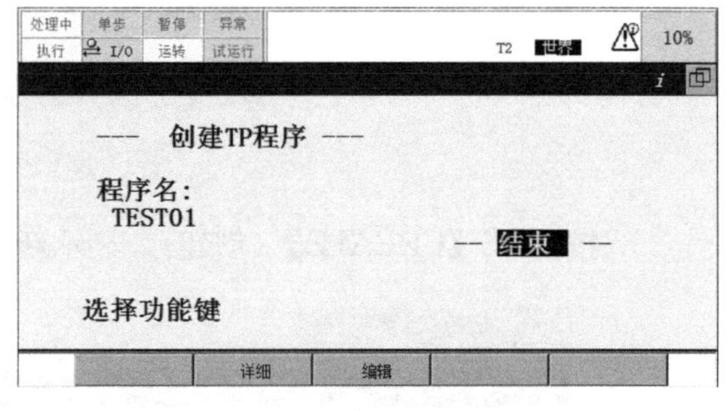

图 5.1.4　完成程序创建

二、选择程序

操作步骤：

按【SELECT】（程序一览）键显示程序一览界面，移动光标选中需要的程序，按【ENTER】（回车）键进入程序编辑界面，如图 5.1.6 所示。

注意：

（1）在程序一览界面中，如果程序过多，可通过按住【SHIFT】键再按上、下光标键的方式跳跃式地移动光标；还可以通过按下【ITEM】（项目选择）键，输入行号后按下【ENTER】（回车）键，快速地定位程序行。

（2）在任意的当前界面下，按下【EDIT】（编辑）键，都可以快速地返回之前运行中或编辑中的程序的编辑界面。

三、删除程序

操作步骤：

1. 按【SELECT】（程序一览）键，显示程序一览界面，移动光标选中要删除的程序名（如程序 JOB02）。按下 F3【DELETE】（删除），出现 Delete OK?（是否删除?）的提示，如图 5.1.7 所示。

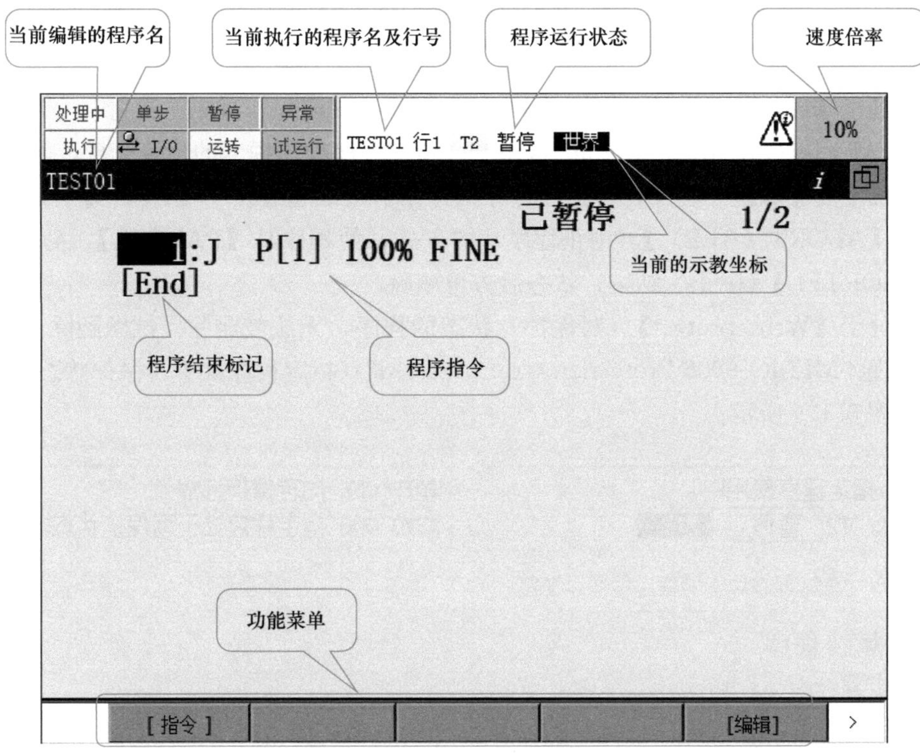

图 5.1.5　程序编辑界面

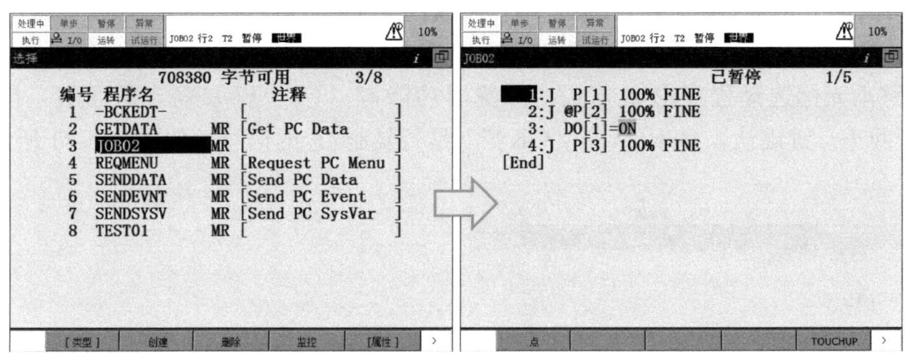

图 5.1.6　程序选择示意图

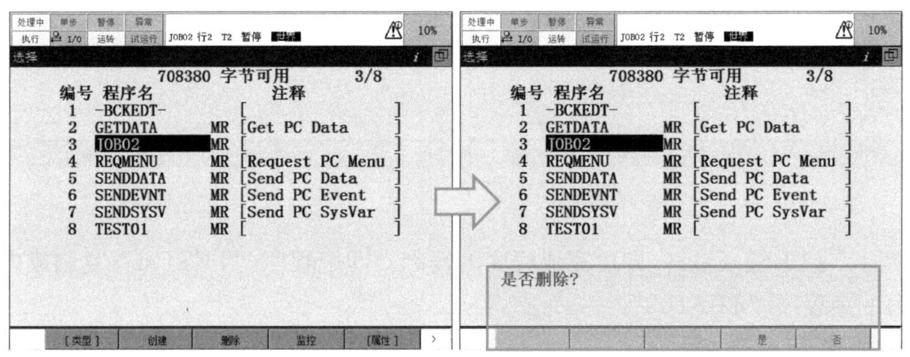

图 5.1.7　删除程序示意图

2. 按 F4【YES】(是)，即可删除所选程序。

注意：

(1) 处于【PAUSED】(暂停) 状态的程序，无法被删除。试图删除它时，TP 上将会出现“MEMO-068 Specified program is use”(指定程序使用中) 的报警信息，如图 5.1.8 所示。如确定要删除这个程序，可把该程序执行完毕，或通过按下【FCTN】(辅助功能) 键，选择【ABORT (ALL)】(中止程序) 的方式，使程序从【PAUSED】(暂停) 状态转为【ABORTED】(中止、结束) 状态后方可删除。

(2) 处于【Write protect】(写保护) 状态的程序，无法被删除。试图删除它时，TP 上将会出现“MEMO-0006 Protection error occurred”(指定程序处于写保护状态) 的报警信息，如图 5.1.9 所示。

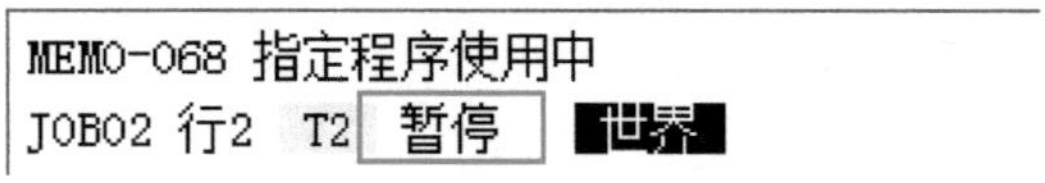

MEMO-068 指定程序使用中
JOB02 行2 T2 暂停 世界

图 5.1.8 删除暂停状态的程序报警示意图

TPIF-008 内存保护违规
MEMO-006 指定程序处于写保护状态 世界

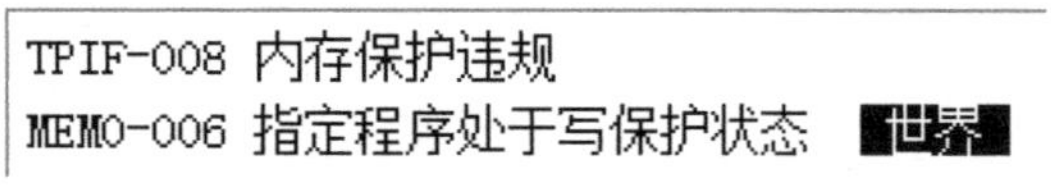

图 5.1.9 删除写保护状态的程序报警示意图

四、复制程序

操作步骤：

1. 按【SELECT】(程序一览) 键，显示程序一览界面，移动光标选中要被复制的程序名 (如复制程序 TEST01)。

若功能键中无【COPY】(复制) 项，按【NEXT】(下一页) 键切换功能键内容，按 F1【COPY】(复制)，显示复制程序的界面，如图 5.1.10 所示。

2. 移动光标选择程序命名方式，再使用功能键 (F1～F5) 输入程序名，按【ENTER】(回车) 键确认，显示“Copy OK?”(是否复制?) 的信息，如图 5.1.11 所示。

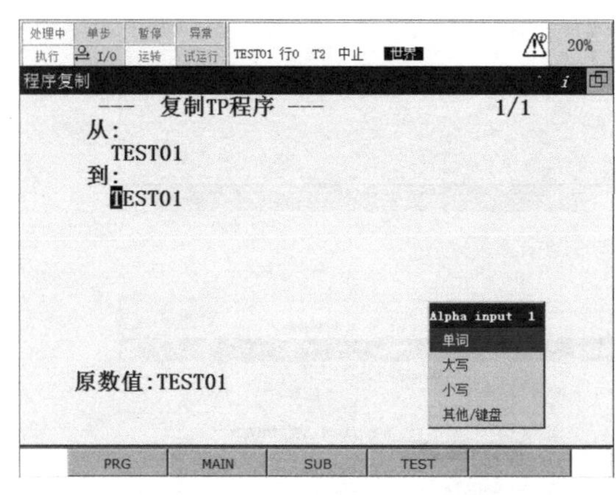

图 5.1.10 复制程序界面

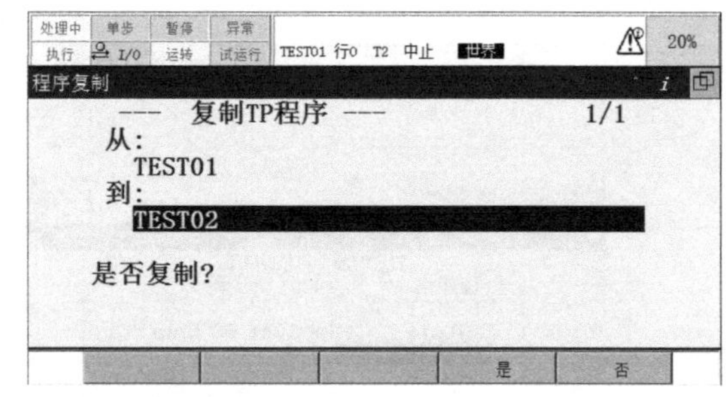

图 5.1.11 确认复制程序示意图

3. 按 F4【YES】(是)，即可完成程序的复制。即把程序“TEST01”复制成内容完全一样的另一个程序“TEST02”。

五、查看程序属性

操作步骤：

1. 按【SELECT】（程序一览）键，显示程序一览界面，移动光标选中要查看其属性的程序（如程序 TEST02）。

若功能键中无【DETAIL】（细节）项，按【NEXT】（下一页）键切换功能键内容，按 F2【DETAIL】（细节），显示程序的详细属性界面，如图 5.1.12 所示。

2. 详细的程序属性信息说明，见表 5.1.1。

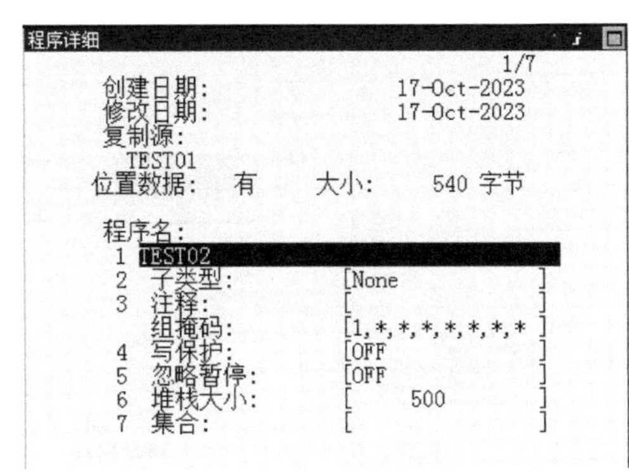

图 5.1.12　程序详细属性界面

如需修改程序属性，把光标移至需要修改的项（只有 1～7 项可以修改），按【ENTER】（回车）键或按 F4【CHOICE】（选择）进行修改。修改完毕后，按 F1【END】（结束），回到程序一览界面。

程序属性信息　　表 5.1.1

与属性相关的信息	
Creation Date	创建日期
Modification Date	修改日期
Copy source	复制源的文件名
Positions	位置数据的有无
Size	程序数据容量大小
与执行环境相关的信息	
Program name	程序名 程序名称最好以能够表现其目的和功能的方式命名； 例如，对第一种工件进行弧焊的程序，可以将程序名取为“ARC WELD_1”
Sub Type	子类型 NONE：无；MR：宏程序；Cond：条件程序
Comment	程序注释
Group Mask	组掩码 定义程序中有哪几个组受控制。只有在该界面中的【Positions】（位置数据项）为【False】（无）时可以修改此项
Write protection	写保护 通过写保护来指定程序是否可以被改变： ON：程序被写保护；OFF：程序未被写保护
Ignore pause	忽略暂停 对于没有动作组的程序，当设定为 ON，表示该程序在执行时不会被报警重要程度 SERVO 及以下的报警、急停、暂停而中断
Stack size	堆栈大小

六、执行程序

（一）程序的启动方式

FANUC 机器人程序的具体启动方式，如图 5.1.13 所示。

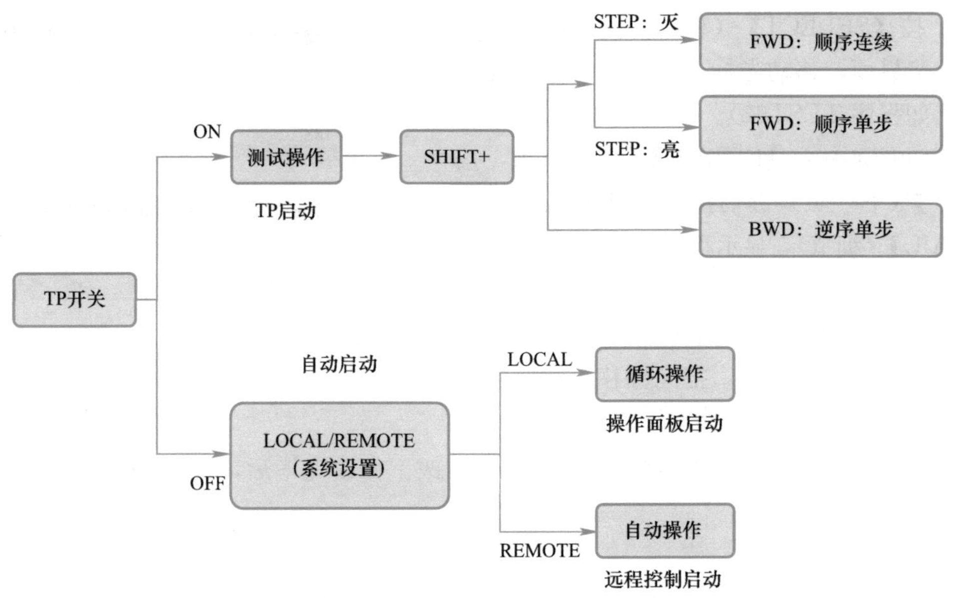

图 5.1.13　程序执行方式示意图

其中：

1. TP 启动方式一：顺序单步执行（模式开关为 T1/T2 条件下进行）

步骤如下：

（1）把 TP 有效开关打到【ON】（开）状态，按【STEP】（单步）键，如图 5.1.14 所示。确认【STEP】（单步）指示灯亮，机器人处于单步执行状态，如图 5.1.15 所示。

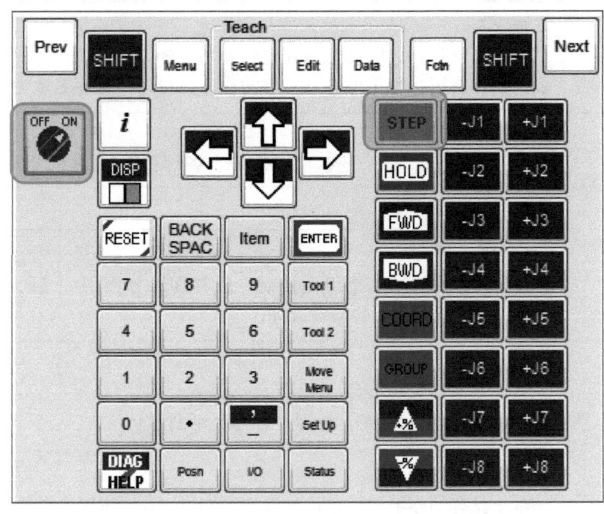

图 5.1.14　TP 示教器按键示意图

（2）移动光标到要开始执行的指令处，握住【DEADMAN】开关，按【RESET】（复位）键复位系统报警。

（3）接着按住【SHIFT】键，再按一下【FWD】（向前执行）键开始执行程序。一行指令执行完成后机器人停止运动，再按一下【FWD】键，才执行下一行指令，程序顺序

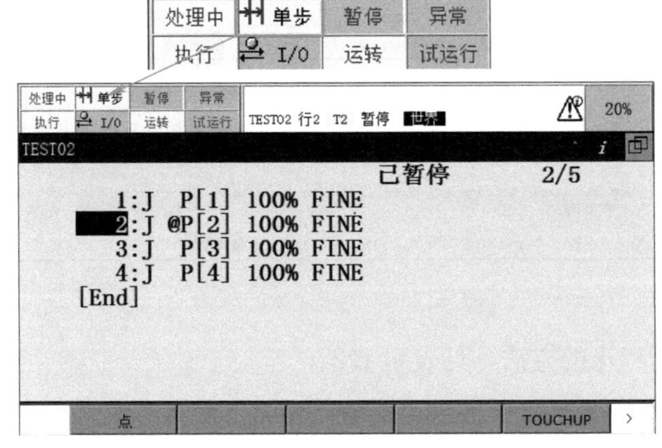

图 5.1.15 单步执行状态示意图

单步执行。

2. TP 启动方式二：顺序连续执行（模式开关为 T1/T2 条件下进行）

步骤如下：

（1）把 TP 有效开关打到【ON】（开）状态，按【STEP】（单步）键，确认【STEP】（单步）指示灯灭，机器人处于非单步执行状态（即连续执行状态），如图 5.1.16 所示。

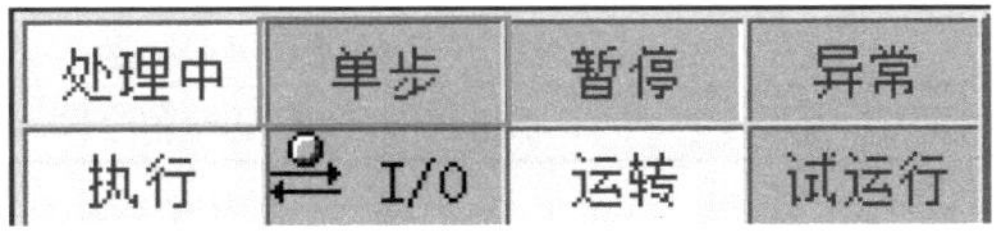

图 5.1.16 连续执行状态示意图

（2）移动光标到要开始执行的指令处，握住【DEADMAN】开关，按【RESET】（复位）键复位系统报警。

接着按住【SHIFT】键，再按一下【FWD】（向前执行）键开始顺序连续执行指令行，直到程序运行完成，机器人停止运动。

3. TP 启动方式三：逆序单步执行（模式开关为 T1/T2 条件下进行）

步骤如下：

（1）把 TP 有效开关打到【ON】（开）状态，移动光标到要开始执行的指令处，握住【DEADMAN】开关，按【RESET】（复位）键复位系统报警。

（2）按住【SHIFT】键，再按一下【BWD】（向后执行）键开始执行程序。一行指令执行完成后机器人停止运动，再按一下【BWD】键，向上执行前一行指令，程序逆序单步执行。

注意：【BWD】逆序执行只有单步执行，没有连续执行！

（二）中断程序的执行

1. 程序的执行状态类型

FANUC 机器人的程序执行状态主要有【RUNNING】（运行中）、【PAUSED】（暂停）、【ABORTED】（中止、结束）三种，如图 5.1.17 所示。

2. 引起程序中断的情况

（1）操作人员停止程序运行。

（2）程序运行中遇到报警。

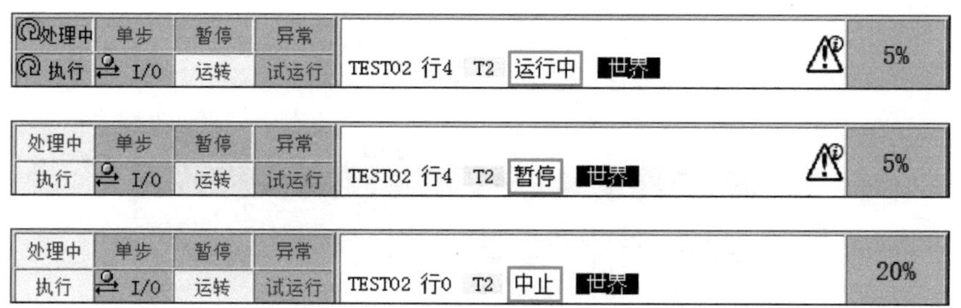

图 5.1.17　程序执行状态

其中，人为中断程序的方法，见表 5.1.2。

人为中断程序执行的方法　　表 5.1.2

中断状态为【PAUSED】（暂停）：	
1	按 TP 上的紧急停止按钮
2	按控制面板上的紧急停止按钮
3	TP 启动程序的情况下，在程序执行当中，释放【DEADMAN】开关、松开【SHIFT】键，或者单步执行一行程序后
4	外部紧急停止信号输入
5	系统紧急停止（IMSTP）信号输入
6	按 TP 上的【HOLD】键
7	系统暂停（HOLD）信号输入
中断状态为【ABORTED】（中止）：	
1	选择 ABORT（ALL）（中止程序）： 按 TP 上的【FCTN】键，选择【ABORT（ALL）】（中止程序）
2	系统终止（CSTOP）信号输入

（三）恢复程序的执行

1. 程序执行履历功能（Exec-hist）

程序执行履历功能用于记录最后执行的程序或执行程序过程中的各个状态，通过使用本功能，可在诸如程序执行中因某种原因而导致掉电，在冷启动后也可把握电源断开时的程序执行状态，从而便于恢复作业。

2. 程序执行恢复步骤

1）依次按键操作：【MENU】（菜单）→0【NEXT】（下一页）→【STATUS】（状态）→F1【Type】（类型）→选择【Exec-hist】（执行历史记录），如图 5.1.18 所示。

在程序执行历史记录界面中，最新程序执行的状态将显示在第一行。其中：

① Program name：程序名称。

② Line.：行号。

③ Dirc.：方向。

④ Stat.：状态。

如图 5.1.18 所示：最后执行的程序为“TEST01”，在顺序执行到程序第 2 行的过程中被暂停。

2）进入程序编辑界面，如图 5.1.19 所示。

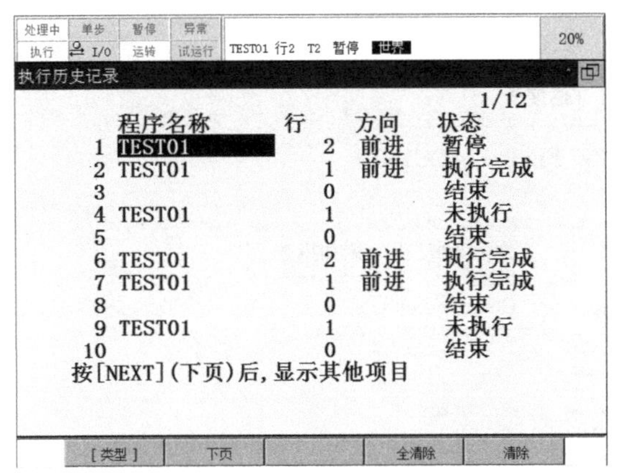

图 5.1.18　程序执行历史记录

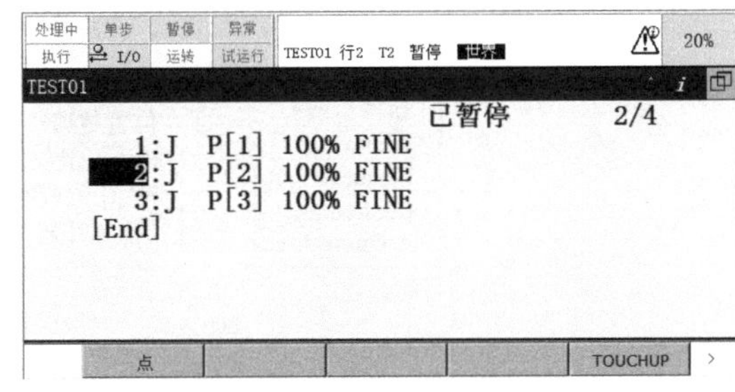

图 5.1.19　TEST01 程序编辑界面

3）手动执行暂停行或执行顺序的上一行。

4）通过启动信号，继续执行程序。

注意：当程序处于【PAUSED】（暂停）状态，而光标移动到了非暂停时的指令行，执行程序时，将会弹出如图 5.1.20 所示的确认执行对话框。选择【YES】（是）并按下【ENTER】（回车）键，然后再次执行程序才能从所选的行恢复执行。

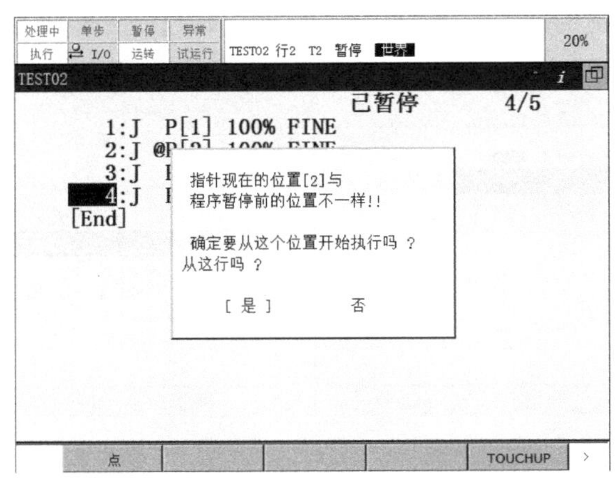

图 5.1.20　确认执行非暂停指令行的信息示意图

任务二　动作指令的示教编程

一、动作指令介绍

5-2 运作指令及编程

动作指令是使机器人以指定的移动速度和移动方式向作业空间内的指定目标位置移动的指令，动作指令的格式如图 5.2.1 所示。

其中，动作指令各要素：

（1）动作类型：表示向目标位置移动的轨迹控制方式。

（2）位置指示符号@：表示机器人正在该位置。

（3）位置数据：目标位置的位置信息。

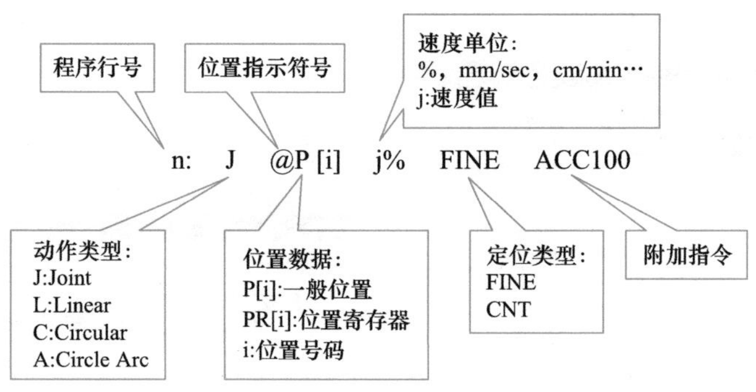

图 5.2.1　动作指令的格式示意图

（4）移动速度：指定机器人的移动速度。

（5）定位类型：指定是否在目标位置定位。

（6）动作附加指令：在机器人动作中使其执行特定作业。

二、动作指令的示教

1. 方法一

创建程序，进入程序编辑界面，点动机器人到所需位置，按 F1【POINT】（点），出现如图 5.2.2 所示界面。

移动光标选择合适的动作指令格式，按【ENTER】（回车）确认，生成动作指令，将机器人的当前位置记录下来，如图 5.2.3 所示。

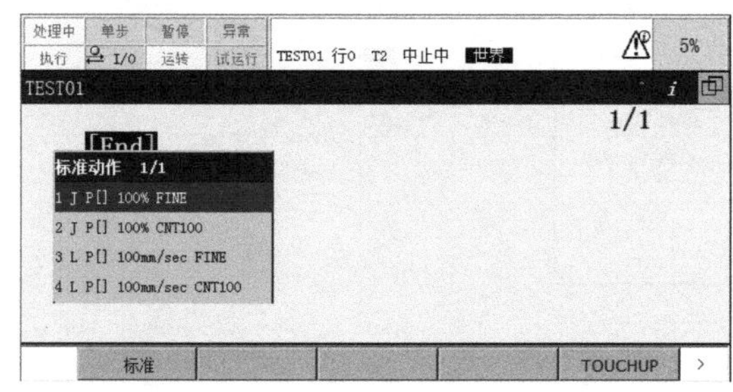

图 5.2.2　示教点位方式一

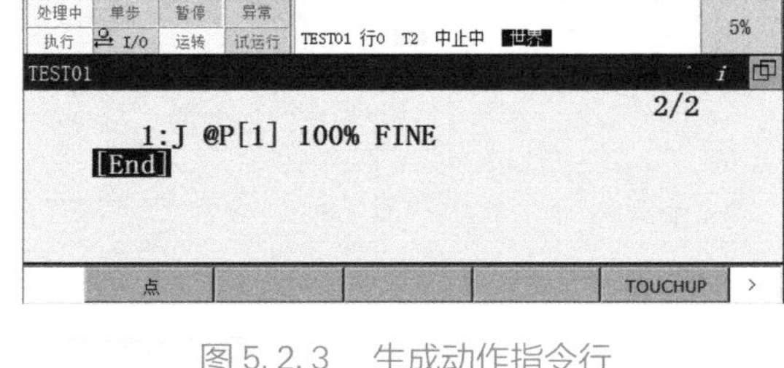

图 5.2.3　生成动作指令行

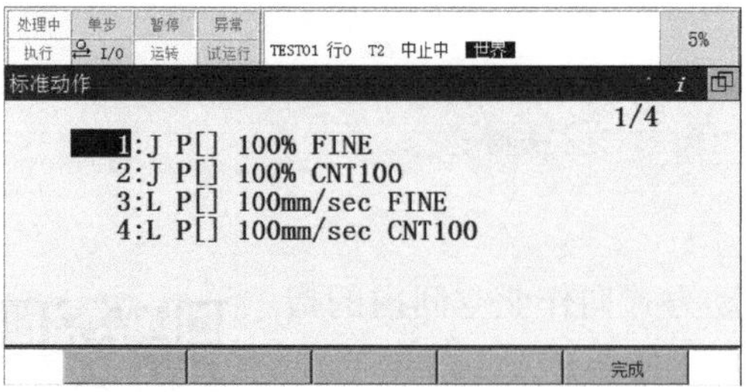

图 5.2.4　标准指令模板界面

注意：若按 F1【POINT】（点）后找不到需要的动作指令格式，可继续按 F1【ED_DEF】（标准）进入标准指令模板界面进行设定，如图 5.2.4 所示。

2. 方法二

进入程序编辑界面，按住【SHIFT】键＋F1【POINT】（点）键，编辑界面内将自动生成动作指令。

注意：方法二比方法一效率更高；此后通过【SHIFT】+【POINT】（点）记录的动作指令都将使用当前所选的默认格式，直到选择了其他的格式为默认格式。

三、动作指令要素

（一）动作类型

1. 关节动作类型（J Joint）

关节动作是指工具在两个目标点之间任意运动，不进行轨迹控制和姿势控制，如图 5.2.5 所示。

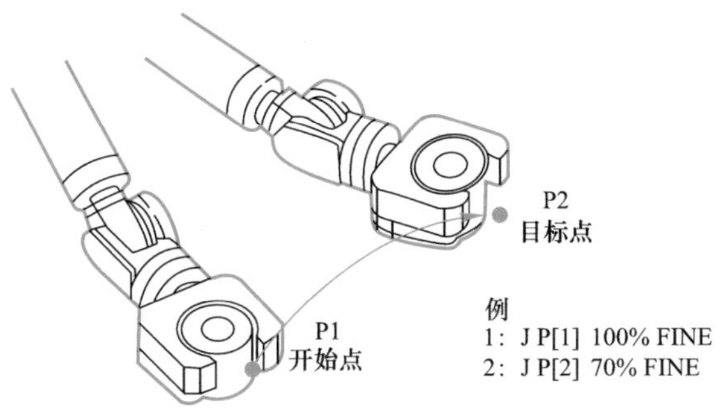

图 5.2.5　关节动作类型示意图

2. 直线动作类型（L Linear）

（1）直线动作是指工具在两个目标点之间沿直线运动，从动作开始点到结束点以线性方式对工具尖点（TCP）的移动轨迹进行控制的一种移动方法，如图 5.2.6 所示。

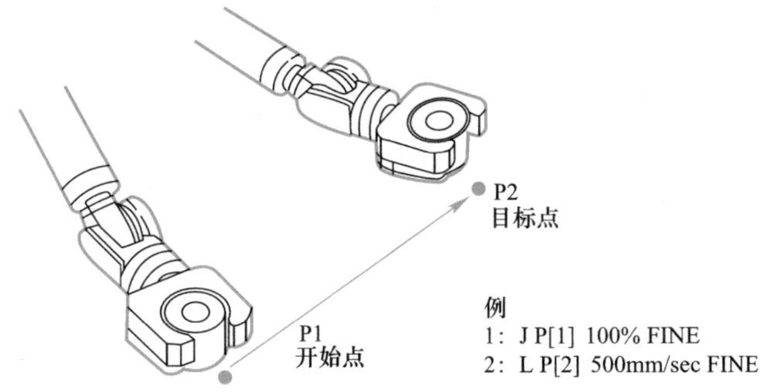

图 5.2.6　直线动作类型示意图

（2）旋转动作是指使用直线动作，使工具的姿势从开始点到结束点以工具尖点（TCP）为中心旋转的一种移动方法，移动速度以 deg/sec 予以指定，如图 5.2.7 所示。

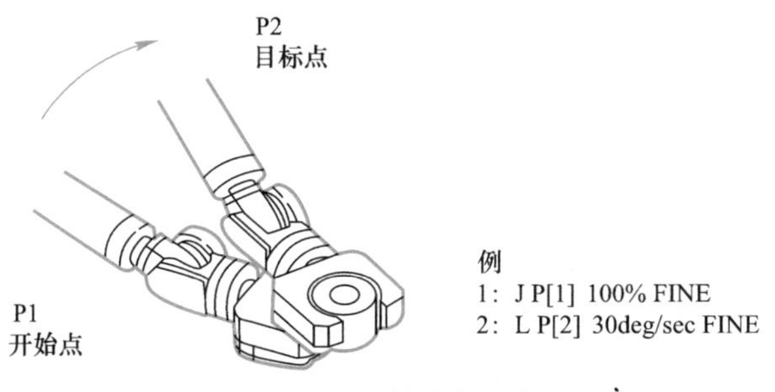

图 5.2.7　旋转动作示意图

3. 圆弧动作类型（C Circular）

圆弧动作是指工具在三个目标点之间沿圆弧运动，从动作开始点通过经过点到结束点以圆弧方式对工具尖点的移动轨迹进行控制的一种移动方法，如图 5.2.8 所示。

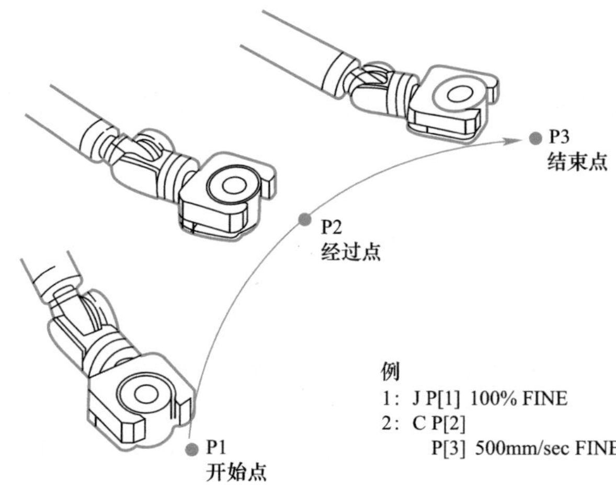

图 5.2.8　圆弧动作类型示意图

注意：

（1）第三点的记录方法为：记录完 P[2] 后，会出现：

2:C P [2]

P[…]　500mm/sec　FINE

将光标移至 P[…] 行前，并示教机器人至圆弧结束点的位置，按【SHIFT】+F3【TOUCHUP】记录圆弧第三点。

（2）用 C 指令绘制圆弧时，圆弧角度最大不能超过 180°。

4. C 圆弧动作类型（A Circle Arc）

C 圆弧动作是指工具在三个目标点之间沿圆弧运动，由连续的 3 个 C 圆弧动作指令（A）连结而成进行圆弧动作，如图 5.2.9 所示。

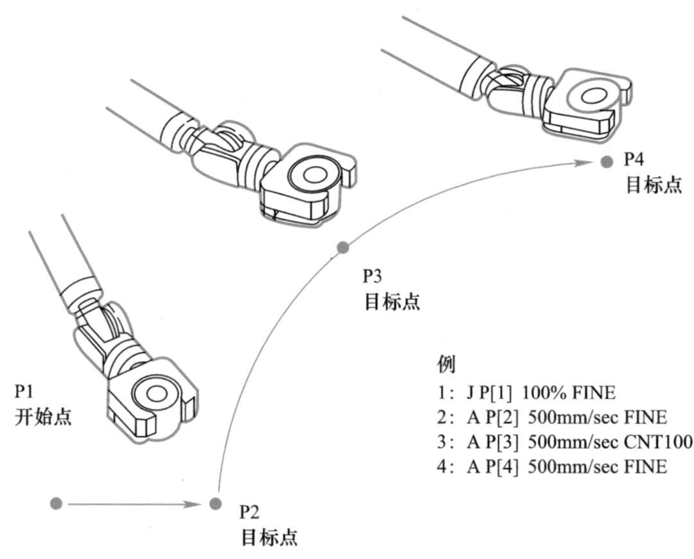

图 5.2.9　C 圆弧动作类型示意图

要完成整个圆轨迹的移动用圆弧指令 C 比较合适，只移动一段圆弧时，用 C 圆弧指令 A 比较合适。

（二）位置资料

位置资料用于存储机器人的位置和姿势，在对动作指令进行示教时，位置资料同时被写入程序。位置资料有：基于关节坐标系的关节坐标值和通过作业空间内的工具位置和姿势来表示的直角坐标值。

标准设定下，位置资料以直角坐标值的形式记录。它通过 4 个要素来定义，包括用户坐标系号、工具坐标系号、直角坐标系中的工具中心点（工具坐标系原点）位置和姿势、形态，如图 5.2.10 所示。

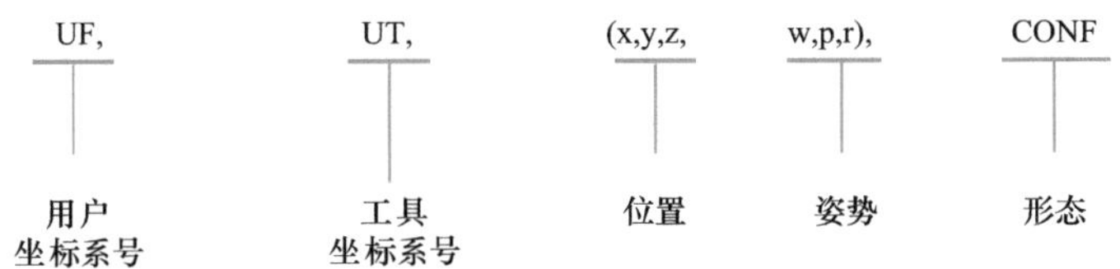

图 5.2.10　位置资料 4 要素示意图

1. 查看位置资料

将光标指向位置号码（P[i] 的 i），按下 F5【POSITION】（位置），可进入如图 5.2.11 所示的直角坐标值详细位置资料界面。按下 F5【REPRE】（形式），选择【Joint】（关节），将切换至关节坐标值详细位置资料界面，如图 5.2.12 所示。

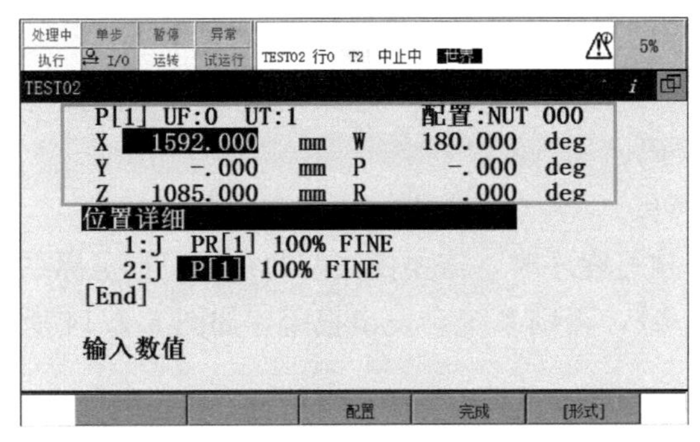

图 5.2.11　直角坐标值形式的详细位置资料界面

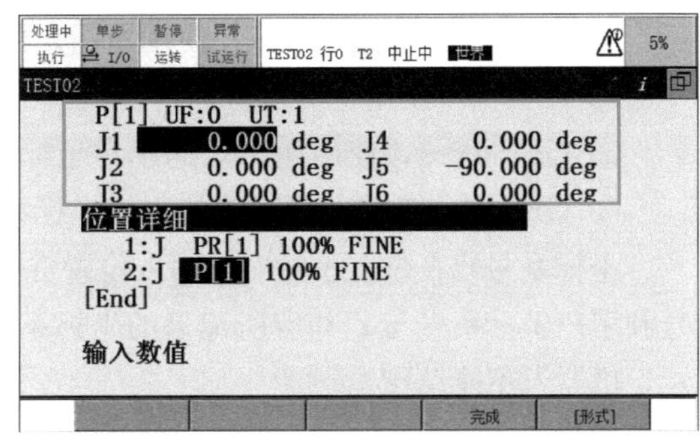

图 5.2.12　关节坐标值形式的详细位置资料界面

详细位置资料里的机器人位置、姿势以及关节坐标值，可以直接输入数值进行修改，修改完成后，按下 F4【DONE】（完成）即可。

我们在示教编程时，通常会指定机器人从一个安全的位置（如 HOME 点）出发，作业结束后返回到该位置停止。一般我们设定的安全位置点（HOME 点）为：关节坐标值 J1＝J2＝J3＝J4＝J6＝0°、J5＝－90°，如图 5.2.12 所示，处于 HOME 点位置的机器人姿态如图 5.2.13 所示。

2. 直角坐标位置资料要素

（1）位置和姿势

1）位置（X，Y，Z），以三维坐标值来表示直角坐标系中的工具中心点（工具坐标系

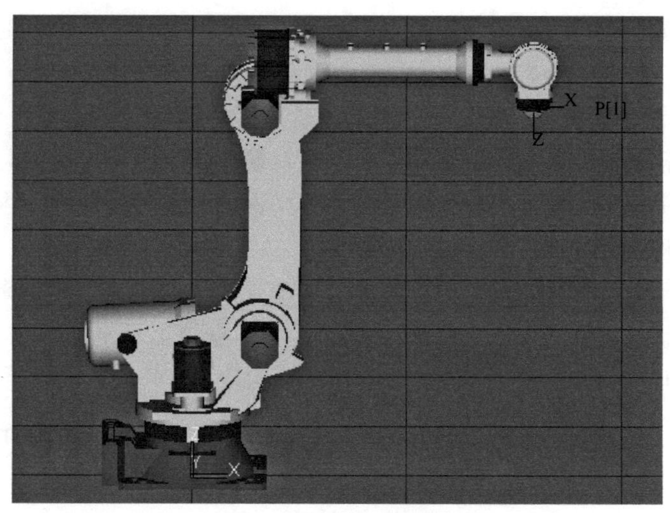

图 5.2.13　HOME 点位置的机器人姿态

原点）位置。

2）姿势（W，P，R），以直角坐标系中的 X，Y，Z 轴周围的回转角来表示。

（2）UT 和 UF

1）UT（工具坐标系号）：使用所指定的工具坐标系号码记录当前的位置资料：

① UT：1～10，使用所指定的工具坐标系号码。

② UT：F，使用当前所选的工具坐标系号码。

2）UF（用户坐标系号）：使用所指定的用户坐标系号码记录当前的位置资料：

① UF：0，使用世界坐标系。

② UF：1～9，使用所指定的用户坐标系号码。

③ UF：F，使用当前所选的用户坐标系号码。

坐标系号码在位置示教时被写入位置资料，执行程序时，需要使当前的有效工具坐标系号和用户坐标系号与 P[i]点所记录的坐标系号一致，否则系统会发出报警，如图 5.2.14 所示，机器人不能动作。

此时：

① 如果需要执行该程序，按下【SHIFT】+【COORD】键，弹出当前激活的坐标系号对话框，如图 5.2.15 所示。光标移动至【Tool】（工具坐标）或【User】（用户坐标）行，

```
INTP-251 (TEST02, 2) UT与教示资料不符合
INTP-253 工具坐标系号码不相同  世界
```

```
INTP-250 (TEST02, 2) UF与教示资料不符合
INTP-252 用户坐标系号码不相同  关节
```

图 5.2.14　示教坐标编号与位置资料不符报警

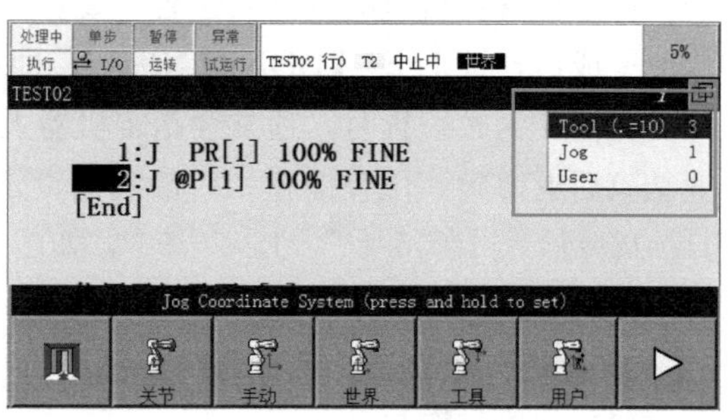

图 5.2.15　当前有效的示教坐标系号

用数字键输入需要激活的坐标系号，将当前的有效坐标系号修改成和指令中位置资料里相同的编号，再次执行程序，机器人即可运动。

② 如果想要改变被写入位置资料的坐标系号，可先移动机器人至该位置点，然后修改当前激活有效的坐标系号之后，按【SHIFT】+F5【TOUCHUP】（点修正）覆盖该位置点。此时，界面上将显示如图 5.2.16 所示的设定工具坐标系号、用户坐标系号的提示，用数字键输入想要修改的坐标系号，按下【ENTER】（回车）键确认即可。

此外，PR[i] 位置寄存器里的【UT】和【UF】项均为 F，如图 5.2.17 所示，它表示在任何坐标系编号下均可被执行。所以，在定义机器人 HOME 位置点时，用 PR[i：HOME] 比 P[i：HOME] 更方便。

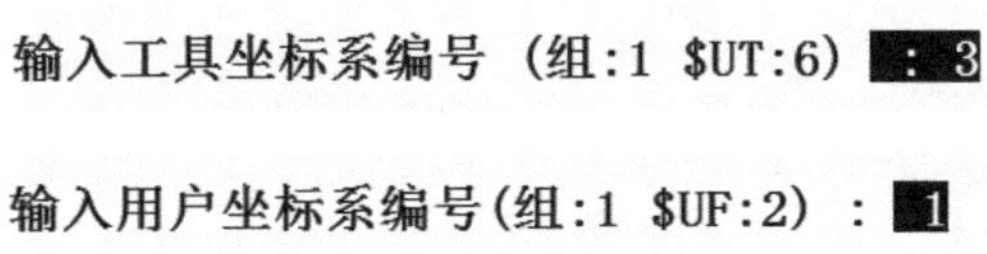

输入工具坐标系编号（组:1 $UT:6) : 3

输入用户坐标系编号(组:1 $UF:2) : 1

图 5.2.16　设定位置资料坐标系号提示

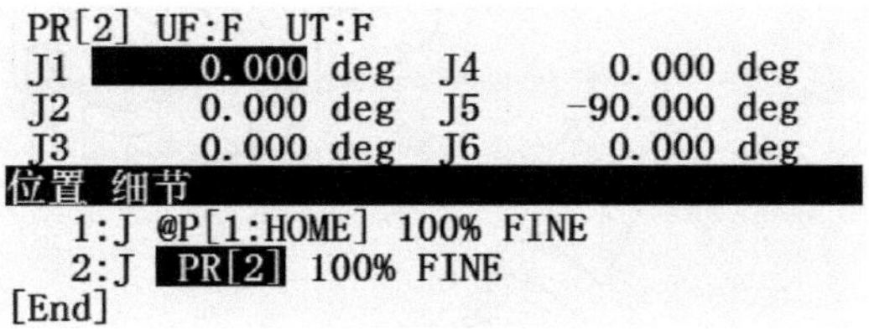

```
PR[2] UF:F  UT:F
J1        0.000 deg  J4       0.000 deg
J2        0.000 deg  J5     -90.000 deg
J3        0.000 deg  J6       0.000 deg
位置 细节
   1:J @P[1:HOME] 100% FINE
   2:J  PR[2]  100% FINE
[End]
```

图 5.2.17　位置寄存器位置资料里的 UT 和 UF 示意图

3. 修改位置点

（1）方法一：示教修改位置点

步骤如下：

1）进入程序编辑界面，移动光标到需修正的动作指令的行号处。

2）示教机器人到所需的位置处，按【SHIFT】+F5【TOUCHUP】（点修正）键，当该行出现@符号时，表示位置信息已更新。

（2）方法二：直接写入数据修改位置点

步骤如下：

1）进入程序编辑界面，移动光标到要修正位置点的编号处。

2）按 F5【POSITION】（位置）显示位置数据子菜单，按 F5【REPRE】（形式），可切换位置数据类型：【Cartesian】（正交）：直角坐标系、【Joint】（关节）：关节坐标系。

3）输入需要的新值，修改完毕，按 F4【DONE】（完成）退出该界面。

（三）定位类型

定位类型就是定义动作指令中机器人动作的结束方式，有如下两种：

（1）FINE：表示机器人在目标位置停止（定位）后，再向下一个目标位置移动。

（2）CNT（0～100）：表示机器人靠近目标位置移动，但不在该位置停止而是绕过该点向下一个目标位置移动，数值越大则离目标位置越远。其中，CNT0 和 FINE 相同，单步执行带 CNT 的指令时和 FINE 也相同。

定位类型的动作方式，如图 5.2.18 所示。

注意：

（1）不需定位的位置点使用 CNT 作为运动定位类型，可以使机器人的运动更连贯，效率更高。

（2）当机器人的姿态突变时（FINE 定位类型），会浪费一些运行时间，而机器人姿态逐渐变化时（CNT 定位类型），机器人可以运动得更快。

（3）示教时，应在开始点和突变后的位置点之间增加过渡点，尽可能使机器人的姿态逐渐变化。

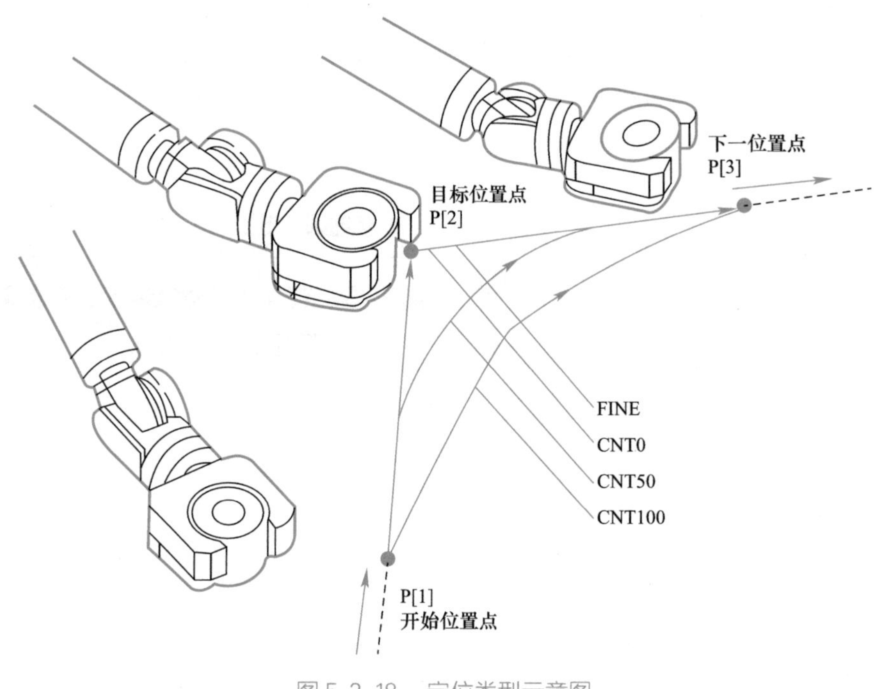

图 5.2.18　定位类型示意图

四、修改动作指令要素

（一）修改动作类型

进入编辑界面，将光标移到需要修改的动作指令的动作类型要素项，按 F4【CHOICE】（选择），显示指令要素的选择项一览，选择需要更改的条目，按【ENTER】键回车确认。

如图 5.2.19 所示，表示将动作类型从【L】直线动作更改为【J】关节动作。

（二）修改位置数据要素

1. 修改位置数据类型

将光标移到需要修改的位置数据要素项的位置编号处（P[i] 的 i），按 F4【CHOICE】（选择），选择需要更改的条目，按【ENTER】键回车确认。

如图 5.2.20 所示，表示将位置数据类型从 P[i]（普通位置点）更改为 PR[i]（位置寄存器）。

2. 位置点注释

将光标移动至位置编号处时，按【ENTER】键，可以对该位置点进行注释，最后按下【ENTER】键确认即可。如图 5.2.21 所示，表示将 P[1] 点注释为“HOME”点。

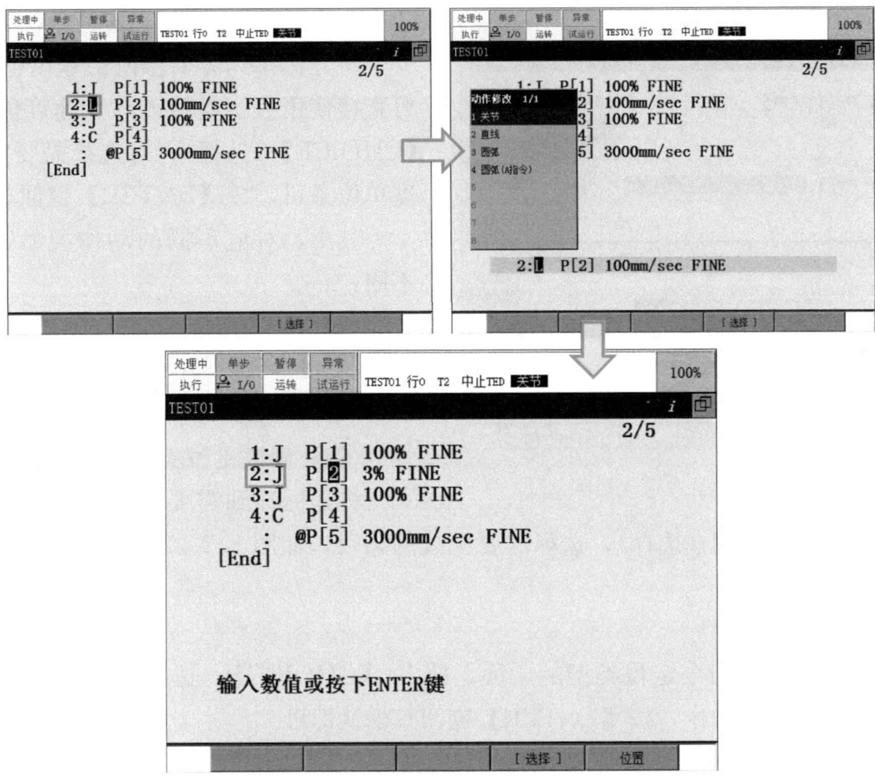

图 5.2.19　修改动作类型要素示意图

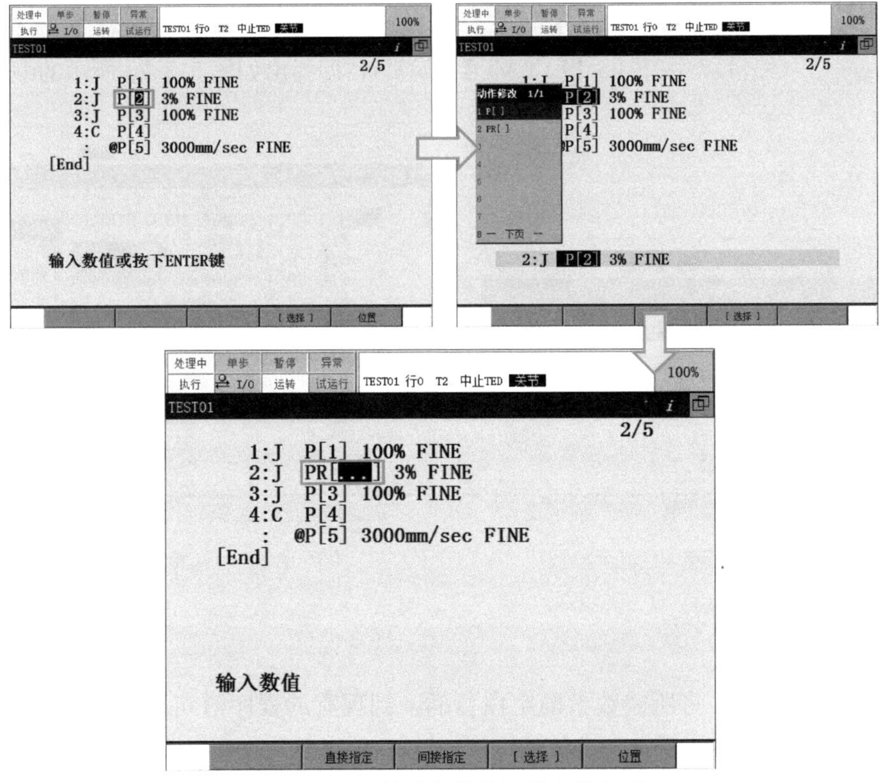

图 5.2.20　修改位置数据要素示意图

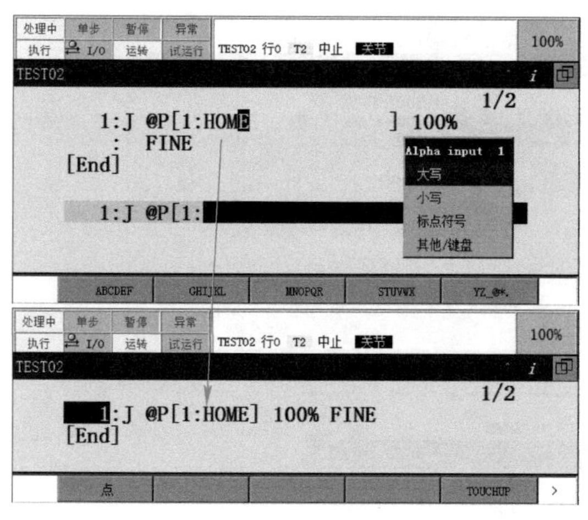

图 5.2.21　对位置点进行注释示意图

（三）修改速度值和速度单位

将光标移到需要修改的速度值要素项，可直接使用数字键输入改变速度值。按 F4【CHOICE】（选择），可选择需要更改的速度单位条目，按【ENTER】键回车确认。

其中，对应不同的动作类型速度单位不同：

（1）J：%，sec，msec。

（2）L、C、A：mm/sec，cm/min，inch/min，deg/sec，sec，msec。

（四）修改定位类型

将光标移到需要修改的定位类型要素项，按 F4【CHOICE】（选择），选择需要更改的条目，如图 5.2.22 所示，按【ENTER】键回车确认即可。

（五）加入附加指令

将光标移到动作指令定位类型的后面，按 F4【CHOICE】（选择），选择需要加入的附加指令，按【ENTER】键回车确认即可。

5-3 指令的编辑

五、指令的编辑

要对程序指令进行编辑时，需要进入编辑菜单：进入程序编辑界面，按下【NEXT】（下一页）键切换功能键内容，使 F5 对应为【EDCMD】（编辑），按下 F5【EDCMD】（编辑），即弹出如图 5.2.23 所示的编辑菜单。

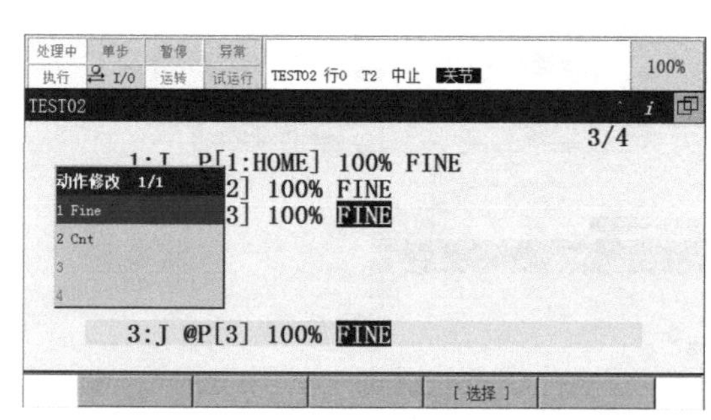

图 5.2.22　修改定位类型示意图

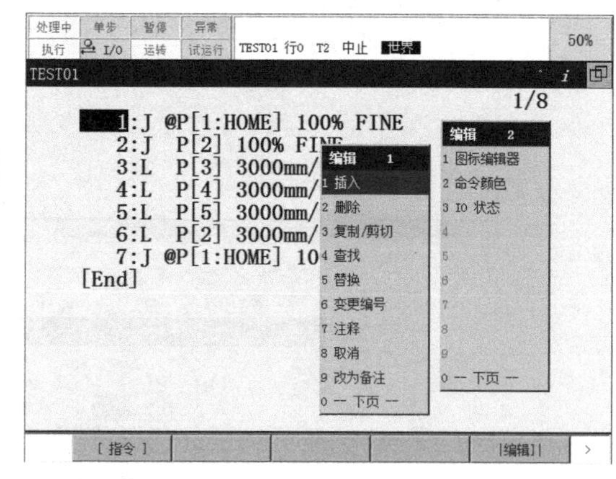

图 5.2.23　指令编辑菜单示意图

指令编辑功能详细为：

（一）插入行

【Insert】（插入）：将所需数量的空白行插入到现有的程序语句之间，插入空白行后，重新赋予行编号。步骤如下：

1. 移动光标到所需要插入空白行的位置（空白行将插在光标行之前）。

2. 按 F5【EDCMD】（编辑），移动光标选择【Insert】（插入）项，并按【ENTER】键回车确认。

3. 屏幕下方会出现“How many line to insert?:”（插入多少行?:）的提示，用数字键输入所需要插入的行数，并回车确认。如图 5.2.24 所示，在程序第 3 行处插入 2 个空白行。

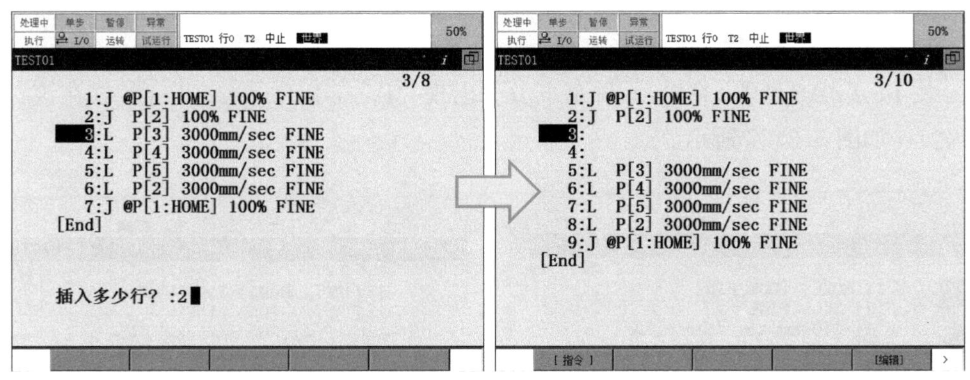

图 5.2.24　插入行示意图

（二）删除指令行

【Delete】（删除）：将指定范围的程序指令行从程序中删除，删除后重新赋予行编号。步骤如下：

1. 移动光标到所要删除的指令行号处。

2. 按 F5【EDCMD】（编辑），移动光标到【Delete】（删除）项，并回车确认。

3. 屏幕下方会出现“Delete line (s)?”（是否删除行?），移动光标选中所需要删除的行（可以是单行或是连续的几行），按 F4【YES】（是），即可删除所选行，如图 5.2.25 所示。

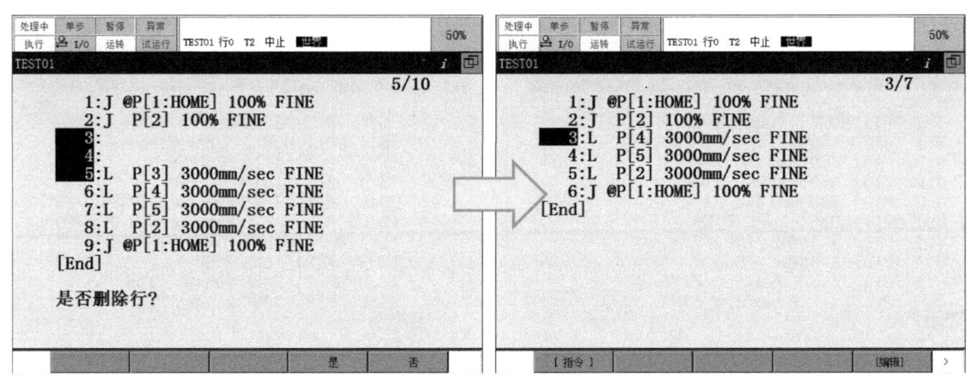

图 5.2.25　删除行示意图

（三）复制/剪切、粘贴指令

【Copy/Cut、Paste】（复制/剪切、粘贴）：先复制/剪切一连串的程序语句集，然后插入粘贴到程序中的其他位置。步骤如下：

1. 移动光标到所要复制或剪切的行号处。

2. 按 F5【EDCMD】（编辑），移动光标到【Copy/Cut】（复制/剪切）项，并回车确认。

3. 按 F2【SELECT】（选择），屏幕下方会出现【COPY】（复制）和【CUT】（剪切）两个选项，向上或向下拖动光标，选择需要复制或剪切的指令行，如图 5.2.26 所示为选择 1～4 行指令。

4. 根据需求选择 F2【COPY】（复制）或者 F3【CUT】（剪切）。

5. 移动光标到所需要粘贴的行号处（注：不需要先插入空白行）。

6. 按 F5【PASTE】（粘贴），屏幕下方会出现“Paste before this line?”（在该行之前粘贴吗?），如图 5.2.27 所示。

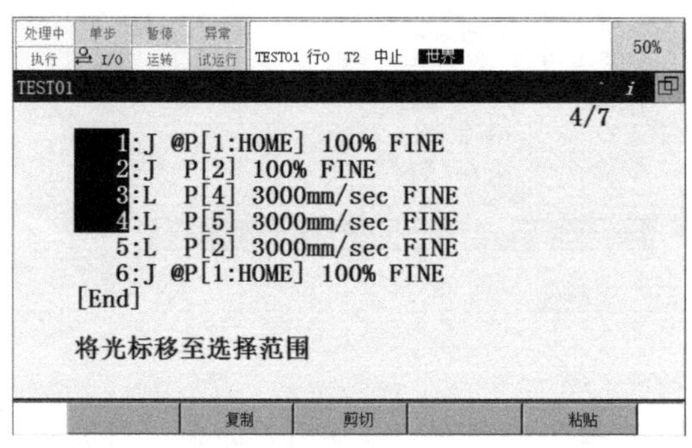

图 5.2.26　复制或剪切程序行示意图

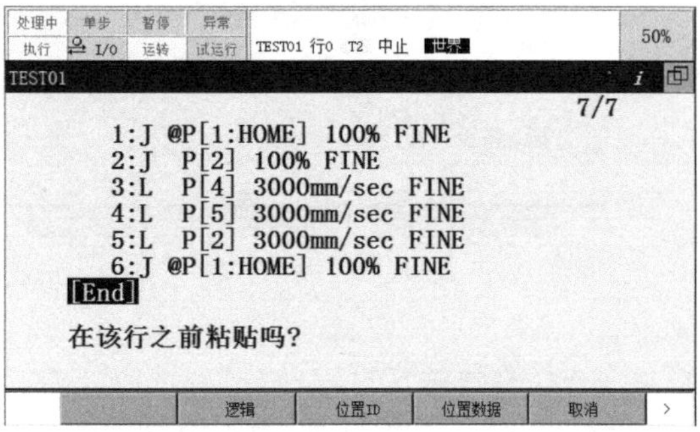

图 5.2.27　粘贴功能菜单示意图

7. 选择合适的粘贴方式进行粘贴。

(1) F2【LOGIC】（逻辑）：动作指令中的位置编号为［…］（位置尚未示教）的状态插入粘贴，只粘贴指令格式，不粘贴位置信息，如图 5.2.28 第 7～10 行所示。

(2) F3【POS-ID】（位置 ID）：原样粘贴位置信息和位置编号，如图 5.2.29 第 11～14 行所示。

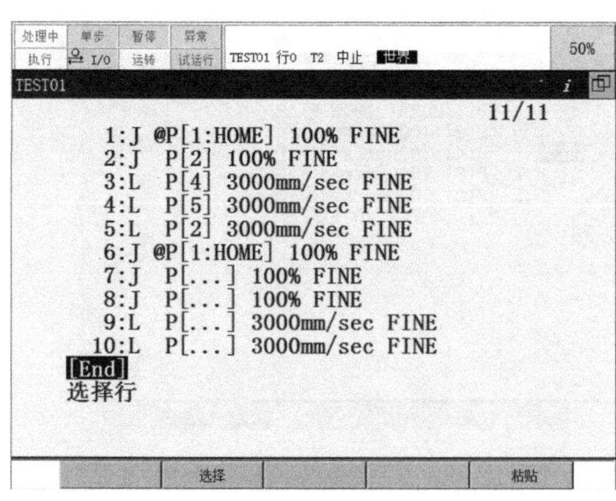

图 5.2.28　逻辑粘贴方式

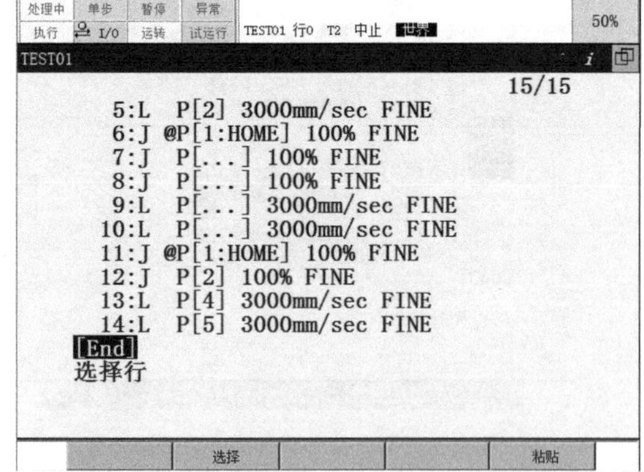

图 5.2.29　位置 ID 粘贴方式

(3) F4【POSITION】（位置数据）：不改变动作指令中的位置数据，但位置编号被更新的状态下插入粘贴，即粘贴位置信息并生成新的位置编号，如图 5.2.30 第 15～18 行所示。

按【NEXT】（下一页）显示下一个功能键菜单：

(4) F1【R-LOGIC】(倒序逻辑)：动作指令中的位置编号为［…］(位置尚未示教)的状态下，按照复制源指令相反的顺序插入粘贴，不粘贴位置信息，如图 5.2.31 第 7～10 行所示。

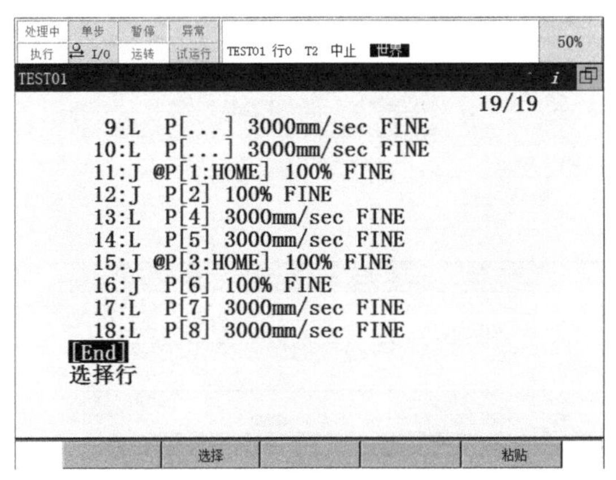

图 5.2.30　位置数据粘贴方式

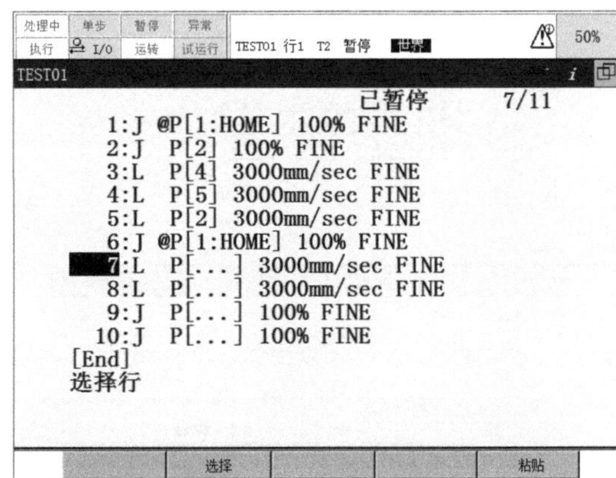

图 5.2.31　倒序逻辑粘贴方式

(5) F2【R-POS-ID】(倒序位置编号)：在与复制源的动作指令的位置编号及格式保持相同的状态下，按照相反的顺序插入粘贴，如图 5.2.32 第 7～10 行所示。

(6) F3【RM-POS-ID】(倒序动作位置编号)：和【R-POS-ID】(倒序位置编号)粘贴方式相同，同时，为了使动作与复制源的动作完全相反，更改各动作指令的动作类型、动作速度。

(7) F4【R-POS】(倒序位置数据)：在与复制源的动作指令的位置数据保持相同，而位置编号被更新的状态下，按照相反的顺序插入粘贴。

(8) F5【RM-POS】(倒序动作位置数据)：和【R-POS】(倒序位置数据)粘贴方式相同，同时，更改各动作指令的动作类型、动作速度。

(四) 查找指令

【Find】(查找)：向下查找所指定的程序指令要素。步骤如下：

1. 移动光标到所要开始查找的行号处(只能向下查找，不能查找光标行前面的行)。

2. 按 F5【EDCMD】(编辑)，移动光标选择【Find】(查找)项，并按【ENTER】回车确认，弹出如图 5.2.33 所示的菜单。

3. 选择将要查找的指令要素，如图 5.2.33 的界面表示查找 I/O 指令，按下【ENTER】(回车)键，出现选择查找具体 I/O 指令类型的菜单，并回车确认，如图 5.2.34 所示。

4. 要查找的要素存在定值的情况下，输入该数据后回车确认。需要进行与定值无关的查找时，不用输入，直接按【ENTER】(回车)键。

如图 5.2.34 所示，表示查找 DO 指令，如果想指定查找 DO[4]，则输入数字“4”并回车确认，光标将停止在 DO[4] 指令位置；如果想查找所有 DO 指令，则不输入任何值，直接回车确认，光标将停止在离查找开始行最近的 DO[1]指令处。

要进一步查找相同的指令时，按 F4【NEXT】(下一个)，要结束查找时，按 F5【EXIT】(退出)。

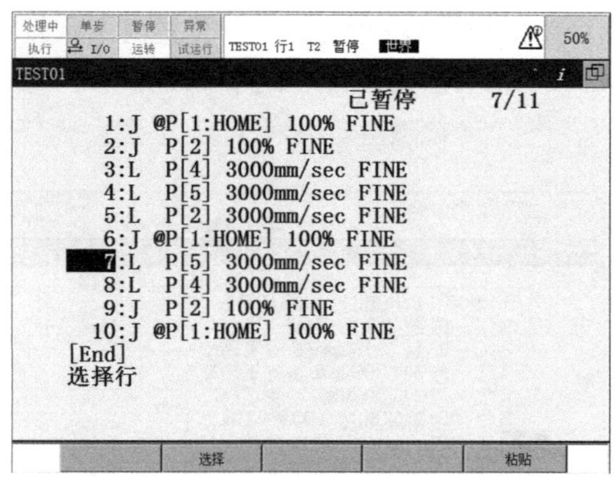

图 5.2.32　倒序位置编号粘贴方式

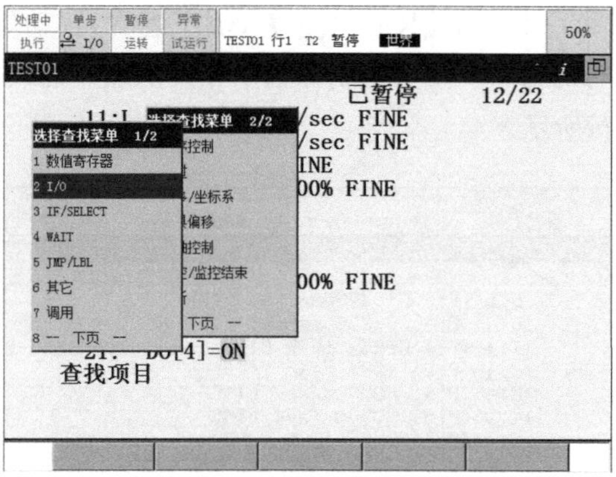

图 5.2.33　查找指令要素菜单

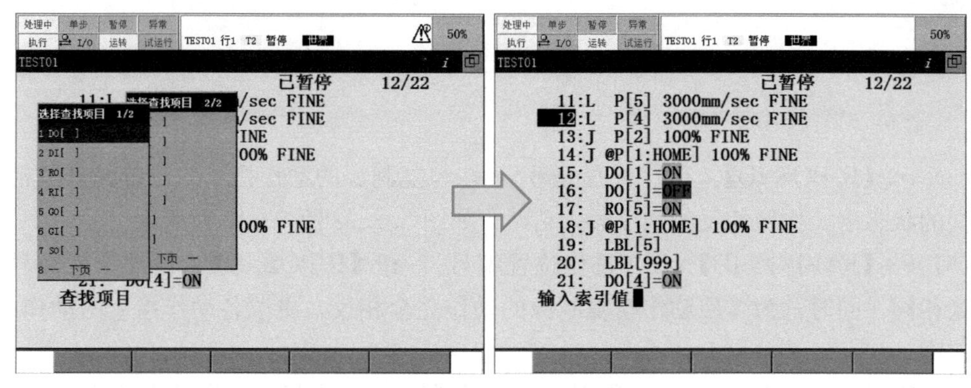

图 5.2.34　查找具体 I/O 指令类型菜单

（五）替换指令

【Replace】（替换指令）：将所指定的程序指令的要素替换为其他要素。以将 DO[1] 替换为 DO[9] 为例，操作步骤如下：

1. 移动光标到所要开始向下查找的行号处。

2. 按 F5【EDCMD】（编辑）→选择【Replace】（替换）项→选择【I/O】→选择【DO】。屏幕下方出现“Enter index value”（输入索引值）的提示，输入将要被替换的 DO 指令的索引值“1”，如图 5.2.35 所示。

3. 按【ENTER】（回车）键确认→选择用于替换的指令【DO】→输入索引值“9”→按【ENTER】（回车）键确认，显示出如图 5.2.36 所示的替换方法。

其中：

F2【ALL】（全部）：替换当前光标所在行以后的全部该要素。

F3【YES】（是）：替换光标所在位置的要素，查找下一个该候选要素。

F4【NEXT】（下一个）：查找下一个该候选要素。

4. 选择替换方法，如 F2【ALL】（全部），结束后，按 F5【EXIT】（退出）。

（六）变更编号

【Renumber】（变更编号）：以升序的形式重新赋予程序中的位置编号。

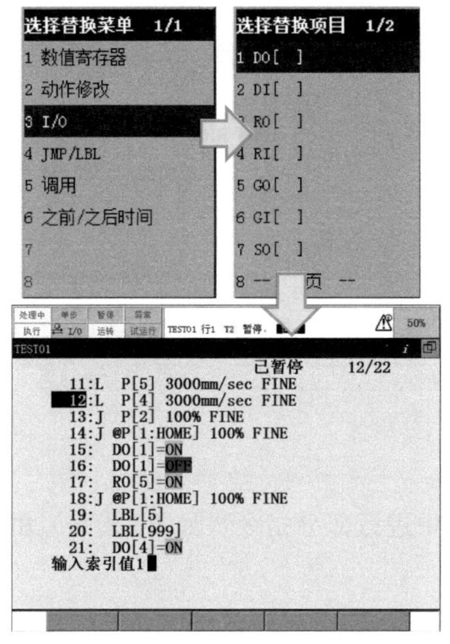

图 5.2.35　替换 DO 指令示意图

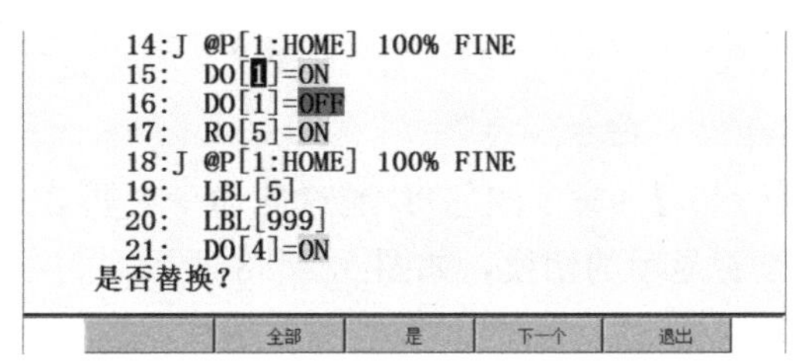

图 5.2.36　替换方法选择界面

因经过反复执行插入和删除操作，位置编号在程序中会显得凌乱无序。通过变更编号，可使位置编号在程序中依序排列，而位置信息保持不变。

（七）注释

【Comment】（注释）：可以在程序编辑界面内对以下指令的注释进行显示/隐藏切换：

DI 指令、DO 指令、RI 指令、RO 指令、GI 指令、GO 指令、AI 指令、AO 指令、UI 指令、UO 指令、SI 指令、SO 指令；寄存器指令；位置寄存器指令（包含动作指令的位置数据格式的位置寄存器）；码垛寄存器指令等。

（八）取消

【Undo】（撤销）：取消一步操作，可以取消指令的更改、复制、粘贴，行插入、行删除、变更编号等程序编辑操作。

（九）改为备注

【Remark】（备注）：对指令进行备注或取消备注。已被备注的指令，在行的开头显示“//”，程序执行时该指令不会被执行。步骤如下：

1. 移动光标至需备注的行号处。

2. 按 F5【EDCMD】（编辑），移动光标到【Remark】（改为备注）项，并回车确认。

3. 向上或向下拖动光标选择要改为备注的指令，然后按 F4【REMARK】（改为备注），如图 5.2.37 所示。或要取消备注时，则按 F5【UNREMARK】（取消备注）。

（十）图标编辑器

【Icon Editor】（图标编辑器）：进入图标编辑界面，如 TP 为触摸屏 TP，则可以通过触摸图标对程序进行编辑。

若要退出图标编辑菜单，可在以上界面中，按 F5【EDCMD】（编辑），然后按 F4【EXIT ICON】（退出图标）即可。

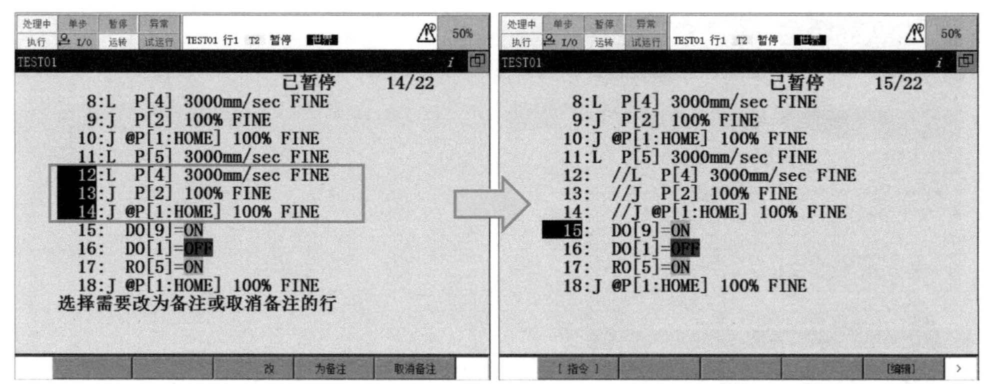

图 5.2.37　备注指令行示意图

（十一）命令颜色

【Color】（命令颜色）：通过此命令，可在程序中进行部分指令（如 IO 指令）的彩色背景是否显示的切换，如图 5.2.38 所示。

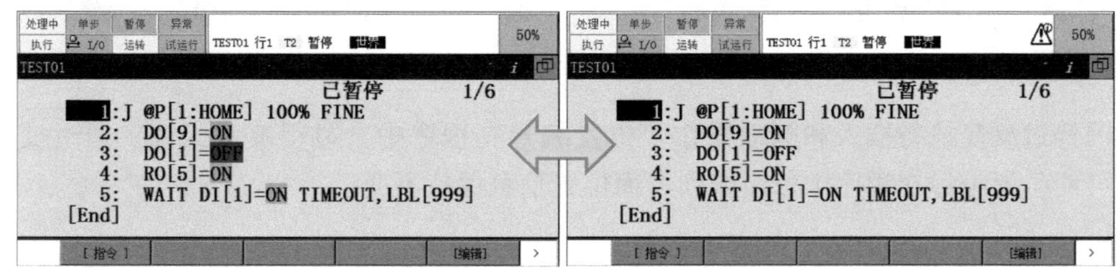

图 5.2.38　切换命令颜色示意图

（十二）IO 状态

【IO Status】（IO 状态）：通过此命令，可在程序编辑界面实时显示程序命令中 IO 的状态，如图 5.2.39 所示。

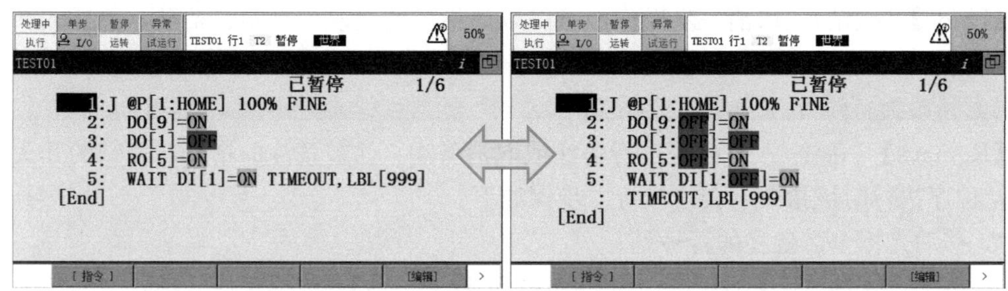

图 5.2.39　切换 IO 状态显示示意图

六、编程示例

（一）关节、直线动作指令示教编程示例

示教编写机器人程序并执行，要求：

（1）机器人从安全的 HOME 点（J1=J2=J3=J4=J6=0°，J5=−90°）位置出发。

（2）使工具尖端在如图 5.2.40 所示的轨迹板上运动，绘制出“1”处的正方形轨迹（使用直线动作指令）。

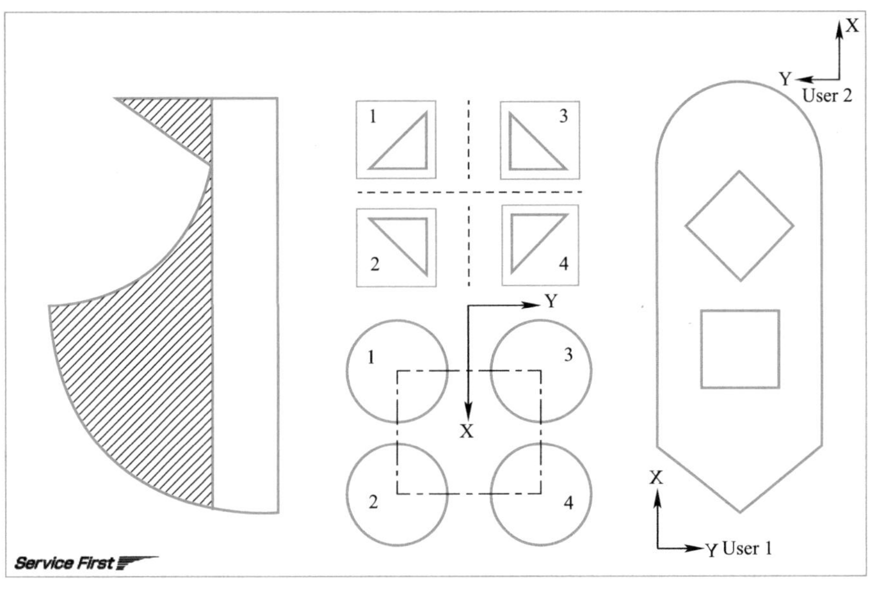

图 5.2.40　轨迹示教板

（3）绘制完成后回到 HOME 点结束，HOME 位置点须注释。

规划机器人的运动轨迹，如图 5.2.41 所示。程序示例见 TEST5_1. TP。

（二）圆弧动作指令示教编程示例

示教编写机器人程序并执行，要求：

（1）机器人从安全的 HOME 点（J1=J2=J3=J4=J6=0°，J5=－90°）位置出发。

（2）使工具尖端在如图 5.2.40 所示的轨迹板上运动，绘制出“1”处的圆形轨迹（使用圆弧动作指令）。

（3）绘制完成后回到 HOME 点结束，HOME 位置点须注释。

规划机器人的运动轨迹，如图 5.2.42 所示。程序示例见 TEST5_2. TP。

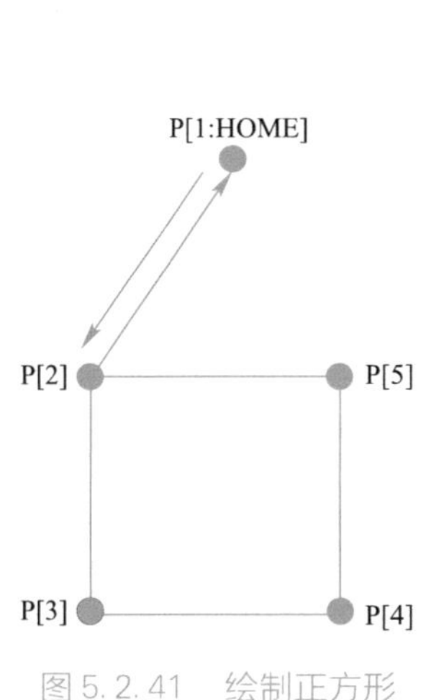

图 5.2.41　绘制正方形运动轨迹示意图

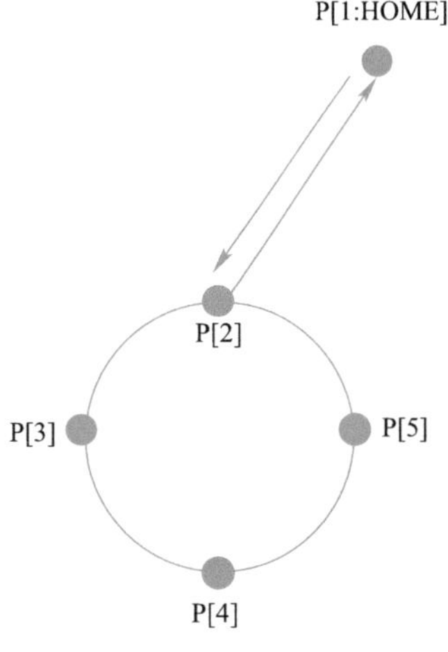

图 5.2.42　绘制圆弧运动轨迹示意图

TEST5_1. TP	注释：
1：J P[1：HOME] 100% FINE	以关节的形式运动至 P[1] 点（从 HOME 点出发）
2：J P[2] 100% FINE	以关节的形式运动至 P[2] 点（不需控制轨迹）
3：L P[3] 3000mm/sec FINE	以直线的形式运动至 P[3] 点
4：L P[4] 3000mm/sec FINE	以直线的形式运动至 P[4] 点
5：L P[5] 3000mm/sec FINE	以直线的形式运动至 P[5] 点
6：L P[2] 3000mm/sec FINE	以直线的形式运动回 P[2] 点
7：J P[1：HOME] 100% FINE	以关节的形式运动至 P[1] 点（回 HOME 点结束）
/END	程序结束

TEST5_2. TP	注释：
1：J P[1：HOME] 100% FINE	以关节的形式运动至 P[1] 点（从 HOME 点出发）
2：J P[2] 100% FINE	以关节的形式运动至 P[2] 点（不需控制轨迹，圆弧起点）
3：C P[3]	运动至前半段圆弧经过点
：P[4] 3000mm/sec FINE	运动至前半段圆弧结束点（也是后半段圆弧起点）
4：C P[5]	运动至后半段圆弧经过点（一个完整的圆，至少需要两个 C 指令）
：P[2] 3000mm/sec FINE	运动至后半段圆弧结束点（也即圆的起点，不需重新示教）
5：J P[1：HOME] 100% FINE	以关节的形式运动至 P[1] 点（回 HOME 点结束）
/END	程序结束

任务三　控制指令的应用编程

一、寄存器指令 Registers

Registers（寄存器指令）：常用的寄存器类型有寄存器 R[i] 和位置寄存器 PR[i]，其中，i=1,2,3……为寄存器号，如图 5.3.1 所示，寄存器支持“+”，“—”，“*”，“/”四则运算和多项式。

5-4 常用控制指令

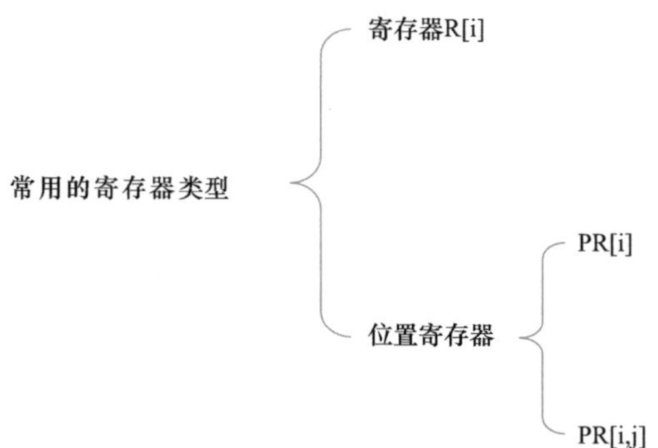

图 5.3.1　常用寄存器类型示意图

（1）寄存器 R[i]：寄存器 R[i] 也称数值寄存器，它可以存储的常见信息类型，如图 5.3.2 所示。

（2）位置寄存器 PR[i]：位置寄存器 PR[i] 用于存储位置资料，有直角坐标和关节坐标两种数据形式。需要单独对位置寄存器的某个要素进行运算时，使用位置寄存器要素指令 PR[i,j]，其中 i 为寄存器编号（0～100），j 为要素编号（1～6），具体见表 5.3.1。

R[i]=
- Constant　常数
- R[i]　寄存器的值
- PR[i,j]　位置寄存器的值
- DI[i]　信号的状态
- Timer[i]　程序计时器的值

图 5.3.2　数值寄存器可存储信息类型示意图

（一）查看寄存器值

1. 查看数值寄存器的值

依次操作：按【Data】（数据）键→按 F1【TYPE】（类型）→选择【Registers】（数值寄存器），进入数值寄存器列表界面，如图 5.3.3 所示。

位置寄存器要素说明　　表 5.3.1

要素编号	Lpos（直角坐标）	Jpos（关节坐标）
j=1	X	J1
j=2	Y	J2
j=3	Z	J3
j=4	W	J4
j=5	P	J5
j=6	R	J6

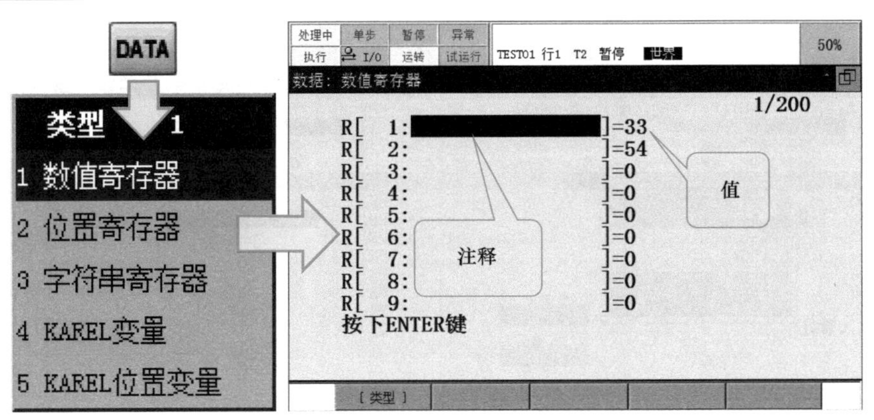

图 5.3.3　进入数值寄存器列表示意图

将光标移至寄存器号后，按【ENTER】（回车）键，可输入注释；把光标移到“＝”右边，使用数字键可直接修改数值。

2. 查看位置寄存器的值

依次操作：按【Data】（数据）键→按 F1【TYPE】（类型）→选择【Position Reg】（位置寄存器），进入位置寄存器列表界面，如图 5.3.4 所示。

其中：

（1）将光标移至寄存器号后，按【ENTER】（回车）键，可输入注释。

（2）若“＝”右边显示为“R”，则表示已记录了具体数据，若显示为“＊”，则表示未示教记录任何数据。

（3）当光标所在位置寄存器已经记录了具体数据时，可按【SHIFT】+F2【MOVE_TO】（移动），将机器人移动至该位置。

（4）当光标所在位置寄存器还未记录具体数据时，可点动机器人至需要的位置，按【SHIFT】+F3【RECORD】（记录），将机器人当前位置存储至位置寄存器里。

（5）按【SHIFT】+F5【CLEAR】（清除），可清除位置寄存器里的所有数据。

（6）按 F4【POSITION】（位置），可显示具体的数据信息，按 F5【REPRE】（形式），可选择切换【Cartesian】（直角坐标）或【Joint】（关节坐标）数据形式界面，如图 5.3.5 所示。

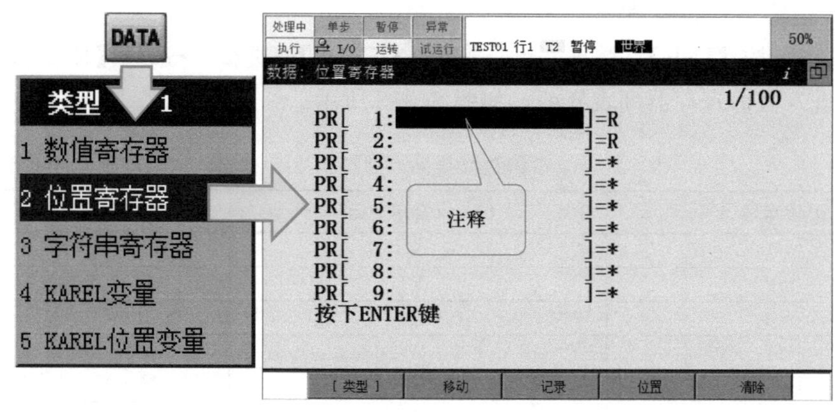

图 5.3.4　进入位置寄存器列表示意图

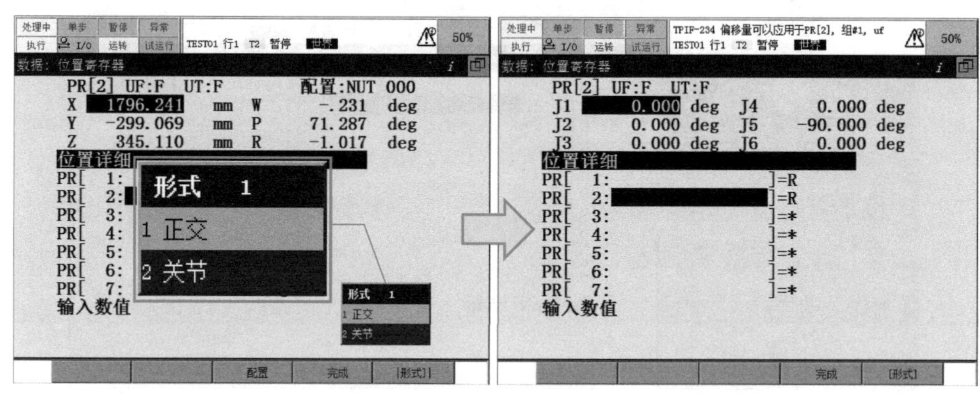

图 5.3.5　显示和切换位置寄存器具体数据信息

在位置数据信息中，UF：F、UT：F 表示可以在任何工具和用户坐标系中执行。把光标移至六个数据要素处，可以用数字键直接修改数据，最后按下 F4【DONE】（完成），退出数据信息界面。

（二）加入寄存器指令

在程序中加入寄存器指令的操作步骤如下：

1. 进入程序编辑界面，按下 F1【INST】（指令），显示控制指令一览菜单，移动光标选择【Registers】（数值寄存器），如图 5.3.6 所示。

2. 按【ENTER】（回车）键确认，选择所需要的指令格式，按回车确认。移动光标位置选择相应的项，并按回车，如图 5.3.7 所示。

3. 用数字键输入寄存器编号，按回车确认。移动光标选择相应的项，并回车确认，如图 5.3.8 所示，指令输入完成。

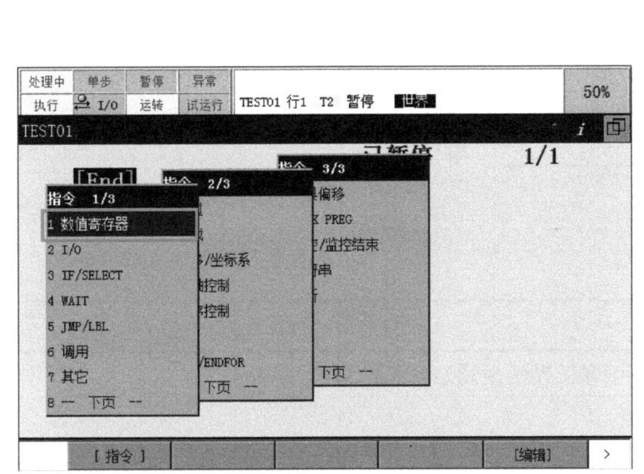

图 5.3.6　控制指令一览菜单

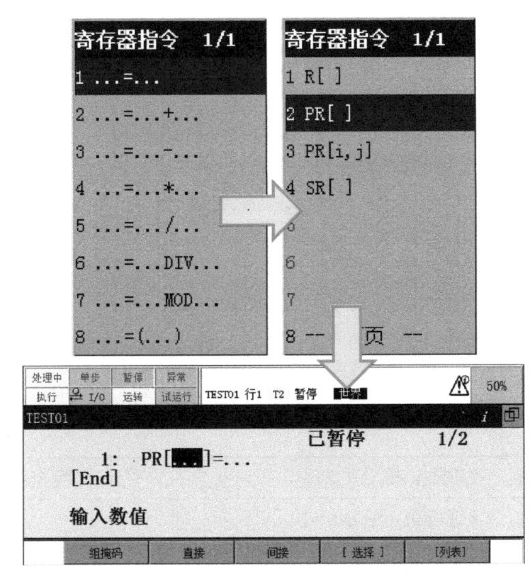

图 5.3.7　插入位置寄存器指令示意图

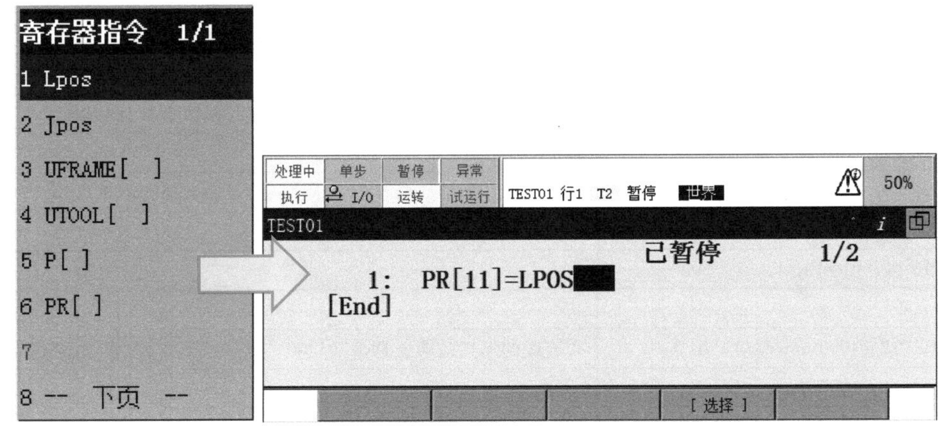

图 5.3.8　取当前直角坐标位置信息的程序示意图

（三）编程示例

示教编写机器人程序并执行，要求：

（1）机器人从安全的 HOME 点（J1=J2=J3=J4=J6=0°，J5=−90°）位置出发。

（2）使工具尖端在如图 5.2.40 所示的轨迹板（水平放置）上运动，绘制出下方虚线处正方形的轨迹（边长 90mm，要求使用位置寄存器指令编程）。

（3）绘制完成后回到 HOME 点结束，HOME 位置点须注释。

规划机器人的运动轨迹，如图 5.3.9 所示。程序示例见 TEST5_3. TP。

5-5 位置寄存器的应用编程

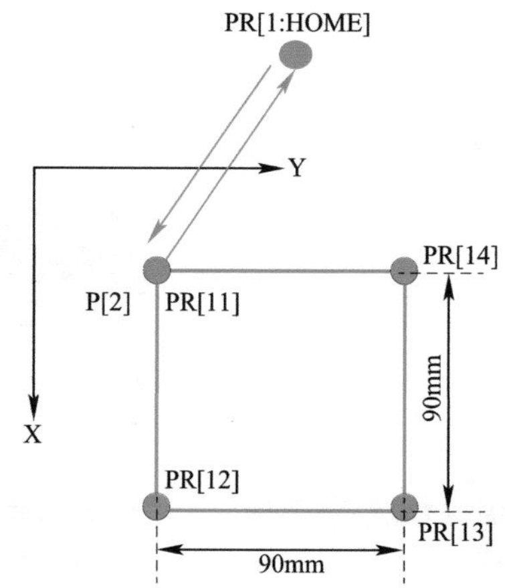

图 5.3.9　绘制正方形运动轨迹示意图

TEST5_3. TP	注释：
1：　UFRAME_NUM=0	切换至 User0（世界坐标系），保证 X、Y 方向水平
2：　UTOOL_NUM=1	
3：	
4：J PR[1：HOME] 100% FINE	以关节的形式运动至 PR[1：HOME] 点
5：J P[2] 100% FINE	以关节的形式运动至 P[2] 点（正方形的角点）
6：　PR[11]=LPOS	以直角坐标值的形式将当前位置数据存储至 PR[11] 中
7：　PR[12]=PR[11]	PR[11] 的值赋给 PR[12]（使 PR[12] 以 PR[11] 为基准）
8：　PR[12，1]=PR[11，1]+90	PR[12] 的 X 轴数据等于 PR[11] 的 X 轴数据加上 90mm
9：　PR[13]=PR[12]	使 PR[13] 以 PR[12] 为基准
10：　PR[13，2]=PR[12，2]+90	PR[13] 的 Y 轴数据等于 PR[12] 的 Y 轴数据加上 90mm
11：　PR[14]=PR[13]	
12：　PR[14，1]=PR[13，1]−90	
13：	
14：L PR[12] 4000mm/sec FINE	以直线的形式运动至 PR[12] 点
15：L PR[13] 4000mm/sec FINE	
16：L PR[14] 4000mm/sec FINE	
17：L PR[11] 4000mm/sec FINE	
18：J PR[1：HOME] 100% FINE	以关节的形式运动回 HOME 点结束
/END	程序结束

注意：

（1）因为 PR 指令的运算，是基于当前用户坐标系进行的，如果当前用户坐标系 XY 平面为非水平面，则 PR 指令运算偏移后的运动面也将不水平，这恐会使机器人发生碰撞。所以，示教编程时的关键是使用水平 XY 平面的用户坐标系示教（如 User0）。

（2）因为 PR 指令默认对所有的运动组进行运算，所以，有多个运动组时（如行走轴、变位机组等），需要指定仅对机器人本体运动组（组 1）进行运算，保证其他运动组不动：移动光标至 PR[i] 指令的寄存器编号 i 处，按下 F1【GP_MASK】（组掩码）后进行指定（如 PR[GP1：12，1]=PR[GP1：11，1]+90）。

二、I/O（信号）指令

I/O 指令：用来改变信号输出状态或接收输入信号的状态。

数字信号（DI/DO）指令应用如下：

（1）R[i]=DI[i] 接收输入信号

（2）DO[i]=(Value)

Value=ON 发出信号

Value=OFF 关闭信号

（3）DO[i]=PULSE,(Width) 输出脉冲信号：Width=脉冲宽度（0.1～25.5 秒）

机器人信号（RI/RO）指令，模拟信号（AI/AO）指令，群组信号（GI/GO）指令的用法和数字信号指令类似。

（一）加入 I/O 指令

在程序中加入 I/O 指令的操作步骤如下：

1. 进入程序编辑界面，按下 F1【INST】（指令），显示控制指令一览菜单，移动光标选择【I/O】（I/O 指令），按回车确认。移动光标选择相应的项，并按回车插入 I/O 指令，如图 5.3.10 所示。

2. 用数字键输入信号编号，按回车确认。移动光标选择需要的项，并回车确认，如图 5.3.11 所示，指令输入完成。

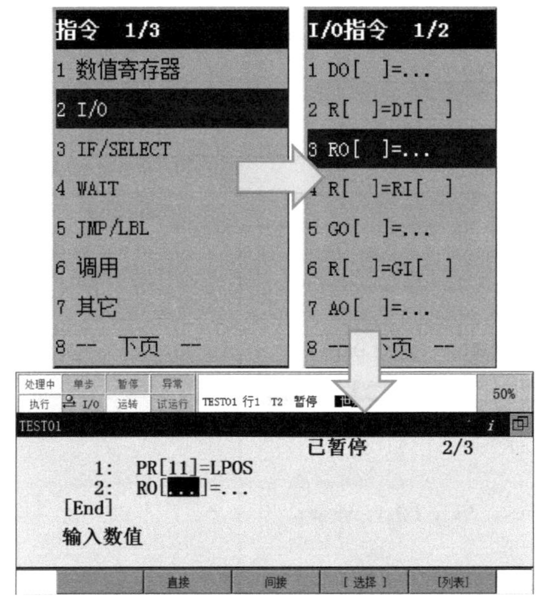

图 5.3.10　插入 RO [i] 指令示意图

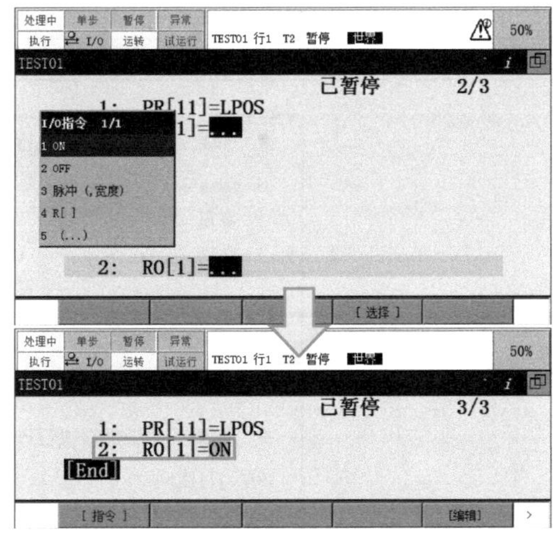

图 5.3.11　接通机器人输出信号的程序示意图

（二）编程示例

示教编写机器人程序并执行，要求：

（1）机器人从安全的 HOME 点（J1=J2=J3=J4=J6=0°，J5=−90°）位置出发。

（2）将工件从 A 位置搬到 B 位置。

（3）完成后回到 HOME 点结束，HOME 位置点须注释。

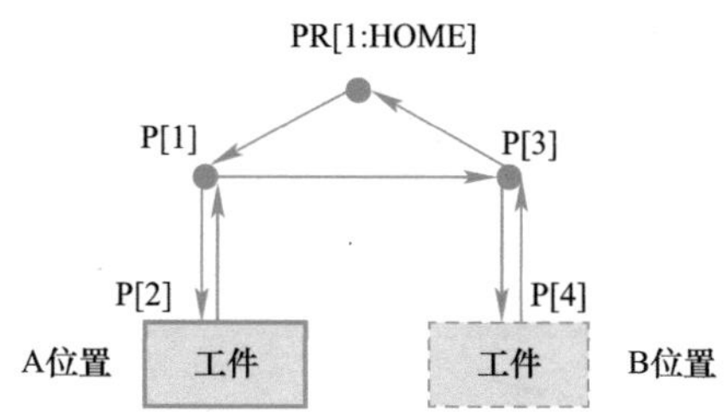

图 5. 3. 12　工件搬运运动轨迹示意图

工件搬运运动轨迹，如图 5. 3. 12 所示。程序示例见 TEST5_4. TP。

三、条件比较指令 IF

（一）IF 指令介绍

IF 条件比较指令：若条件满足，则转移到所指定的标签处或调用子程序；若条件不满足，则执行下一条指令。IF 指令的格式有两种，如图 5. 3. 13 所示。

TEST5_4. TP	注释：
1：J PR[1：HOME] 100% FINE	从 PR[1：HOME] 位置出发
2：RO[1]=OFF	复位手爪
3：J P[1] 100%　CNT50	
4：L P[2] 2000mm/sec FINE	运动至 A 位置
5：RO[1]=ON	手爪关闭，抓取工件
6：WAIT RI[1]=ON	等待手爪关闭信号接通，确认手爪夹紧
7：L P[1] 2000mm/sec CNT50	
8：J P[3] 100% CNT50	
9：L P[4] 2000mm/sec FINE	运动至 B 位置
10：RO[1] =OFF	手爪打开，放置工件
11：WAIT RI[1]=OFF	等待手爪打开
12：L P[3] 2000mm/sec CNT50	
13：J PR[1：HOME] 100% FINE	
/END	程序结束

- **如果条件满足，则执行Processing:**

IF(variable)	(operator)	(value)	(Processing)
变量	运算符	值	行为
R[i]	>　>=	Constant(常数)	JMP LBL[i]
I/O	=　<=	R[i]	Call(program)
	<　<>	ON	
		OFF	

- **如果条件满足则执行Processing1，否则，执行Processing2:**

```
IF(…)THEN
  (Processing1)
ELSE
  (Processing2)
ENDIF
```

图 5. 3. 13　IF 指令格式示意图

其中，可以通过逻辑运算符“or”（或）和“and”（与）将多个条件组合在一起。但

“or”（或）和“and”（与）不能在同一行中使用，例如：“IF（条件 1）and（条件 2）or（条件 3）”是错误的。IF 指令的常见应用示例，见表 5.3.2。

IF 指令应用示例　　表 5.3.2

IF 指令应用示例：	注释：
IF R[1]<3，JMP LBL [1]	如果满足 R[1] 的值小于 3 的条件，则跳转到标签 1 处执行程序
IF DI[1]=ON，CALL TEST	如果满足 DI[1] 等于 ON 的条件，则调用子程序 TEST
IF R[1]<=3 AND DI[1]<>ON，JMP LBL [2]	如果满足 R[1] 的值小于等于 3 并且 DI[1] 不等于 ON 的条件，则跳转到标签 2 处
IF R[1]>=3 OR DI[1]=ON，CALL TEST2	如果满足 R[1] 的值大于等于 3 或者 DI[1] 等于 ON 的条件，则调用程序 TEST2

（二）编程示例

5-6 数值寄存器的应用编程

示教编写机器人程序并执行，要求：

（1）机器人从安全的 HOME 点（J1=J2=J3=J4=J6=0°，J5=−90°）位置出发。

（2）使工具尖端在如图 5.2.40 所示的轨迹板上运动，循环绘制“1”处的正方形轨迹 3 次。

（3）绘制完成后回到 HOME 点结束，HOME 位置点须注释。

机器人的运动轨迹，如图 5.3.14 所示。程序示例见 TEST5_5.TP。

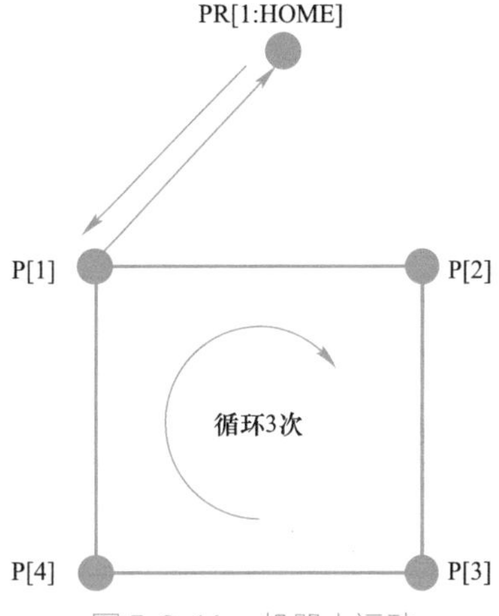

图 5.3.14　机器人运动轨迹示意图

编程扩展：

机器人按步骤运行：

（1）机器人从 HOME 点出发，在如图 5.2.40 所示的轨迹板上运动。

（2）重复绘制“1”处的正方形轨迹 2 次。

（3）接着绘制“2”处的正方形轨迹 1 次。

（4）步骤 2 至步骤 3 重复 3 次。

（5）机器人回 HOME 点结束。

TEST5_5.TP	注释：
1：J PR[1：HOME] 100% FINE	从 PR[1：HOME] 位置出发
2：J P[1] 100% FINE	以关节的形式运动至 P[1] 正方形角点
3：R[1]=0	寄存器 R[1] 清零
4：LBL[1]	标签 1
5：L P[2] 1000mm/sec FINE	
6：L P[3] 1000mm/sec FINE	
7：L P[4] 1000mm/sec FINE	
8：L P[1] 1000mm/sec FINE	

续表

TEST5 _ 5. TP	注释：
9：R[1]=R[1]+1	计算运行次数
10：IF R[1]<3，JMP LBL[1]	如果 R[1] 小于 3，则跳转至标签 1
11：J PR[1：HOME] 100% FINE	回 HOME 位置点结束
/END	程序结束

四、条件选择指令 SELECT

(一) SELECT 指令介绍

SELECT（条件选择指令）：根据寄存器的值转移到所指定的标签或调用子程序。SELECT 指令的格式，如图 5.3.15 所示。

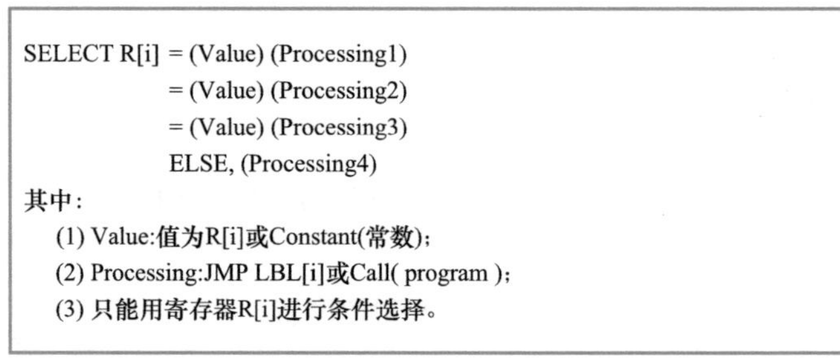

SELECT R[i] = (Value) (Processing1)
= (Value) (Processing2)
= (Value) (Processing3)
ELSE, (Processing4)
其中：
(1) Value:值为R[i]或Constant(常数)；
(2) Processing:JMP LBL[i]或Call(program)；
(3) 只能用寄存器R[i]进行条件选择。

图 5.3.15　SELECT 指令格式示意图

SELECT 指令的应用示例，见表 5.3.3。

SELECT 指令应用示例　　表 5.3.3

SELECT 指令应用示例：	注释：
SELECT R[1]=1，CALL TEST1	满足条件 R[1]=1 时，调用 TEST1 程序
=2，JMP LBL[1]	满足条件 R[1]=2，跳转到 LBL[1] 执行程序
ELSE，JMP LBL[2]	否则，跳转到 LBL[2] 执行程序

(二) 加入 IF/SELECT 指令

在程序中加入 IF/SELECT 指令的操作步骤如下：

1. 进入程序编辑界面，按下 F1【INST】（指令），显示控制指令一览菜单，移动光标选择【IF/SELECT】项，按回车确认，如图 5.3.16 所示。

2. 移动光标选择相应的项，并按回车确认，之后，输入值或移动光标位置选择相应的项，输入值即可。

五、待命指令 WAIT

(一) WAIT 指令介绍

WAIT（等待指令）：可以在所指定的时间，或条件得到满足之前使程序的执行待命。WAIT 指令的格式，如图 5.3.17 所示。

WAIT 指令的应用示例，见表 5.3.4。

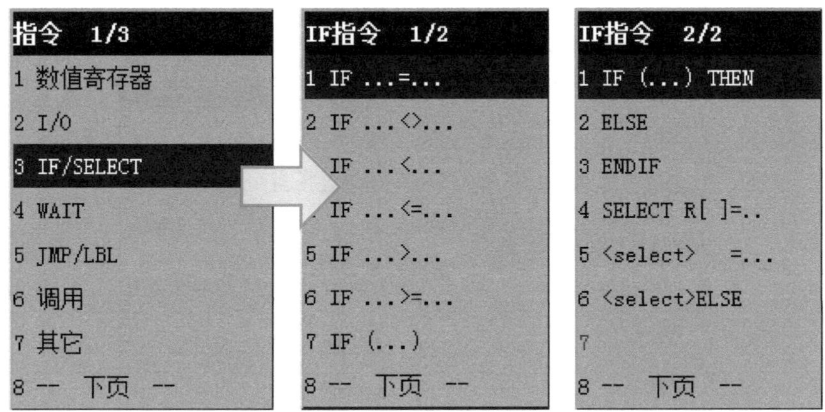

图 5.3.16　IF/SELECT 指令菜单

WAIT	(variable)	(operator)	(value)	TIMEOUT LBL[i]
	Constant	> >=	Constant	**超时时间**
	R[i]	= <=	R[i]	
	AI/AO	< <>	ON	
	GI/GO		OFF	
	DI/DO			
	UI/UO			

图 5.3.17　WAIT 指令格式示意图

WAIT 指令应用示例　　表 5.3.4

WAIT 指令应用示例：	注释：
WAIT 2.00 sec	等待 2 秒后，程序继续往下执行
WAIT DI[1]=ON	等待 DI[1] 信号为 ON，否则，机器人程序一直停留在本行
$WAITTMOUT=200 WAIT DI[1]=ON TIMEOUT，LBL[1]	超时时间为 2 秒 等待 DI[1] 信号为 ON 后继续执行程序，若 2 秒内信号没有为 ON，则程序跳转至标签 1

注意：

（1）可以通过逻辑运算符“or”（或）和“and”（与）将多个条件组合在一起，但是“or”（或）和“and”（与）不能在同一行使用。

（2）当程序在运行中遇到不满足条件的 WAIT 语句时，会一直处于等待状态。如需要人工干预时，可以通过按【FCTN】（功能）键后，选择 7【RELEASE WAIT】（解除等待）跳过等待语句，并在下个语句处等待。

（二）加入 WAIT 指令

操作步骤如下：

1. 进入程序编辑界面，按下 F1【INST】（指令），显示控制指令一览菜单，移动光标选择【WAIT】项，按回车确认，如图 5.3.18 所示。

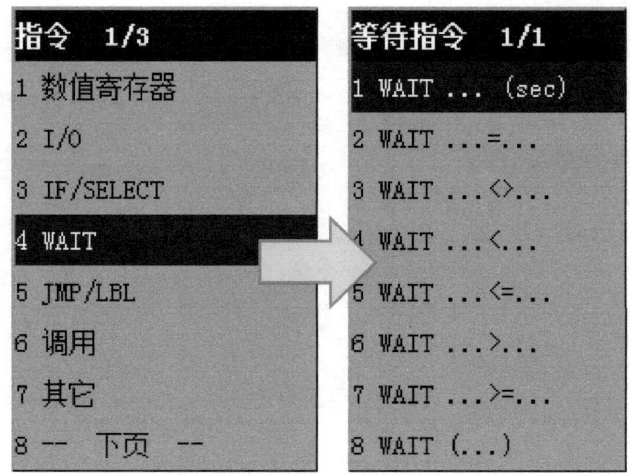

图 5.3.18 WAIT 指令菜单

2. 移动光标选择相应的项，并按回车确认，之后，输入值或移动光标位置选择相应的项，输入值即可。

（三）编程示例

示教编写机器人的机床下料程序并执行，要求：

（1）机床加工完成后开门的同时发出信号启动机器人程序。

（2）机器人从安全的 HOME 点位置出发。

（3）等待机床门打开到位后，运动到机床内取件。

（4）取件完成后发出信号，同时回 HOME 点结束。

（5）如果等待门开信号超时，则返回 HOME 点并发出报警结束。

程序示例见 TEST5_6. TP。

TEST5_6. TP	注释：
1：J PR[1：HOME] 100% FINE	
2：J P[1] 100% FINE	运动到过渡位置
3：$WAITTMOUT=300	设置超时时间 300 * 10ms=3s
4：WAIT DI[101]=ON TIMEOUT，LBL[99]	等待机床门打开到位信号
5：CALL PICK	调用机床内取件子程序
6：DO[101]=PULSE，2.0sec	发出取件完成信号
7：J P[1] 100% CNT50	
8：J PR[1：HOME] 100% FINE	
9：END	中断程序的执行
10：LBL[99]	等待超时时转移至此标签
11：J PR[1：HOME] 100% FINE	
12：UALM[1]	发出用户报警
[END]	程序结束

六、标签指令/跳转指令 LBL[i]/JMP LBL[i]

LBL[i：Comment]（标签指令）：用来表示程序的转移目的地的指令。其中：i 为标签编号（1～32766）；Comment 为注解（最多 16 个字符）。

JMP LBL[i]（跳转指令）：转移到所指定的标签 i 处。跳转指令有无条件跳转和有条件跳转两种类型，如图 5.3.19 所示。

无条件跳转：	有条件跳转：
JMP LBL[10] . . . . LBL[10]	LBL[10] . . . . IF …………, JMP LBL[10]

图 5.3.19　跳转指令的类型示意图

七、程序调用指令 CALL

CALL（程序调用指令）：使程序的执行转移到其他程序（子程序）的第 1 行后执行该程序。被调用的程序执行结束后，返回到主程序继续执行后面的语句。

在程序中加入 CALL 指令的操作步骤如下：

进入程序编辑界面，按下 F1【INST】（指令），显示控制指令一览菜单，移动光标选择【CALL】（调用），按回车确认。移动光标选择【CALL program】（调用程序）项，按回车确认，再选择所调用的程序名，回车确认即可。如图 5.3.20 所示为插入调用“TEST01”子程序指令的方法。

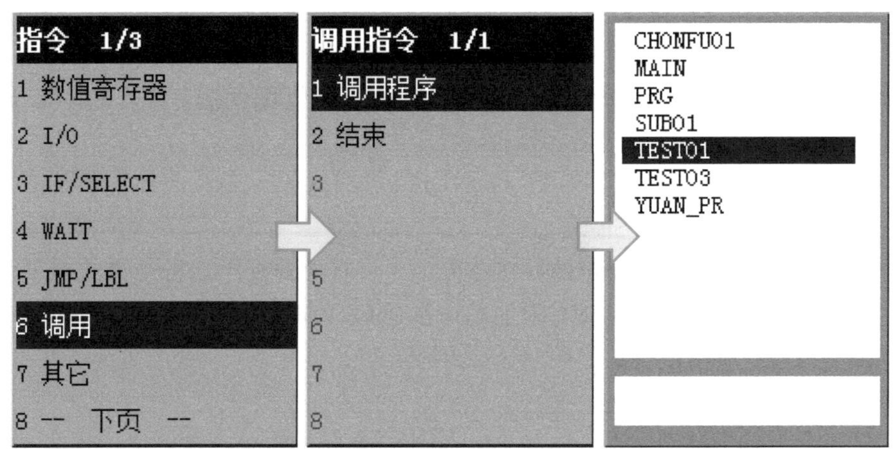

图 5.3.20　插入 CALL 指令示意图

注意：当从主程序调用的子程序被暂停时，需要对主程序进行编辑时，需按【FCTN】（功能）键进入辅助功能菜单，选择【ABORT（ALL)】（中止程序）后方可进行。否则，按

【SELECT】键进入程序一览界面，选择主程序按【ENTER】（回车）键时，进入的是子程序的编辑界面。

八、循环指令 FOR/ENDFOR

FOR/ENDFOR（循环指令）：通过用 FOR 指令和 ENDFOR 指令来包围需要循环的指令区间，根据由 FOR 指令指定的值，确定循环的次数。循环指令有两种类型：

（1）FOR R[i]=(value) TO (value)

（2）FOR R[i]=(value) DOWNTO (value)

其中：Value：值为 R[i]或 Constant（常数），范围是从−32767 到 32766 的整数。

循环指令的应用示例，如图 5.3.21 所示。

FOR指令示例1：	FOR指令示例2：
1：FOR R[1] =1 TO 5 2：L P[1] 100mm/sec CNT100 3：L P[2] 100mm/sec CNT100 4：L P[3] 100mm/sec CNT100 5：ENDFOR	1：FOR R[1] =5 DOWNTO 1 2：L P[1] 100mm/sec CNT100 3：L P[2] 100mm/sec CNT100 4：L P[3] 100mm/sec CNT100 5：ENDFOR

图 5.3.21　循环指令应用示例

其中，执行至 ENDFOR 指令时：

（1）指定了 TO 的情况下，用于计数的 R[1]被自动加 1，如果 R[1]的值小于目标值 5，就反复执行 FOR/ENDFOR 区间的程序。

（2）指定了 DOWNTO 的情况下，R[1]被自动减 1，如果 R[1]的值大于目标值 1，就反复执行 FOR/ENDFOR 区间的程序。

九、位置补偿的指令

（一）位置补偿的指令介绍

通过位置补偿功能可以将原有的位置点偏移，偏移量由位置寄存器决定。

位置补偿主要由位置补偿条件指令和位置补偿指令搭配使用，一个用于设定偏移条件，一个用于执行偏移：

（1）位置补偿条件指令：OFFSET CONDITION PR[i]（偏移条件为 PR[i]）

（2）位置补偿指令：OFFSET

其中，位置补偿条件指令设定的补偿条件，一直有效到程序运行结束或者下一个位置补偿条件指令被执行，其只对包含有附加动作指令 OFFSET（偏移）的动作语句有效。

位置补偿的指令应用示例，如图 5.3.22 所示。

位置补偿指令应用示例1：	位置补偿指令应用示例2：
1：OFFSET CONDITION PR[1] 2：J P[1] 100% FINE 3：L P[2] 500mm/sec FINE offset	1： 2：J P[1] 100% FINE 3：L P[2] 500mm/sec FINE offset,PR[1]

图 5.3.22　位置补偿的指令应用示例

其中，示例 2 中的第三行为直接位置补偿指令，由 OFFSET 直接指定偏移条件 PR[1]。两个示例程序被执行后的效果一样，当执行第三行指令时，目标位置不是示教时的 P[2] 点了，而是经过了偏移的位置，即：P[2]+PR[1]的位置。

（二）加入位置补偿指令

操作步骤如下：

在程序编辑界面中，按下 F1【INST】（指令），显示控制指令一览菜单，移动光标选择【Offset/Frames】（偏移/坐标系），按回车确认；选择【OFFSET CONDITION】（偏移条件）项，按回车确认；选择【PR[]】，回车确认；输入位置寄存器编号后回车确认即可，如图 5.3.23 所示。

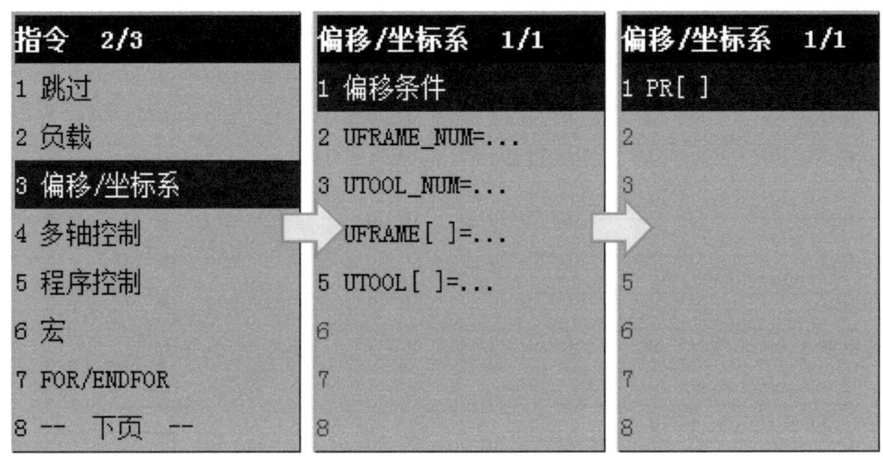

图 5.3.23　加入位置补偿条件指令示意图

注：

（1）具体的偏移值可在【DATA】（数据）→【Position Reg】（位置寄存器）中设置；

（2）【OFFSET】位置补偿指令以动作指令的附加指令方式加入。

（三）编程示例

（1）将 TEST5_7. TP 程序中的 P[2]点向+X 方向偏移 100mm 的程序示例见 TEST5_8. TP 或 TEST5_9. TP。

（2）机器人从 PR[1]出发，执行正方形轨迹，并最终返回 PR[1]。该过程循环三次，第一次在 1 号区域，第二次在 2 号区域，第三次在 3 号区域。程序示例见 TEST5_10. TP。

TEST5_7. TP	注释：
1：J P[1] 100% FINE	P[1]　P[2]　Y　X　P[3]
2：L P[2] 500mm/sec FINE	
3：L P[3] 500mm/sec FINE	

续表

TEST5_8. TP	注释：
1：OFFSET CONDITION PR[10]	P[1]　P[2]　P[2]′　P[2]′=P[2]+PR[10]　PR[10]:　X=100　Y=Z=W=P=R=0　P[3]
2：J P[1] 100% FINE	
3：L P[2] 500mm/sec FINE offset	
4：L P[3] 500mm/sec FINE	
TEST5_9. TP	
1：J P[1] 100% FINE	
2：L P[2] 500mm/sec FINE offset，PR[10]	
3：L P[3] 500mm/sec FINE	

TEST5 _ 10. TP	注释：
1：J PR[1：HOME] 100% FINE	
2：OFFSET CONDITION PR[20]	
3：CALL PR_INITIAL	Y　50mm×50mm　X　P[2]　P[3]　1　P[1]　P[4]　10mm　PR[1]　2　3
4：R[1]=0	
5：LBL[1]	
6：J P[1] 100% FINE offset	
7：L P[2] 2000mm/sec FINE offset	
8：L P[3] 2000mm/sec FINE offset	
9：L P[4] 2000mm/sec FINE offset	
10：L P[1] 2000mm/sec FINE offset	
11：J PR[1：HOME] 100% FINE	
12：PR[20,1]=PR[20,1]+60	
13：R[1]=R[1]+1	
14：IF R[1]<3，JMP LBL[1]	
[END]	
PR_INITIAL：	
1：PR[20]=LPOS	PR[20]取当前直角坐标位置
2：PR[20]=PR[20]−PR[20]	PR[20]数据清 0

十、工具/用户坐标系选择指令 UTOOL_NUM/UFRAME_NUM

UTOOL_NUM/UFRAME_NUM（工具/用户坐标系选择指令）：用于改变当前激活有效的工具/用户坐标系编号。

工具/用户坐标系选择指令的应用示例，如图 5.3.24 所示。

工具/用户坐标系选择指令应用示例：	注释：
1: UTOOL_NUM=1	将当前TOOL坐标系号激活为1号
2: UFRAME_NUM=2	将当前USER坐标系号激活为2号

图 5.3.24　工具/用户坐标系选择指令应用示例

（一）加入工具/用户坐标系选择指令

操作步骤如下：

在程序编辑界面中，按下 F1【INST】（指令），显示控制指令一览菜单，移动光标选择【Offset/Frames】（偏移/坐标系），按回车确认；选择【UTOOL_NUM】（工具坐标系编号）或【UFRAME_NUM】（用户坐标系编号）项，按回车确认；选择【Constant】（常数），回车确认；输入编号后回车确认即可，如图 5.3.25 所示。

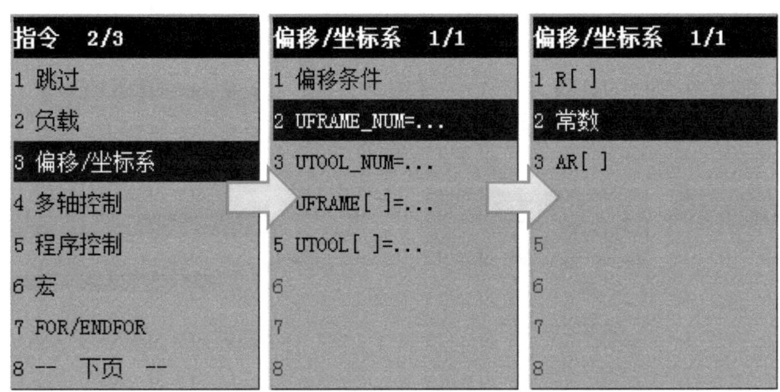

图 5.3.25　加入工具/用户坐标系选择指令示意图

（二）编程示例

TEST5_11. TP	注释：
1：UTOOL_NUM=1	P[1] UF:1 UT:1 CONF:NUT 000
2：UFRAME_NUM=1	X 1507.519 mm W -180.000 deg
3：J P[1] 50% CNT20	Y 0.000 mm P 30.000 deg
4：J P[2] 50% FINE	Z 644.342 mm R 0.000 deg
5：UTOOL_NUM=2	P[3] UF:0 UT:2 CONF:NUT 000
6：UFRAME_NUM=0	X 1000.000 mm W 180.000 deg
7：J P[3] 50% CNT20	Y 0.000 mm P -.000 deg
8：J P[4] 50% CNT20	Z 1085.000 mm R 0.000 deg

注：当前激活有效的坐标系号与动作指令位置点里的坐标系号不一致时，执行程序将会发出报警，机器人无法动作。

十一、其他指令

常用的其他指令包括：

（1）用户报警指令：UALM [i]。

（2）计时器指令：TIMER [i]。

（3）倍率指令：OVERRIDE。

（4）注释指令：!（Remark）。

（5）消息指令：Message [message]。

（6）参数指令：Parameter name。

（一）加入其他指令

操作步骤如下：

在程序编辑界面中，按下 F1【INST】（指令），显示控制指令一览菜单，移动光标选择【Miscellaneous】（其他），按回车确认；选择需要的指令项，按回车确认；输入相应的值/内容后回车确认即可，如图 5.3.26 所示。

（二）用户报警指令

UALM[i]（用户报警指令）：用于停止机器人的动作，同时发出用户自定义的报警信息。

要使用该指令，首先设置用户报警信息：

1. 依次按键选择【MENU】（菜单）→【SETUP】（设置）→F1【TYPE】（类型）→【User alarm】（用户报警）即可进入用户报警设置界面，如图 5.3.27 所示。

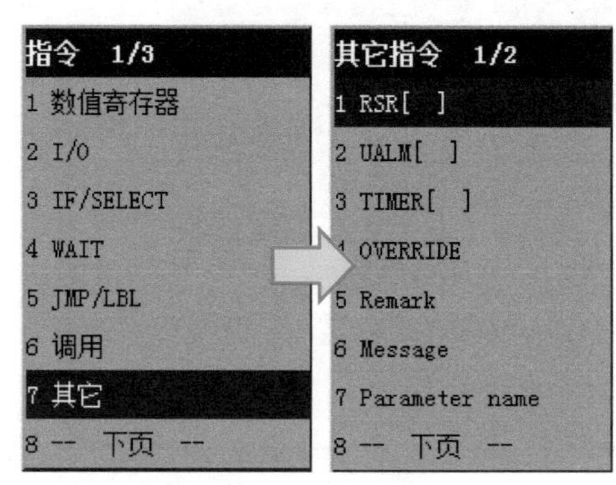

图 5.3.26　加入其他指令示意图

图 5.3.27　用户报警设置界面

2. 把光标移至【User Message】（用户自定义信息）位置，按【ENTER】（回车）键后即可输入报警内容。

当用户报警指令（UALM[1]）被执行时，程序暂停，机器人停止动作，并发出如图 5.3.28 所示的报警。

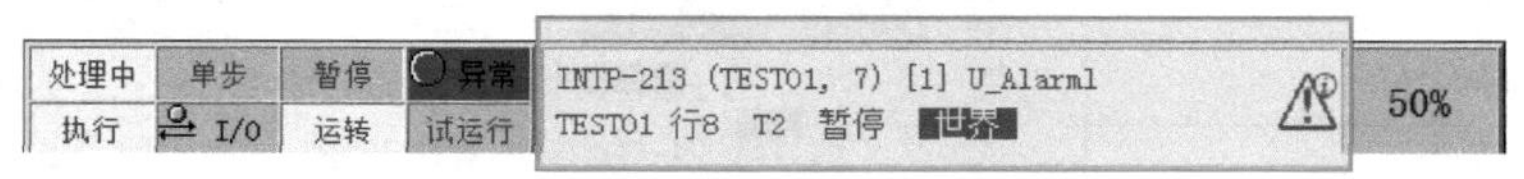

图 5.3.28　用户报警信息示意图

（三）计时器指令

TIMER[i]（计时器指令）：用于启动、停止或复位程序计时器。其指令格式为：

TIMER[i]=(Processing) 其中：

(1) i：计时器号（1～20）。

(2) Processing：START（开始计时），STOP（停止计时），RESET（清零复位）。

程序计时结束后，可通过程序计时器一览界面查看计时结果。步骤如下：

依次按键选择【MENU】（菜单）→【NEXT】（下页）→【STATUS】（状态）→F1【TYPE】（类型）→选择【Prg Timer】（程序计时器），如图 5.3.29 所示。

其中：[count]（值）项即为程序计时时间；【comment】（注释）处可按回车输入注释。

（四）速度倍率指令

OVERRIDE（速度倍率指令）：用于改变机器人的运动速度倍率（TP 屏幕右上角的速度倍率）。其指令格式，如图 5.3.30 所示。

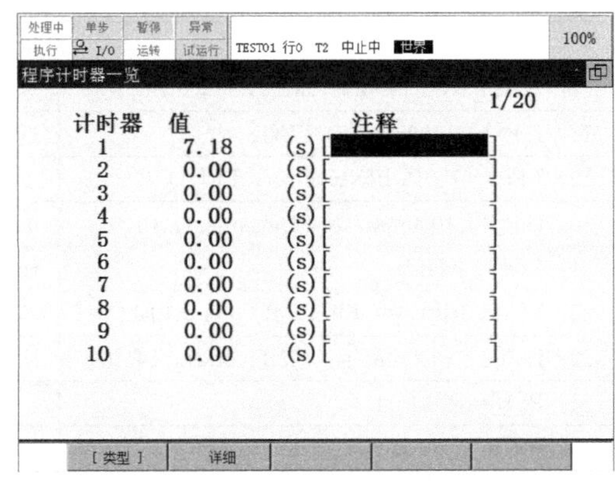

图 5.3.29　程序计时器一览界面

（五）注释指令

! Remark（注释指令）：该指令用于在程序中加入备注信息，该备注信息对于程序的执行没有任何影响。其中，Remark 为用户自定义的注解，最多 32 个字符。

（六）消息指令

Message[message]（消息指令）：用于将指定的消息显示在用户界面上，当程序中运行该指令时，屏幕中将会弹出含有 message 的用户界面。其中，message 为用户自定义的消息，最多 24 个字符。

用户界面可以通过按下【MENU】（菜单）键，移动光标选择【USER】（用户）项，按下【ENTER】（回车）键进入。

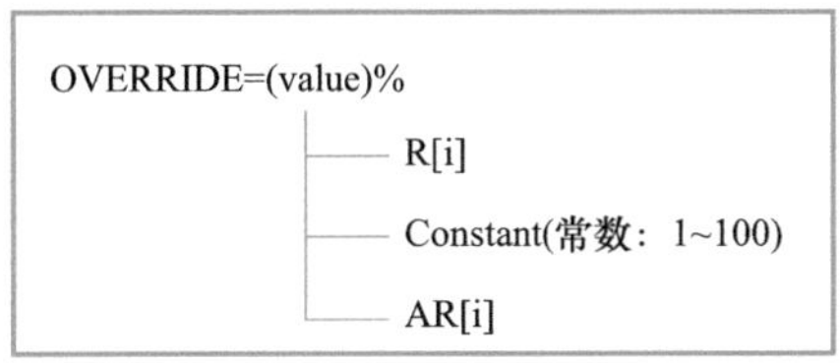

图 5.3.30　速度倍率指令格式

注意：Message（消息）指令被执行时，程序不会停止运行，机器人仍正常运行。

（七）参数指令

Parameter（参数指令）：用于改变系统变量值，或者将系统变量值读到寄存器中。其指令格式如下：

（1）$（系统变量名）=value　变量名需手动输入，value 值为 R[]、常数、PR[]。

（2）Value=$（系统变量名）　变量名需手动输入，value 值为 R[]、PR[]。

（八）编程示例

TEST5_12. TP	注释：
1：TIMER[1]=RESET	
2：TIMER[1]=START	
3：UTOOL_NUM=1	
4：UFRAME_NUM=0	
5：OVERRIDE=30%	
6：$WAITTMOUT=150	
7：R[1]=0	
8：PR[6]=LPOS	
9：PR[6]=PR[6]−PR[6]	
10：J PR[1：HOME]100% FINE	
11：RO[1]=OFF	
12：WAIT RI[1]=OFF TIMEOUT，LBL[99]	
13：LBL[1]	
14：J P[1] 100% FINE	

续表

TEST5 _ 12. TP	注释：
15：L P[2] 1000mm/sec FINE	工件拾取位置点
16：RO[1]=ON	拾取工件
17：WAIT RI[1]=ON TIMEOUT，LBL[99]	等待手爪夹紧
18：L P[1] 1000mm/sec FINE	返回工件拾取过渡点
19：J P[3] 100% FINE offset，PR[6]	工件摆放接近点
20：L P[4] 1000mm/sec FINE offset，PR[6]	工件摆放位置点
21：RO[1]=OFF	松开手爪
22：WAIT RI[1]=OFF TIMEOUT，LBL[99]	等待手爪松开
23：L P[3] 1000mm/sec FINE offset，PR[6]	
24：R[1]=R[1]+1	
25：PR[6,1]=PR[6,1]+60	工件摆放位置每次向+X 偏移 60mm
26：IF R[1]<3，JMP LBL[1]	循环搬运 3 次
27：J PR[1：HOME] 100% FINE	
28：Message [PART1_FINISH]	发出 PART1_FINISH 消息
29：TIMER[1]=STOP	停止程序计时器
30：! PART1 FINISHED	
31：END	
32：LBL[99]	
33：J PR[1：HOME] 100% FINE	
34：UALM[1]	手爪动作超时用户报警
[END]	

习　题

1. 程序行中显示“@”图标，表示________________。

2. FANUC 机器人程序的动作类型有______、______、______、______，其中效率最高的是______。定位类型有______和______，效率最高的是______。

3. 程序的 P[i] 位置点信息里，UF 表示__________，UT 表示__________。

4. PR[10]=LPOS-LPOS 表示 PR[10]以________的形式记录数据，并将数据______。后续对 PR[10]的偏移运算，是基于当前有效的__________进行的。

5. 执行程序：J P[2] 100% FINE offset，PR[3]，机器人将移动至______+______的位置。

6. 程序中通过________指令激活工具坐标系号，通过________指令激活用户坐标系号。

项目六　其他实用功能
Item VI　Other Practical Functions
Item VI　Fungsi Praktis Lainnya

教学目标

1. 知识目标

（1）了解 FANUC 机器人参考位置、宏、负载设定的应用意义；

（2）了解 FANUC 机器人参考位置与程序启动时的原点检查之间的关系以及原点检查的含义；

（3）掌握查阅末端工具负载工程图获得负载数据的方法。

2. 能力目标

（1）能够设置和应用 FANUC 机器人的参考位置；

（2）能够设置和应用 FANUC 机器人的宏指令和宏程序；

（3）能够设置 FANUC 机器人的负载并使用指令进行激活。

3. 素质目标

（1）通过实践教学组织，让学生直观感受对比原点检查启用/禁用和负载激活/不激活时机器人的运行情况，培养学生善于思考、善于总结、勇于探索、实践求实等优秀的职业素养。

（2）通过强调参考位置、宏、负载设定的工程应用场景和技巧，思考其应用的意义，在潜移默化中培养学生追求严谨的工程素养和精益求精的工匠精神。

任务一　设置与应用参考位置

一、任务分析

任务描述：设定一个远离外围机器设备的安全位置（J1～J4 轴和 J6 轴＝0°，J5 轴＝－90°）为参考位置，如图 6.1.1 所示。当机器人处于参考位置时，UOP 中的 UO[7]＝ON，对外围设备输出机器人处于参考位置 1 的指示。

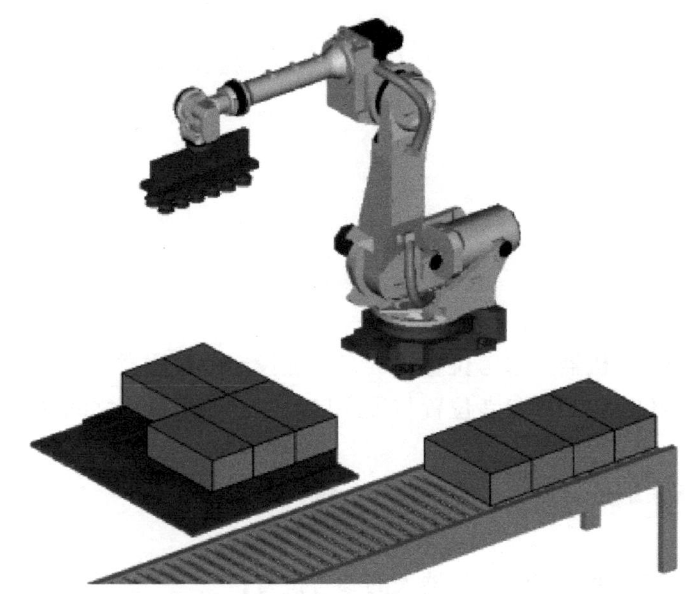

图 6.1.1　参考位置示意图

任务分析：Ref Position（参考位置）是在程序中或点动中频繁使用的固定位置（预先设定的位置）之一，它通常是离开工件和周边机器设备的可动区域的安全位置，可以设定 10 个参考位置。

机器人位于参考位置时，输出预先设定的数字信号（DO）给其他远端控制设备（如 PLC）。特别是当机器人位于参考位置 1 时，输出外围设备 I/O（UOP）的参考位置输出信号（UO[7] AT PERCH）。据此信号，远端控制设备可以判断机器人是否在规定位置（如 HOME 点，原点）。

二、任务实施

1. 依次按键操作：【MENU】（菜单）→【SETUP】（设置）→F1【Type】（类型）→【Ref Position】（参考位置），进入如图 6.1.2 所示的参考位置（基准点）设定界面。

其中：

（1）Enb/Dsbl（启用/禁用）：启用或禁用该参考位置点。

（2）@Pos（范围内）：机器人当前是否处于该参考位置标志。

（3）Comment（注释）：该参考位置点的注释信息。

2. 移动光标选择需要设定的参考位置号，按下 F3【DETAIL】（细节），显示该参考位置点设置的详细界面，如图 6.1.3 所示。

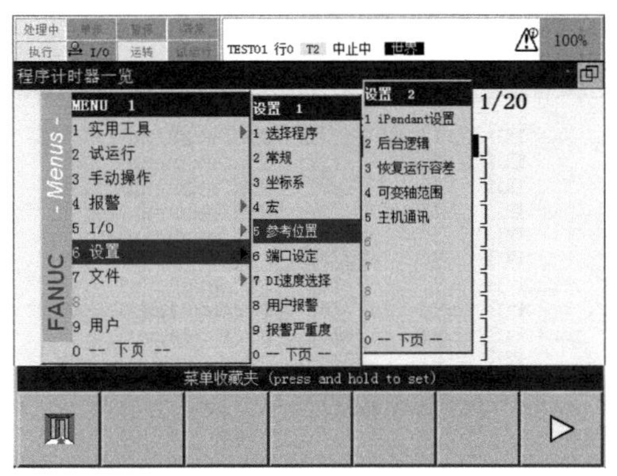

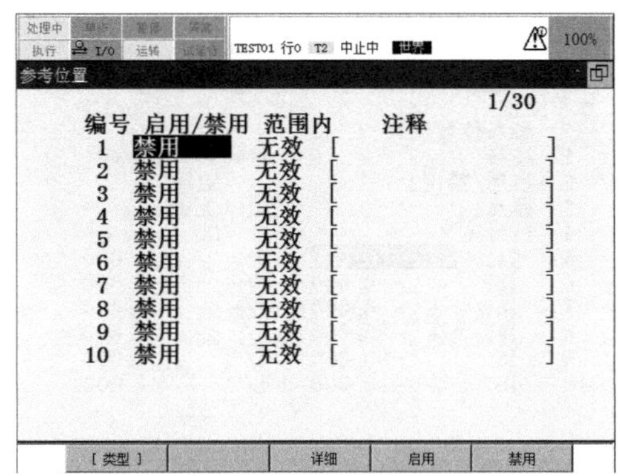

图 6.1.2　参考位置（基准点）设定界面

其中：

(1) Comment（注解）：该参考位置点的注释信息。

(2) Enable/Disable（启用/禁用）：启用或禁用该参考位置点。

(3) Is a valid HOME（原点位置）：启用或禁用该参考位置成为原点位置检查（详见程序选择设置界面）的对象。

(4) Signal definition（信号定义）：指定机器人位于参考位置时用于输出的信号端口（可设置 DO 或 RO，DO[0] 或 RO[0] 无效）。

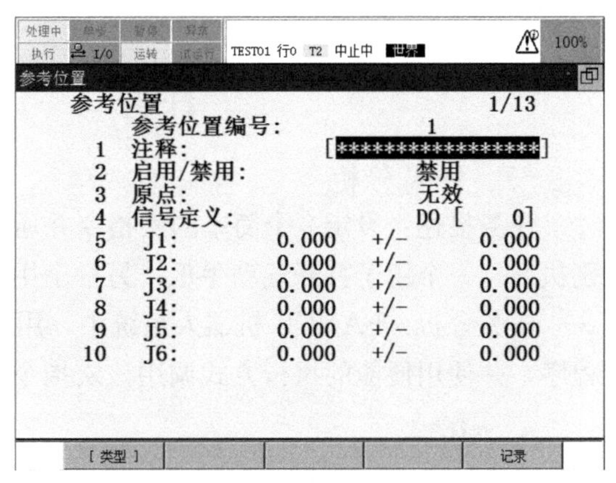

图 6.1.3　参考位置详细设置界面

3. 示教 Ref Position 点（参考位置）的位置：

方法一（示教法）：按【SHIFT】+F5【RECORD】（记录）键，机器人的当前位置被作为参考位置点记录下来；

方法二（直接输入法）：把光标移到 J1 至 J9 轴的设置项，将可以直接输入参考位置的关节坐标数据。

参考位置示教后，如图 6.1.4 所示。

注意：

(1) 请勿将“+/−”右侧的允许误差设定为 0，基本上应将其设定为 0.1 以上。应在多挡速度（低中高）下进行动作确认，设定一个必定会输出参考位置信号的允许值。

(2) 若参考位置被启用，当系统检测到机器人在该位置时，则相应的@Pos 项变为 TURE（有效）。

(3) 若 Signal definition（信号定义）选项中定义过信号口，则当系统检测到机器人在参考位置时，相应的信号置 ON。对于第一个 Ref Position（参考位置），默认的信号 UO[7] AT PERCH 将置 ON，如图 6.1.5 所示。

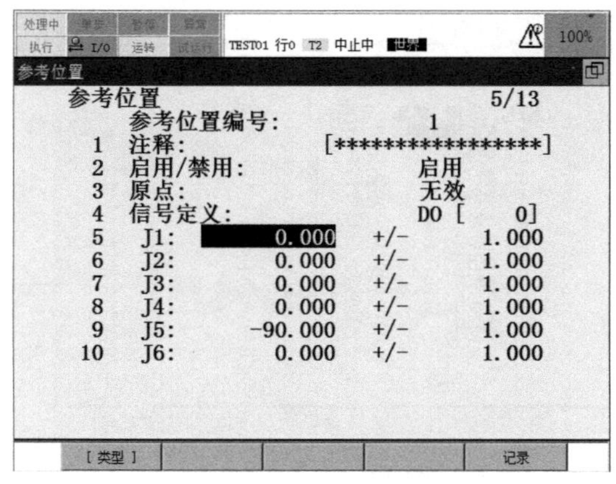

图 6.1.4　参考位置设定示意图

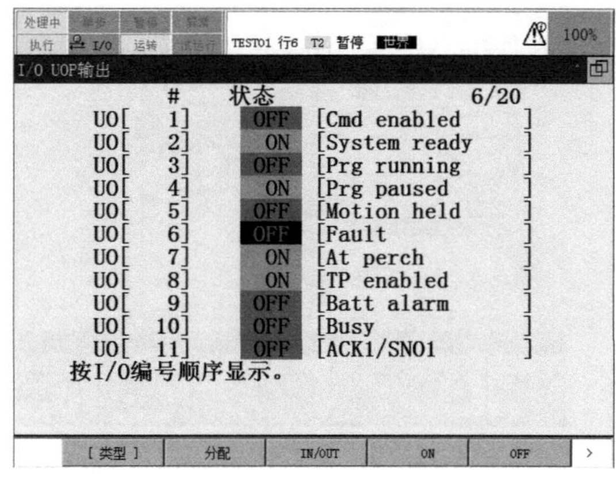

图 6.1.5　机器人位于参考位置 1 时 UO[7]置 ON

任务二　设置与应用宏

一、任务分析

任务描述：设定 2 个简单的宏指令并通过按下【SHIFT】键+用户键 1/用户键 2 来分别执行，一个用于打开气动手爪，另一个用于关闭手爪。

任务分析：FANUC 机器人系统中，用户可以设定一条宏指令来记述自定义的一段宏程序，并使用便捷的执行方式调用该宏指令，进而执行对应的宏程序，如图 6.2.1 所示。

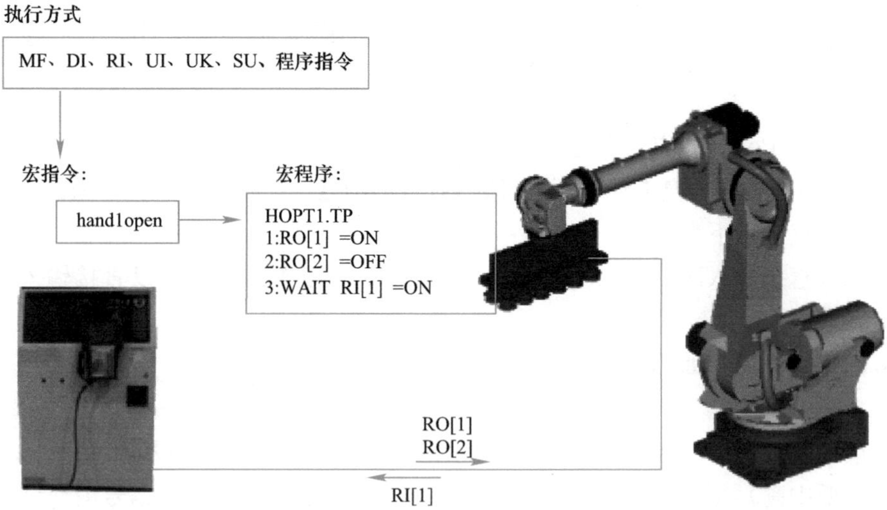

执行方式
MF、DI、RI、UI、UK、SU、程序指令
宏指令：
handlopen
宏程序：
HOPT1.TP
1:RO[1] =ON
2:RO[2] =OFF
3:WAIT RI[1] =ON
RO[1]
RO[2]
RI[1]

图 6.2.1　宏指令应用示意图

二、相关知识

宏指令具有如下功能：

（1）可在程序中作为一条指令执行。

（2）可从示教器的手动操作界面启动宏指令。

（3）可通过示教器的用户键来启动宏指令。

（4）可通过 DI、RI、UI 等信号执行宏指令。

其中，需要指定以何种方式执行宏指令：

（1）MF[1]到 MF[99]：MANUAL FCTN 菜单（手动操作界面）。

（2）UK[1]到 UK[7]：用户键 1～7。

（3）SU[1]到 SU[7]：用户键 1～7＋【SHIFT】键。

（4）DI 数字输入信号。

（5）RI 机器人输入信号。

（6）F 标签。

（7）UI[7]：HOME 信号。

注：宏程序包含有动作语句（具有动作组）的情况下，必须在动作允许状态下（ENBL 输入处在 ON）才能执行宏指令。不具备动作组的宏程序，则没有这个必要。

1. 执行方式一（MF[1]—MF[99]，手动操作功能）

按【MENU】（菜单）→【MANUAL FCTNS】（手动操作功能），选中要执行的宏程序，按【SHIFT】＋F3【EXEC】启动，如图 6.2.2 所示。

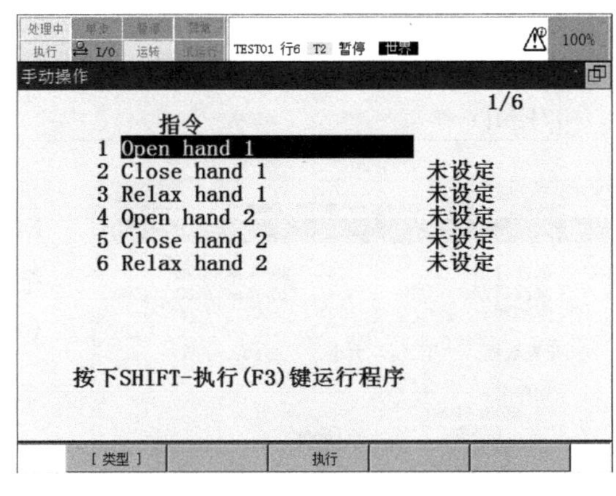

图 6.2.2　手动操作执行方式

2. 执行方式二（UK[1]—UK[7]，用户键 1～7）

按相应的用户键 1～7 即可启动（一般情况下，UK 都是在出厂前被定义的，具体功能见键帽上的标识），如图 6.2.3 所示。

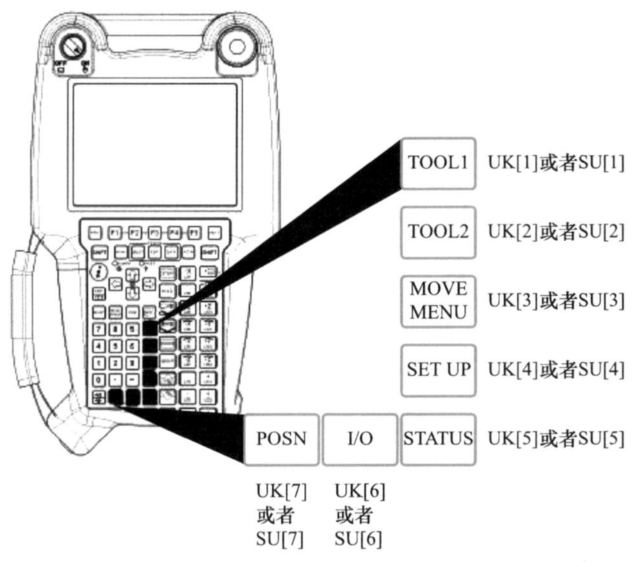

图 6.2.3　用户键执行方式

注意：在将宏指令分配到示教器的按键上的情况下，该按键原有的功能将无效。

3. 执行方式三（SU[1]—SU[7]，【SHIFT】键＋用户键 1～7）

按住【SHIFT】＋相应的用户键即可启动，如图 6.2.3 所示。

三、任务实施

（一）创建宏程序

按任务要求，创建如下两个宏程序（与创建普通程序的方法一致）：

```
OPEN_HAND：打开手爪
  1：    RO[1:CLOSE]=OFF；
  2：    RO[2:OPEN]=ON；
  3：    WAIT 0.50 (sec)；
  4：    WAIT RI[2:OPENED]=ON；
/END
```

```
CLOSE_HAND：关闭手爪
  1：    RO[1:CLOSE]=ON；
  2：    RO[2:OPEN]=OFF；
  3：    WAIT 0.50 (sec)；
  4：    WAIT RI[1:CLOSED] =ON；
/END
```

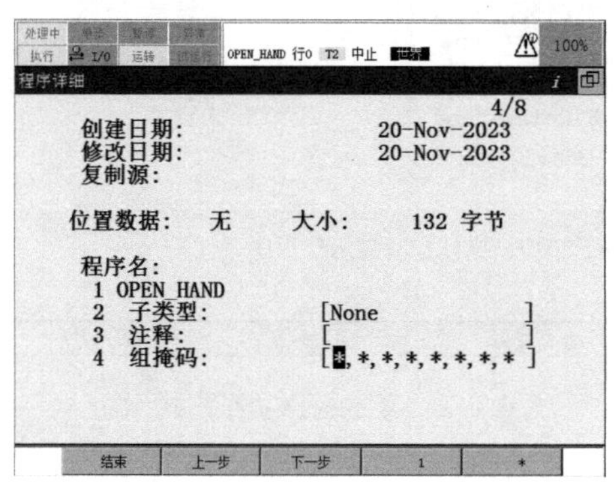

图 6.2.4 修改程序的组掩码

注意：两个程序均不包含动作语句，设置组 Mask 将带来方便。如图 6.2.4 所示，在程序详细界面中，将【Group mask】（组掩码）改为（*，*，*，*，*，*，*，*）。

（二）设置宏指令

1. 依次按键操作：【MENU】（菜单）→【SETUP】（设置）→F1【Type】（类型）→【Macro】（宏指令），进入如图 6.2.5 所示的宏指令设定界面。

2. 移动光标到【Instruction name】（指令名称），按【ENTER】（回车）键后，可输入宏指令名。

3. 移动光标到【Program】（程序），按 F4【CHOICE】（选择），移动光标选择宏指令对应的宏程序，按【ENTER】（回车）键确认，如图 6.2.6 所示。

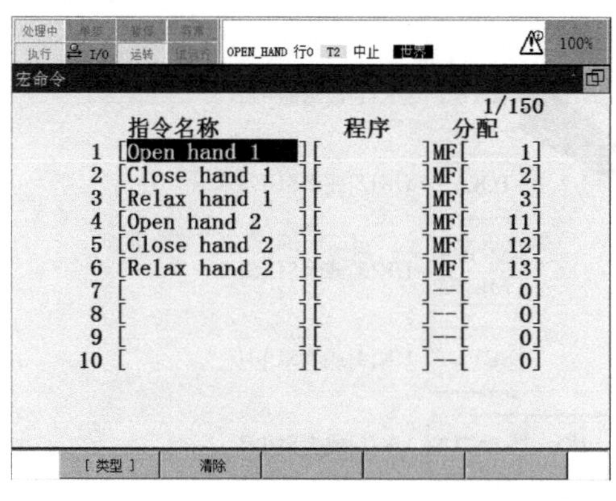

图 6.2.5 宏指令设定界面

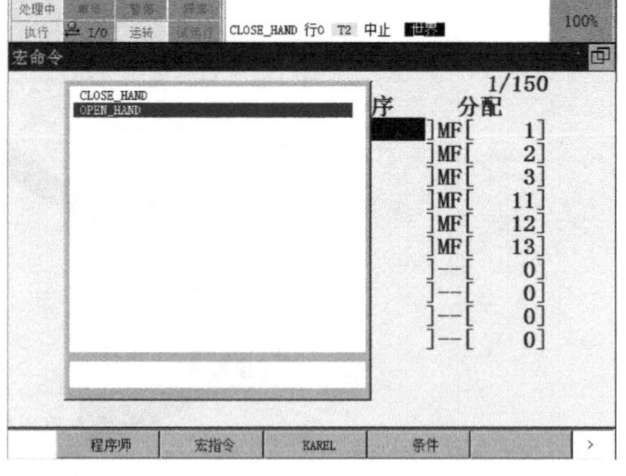

图 6.2.6 设定宏指令所调用的宏程序

注意：在宏指令名称处在空白的状态下输入宏程序时，程序名将原样作为宏指令名称使用。

4. 移动光标到【Assign】（分配）项的“--”处，按 F4【CHOICE】（选择），选择执行方式“SU”，如图 6.2.7 所示。

5. 移动光标到【Assign】（分配）项的“[ ]”处，输入对应的设备号。按任务要求完成设定的宏指令，如图 6.2.8 所示。其中：

（1）宏指令“Open hand1”对应调用“OPEN_HAND”程序，执行方式为 SU[1]。

（2）宏指令“Close hand1”对应调用“CLOSE_HAND”程序，执行方式为 SU[2]。

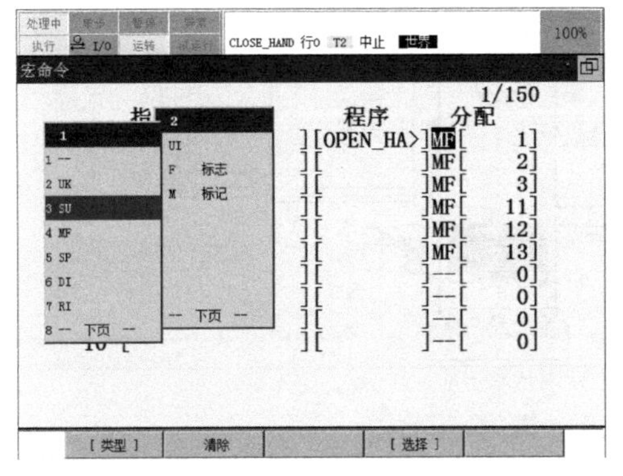

图 6.2.7　设定宏指令的执行方式

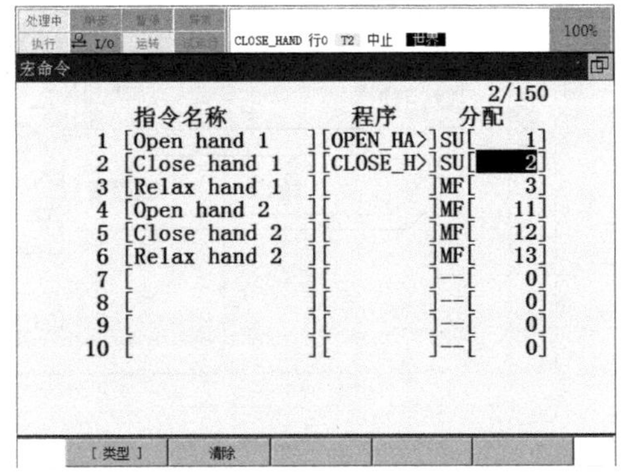

图 6.2.8　完成设定的宏指令

（三）执行宏指令

设置完毕后，将 TP 有效开关置于“ON”，即可按照所选择的方式执行宏指令：

（1）按住【SHIFT】键再按下用户键 1（SU[1]），测试宏指令“Open hand1”是否正确执行。

（2）按住【SHIFT】键再按下用户键 2（SU[2]），测试宏指令“Close hand1”是否正确执行。

任务三　设置与应用负载设定

一、任务分析

任务描述：对 FANUC 点焊机器人的伺服焊钳（如图 6.3.1 及表 6.3.1 所示）进行负载设定，并通过程序指令切换该负载设定。

任务分析：负载设定，是与安装在机器人上的负载信息（重量、重心位置等）相关的设定。

通过适当设定负载信息，就会带来如下效果：

（1）动作性能提高（振动减小，循环时间改善等）。

（2）更加有效地发挥与动力学相关的功能（碰撞检测功能、重力补偿功能等的性能提高）。

如果负载信息错误过大，则有可能导致振动加大，或错误检测出碰撞。为了更加有效地使用机器人，建议用户对配备在机械手、工件、机器人手臂上的设备等负载信息进行适当设定。

负载信息的设定，在“动作性能界面”上进行，可以设定 10 种负载信息。只要切换负载设定编号就对应变更了负载。此外，可通过程序指令，在程序中的任意时机切换负载设定。

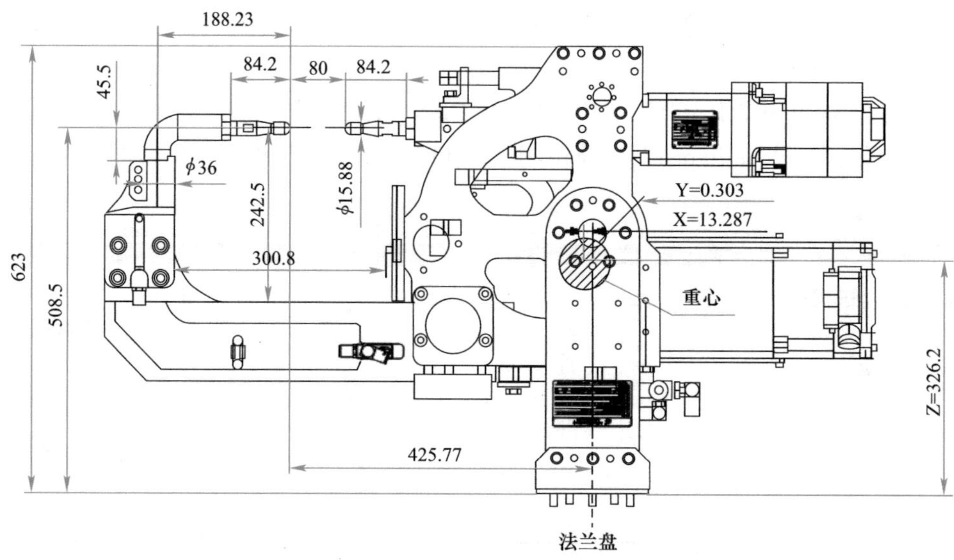

图 6.3.1　C 型伺服焊钳工程图

C 型伺服焊钳有效载荷数据　　表 6.3.1

Payload Data	
Payload Mass（kg）	108.138
Payload Center X（m）	0.013287
Payload Center Y（m）	0.000303
Payload Center Z（m）	0.3262
Payload Inertia I^2x（kg·m^2）	2.23
Payload Inertia I^2y（kg·m^2）	8.99
Payload Inertia I^2z（kg·m^2）	7.2

二、任务实施

（一）负载设定

1. 依次按键操作：【MENU】(菜单)→【NEXT】(下一页)→【SYSTEM】(系统)→F1【Type】(类型)→【Motion】(动作)，进入如图 6.3.2 所示的负载设定一览界面。

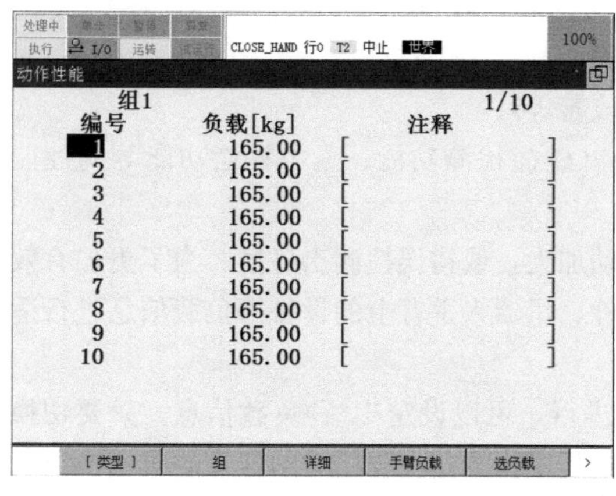

图 6.3.2　负载设定一览界面

2. 将光标指向任一编号的行，按下 F3【DETAIL】(详细)，即进入如图 6.3.3 所示的负载设定界面。

3. 根据需要，输入注释，并分别设定负载的重量、重心位置、重心周围的惯量，如图 6.3.4 所示。

负载设定界面上所显示的 X、Y、Z 方向，相当于标准的（尚未设定工具坐标系状态的）工具坐标，相关负载信息示意图如图 6.3.5 所示。

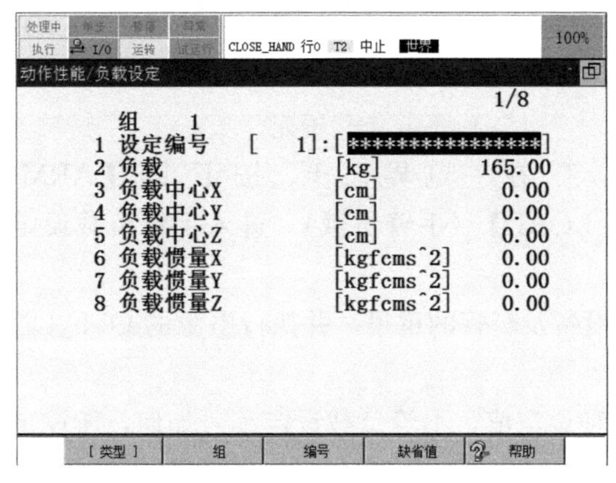

图 6.3.3　负载设定界面

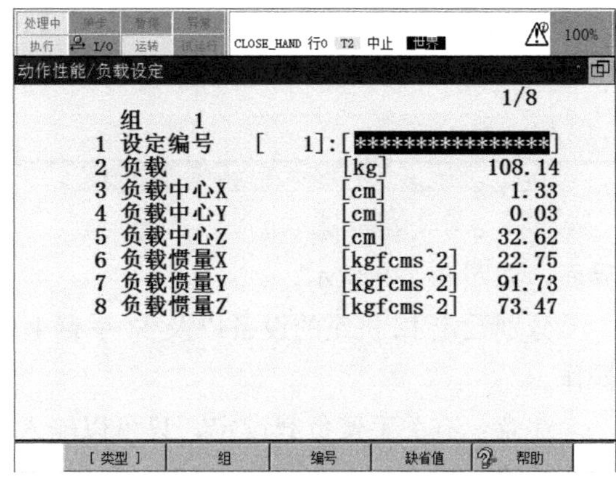

图 6.3.4　设定负载信息

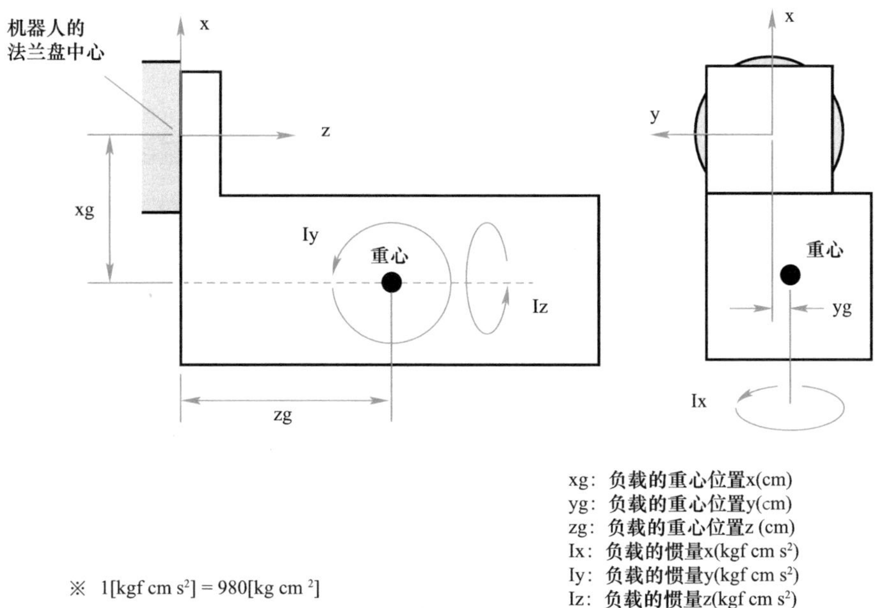

图 6.3.5　负载信息示意图

在变更值后，显示“路径和周期将会改变，设置吗?”的确认消息，按下 F4“是”或者 F5“否”，如图 6.3.6 所示。

如果设定值接近机器人的额定负载，或超过了额定负载，系统将出现如图 6.3.7 所示的确认提示。

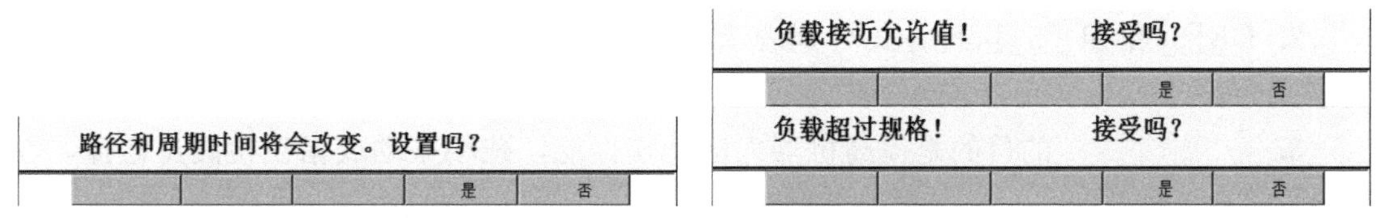

图 6.3.6　确认设定信息

图 6.3.7　接近或超过了额定负载的提示信息

注意：请勿在过载状态下进行运转。有可能导致减速机的寿命缩短。

4. 为使所设定的负载生效，可按下【PREV】键返回一览界面，按下 F5【SETIND】（切换），输入负载设定编号并确认即可，如图 6.3.8 所示。

图 6.3.8　切换机器人的当前负载信息

（二）手臂负载设定

在一览界面上，按下 F4【ARMLOAD】（手臂负载），进入手臂负载设定界面，如图 6.3.9 所示。

分别设定 J2 机座的设备以及 J3 手臂上的设备及套管的重量，并执行电源的 OFF/ON 操作。

注意：有关手臂负载设定，只可以输入一种设定值，不管负载设定编号如何，所设定的值始终有效。

（三）负载设定指令

在程序编辑界面中插入负载设定指令，如图 6.3.10 所示，输入所需的负载设定编号并按【ENTER】（回车）键确认。

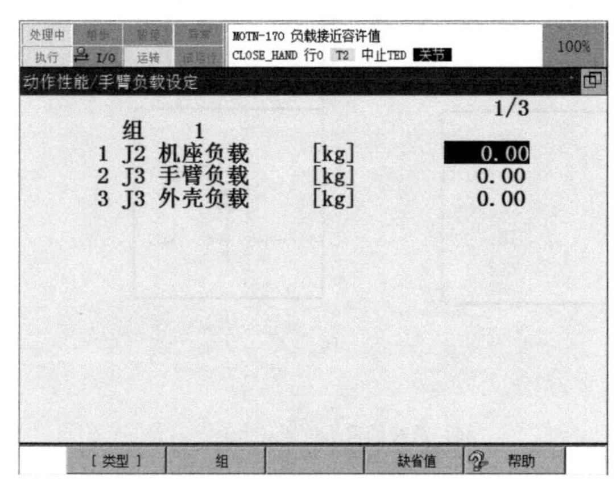

图 6.3.9　机器人手臂负载设定界面

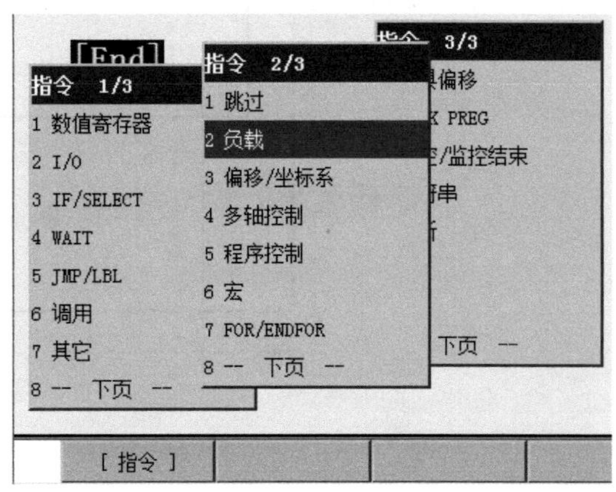

图 6.3.10　插入负载设定指令

切换负载设定编号为 1：

```
1：PAYLOAD[1]
[END]
```

习　题

1. 仅当机器人启用并处于________时，外围设备 I/O 的 UO[7] AT PERCH 信号为 ON。

2. UK[5]和 SU[5]执行方式分别表示____________、____________可启动对应的宏程序。

3. ____________的目的是提高机器人的动作性能，减小振动或错误检测出碰撞，在程序中需要添加____________指令进行激活。

项目七　I/O 信号和电气接线
Item VII　I/O Signal and Electrical Wiring
Item VII　I/O Sinyal dan Kabel Listrik

教学目标

1. 知识目标

（1）了解 FANUC 机器人的 I/O 信号分类、强制信号输出及 I/O 信号仿真的工程意义；

（2）了解 FANUC 机器人进行 I/O 分配的含义；

（3）了解 FANUC 机器人主板上的 I/O 信号接口电气原理；

（4）了解 FANUC 机器人急停板上的安全信号接口电气原理及安全信号的动作机制。

2. 能力目标

（1）能够根据需要对 FANUC 机器人进行正确的 I/O 分配；

（2）能够对 FANUC 机器人进行正确的 I/O 接线；

（3）能够对 FANUC 机器人的安全栅栏、外部急停开关和急停信号输出进行正确接线。

3. 素质目标

（1）通过分组协作、小组讨论和小组互评的实践课堂教学组织，培养学生的动手能力、团队精神、合作意识和人际交往沟通能力。

（2）通过强调禁用输出信号互补可用于双电控换向阀保持动作与增加元器件使用寿命的工程应用经验，培养学生善于发现问题、善于全面思考问题的良好职业素养和追求卓越的工匠精神。

任务一　机器人的 I/O 分配

一、任务分析

任务描述：以 R-30iB Mate 控制器为例，对 FANUC 机器人进行正确的 I/O 分配，以便可以进行如下操作：

（1）通过外部 I/O 信号盒（信号已从控制器主板的外围设备控制接口接取）上相应的拨动开关，控制机器人的输入信号（如 DI[101]）ON/OFF。

（2）通过机器人的输出信号（如 DO[101]），控制 I/O 信号盒上对应的指示灯亮/灭。

I/O 信号盒如图 7.1.1 所示。

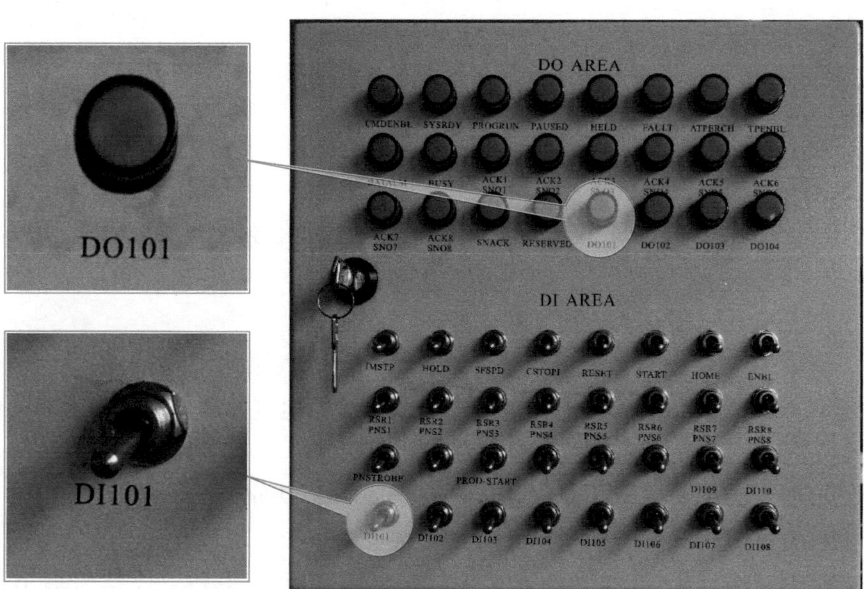

图 7.1.1　外部 I/O 信号盒示意图

任务分析：FANUC 机器人一般通过输入/输出信号（I/O）与末端执行器、外部装置等外围设备进行信息交互。而在机器人程序或应用系统中处理的 I/O 称为逻辑信号，实际与外围设备进行连接的 I/O 信号线称为物理信号。

要对信号线进行控制，就必须建立物理信号和逻辑信号的关联，而建立这一关联称为：I/O 分配。

二、相关知识

（一）I/O 的分类

7-1 FANUC 机器人的 I/O 信号及 I/O 分配

FANUC 机器人的 I/O（输入/输出信号），有通用 I/O 和专用 I/O 两大类：

1. 通用 I/O

通用 I/O 是可由用户自由定义而使用的 I/O，有如下三类：

（1）数字 I/O　　DI[i]/DO[i]　　512/512

（2）组 I/O　　GI[i]/GO[i]　　0-32767

（3）模拟 I/O　　AI[i]/AO[i]　　0-16383

2. 专用 I/O

专用 I/O 是在系统中已经确定了其用途的 I/O，有如下几种：

（1）外围设备（UOP）I/O　　UI[i]/UO[i]　　18/20

（2）操作面板 I/O　　SI[i]/SO[i]　　15/15

（3）机器人 I/O　　RI[i]/RO[i]　　8/8

（二）I/O 的分配

FANUC 机器人的 I/O 分配，是利用机架号和插槽号来指定 I/O 模块，并利用该 I/O 模块内的信号编号（物理编号）来关联逻辑信号和物理信号。

1. RACK（机架）

机架是指 I/O 模块的种类，常见机架号及对应的模块类型如下：

（1）0　　＝处理 I/O 印刷电路板，I/O 连接设备连接单元

（2）1～16　　＝I/O Unit-MODEL A/B

（3）32　　＝I/O 连接设备从机接口

（4）48　　＝R-30iB Mate 的主板（外围设备控制接口 CRMA15、CRMA16）

（5）66/67　　＝Profibus-DP 通信模块（Master/Slave）

（6）81　　＝DeviceNet 通信模块（81～84）

（7）89　　＝EtherNet/IP 通信模块

（8）92　　＝CC-Link 通信模块（Slave）

（9）99　　＝ProfiNet I/O Controller

（10）100　　＝ProfiNet I/O Device

2. SLOT（插槽）

插槽是指构成机架的 I/O 模块的编号：

（1）使用 I/O 连接设备从机接口或 R-30iB Mate 主板的 CRMA15、CRMA16 接口时，该值始终为 1。

（2）使用处理 I/O 印刷电路板或 I/O 连接设备连接单元时，按连接的顺序，插槽号为 1、2、…、n。

3. 物理编号

物理编号系指 I/O 模块内的信号编号，按如下方式表述物理编号：

（1）数字输入信号：in1、in2、…、in$n$

（2）数字输出信号：out1、out2、…、out$n$

（3）模拟输入信号：ain1、ain2、…、ain$n$

（4）模拟输出信号：aout1、aout2、…、aout$n$

注意：

1）操作面板输入/输出：SI[i]/SO[i] 和机器人输入/输出：RI[i]/RO[i] 为硬线连接，不需要进行 I/O 分配。

2）若清除了 I/O 分配，接通控制器的电源后，则所连接的 I/O 模块将被识别，系统

自动进行适当的 I/O 分配（标准 I/O 分配）。标准的 I/O 分配情况，根据系统设定界面中的“UOP 自动配置”的设定而不同。

3）用户可以根据系统设计，重新进行 I/O 分配。

（三）标准 I/O 分配

R-30iB Mate 的主板备有输入 28 点、输出 24 点的外围设备控制接口（CRMA15，CRMA16），系统默认分配给了 DI[101-120]、DO[101-120]、DI[81-88]、DO[81-84]。此外，LR Handling Tool（搬运机器人）中，“UOP 自动配置”默认被设定为“简略（CRMA16）”，所以在标准 I/O 分配下，其中 8 个输入、4 个输出点被分配给了外围设备 I/O（UOP），见表 7.1.1。

R-30iB Mate 控制器的标准 I/O 分配　　表 7.1.1

物理编号	R-30iB Mate 维修说明书	R-30iB Mate 标准 I/O 分配		
		UOP 自动分配：简略（CRMA16）	UOP 自动分配：完整（CRMA16）	UOP 自动分配：无 全部 完整（从机） 简略 简略（从机）
in 1	DI[101]	DI[101]	UI[1] *IMSTP *4	DI[101]
in 2	DI[102]	DI[102]	UI[2] *HOLD	DI[102]
in 3	DI[103]	DI[103]	UI[3] *SFSPD *4	DI[103]
in 4	DI[104]	DI[104]	UI[4] CSTOPI	DI[104]
in 5	DI[105]	DI[105]	UI[5] FAULT RESET	DI[105]
in 6	DI[106]	DI[106]	UI[6] START	DI[106]
in 7	DI[107]	DI[107]	UI[7] HOME	DI[107]
in 8	DI[108]	DI[108]	UI[8] ENBL	DI[108]
in 9	DI[109]	DI[109]	UI[9] RSR1/PNS1/STYLE1	DI[109]
in 10	DI[110]	DI[110]	UI[10] RSR2/PNS2/STYLE2	DI[110]
in 11	DI[111]	DI[111]	UI[11] RSR3/PNS3/STYLE3	DI[111]
in 12	DI[112]	DI[112]	UI[12] RSR4/PNS4/STYLE4	DI[112]
in 13	DI[113]	DI[113]	UI[13] RSR5/PNS5/STYLE5	DI[113]
in 14	DI[114]	DI[114]	UI[14] RSR6/PNS6/STYLE6	DI[114]
in 15	DI[115]	DI[115]	UI[15] RSR7/PNS7/STYLE7	DI[115]
in 16	DI[116]	DI[116]	UI[16] RSR8/PNS8/STYLE8	DI[116]
in 17	DI[117]	DI[117]	UI[17] PNSTROBE	DI[117]
in 18	DI[118]	DI[118]	UI[18] PROD START *5	DI[118]
in 19	DI[119]	DI[119]	DI[119]	DI[119]
in 20	DI[120]	DI[120]	DI[120]	DI[120]
in 21	*HOLD	UI[2] *HOLD	DI[81]	DI[81]
in 22	RESET	UI[5] RESET *1	DI[82]	DI[82]
in 23	START	UI[6] START *2	DI[83]	DI[83]
in 24	ENBL	UI[8] ENBL	DI[84]	DI[84]
in 25	PNS1	UI[9] PNS1 *3	DI[85]	DI[85]

续表

物理编号	R-30iB Mate 维修说明书	R-30iB Mate 标准 I/O 分配		
		UOP 自动分配：简略（CRMA16）	UOP 自动分配：完整（CRMA16）	UOP 自动分配：无 全部 完整（从机） 简略 简略（从机）
in 26	PNS2	UI[10] PNS2 *3	DI[86]	DI[86]
in 27	PNS3	UI[11] PNS3 *3	DI[87]	DI[87]
in 28	PNS4	UI[12] PNS4 *3	DI[88]	DI[88]
out 1	DO[101]	DO[101]	UO[1] CMDENBL	DO[101]
out 2	DO[102]	DO[102]	UO[2] SYSRDY	DO[102]
out 3	DO[103]	DO[103]	UO[3] PROGRUN	DO[103]
out 4	DO[104]	DO[104]	UO[4] PAUSED	DO[104]
out 5	DO[105]	DO[105]	UO[5] HELD	DO[105]
out 6	DO[106]	DO[106]	UO[6] FAULT	DO[106]
out 7	DO[107]	DO[107]	UO[7] AT PERCH	DO[107]
out 8	DO[108]	DO[108]	UO[8] TPENBL	DO[108]
out 9	DO[109]	DO[109]	UO[9] BATALM	DO[109]
out 10	DO[110]	DO[110]	UO[10] BUSY	DO[110]
out 11	DO[111]	DO[111]	UO[11] ACK1/SNO1	DO[111]
out 12	DO[112]	DO[112]	UO[12] ACK2/SNO2	DO[112]
out 13	DO[113]	DO[113]	UO[13] ACK3/SNO3	DO[113]
out 14	DO[114]	DO[114]	UO[14] ACK4/SNO4	DO[114]
out 15	DO[115]	DO[115]	UO[15] ACK5/SNO5	DO[115]
out 16	DO[116]	DO[116]	UO[16] ACK6/SNO6	DO[116]
out 17	DO[117]	DO[117]	UO[17] ACK7/SNO7	DO[117]
out 18	DO[118]	DO[118]	UO[18] ACK8/SNO8	DO[118]
out 19	DO[119]	DO[119]	UO[19] SNACK	DO[119]
out 20	DO[120]	DO[120]	UO[20] Reserve	DO[120]
out 21	CMDENBL	UO[1] CMDENBL	DO[81]	DO[81]
out 22	FAULT	UO[6] FAULT	DO[82]	DO[82]
out 23	BATALM	UO[9] BATALM	DO[83]	DO[83]
out 24	BUSY	UO[10] BUSY	DO[84]	DO[84]

注：

*1：in22 同时被分配给了 UI[4]（CSTOPI）。CSTOPI 被分配给与 RESET 相同的信号，故若将“用 CSTOPI 信号强制中止程序”设为有效，可通过 RESET 输入强制终止程序。

*2：in23 同时被分配给了 UI[17]（PNSTROBE）。PNSTROBE 被分配给与 START 相同的信号，所以在 START 信号的上升沿（OFF→ON）时选定程序，在 START 信号的下降沿（ON→OFF）时启动程序。

*3：若是简略分配（START 已被分配给与 PNSTROBE 相同的信号），则无法使用 PNS 以外的程序选择方式。在程序选择界面上，将“程序选择模式”设定为 PNS 以外时，重启后，将被自动变更为 PNS。

*4：默认被分配给始终为 ON 的内部 I/O（机架 35、插槽 1）。

*5：简略分配中不会分配 PROD_START，所以在将系统设定界面的“再开专用信号（外部 START）”设定为有效时，将不能够从外围设备 I/O 启动程序（即不能使用 START 信号启动处于终止状态的程序，只能启动暂停状态的程序）。简略分配的情况下，请将“再开专用信号（外部 START）”设定为无效。

三、任务实施

机器人相关物理信号已经正确连接至外部 I/O 信号盒的前提下实施：

（一）I/O 分配

1. 依次按键选择【MENU】（菜单）→5【I/O】→F1【Type】（类型）→【Digital】（数字），进入数字 I/O 的一览界面，如图 7.1.2 所示。

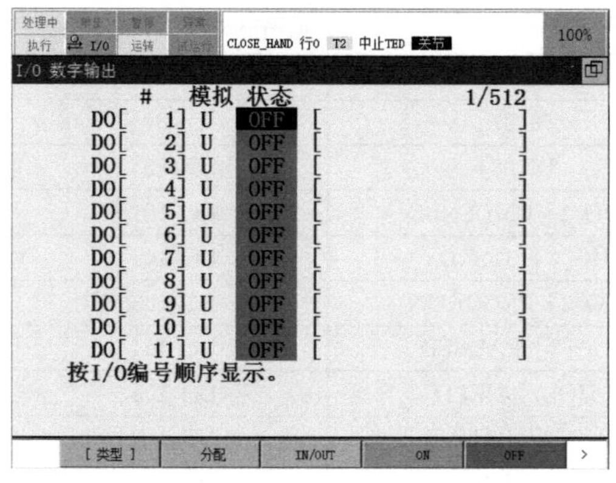

图 7.1.2　数字输出信号（DO）的一览界面

其中：按下 F3【IN/OUT】，可进行输入信号和输出信号界面的切换。

2. 按下 F2【CONFIG】（分配），进入 I/O 分配界面并进行以下 I/O 分配操作：

（1）将 DI[101]分配至【RACK】（机架号）48，【SLOT】（插槽号）1，【START】（开始点）1（即：将 DI[101]信号关联至外围设备控制接口＜CRMA15 和 CRMA16＞的第一个物理输入接口＜in1＞），如图 7.1.3 所示。

（2）将 DO[101]分配至【RACK】（机架号）48，【SLOT】（插槽号）1，【START】（开始点）1（即：将 DO[101]信号关联至外围设备控制接口＜CRMA15 和 CRMA16＞的第一个物理输出接口＜out1＞），如图 7.1.4 所示。

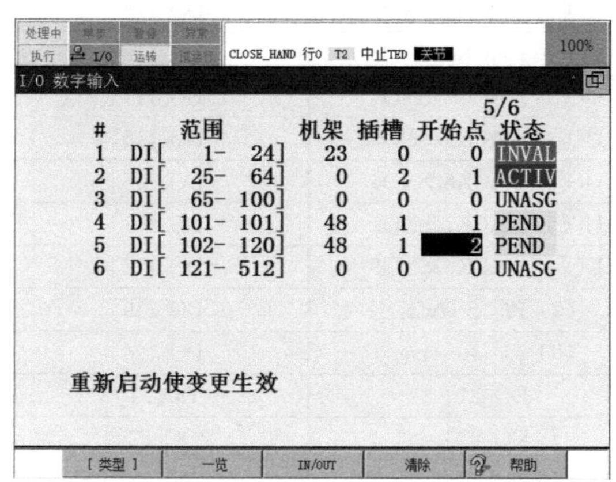

图 7.1.3　数字输入信号（DI）的 I/O 分配界面

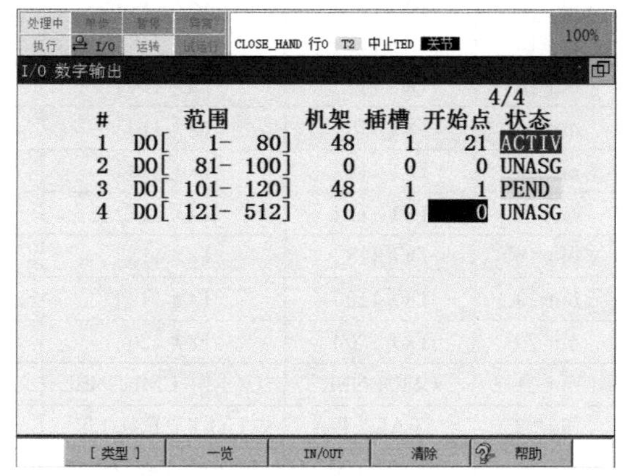

图 7.1.4　数字输出信号（DO）的 I/O 分配界面

其中：

（1）I/O 分配界面的操作

1）将光标指向【RANGE】（范围），输入要进行分配的逻辑信号的范围。根据输入的范围，会自动分配行。

2）在【RACK】（机架）、【SLOT】（插槽）、【START】（开始点，从该物理输入/输出信号编号开始分配）中输入适当的值，按下【ENTER】（确认）。

3）要返回到信号一览界面，按下 F2【MONITOR】（一览）。

4）存在不需要的行时，按下 F4【DELETE】（清除）将删除该行。

（2）【STAT.】（状态）的含义如下

1）ACTIV：该分配已生效，当前正使用该分配。

2）PEND：已正确分配，重新通电后成为 ACTIV。

3）INVAL：设定有误。

4）UNASG：尚未被分配。

3. 对控制器进行断电重启操作，使所更改的设定生效。

注：以上方法，同样适用于其他 I/O 类型的 I/O 分配。

（二）信号测试

1. 拨动外部 I/O 信号盒上的 DI[101]开关，观察数字输入信号(DI) 一览界面中的 DI[101]状态是否正确 ON/OFF。

2. 在数字输出信号(DO)一览界面上对 DO[101]信号进行手动强制 ON/OFF 输出，同时观察外部 I/O 信号盒上的 DO[101]指示灯是否正确亮/灭。

四、知识拓展

（一）手动强制输出

在需要测试机器人与外围设备的信号通信情况、强制输出信号给外围设备等情况下，可以采用手动强制输出的方式，强制某些输出信号 ON/OFF。

手动强制输出的条件是已完成将要输出的信号的 I/O 分配，信号强制输出步骤为（以数字输出为例）：

1. 依次按键选择：【MENU】（菜单）→【I/O】（信号）→F1【Type】（类型）→【Digital】（数字）。通过 F3【IN/OUT】（输入/输出）切换选择输出界面，如图 7.1.5 所示。

2. 移动光标到要强制输出信号的【STATUS】（状态）项。

3. 按 F4【ON】（开）强制信号输出 ON；按 F5【OFF】（关）强制信号输出 OFF，如图 7.1.6 所示。

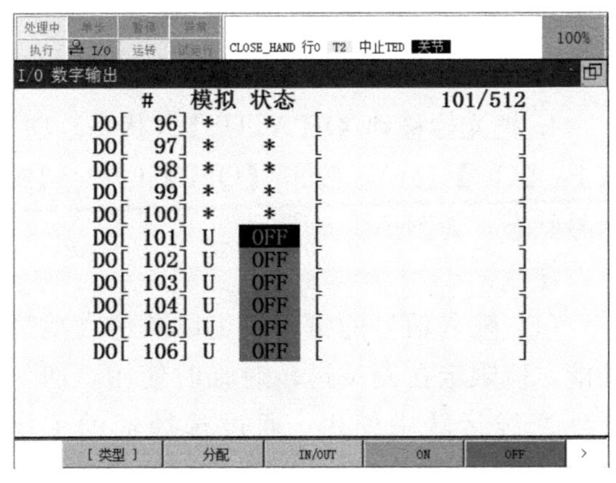

图 7.1.5 数字输出信号（DO）的一览界面

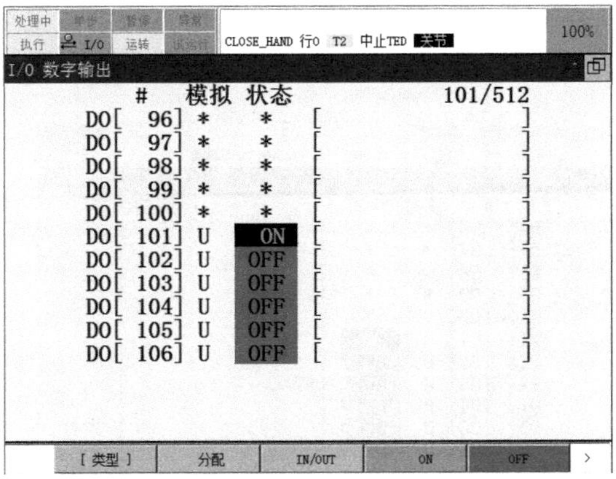

图 7.1.6 强制 DO［101］信号输出为 ON

注意：

（1）通过强制输出，信号将被发送到所连接的外部装置。在执行强制输出之前，应确认该信号连接在什么设备上，强制输出会引起什么动作。否则，恐会损坏装置或导致人员受伤。

（2）除此之外，组输出信号也可以用类似的方式手动输出所需的数据。

（二）仿真输入输出

不用实际向外部装置进行信号的输入/输出，仅为测试程序信号语句等情况下，可进行信号的仿真输入/输出，内部改变信号的状态。

信号仿真的步骤为（以数字输入为例）：

1. 依次按键选择：【MENU】（菜单）→【I/O】（信号）→F1【Type】（类型）→【Digital】（数字）。通过 F3【IN/OUT】（输入/输出）切换选择输入界面，如图 7.1.7 所示。

2. 移动光标至要仿真信号的【SIM】（模拟）项。

3. 按 F4【SIMULATE】（模拟）进行仿真输入；按 F5【UNSIM】（解除）取消仿真输入，如图 7.1.8 所示。

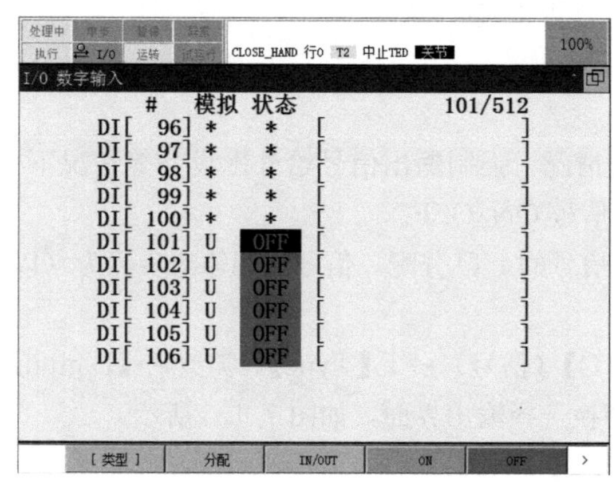

图 7.1.7 数字输入信号（DI）的一览界面

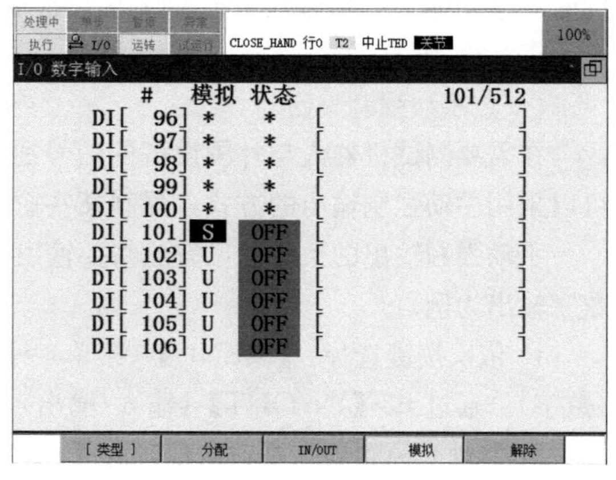

图 7.1.8 设定 DI [101] 信号为仿真状态

其中，【SIM】项为：

（1）S：表示该信号处于仿真状态；

（2）U：表示该信号处于仿真解除状态。

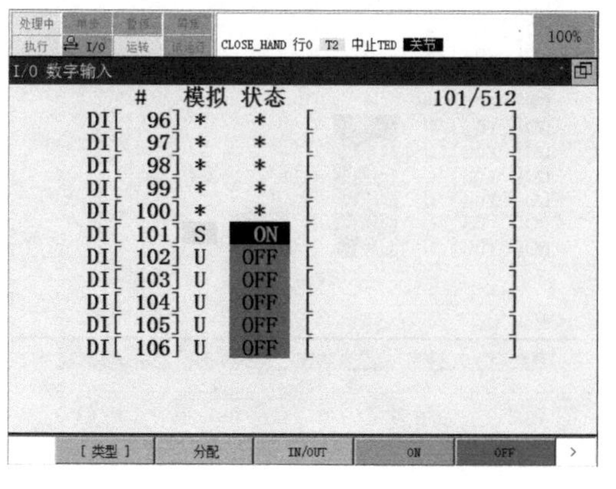

图 7.1.9 仿真 DI [101] 信号为 ON

4. 把光标移到【STATUS】（状态）项，按 F4【ON】（开），按 F5【OFF】（关）切换信号状态，如图 7.1.9 所示。

注意：

（1）输入信号的仿真设定以及仿真跳过功能，应限定在测试运转时临时使用，切勿在生产线运转中使用。通过选择辅助菜单“所有的 I/O 仿真解除”项，即可解除所有的仿真设定。

（2）输出信号的模拟仿真操作方法同上。

（三）I/O 属性的设定

要进行 I/O 的属性设定，在输入信号/输出信号的一览界面时（数字信号如图 7.1.5 和图 7.1.7），按下【NEXT】（下一页），再按下一页上的 F4【DETAIL】（详细），进入如图 7.1.10 和图 7.1.11 所示的输入信号/输出信号属性界面。

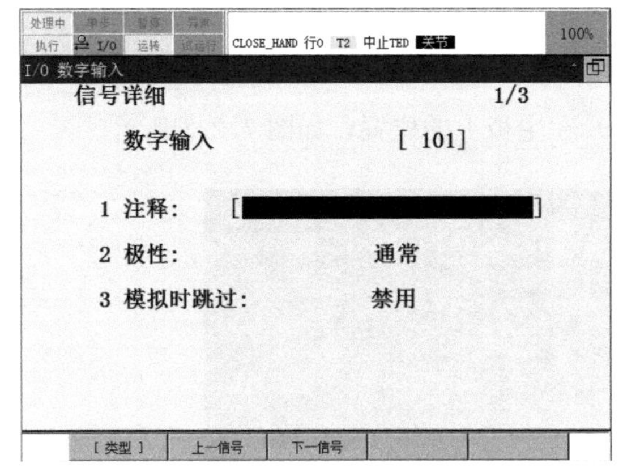

图 7.1.10　数字输入信号（DI）的属性设定界面

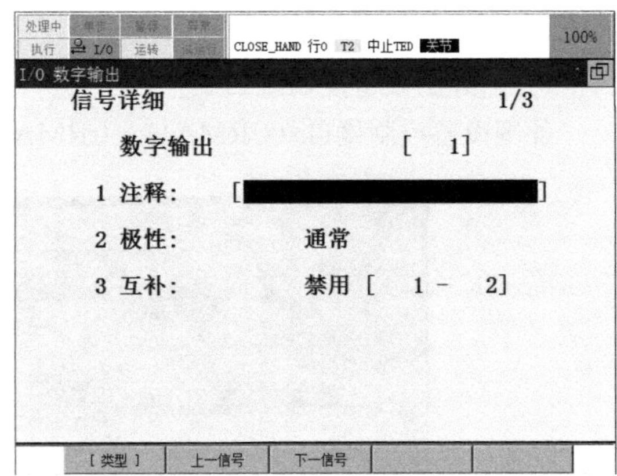

图 7.1.11　数字输出信号（DO）的属性设定界面

其中：

（1）【Comment】（注释）：按下【ENTER】（回车）键。注释输入完后，按下【ENTER】键确认即可。

（2）【Polarity】（极性）：

1）【NORMAL】（通常）：信号 ON 时，电流流过信号线。

2）【INVERSE】（相反）：信号 OFF 时，电流流过信号线。

（3）【Complementary】（互补）：互补有效时，当连续的 2 个输出信号的奇数编号信号处在 ON（OFF）时，偶数编号的信号自动置于 OFF（ON），可用于如单个逻辑 I/O 自动切换双电控换向阀两端线圈的 ON/OFF。

（4）【Skip when simulated】（模拟时跳过）：有效时，在 I/O 一览界面的【SIM】（模拟）项显示括号：（S）/（U）。对于处于仿真状态的输入信号，可在执行等待指令的等待时，检测出超时后自动取消等待。

注意：修改了除注释、仿真跳过之外的设定时，要断电重启机器人，设定方才生效。

任务二　机器人的 I/O 接线

一、任务分析

任务描述：对 R-30iB Mate 控制器的外围设备控制接口（CRMA15、CRMA16）的输入接口 1 和输出接口 1（in1 和 out1）进行正确的 I/O 接线，以便可以进行如下操作：

（1）通过所接按钮控制机器人的 DI[101]信号 ON/OFF。

（2）通过手动强制 DO[101]信号 ON/OFF 控制所接指示灯的亮/灭。

任务分析：R-30iB Mate 控制器的主板上附带有总计 28 个输入和 24 个输出的 I/O 信号点，通过两个外围设备控制接口：CRMA15（含 20 点 DI 和 8 点 DO）和 CRMA16（含 8 点 DI 和 16 点 DO）引出，用于和外围设备进行通信。

要对这些 I/O 信号进行硬接线，需要用分线器把 CRMA15 和 CRMA16 接口连接器内的信号线分离到各个接线端子后，从接线端子接取。

二、相关知识

（一）外围设备控制接口

外围设备控制接口（CRMA15、CRMA16）在主板上的位置，如图 7.2.1 所示。

图 7.2.1　R-30iB Mate 控制器主板上的外围设备控制接口示意图

外围设备控制接口（CRMA15、CRMA16）的端子定义，如图 7.2.2 所示。

其中：SDICOM1～3 是 SDI 的公用切换用信号：＋24F 公用时，连接于 0V；0V 公用时，连接于＋24F。SDICOM1：切换 DI101～108 的公用；SDICOM2：切换 DI109～120 的公用；SDICOM3：切换 XHOLD、RESET、START、ENBL、PNS1～4 的公用。

（二）外围设备控制接口的连接器

外围设备控制接口（CRMA15、CRMA16）引出了信号电缆和连接器，如图 7.2.3 所示，用以连接外围设备。

外围设备控制接口（CRMA15、CRMA16）连接器的端子定义，如图 7.2.4 所示。

（三）分线器

分线器（FX-50HD/Z）如图 7.2.5 所示，用于将外围设备控制接口连接器中的信号分接至各个接线端子，便于外围设备接取信号。

（四）输入信号的接线原理

1. 外围设备控制接口 A1（CRMA15）输入信号的接线原理，如图 7.2.6 所示。

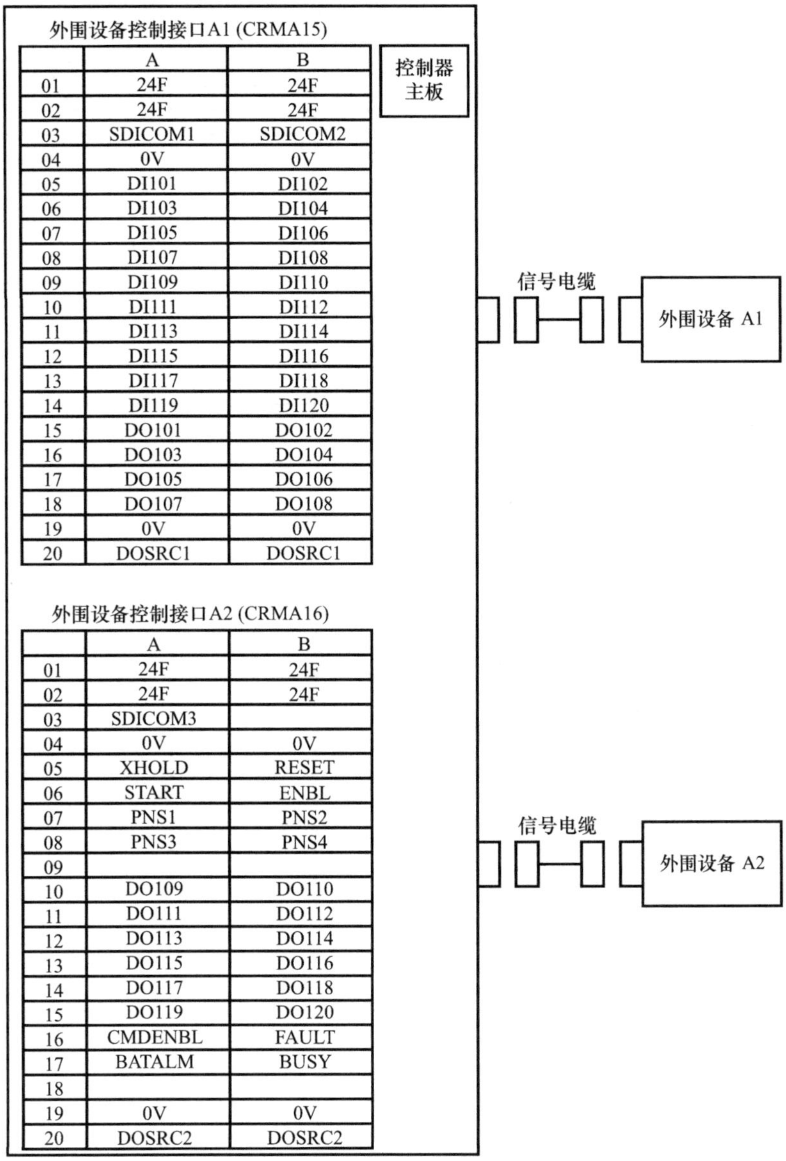

控制器主板

外围设备控制接口A1 (CRMA15)

	A	B
01	24F	24F
02	24F	24F
03	SDICOM1	SDICOM2
04	0V	0V
05	DI101	DI102
06	DI103	DI104
07	DI105	DI106
08	DI107	DI108
09	DI109	DI110
10	DI111	DI112
11	DI113	DI114
12	DI115	DI116
13	DI117	DI118
14	DI119	DI120
15	DO101	DO102
16	DO103	DO104
17	DO105	DO106
18	DO107	DO108
19	0V	0V
20	DOSRC1	DOSRC1

信号电缆

外围设备 A1

外围设备控制接口A2 (CRMA16)

	A	B
01	24F	24F
02	24F	24F
03	SDICOM3	
04	0V	0V
05	XHOLD	RESET
06	START	ENBL
07	PNS1	PNS2
08	PNS3	PNS4
09		
10	DO109	DO110
11	DO111	DO112
12	DO113	DO114
13	DO115	DO116
14	DO117	DO118
15	DO119	DO120
16	CMDENBL	FAULT
17	BATALM	BUSY
18		
19	0V	0V
20	DOSRC2	DOSRC2

信号电缆

外围设备 A2

图 7.2.2 外围设备控制接口的端子定义

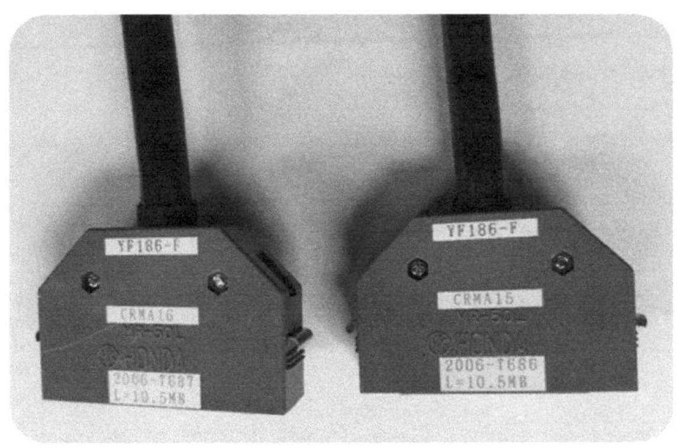

图 7.2.3 CRMA15 和 CRMA16 连接器示意图

控制器主板
信号电缆
CRMA15
信号电缆
CRMA16
外围设备A1 连接器
01 DI101
02 DI102
03 DI103
04 DI104
05 DI105
06 DI106
07 DI107
08 DI108
09 DI109
10 DI110
11 DI111
12 DI112
13 DI113
14 DI114
15 DI115
16 DI116
17 0V
18 0V
19 SDICOM1
20 SDICOM2
21
22 DI117
23 DI118
24 DI119
25 DI120
26
27
28
29 0V
30 0V
31 DOSRC1
32 DOSRC1
33 DO101
34 DO102
35 DO103
36 DO104
37 DO105
38 DO106
39 DO107
40 DO108
41
42
43
44
45
46
47
48
49 24F
50 24F
外围设备A2 连接器
01 XHOLD
02 RESET
03 START
04 ENBL
05 PNS1
06 PNS2
07 PNS3
08 PNS4
09
10
11
12
13
14
15
16
17 0V
18 0V
19 SDICOM3
20
21 DO120
22
23
24
25
26 DO117
27 DO118
28 DO119
29 0V
30 0V
31 DOSRC2
32 DOSRC2
33 CMDENBL
34 FAULT
35 BATALM
36 BUSY
37
38
39
40
41 DO109
42 DO110
43 DO111
44 DO112
45 DO113
46 DO114
47 DO115
48 DO116
49 24F
50 24F

图 7.2.4　外围设备控制接口（CRMA15、CRMA16）连接器的端子定义

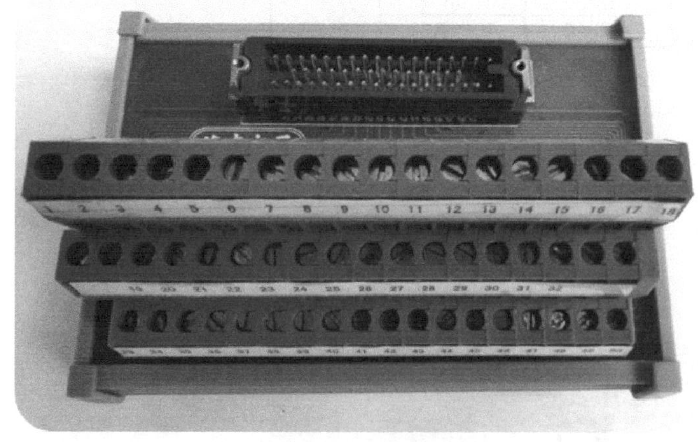

图 7.2.5　分线器示意图

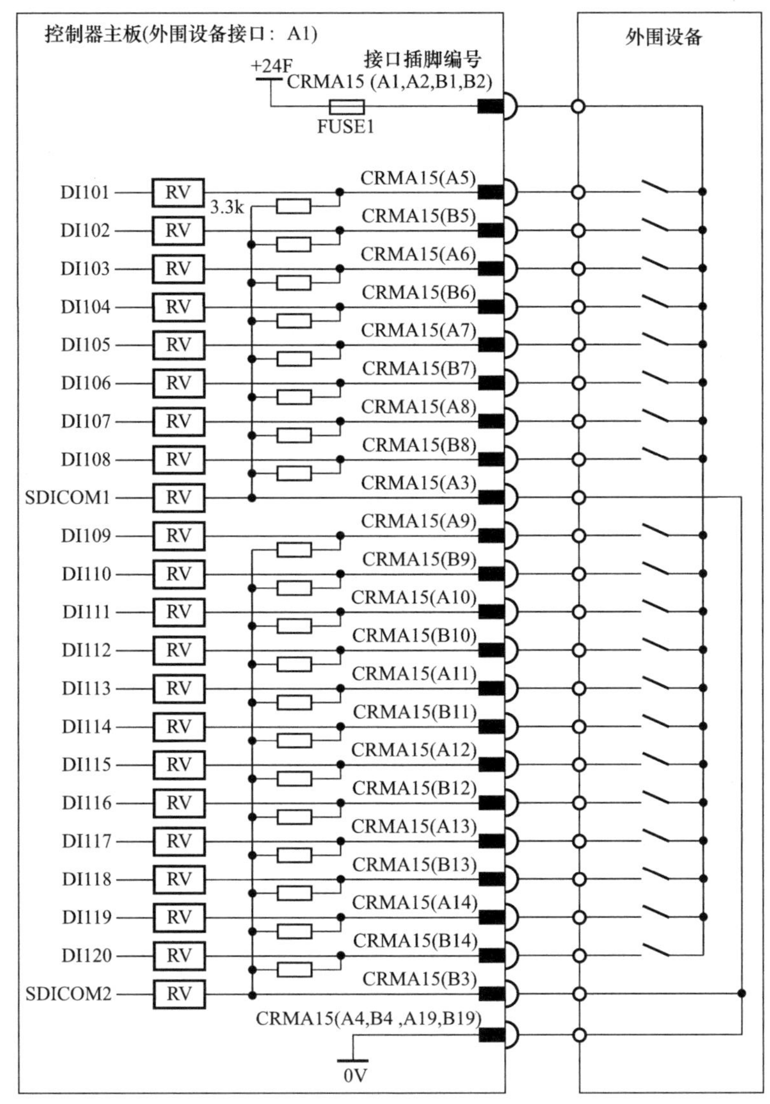

图 7.2.6 CRMA15 接口输入信号的接线原理

（注：本图为 + 24V 公用时的连接）

2. 外围设备控制接口 A2（CRMA16）输入信号的接线原理，如图 7.2.7 所示。

（五）输出信号的接线原理

1. 外围设备控制接口 A1（CRMA15）输出信号的接线原理，如图 7.2.8 所示。

2. 外围设备控制接口 A2（CRMA16）输出信号的接线原理，如图 7.2.9 所示。

三、任务实施

对 DI[101]和 DO[101]进行 I/O 分配（两者均分配至【RACK】（机架号）48，【SLOT】（插槽号）1，【START】（开始点）1）后实施：

7-2 FANUC 机器人的 I/O 信号及接线

（一）DI[101]输入信号接线

结合接线原理图和连接器端子定义图，即可对 DI[101]信号进行电路连接（+24F 公用）：

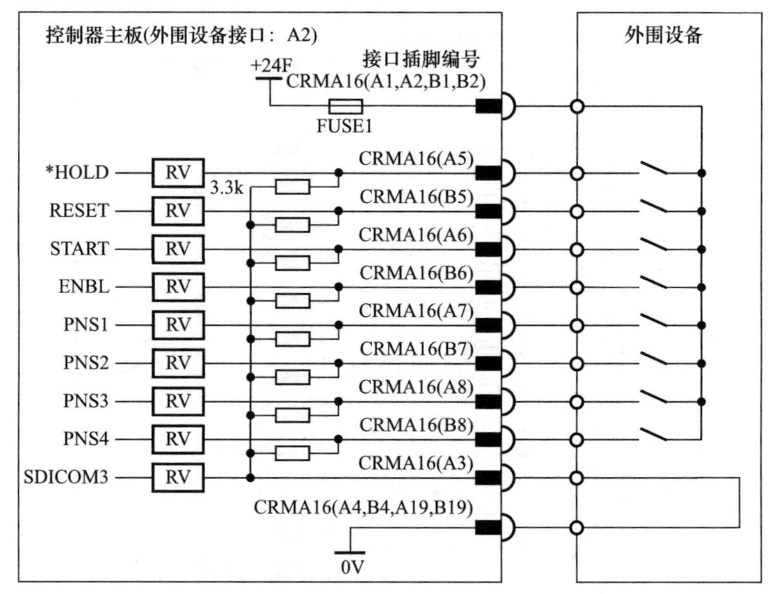

图 7.2.7　CRMA16 接口输入信号的接线原理

（注：本图为 +24V 公用时的连接）

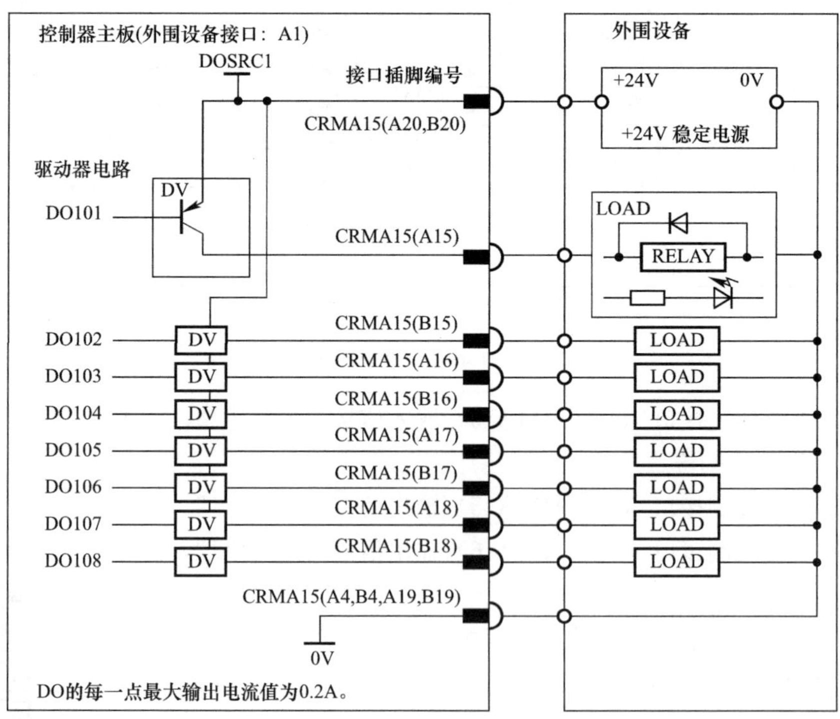

图 7.2.8　CRMA15 接口输出信号的接线原理

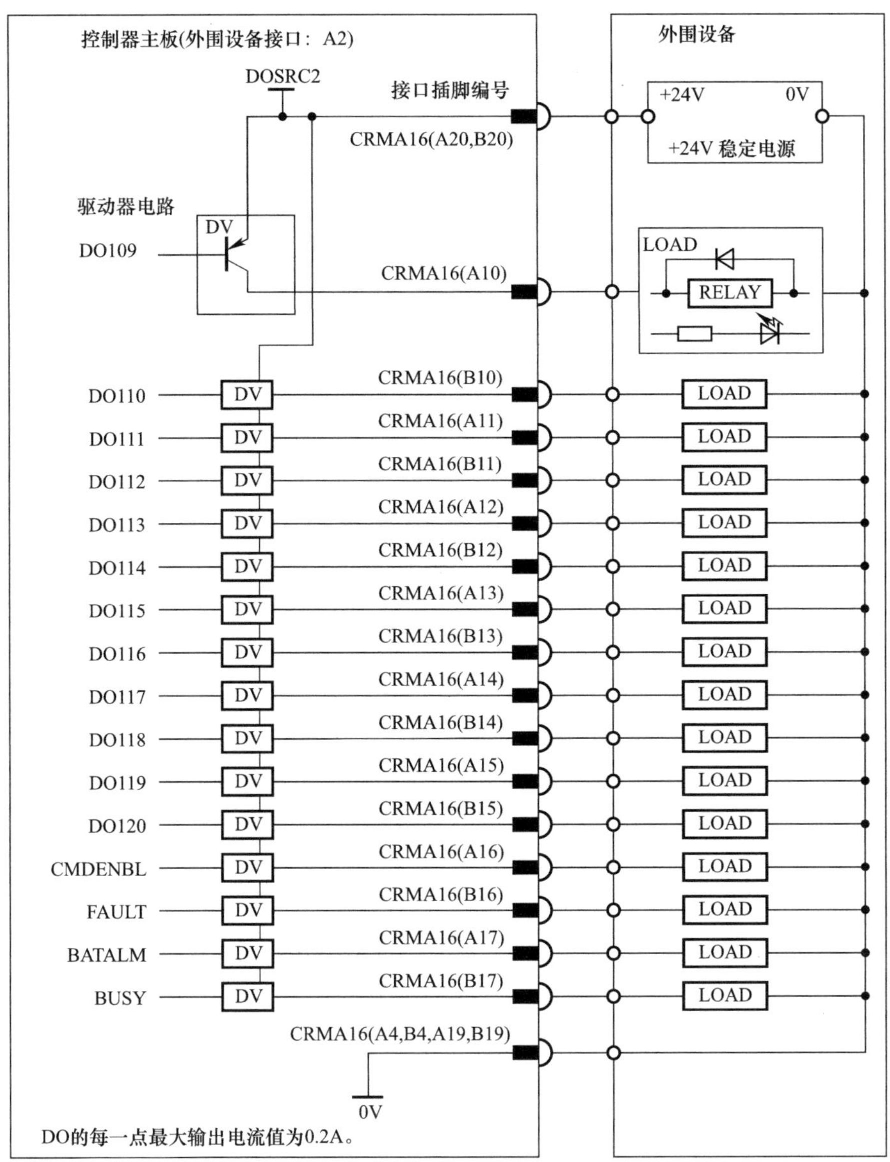

图 7.2.9 CRMA16 接口输出信号的接线原理

（1）连接外部按钮（SB1）和分线器的 49 或 50 号端子（24F，内部电源+24V 端）。

（2）连接外部按钮（SB1）另一侧和分线器的 1 号端子（DI[101]，in1 接口）。

（3）连接 19 号端子（输入信号公共端 SDICOM1）和 17 或 18、29、30 号端子（内部电源 0V 端）。接线原理，如图 7.2.10 所示。

（二）DO[101]输出信号接线

结合接线原理图和连接器端子定义图，即可对 DO[101]信号进行电路连接（使用外部 DC24V 稳压电源）：

（1）连接外部稳压电源的+24V 端和分线器的 31 或 32 号端子（DOSRC1，输出信号公共端）。

（2）连接信号指示灯（HL1）和分线器的 33 号端子（DO[101]，out1 接口）。

（3）连接信号指示灯（HL1）另一侧和外部稳压电源 0V 端，同时连接到分线器的 17 或 18、29、30 号端子（内部电源 0V 端）。接线原理，如图 7.2.11 所示。

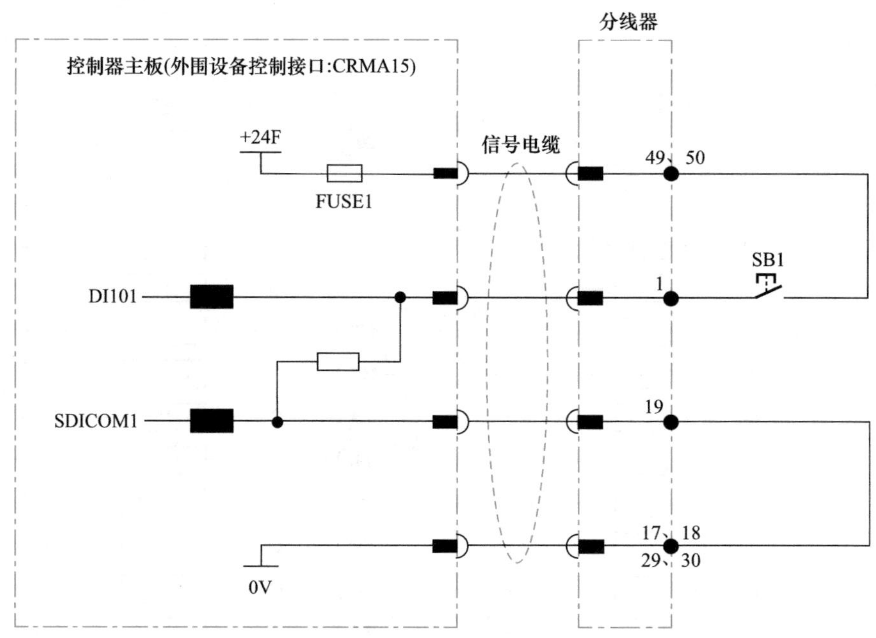

图 7.2.10　DI [101] 信号电路连接原理图

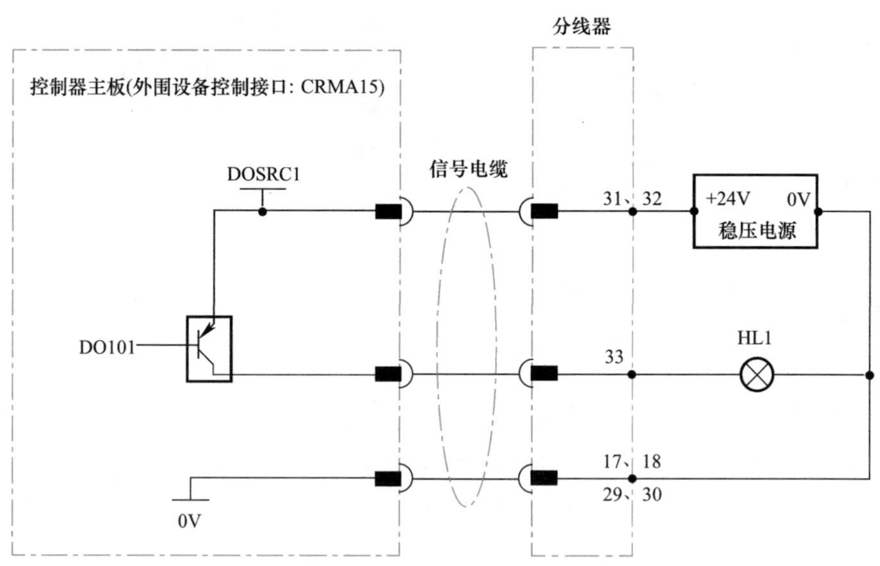

图 7.2.11　DO [101] 信号电路连接原理图

（三）连接分线器和连接器

将 CRMA15 接口连接器插在分线器上，如图 7.2.12 所示。

注：因 DI[101]和 DO[101]均分配在了 CRMA15 接口上，所以不需要使用 CRMA16 接口。

图 7.2.12　连接分线器和连接器

（四）信号测试

完成 DI[101]与外部按钮和 DO[101]与外部信号指示灯的电路连接后，测试线路：

1. 点按所接的外部按钮（SB1），观察数字输入信号（DI）一览界面中的 DI[101]状态是否正确 ON/OFF。

2. 在数字输出信号（DO）一览界面上对 DO[101]信号进行手动强制 ON/OFF 输出，同时观察所接的信号指示灯是否正确亮/灭。

任务三　安全信号的连接

一、任务分析

任务描述：连接 R-30iB Mate 控制器的外部急停信号和安全栅栏信号。

任务分析：在构建 FANUC 机器人系统时，常常需要连接外部急停开关、安全光栅或安全门等安全设备。这些安全设备，通常连接至控制器急停板的安全信号接口。

二、相关知识

（一）急停板上的安全信号接口

FANUC 机器人控制器的急停板上通常配置了以下几种安全信号：

（1）ESPB（急停输出信号）：当示教器或操作面板的急停按钮被按下时，该信号接点断开。

（2）EAS（安全栅栏信号）：连接安全光栅或安全门的常闭触点，用于在 AUTO（自动运行）模式状态下打开了安全栅栏的门时，安全停止机器人。不使用该信号时，应把信号短接起来。

（3）EES（外部急停信号）：连接外部急停开关的常闭触点，用于外部急停开关的触点断开时，安全停止机器人。不使用该信号时，应把信号短接起来。

R-30iB Mate 控制器中，急停板的位置如图 7.3.1 所示；急停板上的安全信号接口（TBOP20）如图 7.3.2 所示。

（二）急停输出信号

急停输出信号，用于机器人急停状态的输出，当示教器或操作面板的急停按钮被按下时，该信号接点断开。内部电路原理，如图 7.3.3 所示。

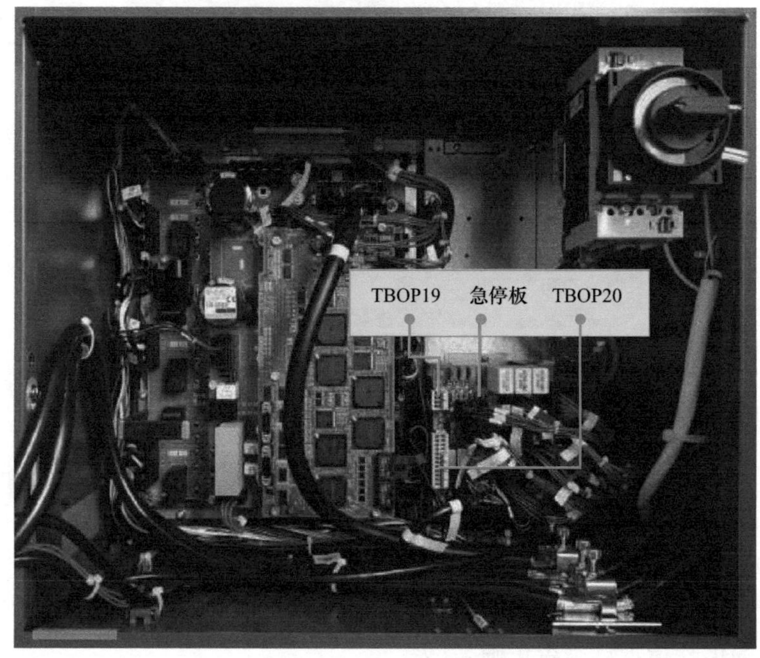

图 7.3.1　R-30iB Mate 控制器中的急停板示意图

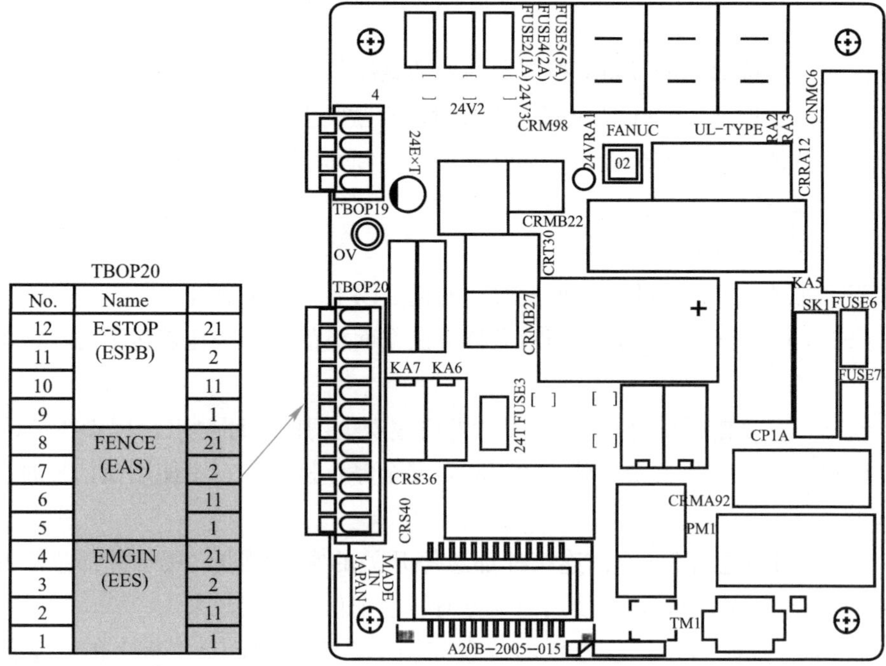

TBOP20

No.	Name	
12	E-STOP (ESPB)	21
11		2
10		11
9		1
8	FENCE (EAS)	21
7		2
6		11
5		1
4	EMGIN (EES)	21
3		2
2		11
1		1

图 7.3.2　急停板上的安全信号接口示意图

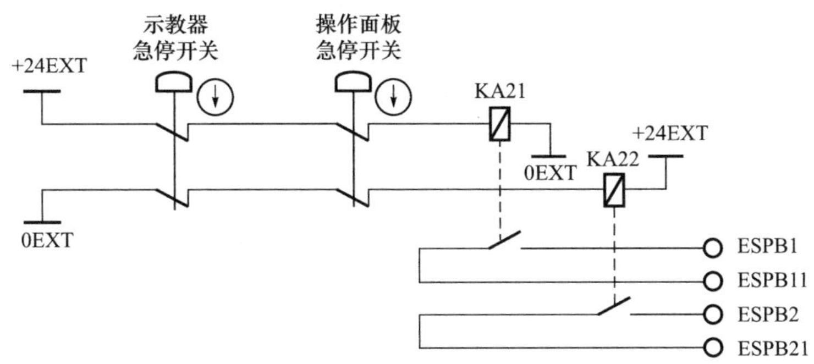

图 7.3.3 急停输出信号内部电路原理图

其中，回路上的 DC24V 电源在出厂时连接至控制器内部的电源。为了避免急停输出受到控制器内部电源的影响，可以使用外部电源。切换使用内部/外部电源，通过 TBOP19 接口实现，如图 7.3.4 所示。

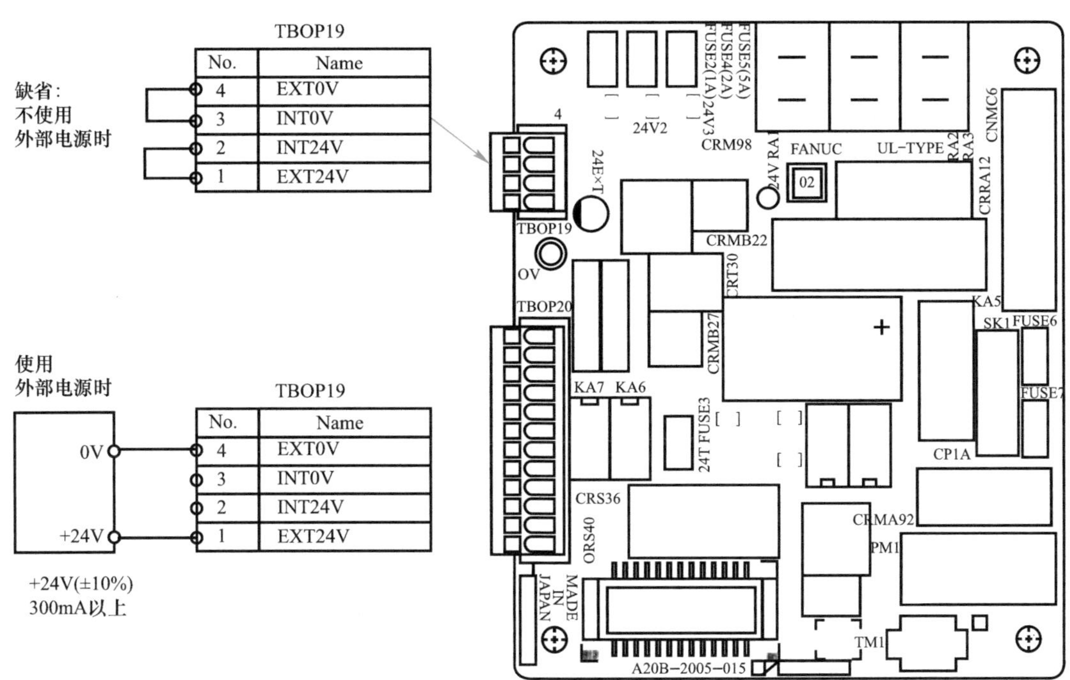

图 7.3.4 急停输出信号使用内部/外部电源示意图

注：机器人控制器不进行急停输出接点的故障检测，因此，如需检查双重接点是否正确动作，可利用具备故障检测功能的安全继电器电路来检测故障。

三、任务实施

（一）安全信号连接

R-30iB Mate 控制器的外部急停信号和安全栅栏信号接线原理，如图 7.3.5 所示，按图接线即可。

注：

（1）外部急停信号、安全栅栏信号等已被设定为双重输入，以便发生单一触点故障时也会动作。故，类似图 7.3.6 所示的错误的安全信号接线方式，应予以避免。

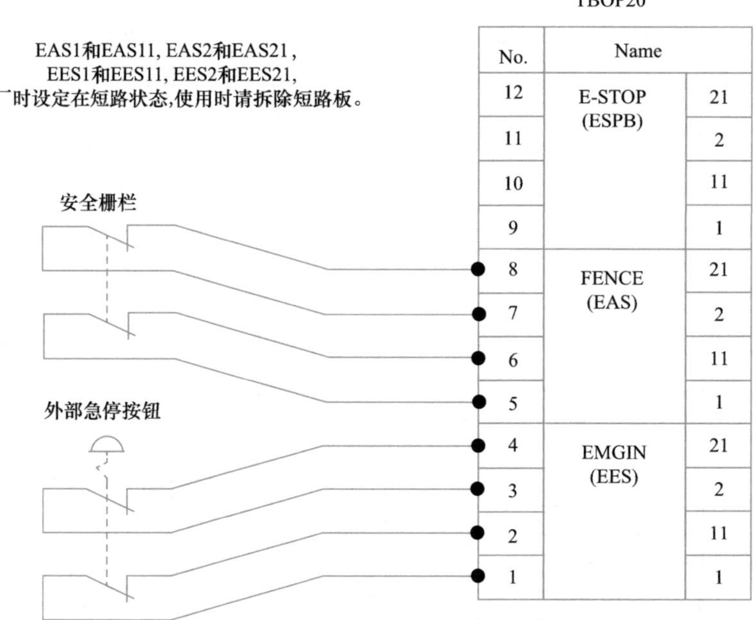

图 7.3.5　外部急停信号和安全栅栏信号接线原理图

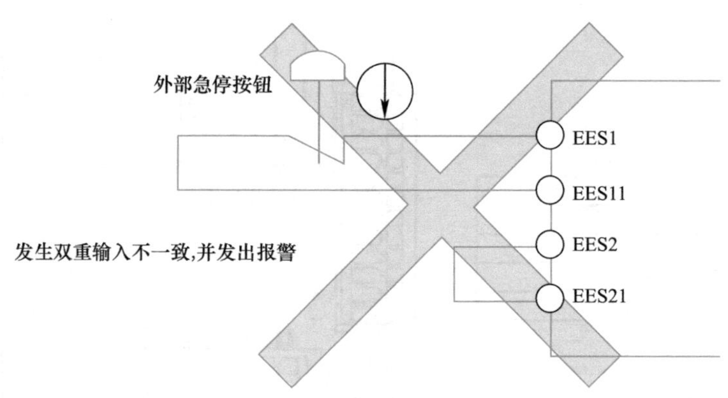

图 7.3.6　错误的安全信号接线示意图

（2）机器人控制装置，始终检查安全信号的双重输入处在相同状态，若有不一致，则将发出以下报警：

1）SRVO-230 Chain 1 Abnormal a，b（伺服-230 链 1 异常 a，b）。

2）SRVO-231 Chain 2 Abnormal a，b（伺服-231 链 2 异常 a，b）。

（二）安全信号测试

正确完成安全信号接线后测试：

1. 当按下外部急停按钮时，机器人应立即停止动作，同时，示教器上会发出“SRVO-007 External emergency stops”（伺服-007 外部紧急停止）的报警。

2. 在 AUTO（自动运行）模式下，打开安全栅栏的门或跨越安全光栅时，机器人应立即停止动作，同时，示教器上会发出“SRVO-004 Fence open”（伺服-004 防护栅打开）的报警。

注：

(1) AUTO（自动运行）模式下，安全栅栏的门处于打开的状态下，启动程序时将会触发“SYST-011 运行任务失败”和“SYST-009 安全栅栏打开”的报警，程序无法执行。

(2) T1 或 T2（示教）模式下，即便在安全栅栏的门已经打开的状态下，也可以进行机器人的操作。

习　　题

1. 建立输入/输出物理信号和程序及系统逻辑信号的关联，称为__________。

2. CC-Link 通信和 R-30iB Mate 的主板 I/O 进行 I/O 分配时，应将机架号设为______和______，【STAT.】（状态）列显示“PEND”时表示________________________。

3. I/O 信号的__________属性设为“有效”时，可只通过一个逻辑 I/O 控制双电控换向阀两端线圈同步 ON/OFF。

4. __________、__________或__________等安全设备信号通常连接至控制柜的急停板上，如果不使用这些信号，应将对应的信号接口__________。

5. 当按下外部急停按钮时，机器人将立即停止动作，同时发出______________的报警。

项目八　搬运系统的应用编程
Item VIII　Application Programming of Handling System
Item VIII　Pemrograman Aplikasi Sistem Penanganan

教学目标

1. 知识目标

(1) 了解 FANUC 机器人本体上的 EE 接口及其接线原理；

(2) 了解 LR Mate 200iD 型机器人本体上的进/出气口原理；

(3) 掌握用户/工具坐标系激活、速度倍率切换、等待超时和用户报警等指令的应用方法；

(4) 掌握工业机器人搬运系统项目实施的完整流程；

(5) 掌握 FANUC 机器人码垛堆积的样式、种类和相关指令。

2. 能力目标

(1) 能够对 FANUC 机器人的 EE 接口进行电气接线和测试；

(2) 能够对 LR Mate 200iD 型机器人本体上的进/出气口进行连接；

(3) 能够对 FANUC 机器人的搬运系统进行示教、编程和调试；

(4) 能够对 FANUC 机器人的码垛堆积功能进行示教、编程和调试。

3. 素质目标

(1) 通过分组协作、小组讨论和小组互评的实践课堂教学组织，培养学生的动手能力、团队精神、合作意识和人际交往沟通能力。

(2) 通过工程项目实施式的教学组织，培养学生良好的工程思维习惯和较强的工程思维、工程实践能力，为国家培养和输送具有正确价值观和高素质的工程技术人才。

(3) 通过强调当用户误操作、元器件故障时系统应如何响应等工程现场实际应用经验，培养学生善于思考、善于总结反思、善于优化和完善程序的良好职业素养和精益求精、追求卓越的工匠精神。

任务一　物料搬运的示教编程

一、任务分析

任务描述：以 LR Mate 200iD 型机器人为例，构建一个简单的机器人搬运系统，如图 8.1.1 所示，要求如下：

(1) 示教编程：机器人从等待位置（HOME 点：J5 轴＝－90°，J1～J4 和 J6 轴＝0°）出发，运动到指定位置把一个物料夹取后，搬运至指定位置放置，最后回到 HOME 点结束。

(2) 使用机器人本体内部自带的电磁阀（RO[1]和 RO[2]信号）控制手爪气缸的夹紧和松开。

(3) 使用传感器（信号连接至机器人 EE 接口的 RI[3]）检测物料到位状态。

(4) 使用磁性传感器（信号连接至机器人 EE 接口的 RI[1]）检测手爪气缸的夹紧状态，当接收到正确的夹紧/松开信号后，机器人才能做下一步动作。

(5) 物料搬运完成后，发出一个 1 秒的脉冲信号（DO[101]），以示搬运工作完成。

图 8.1.1　LR Mate 200iD 机器人搬运系统示意图

任务分析：

用 LR Mate 200iD 型机器人构建最简单的搬运系统时，可以利用机器人本体自带的电磁阀控制手爪气缸，并将物料到位检测和手爪夹紧状态检测的传感器连接至本体上的末端执行器接口（EE 接口）来实现：

(1) LR Mate 200iD 型机器人本体内部自带 3 个双电控换向阀（电磁阀），分别由 RO[1]和 RO[2]、RO[3]和 RO[4]、RO[5]和 RO[6]信号控制，要使用 RO[1]和 RO[2]信号控制手爪气缸，需把气管连接至正确的电磁阀出气口。

(2) 机器人本体底座上有两个进气口，一个直通 J4 轴手臂的出气口，另一个供给内部电磁阀进气口，需把气源连接至正确的进气口。

(3) LR Mate 200iD 型机器人 J4 轴手臂上的 EE 接口中带有 6 个输入信号（RI[1]～RI[6]），需将传感器正确连接至 EE 接口（手爪夹紧状态为 RI[1]，物料到位检测为 RI[3]，如果还需要检测手爪的松开状态，其传感器信号可接至 RI[2]）。

二、相关知识

（一）EE 接口

机器人本体上的 I/O 信号（RI/RO），通常通过 EE 接口引出，LR Mate 200iD 型机器人的 EE 接口位置如图 8.1.2 所示，接口中各个端子的定义如图 8.1.3 所示，接线原理图如图 8.1.4 所示。

（二）进气口

LR Mate 200iD 型机器人本体的进气口（AIR1 和 AIR2），如图 8.1.5 所示。

图 8.1.2　EE 接口位置示意图

图 8.1.3　EE 接口端子定义示意图

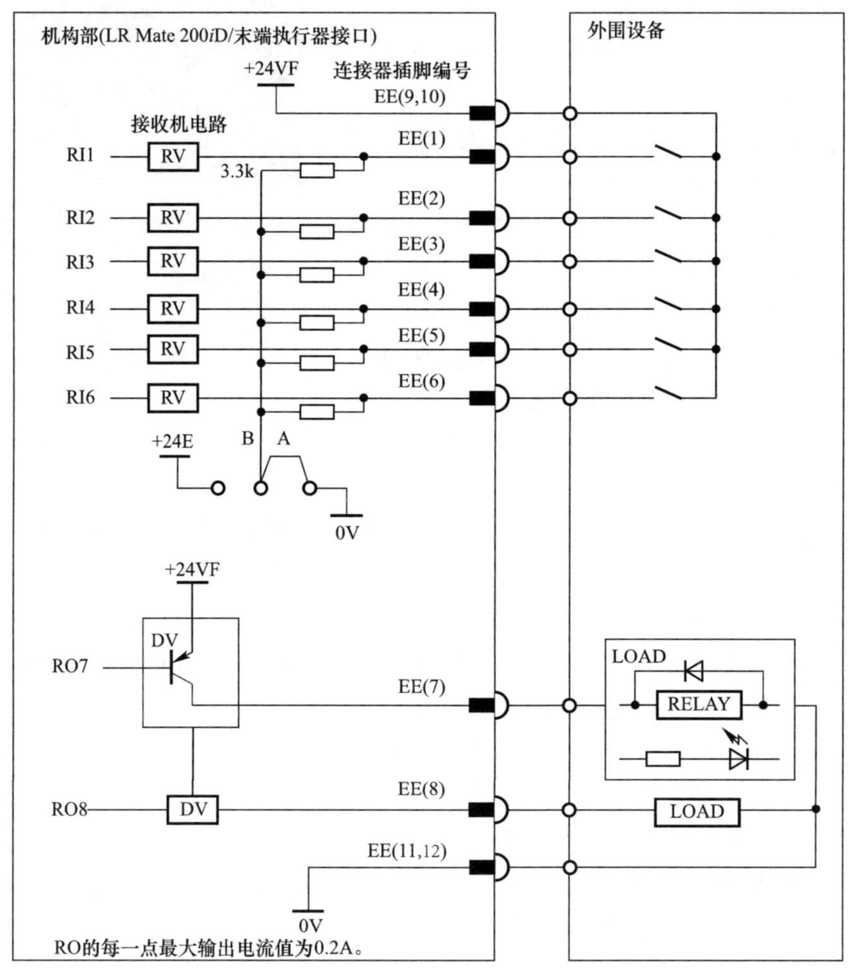

图 8.1.4　EE 接口信号接线原理图

（三）出气口

LR Mate 200iD 型机器人本体上的各个出气口，如图 8.1.6 所示。

三、任务实施

（一）气动系统安装

安装手爪气缸（A1）、单向节流阀、磁性传感器（B1），并按图 8.1.7 所示的气动原理图，连接气源至 AIR2 进气口，1A、1B 出气口至气缸的气管。开启气源，手动强制 RO[1]和 RO[2]信号，调试气动系统以使手爪动作平稳、顺畅。

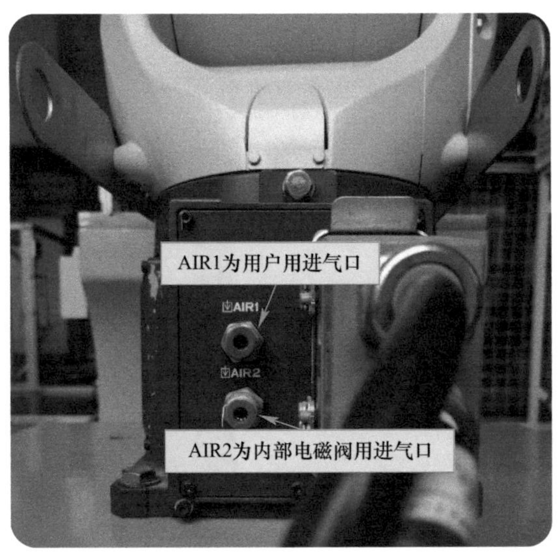

图 8.1.5　LR Mate 200iD 型机器人本体进气口示意图

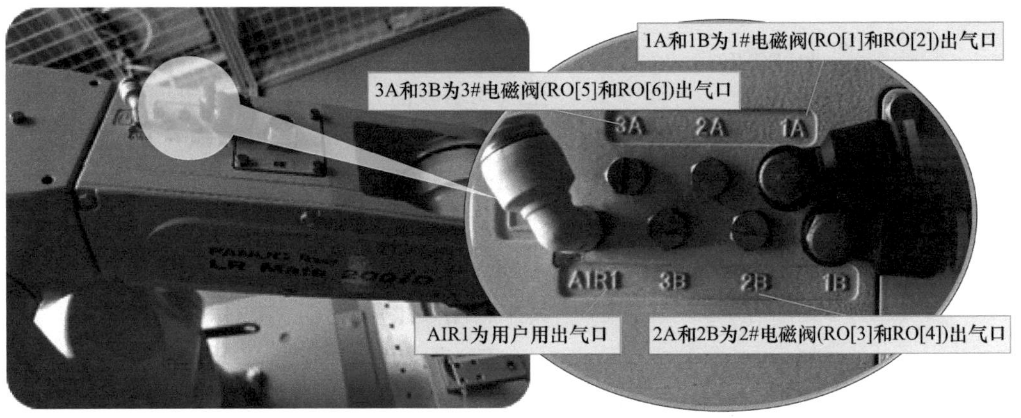

图 8.1.6　LR Mate 200iD 型机器人本体出气口示意图

（二）EE 接口电路连接

参考 EE 接口端子定义图和 EE 接口接线原理图：

（1）将检测手爪夹紧状态的磁性传感器信号线连接至 EE 接口插头中的 24VF（9）和 RI[1]（1)端。

（2）安装物料到位检测的传感器，并将信号线连接至 RI[3](3)端（电源线接 10 和 11)。

（3）将插头插入 EE 接口中，如图 8.1.8 所示。

（4）确认传感器安装位置且信号状态正确：手动强制 RO[1]和 RO[2]信号 ON/OFF，使手爪夹紧/松开，观察 RI[1]状态；在取料位放置/取走物料，观察 RI[3]状态。

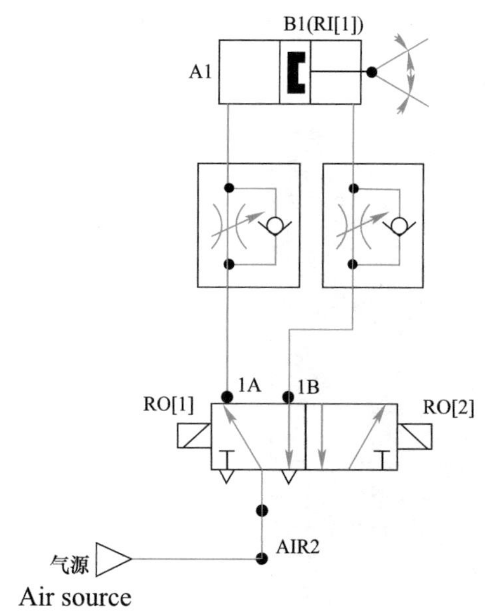

图 8.1.7　气动原理图

8-1 搬运系统的应用编程

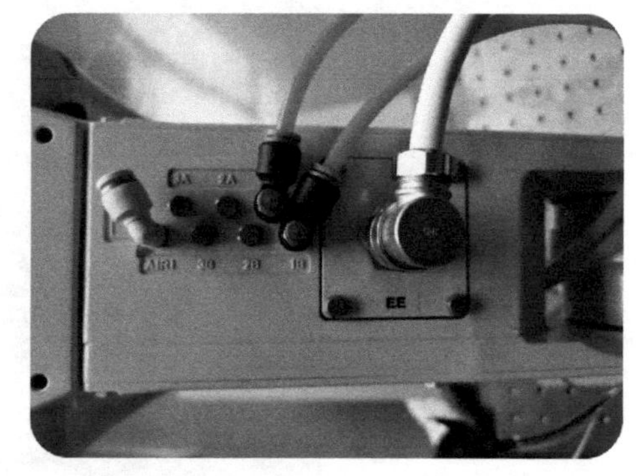

图 8.1.8　电磁阀出气口和 EE 接口安装示意图

（三）示教编程

1. 规划运动轨迹，如图 8.1.9 所示。

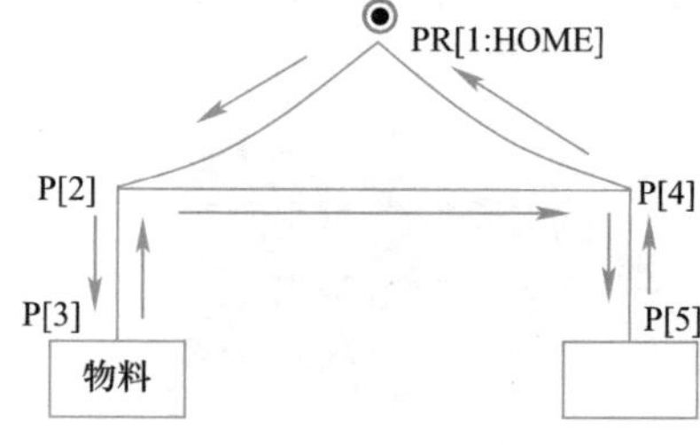

图 8.1.9　物料搬运轨迹示意图

2. 示教编写搬运程序

在点动示教前，应先设定合适的工具坐标系，以便于手爪的姿态示教，并设置 RO[1]和 RO[2]的【Complementary】（互补）属性为无效（为了使电磁阀无动作时，两端线圈均断电）。示教编写物料的搬运程序 HANDING. TP。

其中：用户报警设定，如图 8.1.10 所示。

HANDING. TP：	注释：
1：　UFRAME _ NUM=0	用户坐标系切换
2：　UTOOL _ NUM=1	工具坐标系切换
3：　PAYLOAD[1]	负载切换
4：　OVERRIDE=30%	速度倍率切换
5：　;	
6：　CALL RESET	信号及手爪复位
7：　;	
8：J PR[1：HOME] 100% FINE	移动至等待位置
9：　WAIT RI[3]=ON	等待物料到位
10：J P[2] 100% FINE	移动至抓取接近点
11：L P[3] 3000mm/sec FINE	移动至取料点
12：　CALL PICK	调用抓取物料子程序
13：L P[2] 3000mm/sec FINE	

续表

HANDING. TP：	注释：
14：　;	
15：J P[4] 100% FINE	移动至放料过渡点
16：L P[5] 3000mm/sec FINE	移动至放料点
17：　CALL PLACE	调用放开物料子程序
18：L P[4] 3000mm/sec FINE	
19：　;	
20：J PR[1：HOME] 100% FINE	回等待位置结束
21：　DO[101:DONE]=PULSE，1.0sec	输出完成信号
/END	

RESET. TP：	注释：
1：DO[101:DONE]=OFF	复位搬运完成信号
2：$WAITTMOUT=300	WAIT 指令超时时间 3 秒
3：IF（RI[1:CLOSED]=ON）THEN	
4：RO[1:CLOSE]=OFF	
5：RO[2:OPEN]=ON	复位手爪
6：WAIT 1.00(sec)	
7：WAIT RI[1:CLOSED]=OFF TIMEOUT，LBL[1]	
8：RO[2:OPEN]=OFF	
9：ENDIF	
10：END	
11：LBL[1]	
12：UALM[1]	手爪复位错误报警(用户报警)
/END	

PICK. TP：	注释：
1：RO[1:CLOSE]=ON	
2：RO[2:OPEN]=OFF	
3：WAIT 1.00(sec)	
4：WAIT RI[1:CLOSED]=ON　TIMEOUT，LBL[1]	
5：RO[1:CLOSE]=OFF	
6：END	
7：LBL[1]	
8：UALM[2]	抓取错误报警
/END	

PLACE. TP：	注释：
1：RO[1:CLOSE]=OFF	
2：RO[2:OPEN]=ON	
3：WAIT 1.00(sec)	
4：WAIT RI[1:CLOSED]=OFF TIMEOUT，LBL[1]	

续表

PLACE. TP：	注释：
5：RO[2：OPEN]=OFF	
6：END	
7：LBL[1]	
8：UALM[3]	放开错误报警
/END	

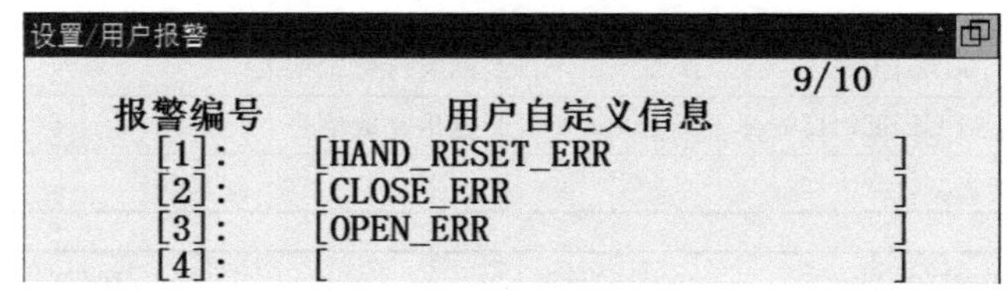

图 8. 1. 10　用户报警设定示意图

任务二　码垛堆积功能的应用

一、任务分析

任务描述：使用 FANUC 机器人构建一个码垛堆积系统：从物料输送链上拾取物料，并按如图 8.2.1 所示的 3 行 3 列 3 层的方式顺序堆积在托盘上。

任务分析：所谓码垛堆积，是指这样一种功能，它只要对几个具有代表性的点进行示教，即可从下层到上层按照顺序堆上工件。同样的，也可以从上层到下层顺序地堆下工件。

图 8.2.1　码垛堆积系统示意图

按本任务的要求，堆积的 3 行 3 列 3 层共 27 个物料姿势一定，底面规则呈平行四边形，可采用最简单的堆积式样 B 来进行码垛。

二、相关知识

（一）码垛堆积功能

在预装了“码垛堆积功能选项”（J500）软件的机器人系统中，可以使用码垛堆积功能便捷地构建不同式样的物料堆积系统。如图 8.2.2 所示，码垛堆积功能：

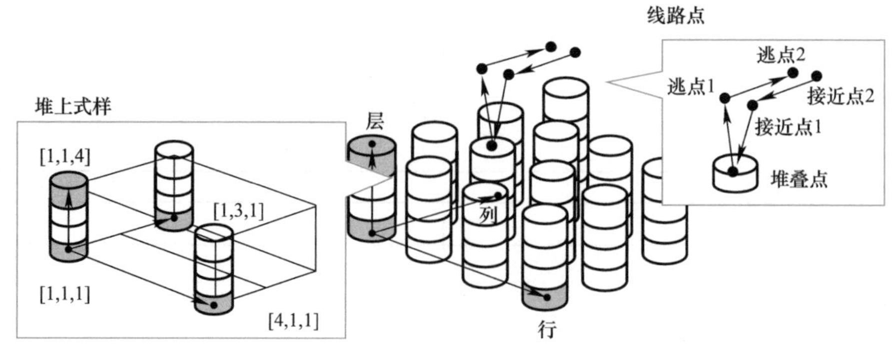

图 8.2.2　码垛堆积的结构

(1) 通过对堆上点的代表点进行示教，即可简单创建堆上式样。

(2) 通过对路经点（接近点、逃点）进行示教，即可创建线路点。

(3) 通过设定多个线路点，即可进行多种式样的码垛堆积。

（二）码垛堆积的种类

码垛堆积方式根据堆上式样和线路点的设定方法差异，共有 4 种：

(1) 码垛堆积 B 和码垛堆积 BX。

(2) 码垛堆积 E 和码垛堆积 EX。

其中：

1）码垛堆积 B：对应所有工件的姿势一定、堆上时的底面形状为直线或者平行四边形的情形，如图 8.2.3 所示。

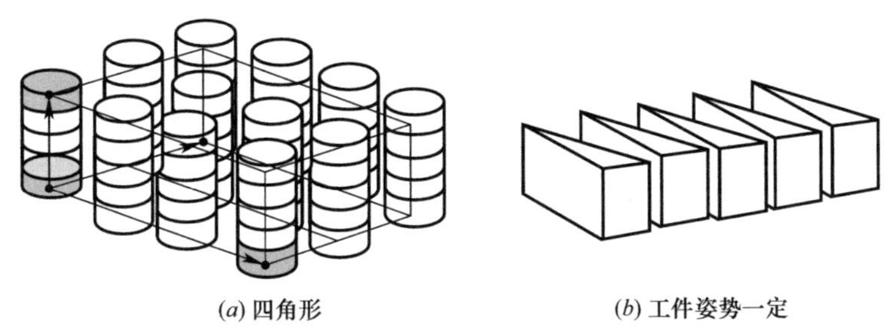

(a) 四角形　　(b) 工件姿势一定

图 8.2.3　码垛堆积 B

2）码垛堆积 E：对应更为复杂的堆上式样的情形（如希望改变工件的姿势、堆上时的底面形状不是平行四边形等情形），如图 8.2.4 所示。

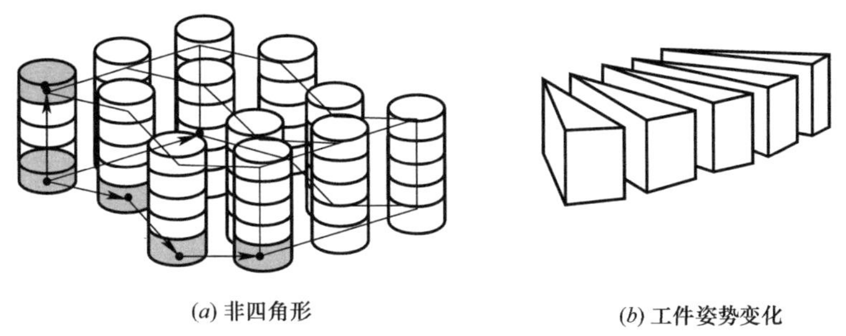

(a) 非四角形　　(b) 工件姿势变化

图 8.2.4　码垛堆积 E

3）码垛堆积 BX、EX：可以设定多个线路点（码垛堆积 B、E 只能设定一个线路点），如图 8.2.5 所示。

（三）码垛堆积的相关指令

码垛堆积有如下几个相关指令：

1. 码垛堆积指令：基于码垛寄存器的值，根据堆上式样计算当前的堆上点位置，并根据线路点计算当前的路径，改写码垛堆积动作指令的位置数据。

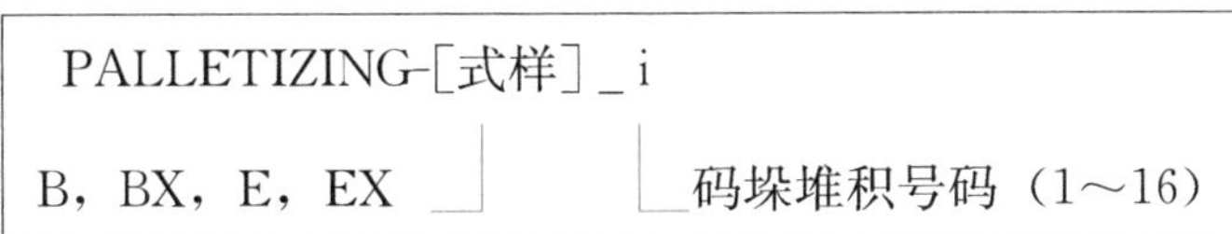

2. 码垛堆积动作指令：是以线路点（接近点、堆上点或逃点）作为位置数据的动作指令，是码垛堆积专用的动作指令，该位置数据通过码垛堆积指令每次都被改写。

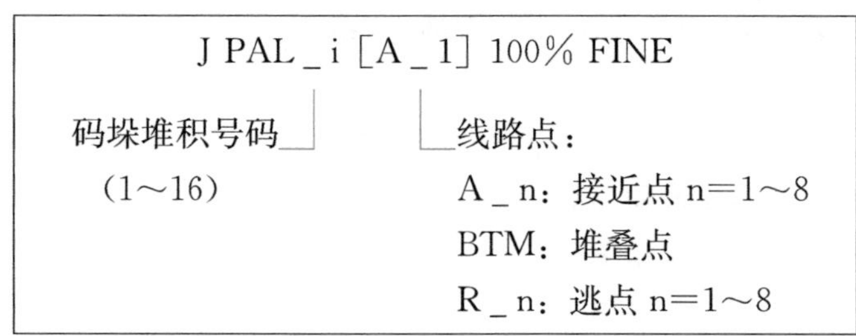

J PAL _ i [A _ 1] 100% FINE
码垛堆积号码
(1～16)
线路点：
A _ n：接近点 n=1～8
BTM：堆叠点
R _ n：逃点 n=1～8

3. 码垛堆积结束指令：计算下一个堆上点，改写码垛寄存器的值。

PALLETIZING-END _ i

码垛堆积号码（1～16）

4. 码垛寄存器指令：用于码垛堆积的控制，进行堆上点的指定、比较、分支等。

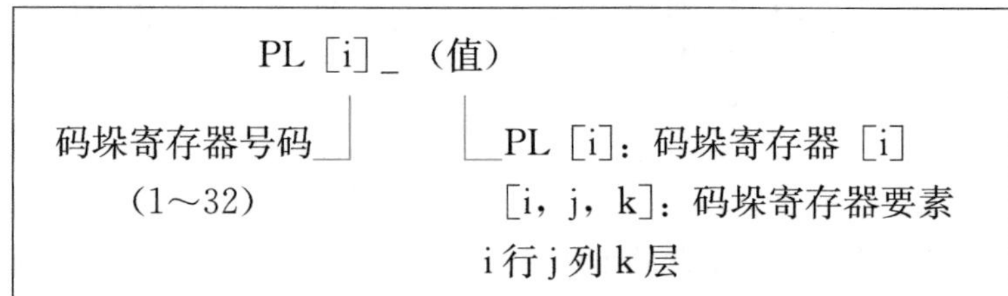

码垛寄存器的加法运算（减法运算），通过执行码垛堆积结束指令来进行，运算方法随初期资料的设定而定。如图 8.2.6 所示的 2 行 2 列 2 层的码垛堆积系统示例，“顺序”=[行列层] 的情况下，执行码垛堆积结束指令时，按照表 8.2.1 的方式更改码垛寄存器。

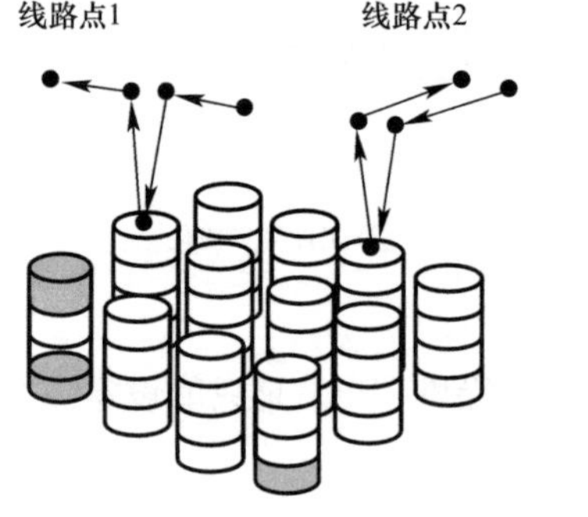

图 8.2.5　码垛堆积 BX、EX

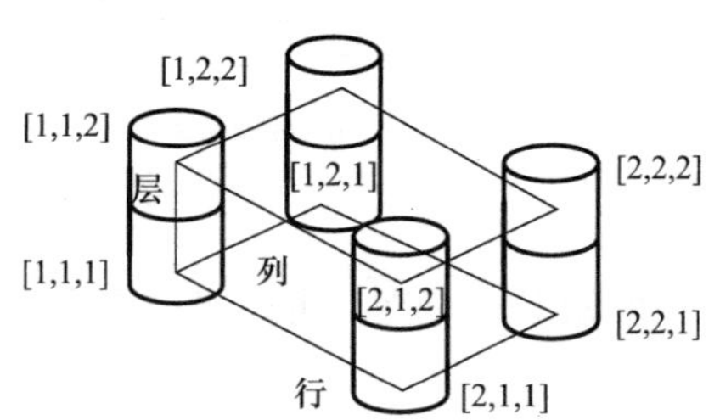

图 8.2.6　2 行 2 列 2 层码垛堆积示例

码垛寄存器的加法运算（减法运算）　　表 8.2.1

初期资料	种类＝［堆上/码垛］		种类＝［堆下/拆垛］	
	增加＝［1］	增加＝［−1］	增加＝［1］	增加＝［−1］
初始值	[1、1、1]	[2、2、1]	[2、2、2]	[1、1、2]
↓	[2、1、1]	[1、2、1]	[1、2、2]	[2、1、2]
↓	[1、2、1]	[2、1、1]	[2、1、2]	[1、2、2]

续表

初期资料	种类＝［堆上/码垛］		种类＝［堆下/拆垛］	
	增加＝［1］	增加＝［－1］	增加＝［1］	增加＝［－1］
↓	［2、2、1］	［1、1、1］	［1、1、2］	［2、2、2］
↓	［1、1、2］	［2、2、2］	［2、2、1］	［1、1、1］
↓	［2、1、2］	［1、2、2］	［1、2、1］	［2、1、1］
↓	［1、2、2］	［2、1、2］	［2、1、1］	［1、2、1］
↓	［2、2、2］	［1、1、2］	［1、1、1］	［2、2、1］
↓	［1、1、1］	［2、2、1］	［2、2、2］	［1、1、2］

三、任务实施

（一）规划运动轨迹

按任务要求，可采用最简单的堆积式样 B 来进行码垛，规划码垛堆积系统的运动轨迹，如图 8.2.7 所示。

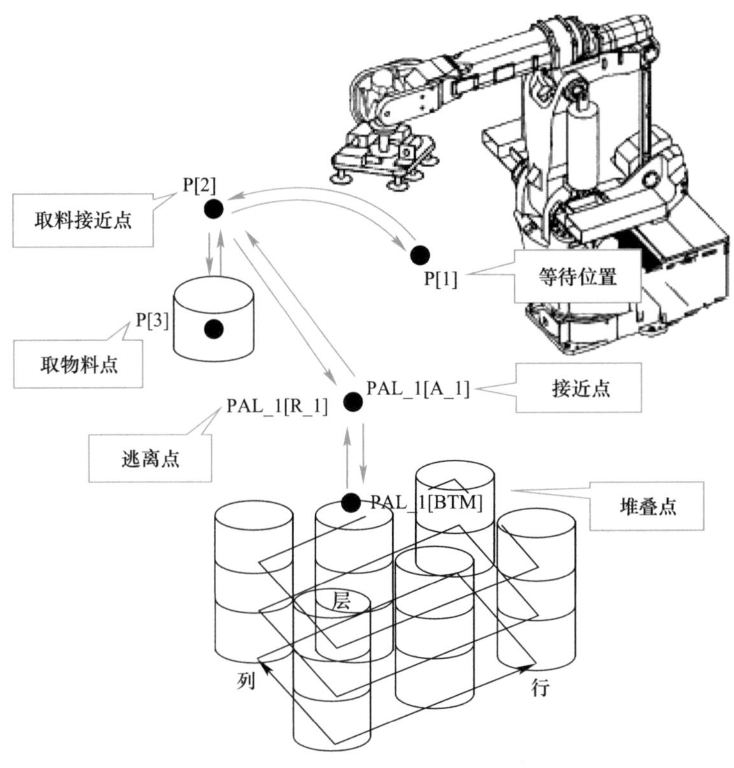

图 8.2.7　码垛堆积的执行轨迹

（二）码垛堆积编程

1. 在程序编辑界面选择码垛堆积指令：F1【INST】（指令）→【Palletizing】（码垛），如图 8.2.8 所示。

选择堆积式样 B，如图 8.2.9 所示。

2. 输入堆积初始数据：在如图 8.2.10 所示的 PALLETIZING Configuration（码垛配置）界面中设定堆积初始数据。

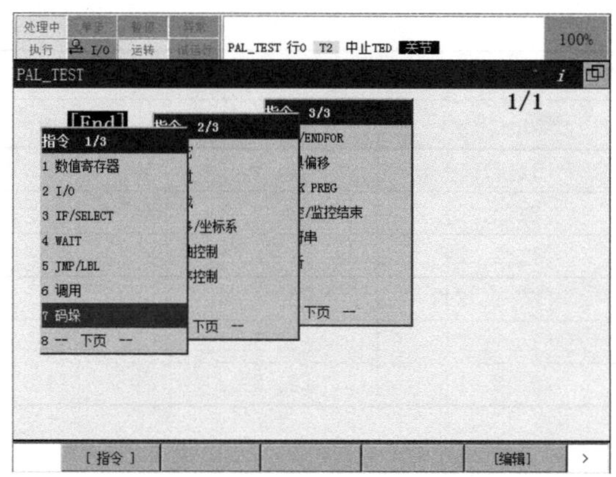

图 8.2.8　插入码垛堆积指令

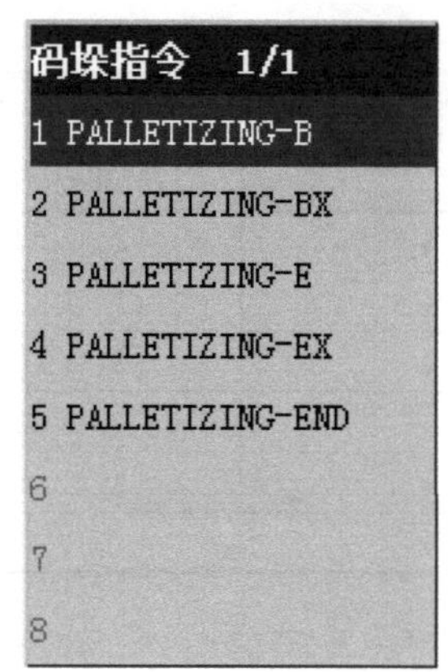

图 8.2.9　选择堆积式样 B

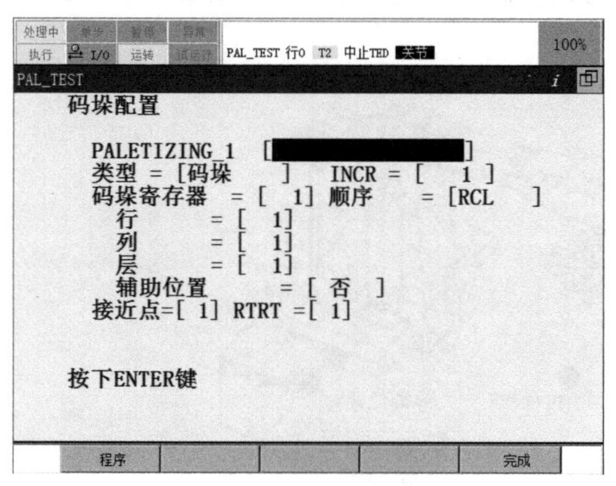

图 8.2.10　堆积初期资料界面

其中：

（1）PALETIZING _ i []：输入码垛堆积指令的注释。

（2）TYPE（类型）：选择【PALLET】（堆上/码垛）或【DEPALL】（堆下/拆垛）类型，如图 8.2.11 所示。

（3）INCR（增加）：输入码垛寄存器的加法/减法运算增加值 1 或−1。

（4）PAL REG（码垛寄存器）：输入使用的码垛寄存器号，不要使用已被占用的编号。

（5）ORDER（顺序）：选择堆积的顺序（RCL=行列层），如图 8.2.12 所示。

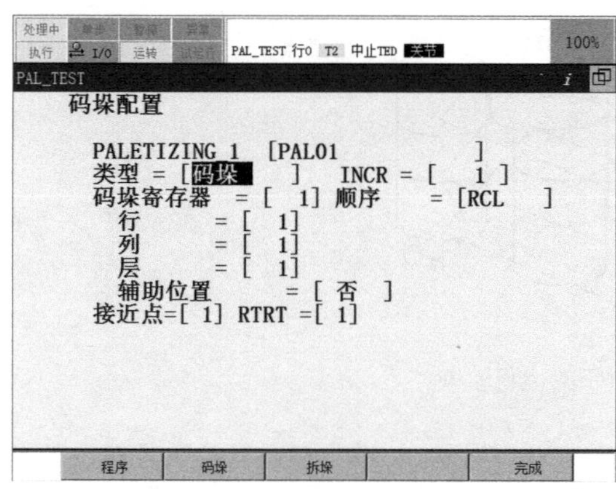

图 8.2.11　码垛堆积种类设定

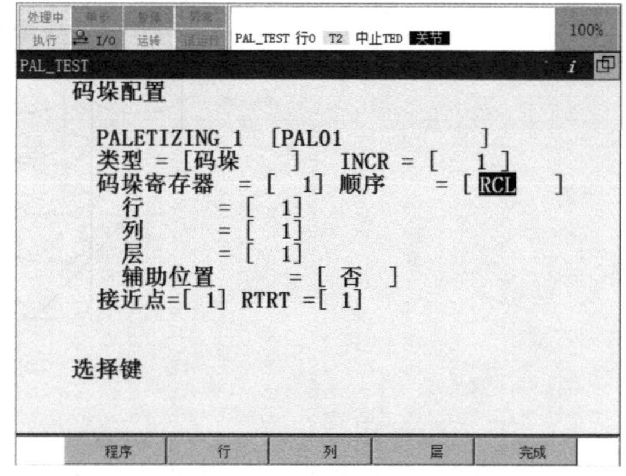

图 8.2.12　码垛堆积顺序设定

（6）ROWS（行），COLUMNS（列），LAYERS（层）：输入所要堆积的行、列和层数。

（7）AUXILIARY POS（辅助位置）：指定辅助点的有无，无辅助点的堆上式样下，分别对堆上式样的四角形的 4 个顶点进行示教。

(8) APPR (接近点), RTRT (逃点): 输入要设定的接近点和逃点数量, 如图 8.2.13 所示。

按下 F5【DONE】(完成), 完成初始数据设定。

3. 示教堆上式样: 对堆上式样的代表堆上点进行示教。由此, 执行码垛堆积时, 从所示教的代表点自动计算目标堆上点, 如图 8.2.14 所示, * 表示未示教该点。

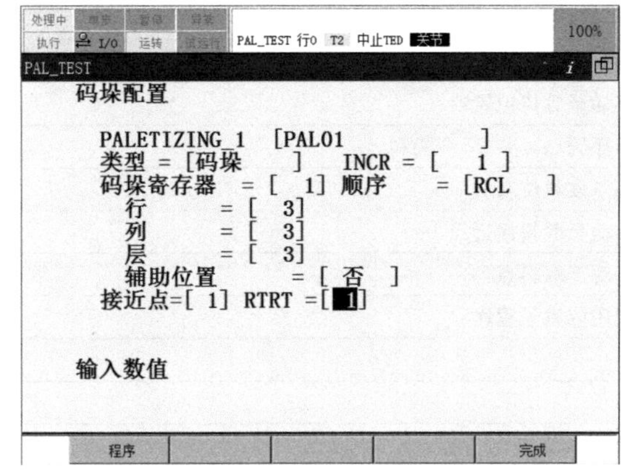

图 8.2.13 接近点和逃点数量设定

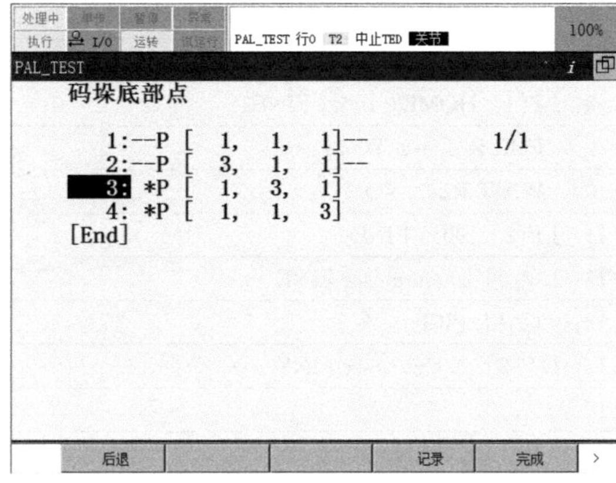

图 8.2.14 示教堆上式样界面

按下 F5【DONE】(完成), 完成堆上式样的示教。

4. 示教线路点: 示教堆积接近点、堆叠点和逃离点, 如图 8.2.15 所示。其中, 按下 F2【POINT】(教点资料) 可以选择动作类型为关节或直线运动。

按下 F5【DONE】(完成), 完成线路点的示教, 自动生成码垛堆积部分的程序, 如图 8.2.16 所示。

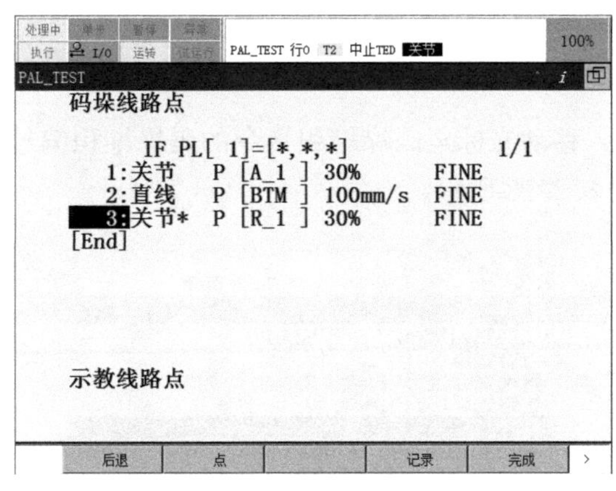

图 8.2.15 示教线路点界面

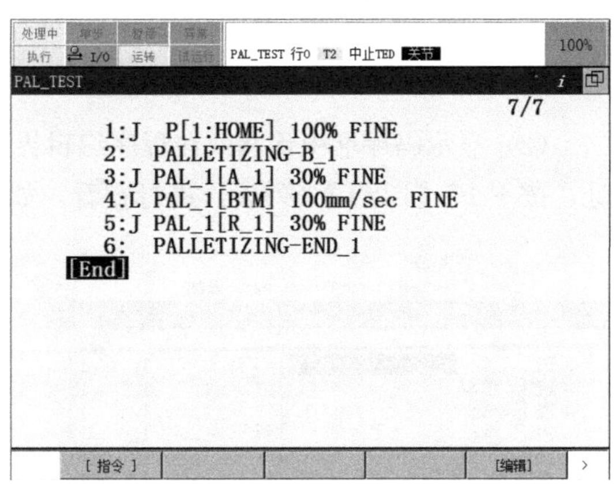

图 8.2.16 码垛堆积部分的程序示意

编写物料拾取和其他部分的程序后, 调试码垛堆积系统。完整的主程序见 PAL_TEST.TP。

注:

(1) 码垛寄存器可以通过如下操作进行查看: 按下【DATA】(数据)键→F1【TYPE】(类型)→【Pallet regeister】(码垛寄存器), 如图 8.2.17 所示。

PAL_TEST. TP：	注释：
1： UFRAME_NUM=0	用户坐标系切换
2： UTOOL_NUM=1	工具坐标系切换
3： PAYLOAD[1]	负载切换
4： OVERRIDE=50%	速度倍率切换
5： PL[1]=[1，1，1]	复位码垛寄存器，从1行1列1层开始堆积
6： CALL RESET	信号及末端工具复位
7： ；	
8：J P[1：HOME] 100% FINE	移动至等待位置
9： FOR R[1]=1 TO 27	循环码垛，共27个物料
10： WAIT RI[3]=ON	等待取料位有料
11：J P[2] 100% FINE	移动至取料接近点
12：L P[3] 2000mm/sec FINE	移动至取料点
13： CALL PICK	调用取料子程序
14：L P[2] 2000mm/sec FINE	
15： ；	
16： PALLETIZING-B_1	开始码垛
17：J PAL_1[A_1] 100% FINE	移动至堆积接近点
18：L PAL_1[BTM] 2000mm/sec FINE	移动至堆叠点
19： CALL PLACE	调用放料子程序
20：L PAL_1[R_1] 2000mm/sec FINE	移动至逃离点
21： PALLETIZING-END_1	码垛结束，码垛寄存器值更新
22： ；	
23： ENDFOR	
24：J P[1：HOME] 100% FINE;	
25： DO[101:DONE]=PULSE，1.0sec	输出完成信号
/END	

（2）显示码垛堆积状态：在程序编辑界面，移动光标至码垛堆积指令的码垛堆积编号处，按下 F5【LIST】（列表）进行查看，如图 8.2.18 所示。

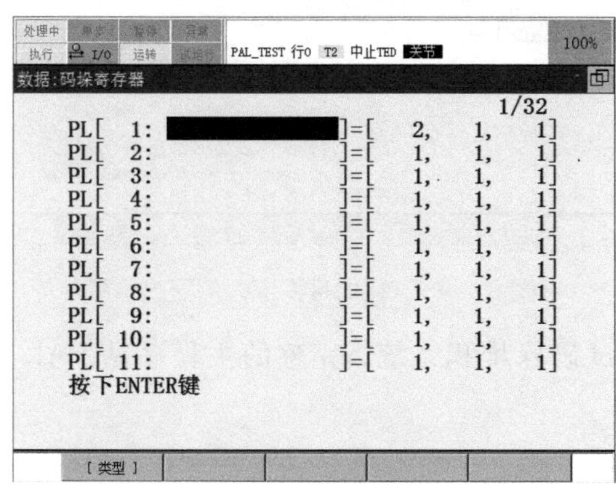

图 8.2.17 码垛寄存器

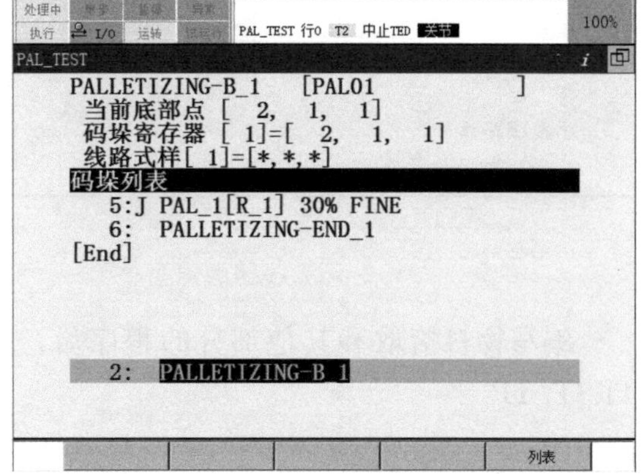

图 8.2.18 码垛堆积状态

（3）修改码垛堆积数据：在程序编辑界面，移动光标至码垛堆积指令的码垛堆积编号处，按下 F1【MODIFY】（修改），选择所需修改的数据类型进行查看，如图 8.2.19 所示。

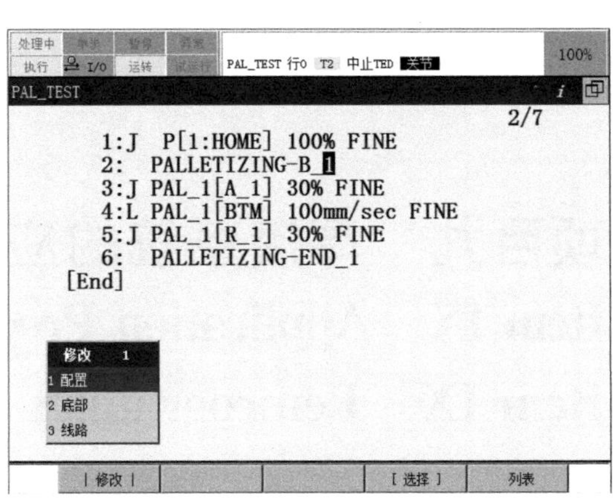

图 8.2.19 选择需要修改的码垛堆积数据

注意事项：

（1）要提高码垛的动作精度，需要正确进行 TCP 的设定。

（2）应避免和其他码垛堆积指令同时使用相同的码垛寄存器编号。

（3）码垛堆积功能，在三个指令也即码垛堆积指令、码垛堆积动作指令、码垛堆积结束指令，存在于一个程序才发挥作用。即使只将一个指令复制到子程序中进行示教，该功能也不会正常工作，应予注意。

（4）码垛堆积编号，在示教完码垛的数据后，随同指令一起被自动写入。不需要在意是否在别的程序中重复使用了该编号。

（5）在码垛动作指令中，不能在动作类型中设定【C】（圆弧运动）。

习　题

1. FANUC 机器人本体上的 I/O 信号接口称为____________，其对应的逻辑信号是____________。

2. 应把输出信号的________属性设为“无效”，并编程控制双电控换向阀在无动作时两端线圈均________，以提高它的使用寿命。

3. 对码垛堆积堆上式样的代表点进行示教时，P［3，1，1］表示的是__________的点。

4. 按要求编写 FANUC 机器人程序（不使用码垛堆积功能）：将 Y 轴方向间隔 50mm 水平摆放的 3 个零件（45mm×45mm×20mm）依次搬运并堆垛在一起，要求只示教零件 1 的抓取接近点、抓取点、堆垛接近点和堆垛点，其他零件的抓取和堆垛位置点采用偏移的方式进行编程。

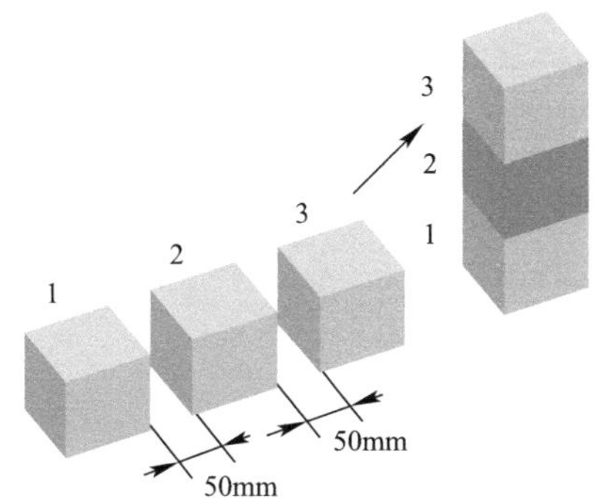

项目九　焊接系统的应用编程
Item IX　Application Programming of Welding System
Item IX　Pemrograman Aplikasi Sistem Pengelasan

教学目标

1. 知识目标

（1）了解工业机器人弧焊和点焊工作站的组成；

（2）掌握 FANUC 机器人弧焊、点焊系统示教器相关按键的功能和操作方法；

（3）掌握工业机器人弧焊、点焊工作站项目实施的完整流程；

（4）掌握 FANUC 机器人弧焊、点焊系统的相关指令。

2. 能力目标

（1）能够对 FANUC 机器人弧焊、点焊系统进行配置；

（2）能够对 FANUC 机器人弧焊、点焊系统进行工艺参数的调整；

（3）能够进行 FANUC 机器人弧焊、点焊系统的示教、编程和调试。

3. 素质目标

（1）通过分组协作、小组讨论和小组互评的实践课堂教学组织，针对布置的工作任务开展讨论，制订实施方案，锻炼了学生脚踏实地、求真务实的工作作风和实事求是、开拓创新的科学精神。培养学生的团队精神、合作意识和人际交往沟通能力。

（2）通过工程项目实施式的教学组织和工程应用经验总结，响应教育部关于职业教育现场工程师的专项培养计划，培养学生良好的“科学和工程实践”思维，提升工程实践技术技能水平，培养走上工作岗位就能用、好用的现场工程师。

任务一　弧焊系统的应用编程

一、任务分析

任务描述：使用 FANUC 机器人弧焊工作站在一块厚约 4mm 的钢板上焊接出一个三角形轨迹，如图 9.1.1 所示。

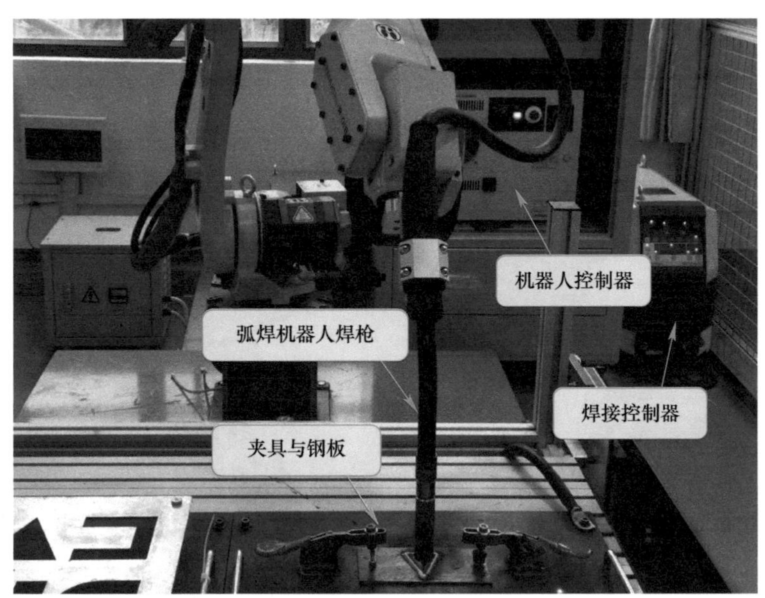

图 9.1.1　弧焊机器人工作站示意图

任务分析：弧焊是工业生产中应用最广泛的焊接方法，FANUC 弧焊机器人一般由机器人本体及控制器、焊接控制器、送丝机、焊枪等组成（完整工作站可能还包括工装夹具、防弧光板、清枪装置及变位机等），如图 9.1.2 所示。

要进行弧焊调试作业，需要进行包括：Arc Tool、弧焊系统、弧焊装置、焊接 I/O 及焊接条件等设置。示教编程时，还需要使用包括：弧焊开始条件、焊接速度及弧焊结束条件等指令。

二、相关知识

（一）弧焊功能概要

Arc Tool（弧焊工具）是内嵌于机器人控制器中的应用程序软件包，能进行弧焊相关的基本设置及作业操作。

Arc Tool 在示教器上有 5 个专用按键，如图 9.1.3 所示，各按键详细说明见表 9.1.1。

（二）弧焊的相关设置

1. Arc Tool 设置

要成为焊接装置的弧焊机器人系统，需要通过此设置读取要使用的焊机控制器的数据，并自动进行焊接 I/O 的模拟指令的基准值、指令值和数字指令的分配。

弧焊软件设置只能在“控制启动”模式下进行，系统启动后变更了本设置的情况，有时需要再次进行弧焊系统的设置。步骤为：执行控制启动后，按下【MENU】（菜单）键，选择“1 弧焊软件设置”，可进行如图 9.1.4 所示的设置。完成设置后需执行【FCTN】（功能）键→【START（COLD）】（冷启动），才能返回一般模式。

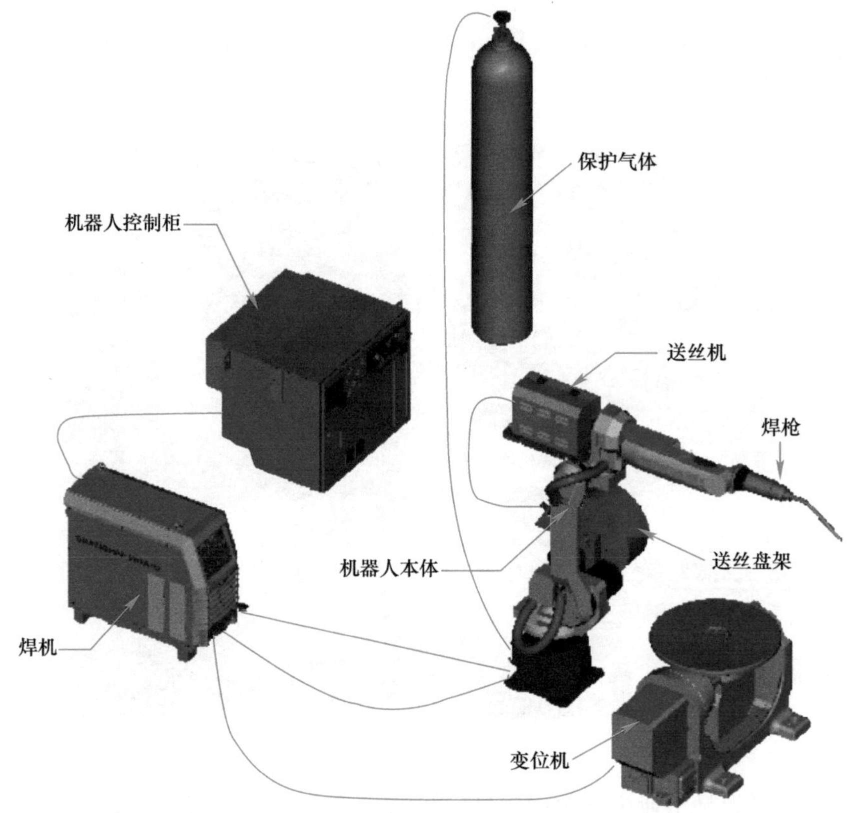

图 9.1.2　弧焊机器人工作站组成示意图

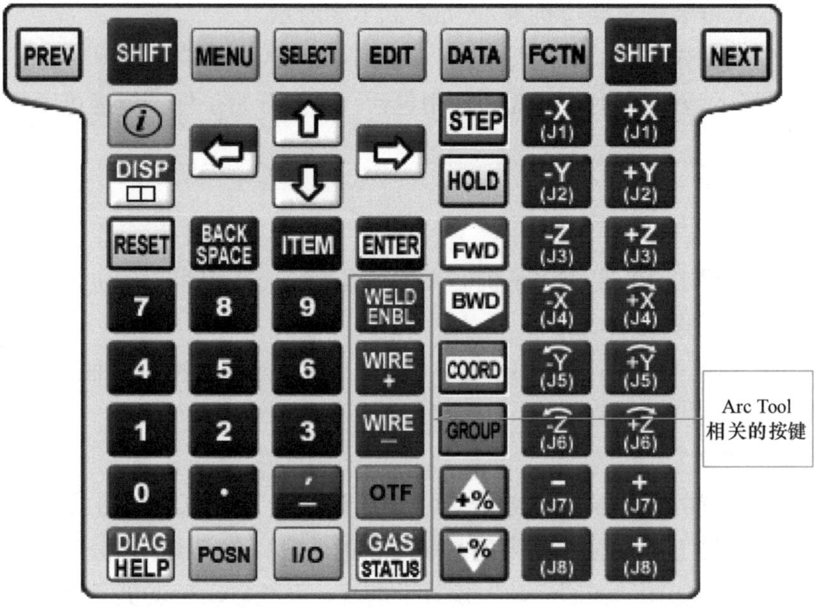

图 9.1.3　Arc Tool 在示教器上的专用按键

Arc Tool 专用按键开关说明　　　　表 9.1.1

Arc Tool 专用按键开关说明	
WELD ENBL	通过与 SHIFT 键一起按下，切换弧焊的启用/禁用，也可以通过单独按下此按键，进入焊接试运行界面后按 F5【TOGGLE】（切换）进行切换。 焊接无效的情况下执行焊接指令时，不执行弧焊
WIRE +	手动送出焊丝
WIRE −	手动退回焊丝，请勿回丝过多，以免焊丝卡折在导管内
OTF	显示焊接微调整界面
GAS STATUS	单独按下时显示焊接状态界面；与 SHIFT 键同时按下时，进行气体清洗

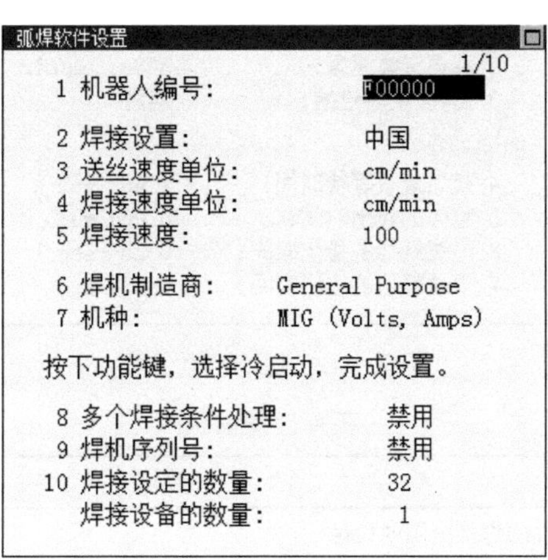

图 9.1.4　Arc Tool 设置

2. 弧焊系统设置

弧焊系统设置是在焊接工序中与弧焊整体控制相关的设置，可视具体工艺要求进行修改。进入设置界面：按下【MENU】（菜单）键→6【SETUP】（设置)→F1【Type】（类型)→【Weld System】(焊接系统)，如图 9.1.5 所示。

3. 弧焊装置设置

此设置是与弧焊机器人系统连接的每台焊接装置的设置，可视具体情况进行修改。进入设置界面：按下【MENU】(菜单）键→6【SETUP】（设置)→F1【Type】（类型）→【Weld Equip】(焊接设备)，如图 9.1.6 所示，部分设置说明见表 9.1.2。

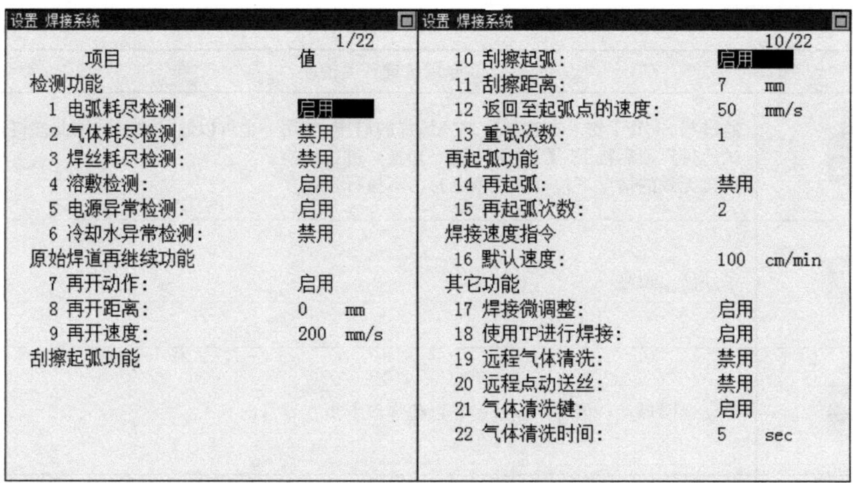

图 9.1.5 焊接系统设置

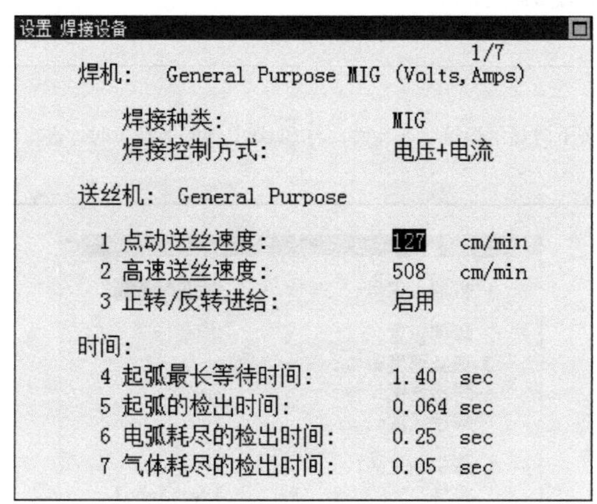

图 9.1.6 弧焊装置设置

弧焊设置说明 表 9.1.2

项目	说明
焊机	显示当前所设置的焊接电源的机种
焊接种类	显示要进行焊接的种类： MIG=MIG-MAG-CO2 焊接 TIG=TIG 焊接
焊接控制方式	显示当前所设置的焊接电源的控制方式： VLT+WFS=[电压、送丝速度]控制 VLT+AMP=[电压、电流]控制 AMPS=[电流]控制 AMP+WFS=[电流、送丝速度]控制 此项目仅在焊接电源的设定中，作为“焊机制造商”选择了“General Purpose”时才会显示
点动送丝速度	通过 WIRE+（焊丝+）或者 WIRE−（焊丝−）键手动进送/回抽焊丝时的速度。速度单位是由送丝速度单位（图 9.1.4）所指定的单位
高速送丝速度	利用示教器上的 WIRE+键，在按住 SHIFT 键的同时连续进行焊丝的手动进送操作 2 秒以上时，点动送丝速度就会切换为本设置速度；焊丝回抽时不会切换到高速

4. 弧焊数据设置

通过弧焊数据，可以对焊接时的状态和焊接条件进行设置和统一管理。同时，利用程序中的弧焊指令来指定弧焊数据编号和弧焊条件编号，即可根据所设置的条件执行焊接：

(1) 可针对每一台焊接装置定义的焊接数据最多为 20 个。

(2) 可在每一个焊接数据内定义的焊接条件数最多为 32 个。

按下【DATA】(数据) 键→按下 F1【Type】(类型)→选择【Weld Procedure】(焊接程序)，进入焊接程序数据设置界面，如图 9.1.7 所示。

(三) 弧焊的相关指令

弧焊指令是向机器人指定何时、如何进行弧焊的指令。在执行弧焊开始指令和弧焊结束指令之间所示教的动作语句的过程中，进行弧焊，如图 9.1.8 所示。

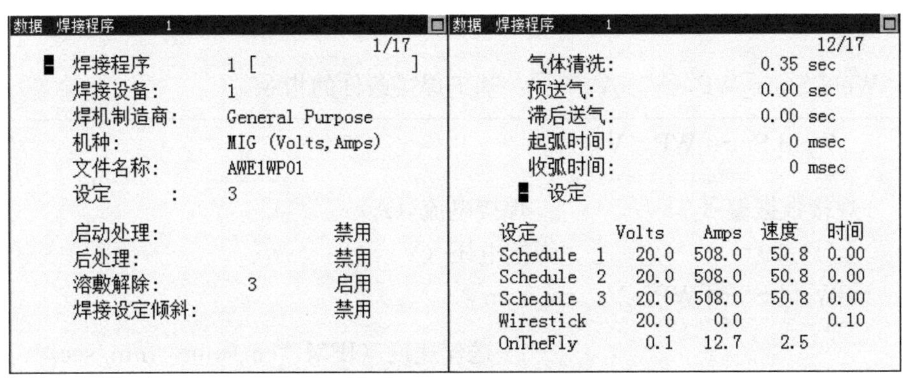

图 9.1.7 焊接程序数据设置界面

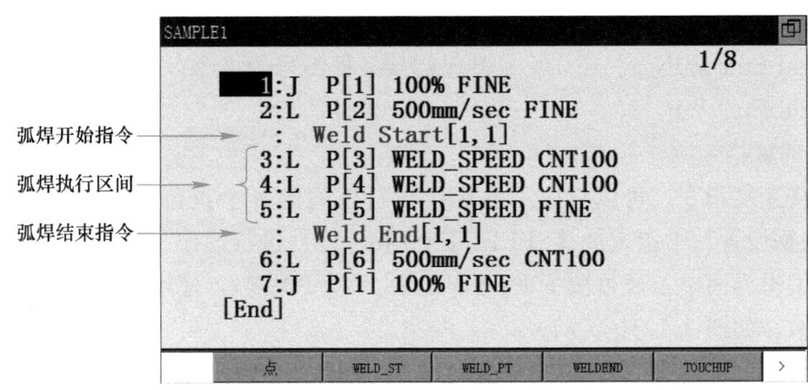

图 9.1.8 弧焊的相关指令

1. 弧焊开始指令

弧焊开始指令是使机器人开始执行弧焊的指令，它包括两种指令格式：

(1) Weld Start[WP，i]：基于焊接条件编号的指令，示例如图 9.1.9 所示。

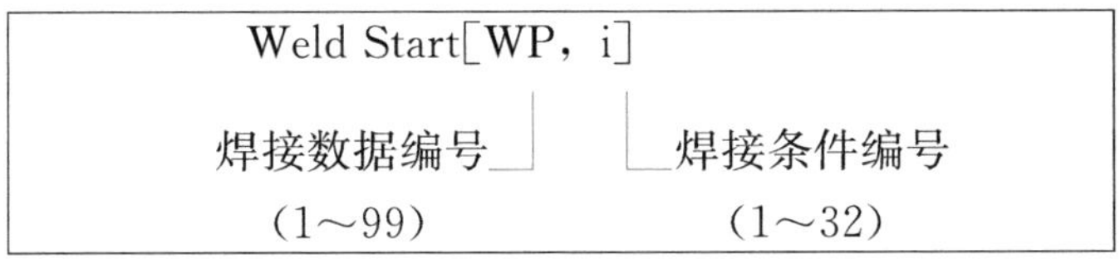

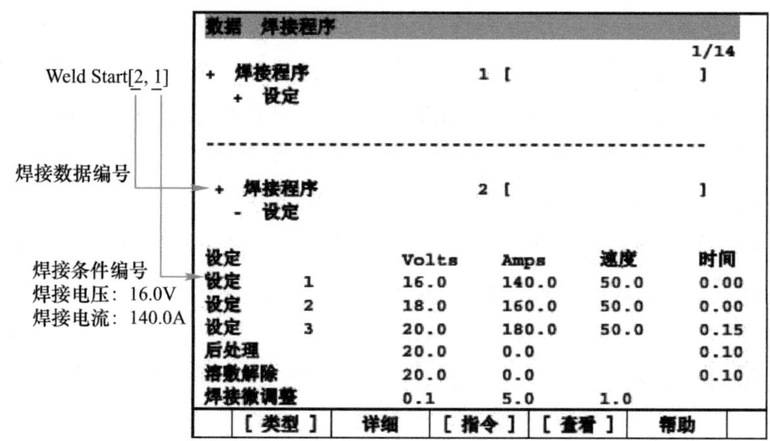

图 9.1.9 弧焊开始指令——基于焊接条件编号的指令

（2）Weld Start[WP，V，A，…]：基于焊接条件的指令。

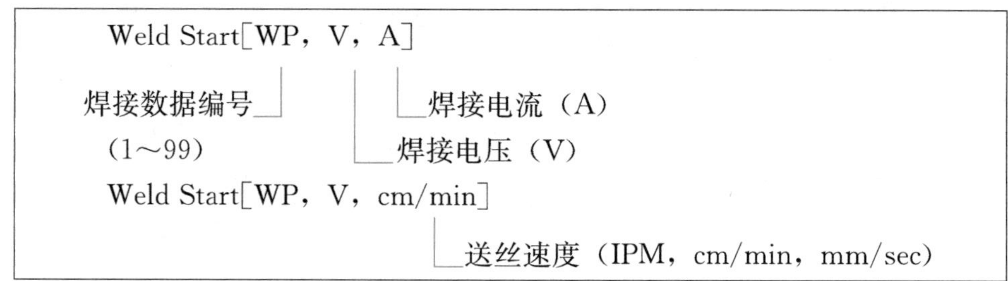

2. 焊接结束指令

弧焊结束指令是向机器人指定弧焊结束的指令，它包括两种指令格式：

（1）Weld End[WP，i] 基于焊接条件编号的指令。

（2）Weld End[WP，V，A，…] 基于焊接条件的指令。

3. 焊接速度指令

使用焊接速度指令，可以直接示教焊接执行区间的各个点位，它可以使机器人按照“焊接程序数据设置”中指定的【SPEED】（焊接速度）进行动作。

在程序编辑界面中，通过按下 F3【WELD_PT】（焊接），使用标准电弧指令语句对焊接点进行示教，如图 9.1.10 所示。

也可以将动作指令语句中的动作速度项目，通过选择 F3【WELD】（焊接）变更为“WELD_SPEED”（焊接速度），即可使机器人按照指定的焊接速度进行动作，如图 9.1.11 所示。

9-1 焊接系统的应用编程

三、任务实施

在硬件安装和相应 Arc Tool 软件配置完成后（包括弧焊系统设置及焊接 I/O 配置）的 FANUC 机器人弧焊工作站中实施：

1. 根据工艺要求设置焊接参数（Procedure1（焊接程序 1）的 Schedule1（焊接条件 1）），如图 9.1.12 所示。

2. 按住【SHIFT】键+【WELD ENBL】键切换焊接装置的“焊接有

效”至“无效”，如图 9.1.13 所示。

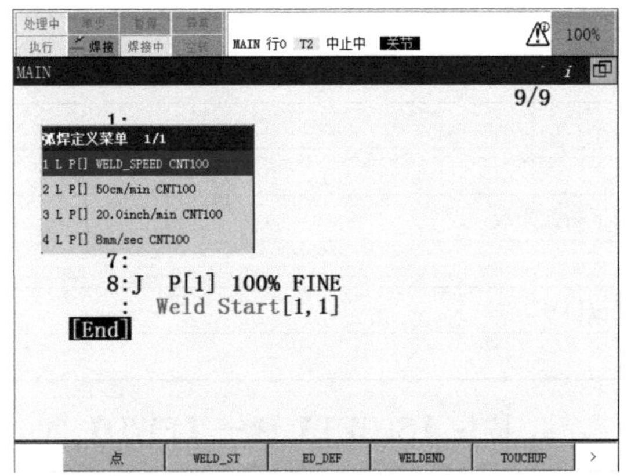

图 9.1.10　通过焊接速度指令示教焊接点位

图 9.1.11　变更动作指令中的速度为焊接速度

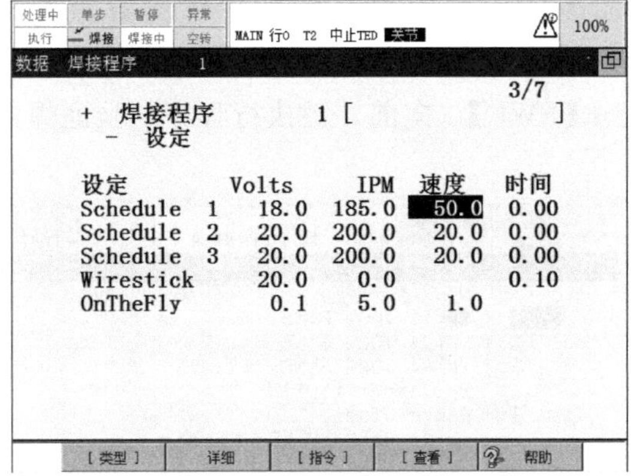

图 9.1.12　设置焊接参数

图 9.1.13　禁用弧焊功能

3. 示教编写机器人的焊接程序：ARC_TEST. TP。

ARC_TEST. TP：	注释：
1：　UFRAME_NUM=0	
2：　UTOOL_NUM=1	
3：　OVERRIDE=100%	Arc Tool 要求焊接时速率须为 100%
4：　　；	
5：J PR[1：HOME] 100% FINE	从 HOME 点出发
6：J P[1] 100% FINE	运动至过渡点
7：　DO[101:UP]=ON	升起防弧光板
8：　DO[102:DOWN]=OFF	
9：J P[2] 100% FINE ：Weld Start[1，1]	机器人运动到 P2 点，然后开始焊接
10：L P[3] WELD_SPEED FINE	焊接至 P3 点
11：L P[4] WELD_SPEED FINE	焊接至 P4 点

续表

ARC_TEST. TP：	注释：
12：L P[2] WELD_SPEED FINE ：Weld End[1，1，WID：0]	焊接至 P2 点，然后停止焊接
13：J P[1] 100% FINE	
14： DO[101:UP]=OFF	
15： DO[102:DOWN]=ON	降下防弧光板
16：J PR[1：HOME] 100% FINE	
17： DO[102:DOWN]=OFF	复位信号
/END	

图 9.1.14 启用弧焊功能

4. 按住【SHIFT】键＋【FWD】（向前）键执行程序，验证机器人的轨迹。

5. 按住【SHIFT】键＋【WELD ENBL】键切换焊接装置的“焊接有效”至“有效”，如图 9.1.14 所示。

6. 打开保护气体总阀，按住【SHIFT】键＋【FWD】（向前）键执行程序，验证焊接程序。

四、知识扩展（摆焊功能）

1. 概要

摆焊功能是在弧焊时，焊炬面对焊接方向以特定角度周期性左右摇摆进行焊接，由此增大焊道宽度用来提高焊接强度的一种方法。

2. 摆焊指令

摆焊指令是使得机器人执行摆焊功能的必要指令。在执行摆焊开始指令后，机器人执行摆焊动作，直至执行摆焊结束指令才停止，如图 9.1.15 所示。

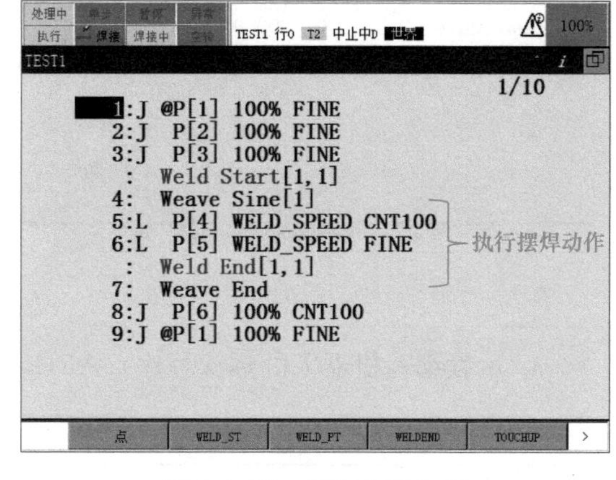

图 9.1.15 摆焊程序示例

（1）摆焊指令有如下种类：

1）摆焊开始指令：Weave（模式）[i]、Weave（模式）[Hz，mm，sec，sec]；

Weave(模式)[i]：根据预先设定好的摆焊条件，以指定模式开始摆焊。

Weave(模式)[Hz,mm,sec,sec]：直接指定摆焊条件并按模式开始摆焊。

2）摆焊结束指令：Weave End、Weave End[i]。

Weave End：结束所有执行中的摆焊。

Weave End [i]：在有多个 Weave（模式）[i] 指令的情况使用，结束由摆焊设置所指定的动作组的摆焊。

摆焊指令通过在程序编辑界面按下 F1【INST】（指令）→选择【Weave】（摆焊）→按下【Enter】（回车）键→选择相应指令进行添加，如图 9.1.16 所示。

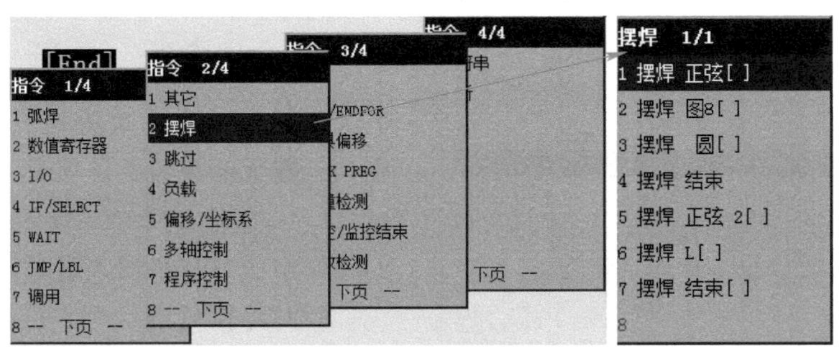

图 9.1.16 摆焊指令的添加

（2）摆焊模式有如下种类：

1）正弦型摆焊模式（Weave Sine[i]指令）

这是标准的、最常用的摆焊模式，摆焊动作如图 9.1.17 所示。注意：如果摆焊动作频率高于 5Hz 以上，需要选用正弦 2 型摆焊（Weave Sine2[i]）。

2）8 字型摆焊模式（Weave Figure8[i]指令）

一边描绘 8 字，一边前进摆焊的模式，摆焊动作如图 9.1.18 所示。主要在厚板的焊接、表面或外装精磨、提高强度为目的摆焊中使用。

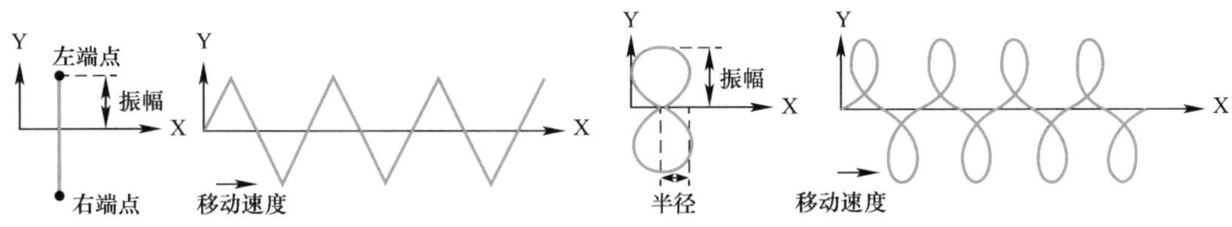

图 9.1.17 正弦型摆焊模式

图 9.1.18 8 字型摆焊模式

3）圆型摆焊模式（Weave Circle[i]指令）

一边描绘圆，一边前进摆焊的模式，摆焊动作如图 9.1.19 所示。主要在搭接头和较大的盖帽焊接中使用。

4）L 型摆焊模式（Weave L[i]指令）

主要在角焊接和 V 坡口焊接中使用，摆焊动作如图 9.1.20 所示。注意：为了与接头相适应，需要先进行仰角和摆焊坐标系的设置后，才能使用 L 型摆焊模式。

3. 摆焊设置

按下【Menu】（菜单）键→选择【设置】选项→选择【摆焊】→按下【ENTER】（确认）键，进入如图 9.1.21 所示界面。

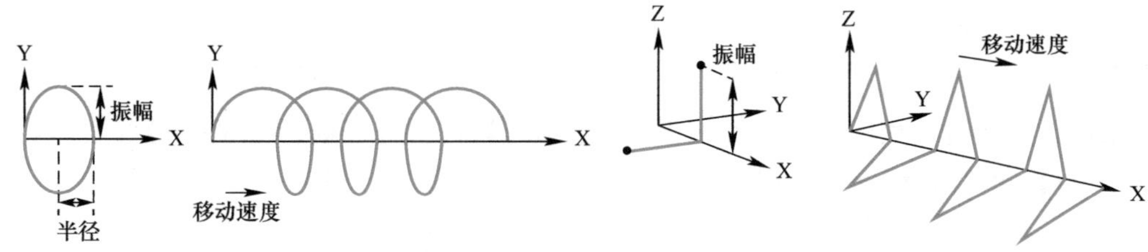

图 9.1.19　圆型摆焊模式　　图 9.1.20　L 型摆焊模式

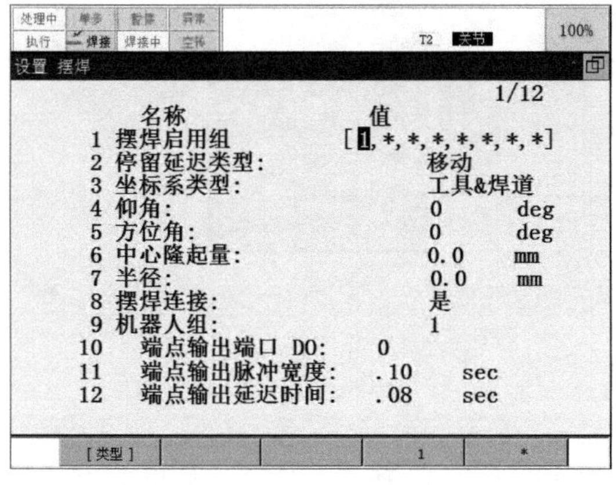

图 9.1.21　摆焊设置界面

摆焊的设置会反映到所有的摆焊动作中，一般无需设置。各项设置说明如下：

（1）摆焊启用组：指定用于进行摆焊的动作组。只有机器人组时，设置为“1”。

（2）停留延迟类型：选择“移动”时，在摆焊到两端点时只停止摆动动作，机器人在焊接行进方向仍然有动作；选择“停止”时，在两端点的时候完全停止机器人（热量输入将会增大，要合理设置左停留和右停留，否则会出现穿孔）。

（3）坐标系类型：针对摆焊平面的坐标系。选择“工具 & 焊道”时，将在工具坐标系的 Z 方向和动作方向上制作，如图 9.1.22 所示；选择“工具”时，按工具坐标系进行制作。

（4）仰角：相对于摆焊坐标系，使得摆焊的摆动角倾斜指定角度，如图 9.1.23 所示。

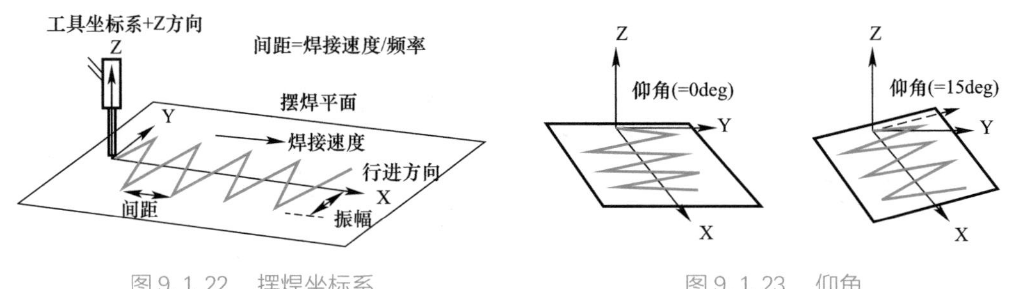

图 9.1.22　摆焊坐标系　　图 9.1.23　仰角

（5）方位角：指定在摆焊平面上摆焊的方位角倾斜度，如图 9.1.24 所示。

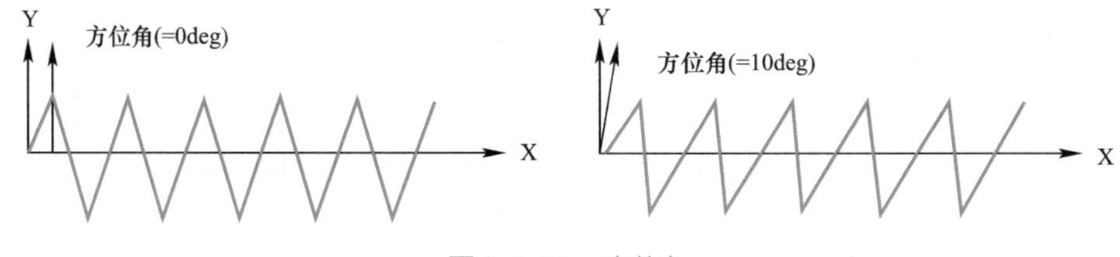

图 9.1.24　方位角

（6）中心隆起量：指定在摆焊的中心处焊炬的隆起量，通常在执行多层焊接时，为了避开中心处的焊道高度而设置，如图 9.1.25 所示。注意：只有进行正弦型摆焊和自定义摆焊时本设置才有效。

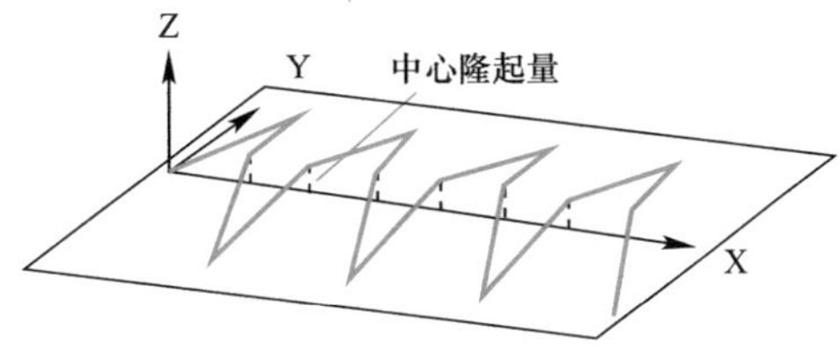

图 9.1.25　中心隆起量

（7）半径：半径是圆型摆焊或 8 字型摆焊的情况下，设置相对于焊接方向的振幅值，如图 9.1.18 和图 9.1.19 所示。

（8）摆焊连接：设置是否将动作指令的示教点前后的摆焊轨迹平顺地连接起来，如图 9.1.26 所示。

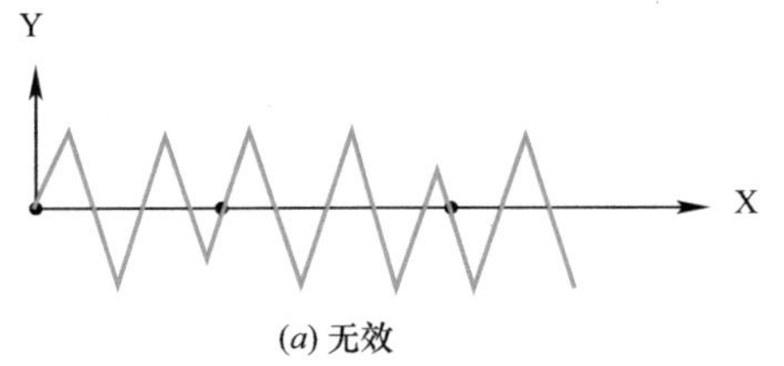

(a) 无效

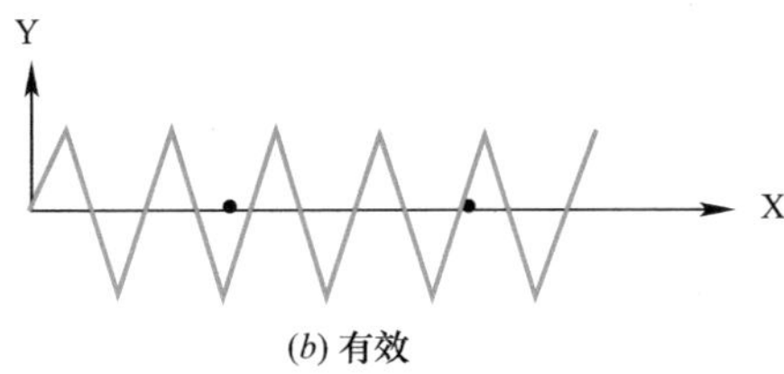

(b) 有效

图 9.1.26　摆焊连接

（9）机器人组：通过此项设置，可以对每一个动作组设置“端点输出端口DO”、“端点输出脉冲宽度”及“端点输出延迟时间”。

（10）端点输出端口DO：焊炬到达端点时，输出此处指定的DO信号。

（11）端点输出脉冲宽度：指定端点输出DO信号的脉冲宽度。

（12）端点输出延迟时间：指定端点输出DO信号的延迟时间。

> 注意：
>
> 一 摆焊设置界面的“仰角”、“方位角”、“中心隆起量”及“半径”值，只对 Weave（模式）[Hz，mm，sec，sec]指令有效。
>
> 一 使用 Weave（模式）[i]指令时，上述设定值由摆焊条件界面的设置值给定。

4. 摆焊条件

摆焊条件用于预先设定在焊接过程中的摆焊工艺参数，并通过摆焊指令所指定的摆焊条件编号而引用。默认可设置 10 个摆焊条件，通过修改系统变量“$WVCFG”→“$MAX_NUM_SCH”，最大可设置 98 个条件。

按下【DATA】（数据）键→按 F1【TYPE】（类型）→选择【Weave Sched】（摆焊设定）→按下【ENTER】（确认）键，可进入如图 9.1.27 所示的摆焊条件设置界面。

按下 F2【DETAIL】（详细），可显示如图 9.1.28 所示的摆焊条件详细设置界面。

各项设置说明如下：

（1）频率：指定摆焊每秒钟的循环数，一般设置在 0.2～2Hz 范围。

（2）振幅：端点到焊道中线的距离，如图 9.1.17 所示。

（3）右侧停留：指定在摆焊右端点处的停留时间，8 字型和圆型摆焊时无效。

（4）左侧停留：指定在摆焊左端点处的停留时间。停留时间过短时，有时将不会得到指定的振幅。

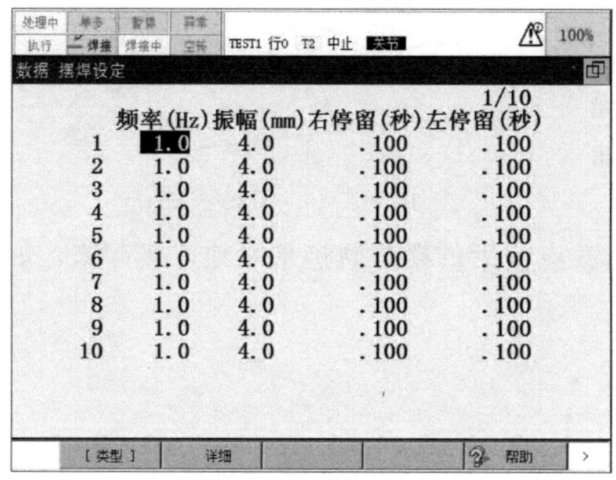

	频率(Hz)	振幅(mm)	右停留(秒)	左停留(秒)
1	1.0	4.0	.100	.100
2	1.0	4.0	.100	.100
3	1.0	4.0	.100	.100
4	1.0	4.0	.100	.100
5	1.0	4.0	.100	.100
6	1.0	4.0	.100	.100
7	1.0	4.0	.100	.100
8	1.0	4.0	.100	.100
9	1.0	4.0	.100	.100
10	1.0	4.0	.100	.100

图 9.1.27　摆焊条件设置界面

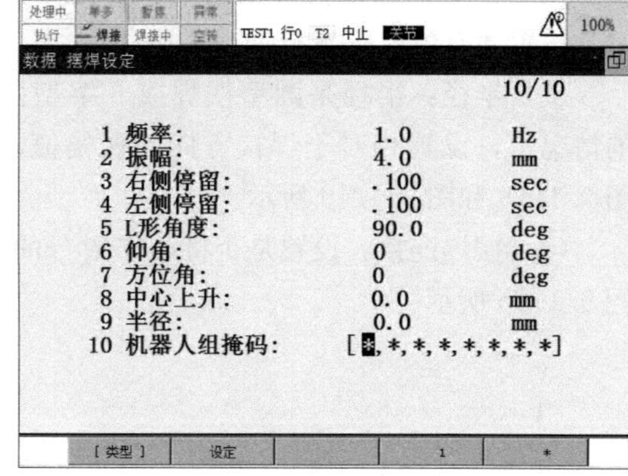

1	频率：	1.0	Hz
2	振幅：	4.0	mm
3	右侧停留：	.100	sec
4	左侧停留：	.100	sec
5	L形角度：	90.0	deg
6	仰角：	0	deg
7	方位角：	0	deg
8	中心上升：	0.0	mm
9	半径：	0.0	mm
10	机器人组掩码：	[*,*,*,*,*,*,*,*]	

图 9.1.28　摆焊条件详细设置界面

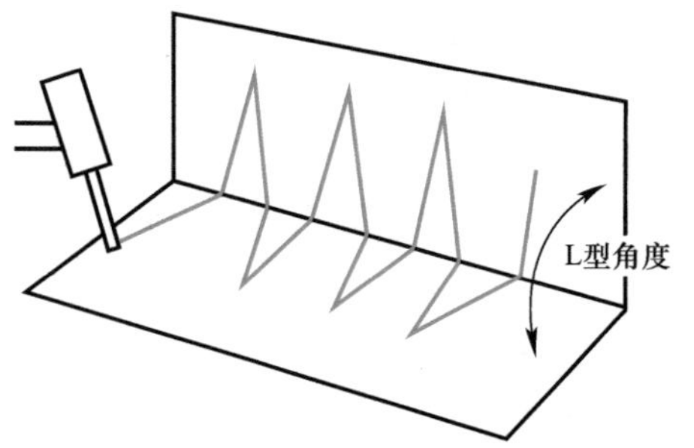

图 9.1.29　L 型角度

（5）L 型角度：在 L 型摆焊中，指定摆焊的左右与平面所成的角度，如图 9.1.29 所示。

（6）仰角：如图 9.1.23 所示。

（7）方位角：如图 9.1.24 所示。

（8）中心上升：同中心隆起量，如图 9.1.25 所示。

（9）半径：圆型摆焊或 8 字型摆焊的情况下有效，如图 9.1.18 和图 9.1.19 所示。

（10）机器人组掩码：指定使摆焊条件有效的动作组。

任务二　点焊系统的应用编程

一、任务分析

任务描述：构建 FANUC 机器人点焊工作站，如图 9.2.1 所示，实施如下的点焊作业：

（1）将两块 2mm 厚且叠在一起的钢板点焊在一起。

（2）只焊接两个焊点，间距 4mm。

（3）焊接完成后，做一次电极头磨损量测量。

（4）对电极头进行一次修磨。

（5）修磨完成后，做一次电极头磨损量测量。

任务分析：点焊是汽车工业生产中重要的焊接工艺之一，FANUC 点焊机器人一般由机器人本体及控制器、焊接控制器、焊接变压器、伺服焊枪及电极头修磨机等组成（完整工作站还包括工装夹具、冷却水系统及变位机等）。

要使用 FANUC 机器人进行点焊作业，需要构建工作站并进行包括：伺服焊枪轴初始设定、工具坐标系设定、焊枪零点标定、伺服参数调整、压力标定、厚度检查标定、伺服焊枪设置、焊接 I/O 设置等前期配置。示教操作前，还需要进行如加压力、电极头距离等焊接条件设定。

图 9.2.1　点焊机器人工作站示意图

二、相关知识

（一）点焊功能概要

SPOT TOOL+（点焊工具）是内嵌于机器人控制器中的应用程序软件包，能进行点焊相关的基本设置及作业操作。

1. 示教器键控开关

SPOT TOOL+在示教器上有 4 个专用按键，如图 9.2.2 所示，各按键详细说明见表 9.2.1。

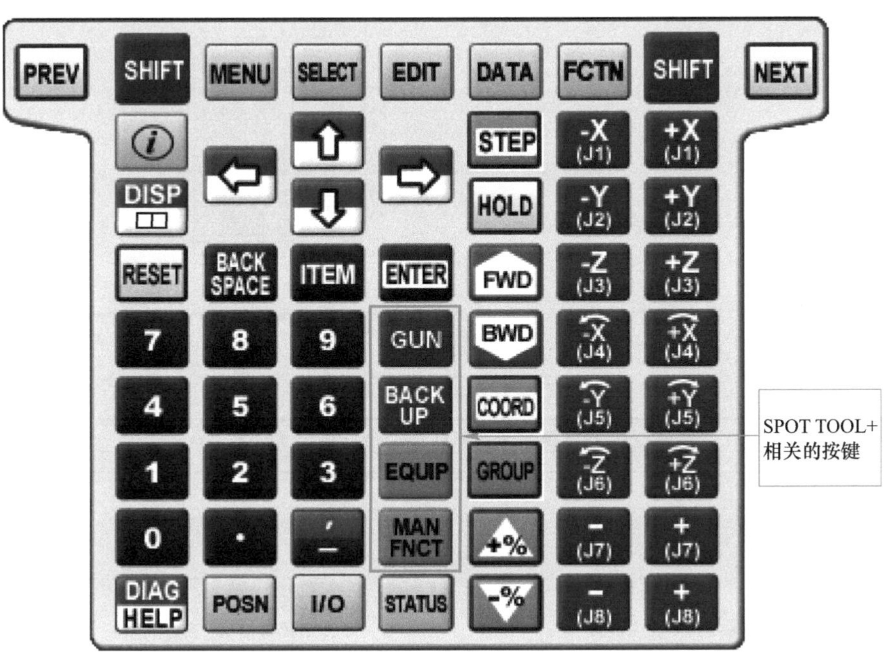

图 9.2.2　SPOT TOOL+在示教器上的专用按键

SPOT TOOL＋专用按键开关说明　　表 9.2.1

SPOT TOOL＋专用按键开关说明	
GUN	GUN（焊枪）键，通过与 SHIFT 键一起按下，用于手动加压
BACK UP	BACKUP（行程切换）键，用于手动行程切换
EQUIP	EQUIP（装置）键，用于选择要操作的焊枪的编号
MAN FNCT	显示手动操作界面

注：键控开关的操作方法，详见“手动操作”章节

2. 状态窗口

SPOT TOOL＋的状态窗口，如图 9.2.3 所示，详细说明见表 9.2.2。

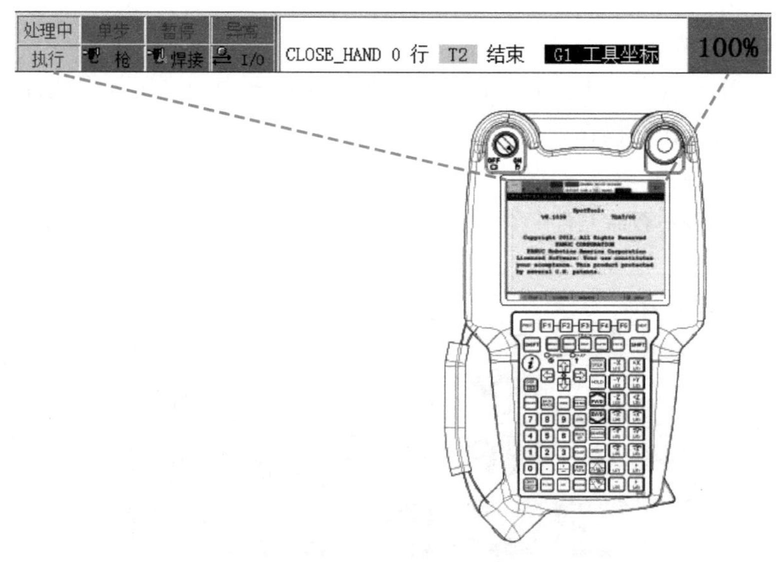

图 9.2.3　SPOT TOOL＋的状态窗口

SPOT TOOL＋相关的状态窗口说明　　表 9.2.2

不带图标的显示表示“OFF”，带有图标的显示表示“ON”		
Gun	枪 / 枪	表示加压有效/无效的状态
Weld	焊接 / 焊接	表示焊接有效/无效的状态

3. 伺服焊枪的组成部分

伺服焊枪安装于机器人 J6 轴法兰盘上，其主要组成如图 9.2.4 所示。

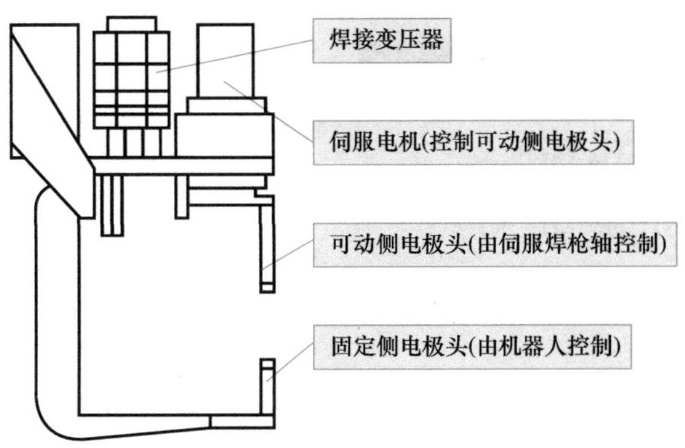

图 9.2.4　伺服焊枪的组成示意图

（二）伺服焊枪轴的初始设定

追加和初始设定伺服焊枪轴，步骤为：

（1）控制启动。

（2）焊枪轴的追加、设定。

（3）装置类型的设定。

（4）冷启动。

1. 控制启动

按住示教器的【PREV】（返回）键和【NEXT】（下一页）键，同时接通电源，直至显示如图 9.2.5 所示界面后，松开按键。按数字键 3，选择“3. Controlled Start”（控制启动），按【ENTER】键进入控制启动模式。

2. 焊枪轴的追加、设定

（1）按下【MENU】（菜单）键，选择“9 MAINTENANCE”（维护），显示机器人维护界面，如图 9.2.6 所示。

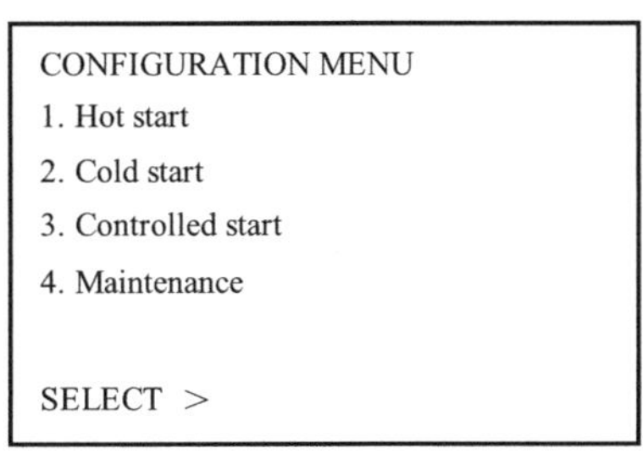

图 9.2.5　配置菜单

图 9.2.6　机器人维护

（2）光标移动到“2 Servo Gun Axis”（伺服焊枪轴），按下 F4“MANUAL”（手动），显示 FSSB 路径选择界面，如图 9.2.7 所示。

若是“机器人轴+伺服焊枪轴”这样的基本硬件配置，FSSB 路径通常为 1。

（3）设定硬件的开始轴（设定伺服焊枪轴的硬件轴编号），如图 9.2.8 所示。

6 轴机器人上安装伺服焊枪时，输入“7”（即伺服焊枪轴为第 7 根轴），按下【ENTER】键确认，显示如图 9.2.9 所示界面。

```
** GROUP 2 SERVO GUN AXIS SET UP PROGRAM

-- FSSB configuration setting --
 1: FSSB line 1 (main axis card)
 2: FSSB line 2 (main axis card)
 3: FSSB line 3 (auxiliary axis board 1)
 5: FSSB line 5 (auxiliary axis board 2)
Select FSSB line >
Default value =  1
```

图 9.2.7　FSSB 路径选择

```
** GROUP 2 SERVO GUN AXIS SET UP PROGRAM

-- Hardware start axis setting --
Enter hardware start axis
(Valid range: 1 - 32)
Default value =  7
```

图 9.2.8　伺服焊枪轴的编号设定

（4）追加伺服焊枪用的轴。选择“2. Add Servo Gun Axis”（追加伺服焊枪轴），按下【ENTER】键确认，显示如图 9.2.10 所示界面。

```
** GROUP 2 SERVO GUN AXIS SET UP PROGRAM

*** Group 2 Total Servo Gun Axes =  0
  1. Display/Modify Servo Gun Axis 1~9
  2. Add Servo Gun Axis
  3. Delete Servo Gun Axis
  4. EXIT
Select ==> █
```

图 9.2.9　追加伺服焊枪用的轴

```
** GROUP 2 SERVO GUN AXIS SET UP PROGRAM

***** SETUP TYPE *****
  If select 1, gear ratio is pre-set to
  default value, which may be wrong.
  Select 2, to set gear ratio correctly.

  1: Partial (Minimal setup questions)
  2: Complete (All setup questions)
Setup Type ==> █
```

图 9.2.10　选择伺服焊枪轴的设定方法

可选择【Partial】（简略）设定模式或【Complete】（完整）设定模式对伺服焊枪进行设定。当选择简略参数设定模式时，焊枪关闭方向、电机旋转方向、行程极限、齿数比、最大压力、轴最高速度等参数将使用标准值进行设定，这些值不一定适合于当前设备，推荐用【Complete】（完整）设定模式。

（5）电机大小选择。如图 9.2.11 所示，根据所使用伺服电机的铭牌，输入对应的电机编号，按【ENTER】键选择，列表中没有时，选择“0：Other（其他）”。

选择了“0：Other”时，显示如图 9.2.12 所示界面。

```
** GROUP 2 SERVO GUN AXIS SET UP PROGRAM

***** MOTOR SELECTION *****

 1:  ACa4/5000is 20A    6: ACAM6/3000 80A
 2:  ACa4/5000is 40A
 3:  ACa8/4000is 40A
 4:  ACa8/4000is 80A
 5: ACa12/4000is 80A    0: Other
Select ==> █
```

图 9.2.11　电机规格选择

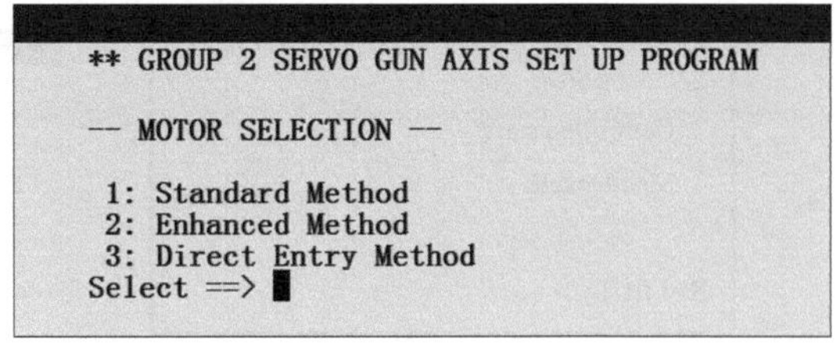

```
** GROUP 2 SERVO GUN AXIS SET UP PROGRAM

-- MOTOR SELECTION --

 1: Standard Method
 2: Enhanced Method
 3: Direct Entry Method
Select ==> █
```

图 9.2.12　选择电机的方法

其中：

1）选择了“1：Standard Method”（标准方法，推荐采用）时，显示如图 9.2.13 所示界面。

① 选择电机的大小（类型），参考电机铭牌的数据进行选择，如“62：ais8”。

② 选择电机的转速，如图 9.2.14 所示，参考电机铭牌选择，如“11./4000”。

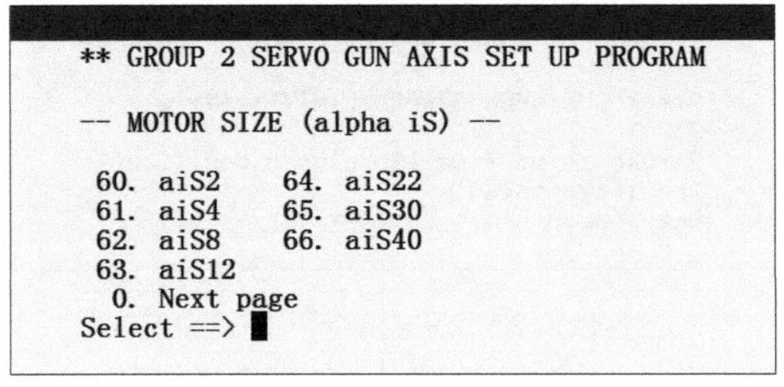

图 9.2.13　选择电机的类型

```
** GROUP 2 SERVO GUN AXIS SET UP PROGRAM

-- MOTOR TYPE --

 1. /2000    11. /4000
 2. /3000    12. /5000
             13. /6000
Select ==>
```

图 9.2.14　选择电机的转速

③ 选择电机的最大电流值，如图 9.2.15 所示，参考电机铭牌选择，如“7.80A”。

2）选择了“2：Enhanced Method”（增强的方法）或“3：Direct Entry Method”（直接输入法）的情形时，请自行设定。

（6）放大器编号设定。如图 9.2.16 所示，输入伺服焊枪上所使用的放大器编号，按下【ENTER】键。请根据机器人控制装置的硬件进行设定，一般配置（6 轴机器人-1 组，伺服焊枪-2 组）的情况下，输入 2。

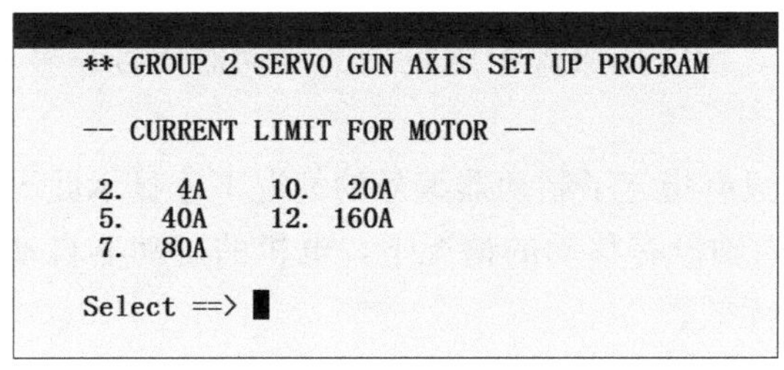

图 9.2.15　选择电机的最大电流值

```
** GROUP 2 SERVO GUN AXIS SET UP PROGRAM

***** AMP NUMBER *****

Enter amplifier number (1~84) ==>
```

图 9.2.16　放大器编号设定

（7）齿数比设定。如图 9.2.17 所示，设定电机旋转一周时的伺服焊枪电极头的移动量（如 5mm/rev）。

（8）电机旋转方向的设定。如图 9.2.18 所示，设定旋转方向使得电机向正方向（自脉冲编码器侧看向右旋转）旋转时焊枪轴向正方向移动时，选择“1：TRUE”（正确）。

```
** GROUP 2 SERVO GUN AXIS SET UP PROGRAM

***** TIP DISPLACEMENT RATIO *****

The number of mm's traveled for one
rotation of the motor (0 if unknown).
Enter Tip Displacment Ratio (mm) ==>
```

图 9.2.17　齿数比设定

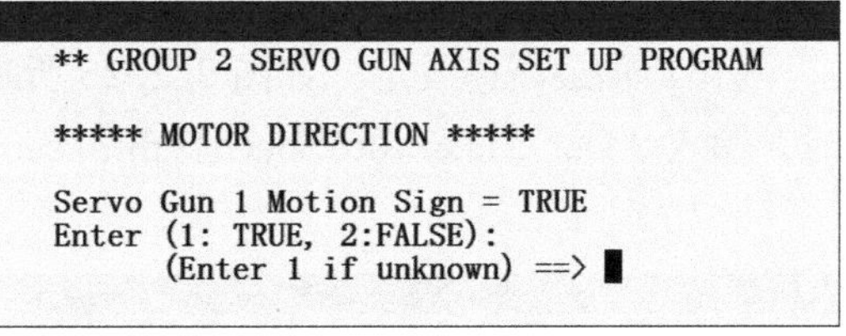

图 9.2.18　设定电机的旋转方向

（9）焊枪关闭方向设定。如图 9.2.19 所示，设定为 Positive（正）时，一旦按下“+”点动键，焊枪就会关闭，设定为 Negative（负）时，一旦按下“−”点动键，焊枪就会关闭。

（10）开放端行程极限设定。如图 9.2.20 所示，根据焊枪实际参数设定小于或等于开放端行程距离的数值（如 80mm）。

```
** GROUP 2 SERVO GUN AXIS SET UP PROGRAM

***** GUN CLOSE DIRECTION *****

Select gun close direction.
(1: Positive, 2: Negative) ==>
```

图 9.2.19　焊枪关闭方向设定

```
** GROUP 2 SERVO GUN AXIS SET UP PROGRAM

***** GUN OPEN STROKE LIMIT *****

Stroke in mm from tip closed position.
(positive value)
Enter Open Limit (mm) ==>
```

图 9.2.20　开放端行程极限设定

（11）加压端行程极限设定。如图 9.2.21 所示，设定加压行程极限的距离（如 20mm）。

（12）最大压力的设定。如图 9.2.22 所示，根据实际焊枪参数设定最大压力值。

```
** GROUP 2 SERVO GUN AXIS SET UP PROGRAM

***** GUN CLOSE STROKE LIMIT *****

Stroke in mm past tip closed position.
(positive value)
Enter Close Limit (mm) ==>
```

图 9.2.21　加压端行程极限设定

```
** GROUP 2 SERVO GUN AXIS SET UP PROGRAM

***** MAX GUN PRESSURE *****

Maximum pressure that gun is rated for.
  Default value(kgf): 500.0
Enter Max gun pressure(kgf):
```

图 9.2.22　最大压力设定

（13）制动器编号设定。如图 9.2.23 所示，设定伺服焊枪电机上的制动器信号编号，如“1”。没有制动器时，输入“0”。

（14）伺服超时设定。如图 9.2.24 所示（只有指定了制动器编号的情况下才显示此界面），将伺服超时设定为有效时，在一定时间内轴没有移动的情况下，电机的制动器自动启用。“1：Enable”为有效，“2：Disable”为无效。

```
** GROUP 2 SERVO GUN AXIS SET UP PROGRAM

***** BRAKE SETTING *****

Enter Brake Number (0~32) ==>
```

图 9.2.23　制动器编号设定

```
** GROUP 2 SERVO GUN AXIS SET UP PROGRAM

***** SERVO TIMEOUT *****

Servo Off is Disable
Enter (1: Enable  2: Disable) ==>
```

图 9.2.24　伺服超时设定

（15）伺服超时时间设定。如图 9.2.25 所示，以秒为单位设定进行电机制动之前的时间。

（16）轴最高速设定。如图 9.2.26 所示，设定伺服焊枪轴的最高动作速度，不予变更时，输入“Def. Max Gun Speed（mm/sec）”默认的最高速度值。

```
** GROUP 2 SERVO GUN AXIS SET UP PROGRAM

***** TIMEOUT VALUE *****

Enter Servo Off Time (0.0~30.0) ==>
```

图 9.2.25　伺服超时时间设定

```
** GROUP 2 SERVO GUN AXIS SET UP PROGRAM

***** MAX GUN SPEED *****
  Gear Ratio (mm/rev) =    5.000
  Def. Max Motor Speed (RPM) =  4000
  Def. Max Gun Speed (mm/sec) =  333.333
  Enter Max Gun Speed (mm/sec):
```

图 9.2.26　轴最高速设定

(17) 完成设定

完成上述设定的输入时，返回如图 9.2.27 所示的界面菜单。

其中：

1) 要确认或变更已经设定好的焊枪轴时，选择 1。

2) 新追加轴时，选择 2。

3) 要删除最后追加的轴时，选择 3。

4) 结束焊枪轴的设定时，选择 4。

3. 装置类型的设定

按【MENU】(菜单) 键→选择【0 NEXT】(下一页)→移动光标选择【4 SETUP Servo Gun】→按下【ENTER】(回车) 键，进入如图 9.2.28 所示的伺服焊枪设置界面。检查第 2 项【Equip Type】(设备类型) 处是否是【Servo Gun】(伺服焊枪)，若不是，请把光标移到此项，按下 F4【CHOICE】(选择)，选择【Servo Gun】(伺服焊枪)。

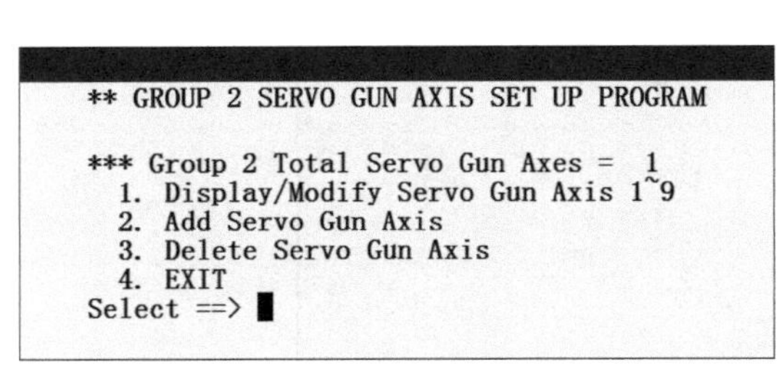

图 9.2.27 返回轴的追加设置菜单

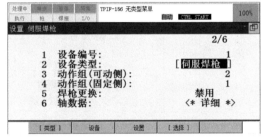

TPIF-156 无类型菜单 自动 CTRL START 100%

设置 伺服焊枪 2/6

1 设备编号: 1

2 设备类型: [伺服焊枪]

3 动作组(可动侧): 2

4 动作组(固定侧): 1

5 焊枪更换: 禁用

6 轴数据: <* 详细 *>

[类型] 设备 设置 [选择]

图 9.2.28 伺服焊枪类型的设定

4. 冷启动

按下【FCTN】功能键，选择【1 START (COLD)】(冷启动)，重新启动机器人以使设置生效。

(三) 工具坐标系设定

点焊指令会基于所设定的工具坐标系，自动生成固定侧电极头的路径。通常情况下，请按照如图 9.2.29 所示方式定义工具坐标系（可依据焊枪图纸采用直接输入法设定工具坐标系）。

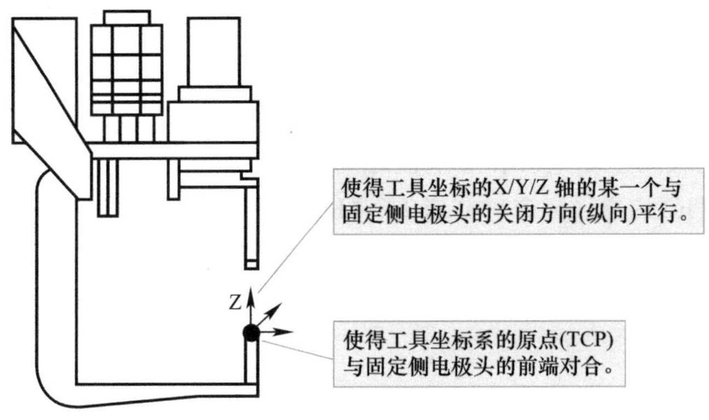

图 9.2.29 伺服焊枪工具坐标系设定示意图

（四）焊枪零点标定

1. 伺服焊枪的零点标定

（1）通常的零点标定：进行零点标定，使磨损量复位为零。因此，在此操作时，务须安装上新品电极头。

（2）再校准：在保留现在的磨损量的状态下进行零点标定，此操作只在现在磨损量正确的情况下可以使用，换上新品电极头后，不可进行此操作。

2. 伺服焊枪的零点标定方法

（1）进入焊枪零点标定界面：

按下【MENU】（菜单）键→选择【NEXT】（下一页）→选择【SYSTEM】（系统）→F1【TYPE】（类型）→【GUN MASTER】（焊枪零点标定），进入如图 9. 2. 30 所示界面。

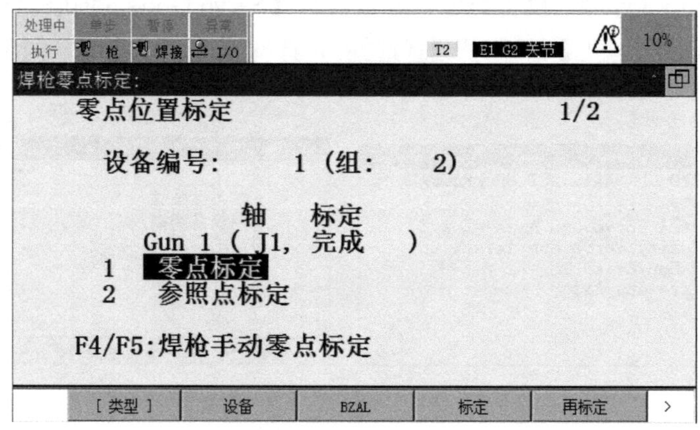

图 9. 2. 30　焊枪零点标定

注：

1）F2【EQUIP】（设备）在设备数为 2 台以上时显示。用于存在多台设备时，选择设备编号。

2）F3【BZAL】可解除伺服焊枪 BZAL（电池零报警），该报警发生时才会显示。

3）F5【RECALB】（再标定），在电极头磨损初始设定完成时显示。

（2）点动操作伺服焊枪至两个电极头刚接触的位置：

按【SHIFT】+【COORD】键，出现如图 9. 2. 31 所示的对话框，将当前的运动组（Group）号码改为 2，或单独按下【GROUP】（组）键切换运动组。

接着将当前示教坐标系设置为 JOINT（关节）坐标，然后按【SHIFT】+【+J1】或【−J1】键，将焊枪关闭至动电极和静电极之间刚接触的距离（或一张纸的厚度）。

（3）按下 F4【EXEC】（标定）或者 F5【RECALB】（再标定）：

1）在新品电极头上进行零点标定时，按下 F4【EXEC】（标定）。

2）进行磨损测量后，在已经磨损的电极头上再次进行零点标定时，按下 F5【RECALB】（再标定）。

出现如图 9. 2. 32 所示界面后，若选择 F4【YES】（是），则执行焊枪轴的零点标定。在通常零点标定的情形下，磨损量更新为 0。再标定的情况下，维持磨损量的原数据。

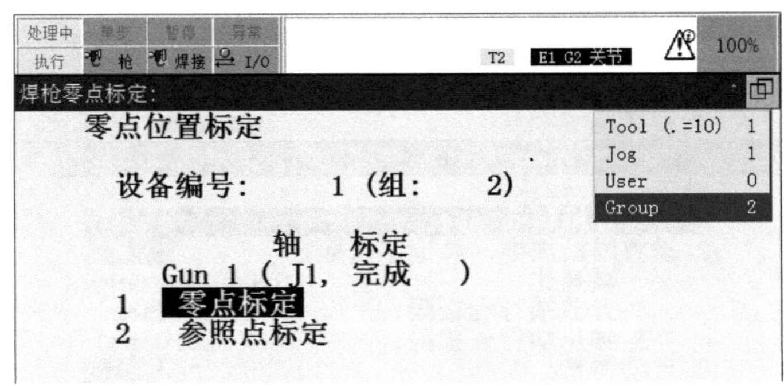

图 9.2.31　切换运动组

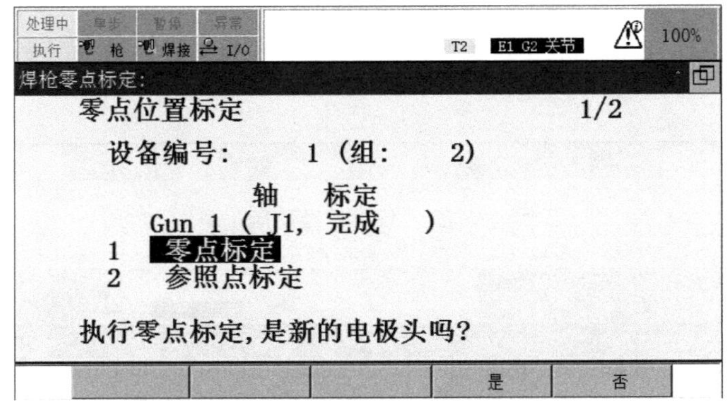

图 9.2.32　确认执行焊枪零点标定

（五）伺服焊枪自动调整

通过实用工具界面可自动调整焊枪的伺服参数，在进行自动调整前，应当就如下所示的基本设定逐步进行设定：

（1）电机旋转方向设定。

（2）焊枪轴零点标定。

（3）齿数比设定。

（4）焊枪轴行程极限设定。

焊枪调整实用工具的执行步骤：按下【MENU】（菜单）键→选择【Utilities】（实用工具)→按下【F1 TYPE】类型→选择【GUN SETUP】(焊枪设置)，显示如图 9.2.33 所示的焊枪设置界面。

其中：

1）希望重新进行步骤 1～2 的设定时，按下 F4【RESTART】(重新设定)；

2）按下 F3【SKIP】(跳过）时，即可不用实际执行步骤 1～2 而完成设定（在焊枪轴的设定已经确定，且零点标定已经结束的情况下)，可跳过此步骤。

1. 将光标指向项目 1【Set gun motion sign】（设置焊枪运动方向)，按下【ENTER】键确认，进入运动方向设置界面，如图 9.2.34 所示。

按住【SHIFT】键并点动【+X】运动键，观察伺服枪轴是关闭还是打开：若关闭，则将光标放在第 2 项处，然后按 F5 选择“关”；若打开，则按 F4 选择“打开”，设定结束时，按下 F3【COMP】（完成），显示如图 9.2.35 所示界面。

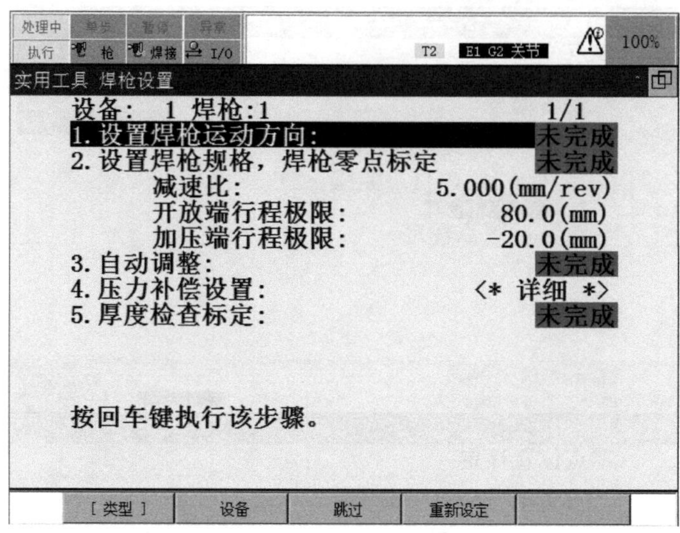

图 9.2.33　焊枪调整实用工具

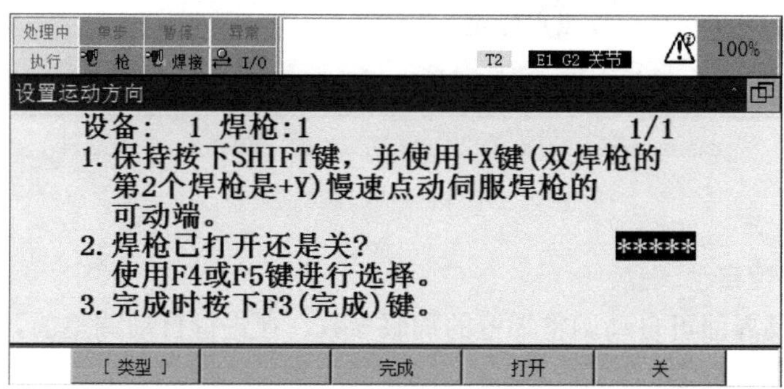

图 9.2.34　运动方向设置

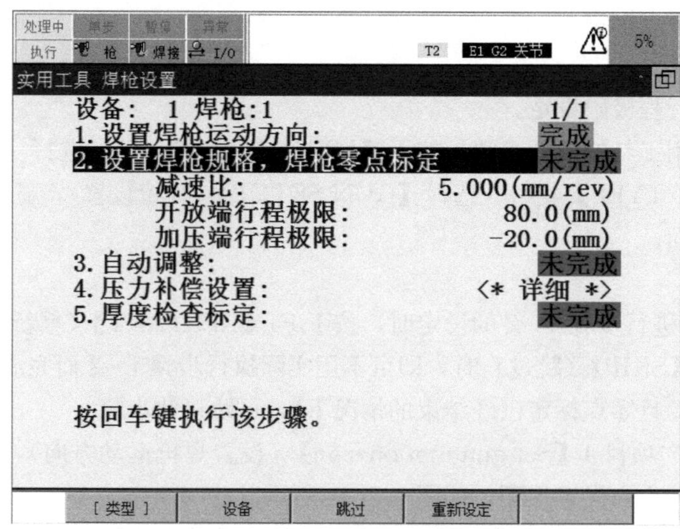

图 9.2.35　完成运动方向设置

2. 将光标指向项目 2【Set Gun specs，master gun】（设置焊枪规格，焊枪零点标定），按下【ENTER】键确认后，顺序显示如图 9.2.36 所示的两个提示符。

在已经明确焊枪制造商有关焊枪的齿数比及行程极限指定值的情况下，均选择【YES】（是）并按【ENTER】键确认，显示如图 9.2.37 所示的焊枪规格设置界面。不明确焊枪规格的情况下，根据实际的焊枪予以设定。

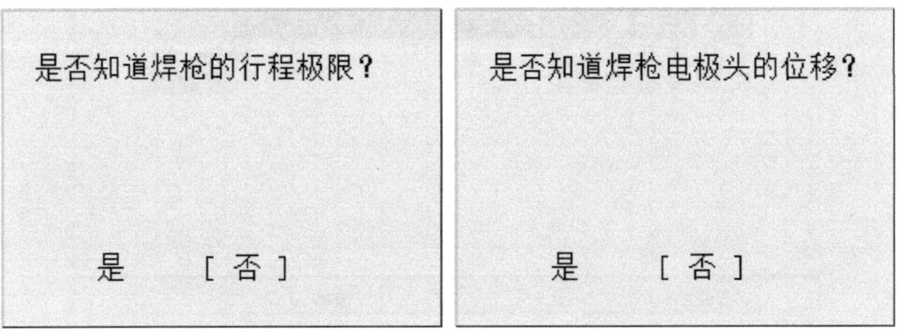

图 9.2.36　直接输入设定数据提示

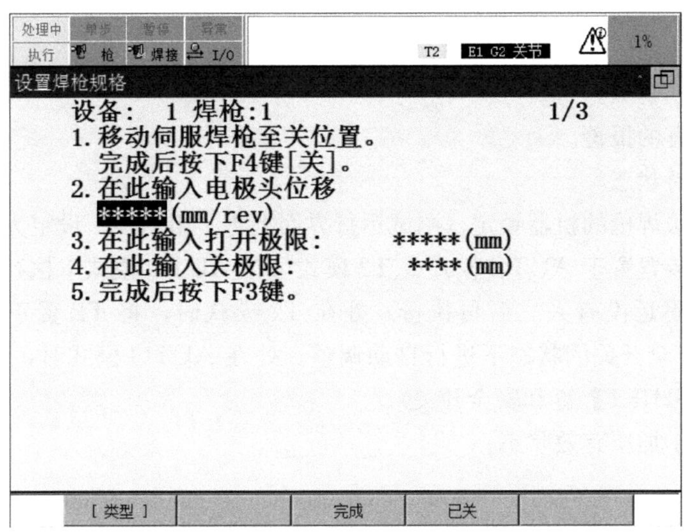

图 9.2.37　焊枪规格设置

（1）按住【SHIFT】键并点动【＋X】或【－X】运动键，慢慢地进行点动操作直到电极头彼此接触，按下 F4【CLOSED】（已关）。

（2）在项目 2 中输入齿数比（如 5mm/rev），按下【ENTER】键确认。

（3）将开放端行程极限（如 80mm）和加压端行程极限（如 20mm）输入到项目 3 和项目 4 中，按下【ENTER】键确认。

（4）所有输入都结束时，按下 F3【COMP】（完成）。返回到上一界面，且第 2 项的状态由“INCOMP”（未完成）变为“COMP”（完成）。

3. 完成项目 1～2 的设定后，光标指向项目 3，按下【SHIFT】＋F3【EXEC】（执行），显示用来执行自动调整的确认提示框，选择【YES】（是），开始自动调整。完成后，“3. Auto Tune”（自动调整）状态变为【COMP】（完成），如图 9.2.38 所示。

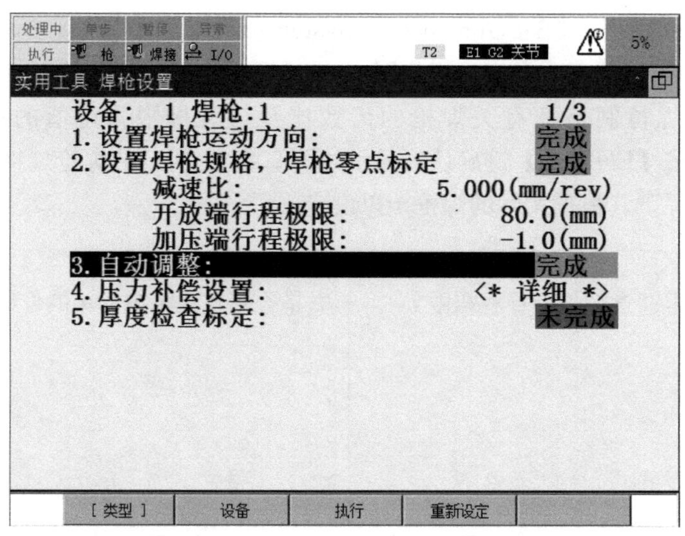

图 9.2.38　自动调整完成

注 1：

进行自动调整前应设置为如下状态：

（1）单步模式解除。

（2）复位所有的报警。

（3）解除保持状态。

（4）解除伺服焊枪的机器锁定（测试运行界面上将“组动作”设定为有效）。

（5）将控制装置置于 AUTO 模式或 T2 模式（在 AUTO 模式下执行自动调整时，应在确认伺服焊枪附近没有人之后再执行。处在 T2 模式时，将 TP 置于有效，并在按住【SHIFT】键和安全开关的状态下进行自动调整。处在 AUTO 模式时，将 TP 置于无效，无需持续按住【SHIFT】键和安全开关）。

（6）焊枪处于加压有效状态。

注 2：

（1）自动调整时，将通过伺服焊枪的开闭动作调整：时间常数、惯量、摩擦系数、弹簧系数、压力控制增益（固定使用加压条件以及电极头距离条件的 No. 99，创建用户程序时，请勿使用此条件编号）、接触速度、焊枪参数功能内部参数、点焊程序位置修正功能内部参数、厚度检测功能内部参数等。

（2）完成自动调整后，如要将调整完的参数设定为有效，需要暂时执行电源的 OFF/ON 操作，重新接通控制装置的电源。

（3）自动调整失败的情况下：确认行程极限是否正确、确认电机的选择是否正确、确认焊枪轴的零点标定是否正确、确认最大压力的设定是否正确。

（六）压力标定（压力调整）

通过压力调整而得到的压力数据，用于点焊指令、加压动作指令及电极修磨指令。焊枪机构经年劣化时，压力精度产生变化，为了使得压力精度保持均一，要定期执行压力调整。

注意：

(1) 应使用已得到适当校正的压力计进行压力调整。

(2) 为了保持压力调整时的压力精度，焊枪温度较低时，生产前预先暖运转。温度较高时，可通过使用伺服焊枪温度补偿功能来提高压力精度。

压力调整步骤详情：

1. 按下【MENU】(菜单) 键→选择【SETUP】(设置) →按下 F1【TYPE】(类型)，选择【SERVO GUN】(伺服焊枪)，显示伺服焊枪设置界面 (图 9.2.39)→将光标指向【General Setup】(一般设置) 项，按下【ENTER】键，显示伺服焊枪一般设置界面 (图 9.2.40)。

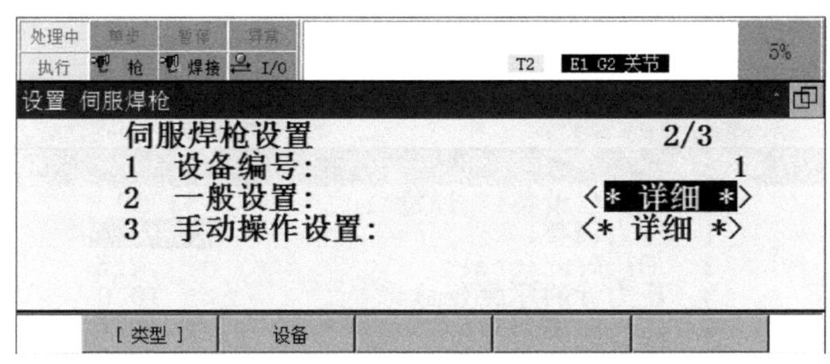

图 9.2.39 伺服焊枪设置

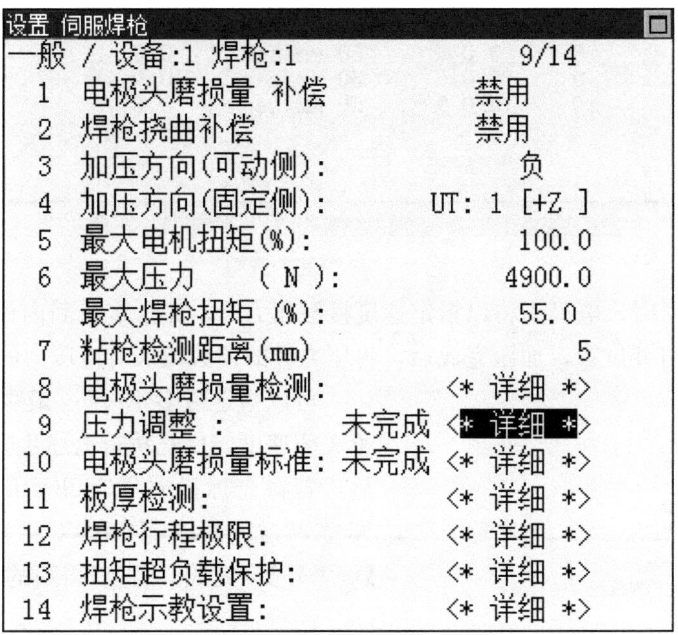

图 9.2.40 伺服焊枪一般设置

2. 选择【Pressure Cal】(压力标定、压力调整)，将光标指向＜＊DETAIL＊＞ (＜＊详细＊＞)，按下【ENTER】键，显示如图 9.2.41 所示界面，按 F4 (是)，显示如图 9.2.42 所示的压力调整界面。

3. 设定加压时间、压力计厚度和加压结束后的焊枪打开量数据，将光标指向扭矩行。以使压力计接触到固定侧电极头的方式进行安装，如图 9.2.43 所示，按住【SHIFT】键的同时按下 F3【Pressure】(加压)。

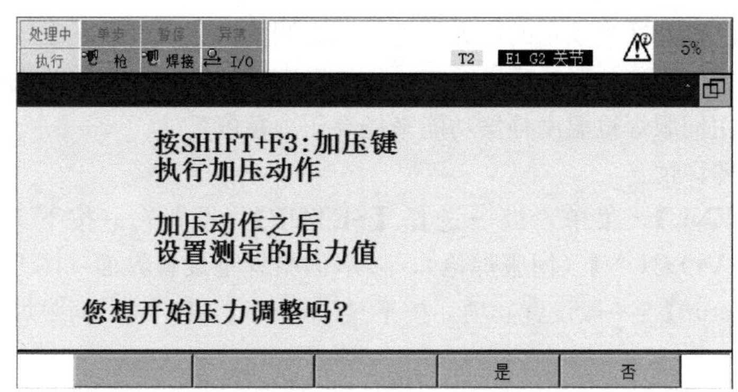

图 9.2.41　执行压力调整

处理中 单步 暂停 异常
执行 枪 焊接 I/O　T2 E1 G2 关节　1%

设置 伺服焊枪

压力调整 / 设备:1 焊枪:1　1/20

1	压力调整:		未完成
2	加压时间(sec):		1.5
3	压力计的厚度(mm):		10.0
4	压入深度(mm):		0.5
5	焊枪打开量(mm):		80.0
	扭矩(%)	速度(%)	压力 (N)
6	10.0 %	100 mm/sec	980.7 N
7	20.0 %	100 mm/sec	1961.3 N
8	0.0 %	50 mm/sec	0.0 N
9	0.0 %	50 mm/sec	0.0 N
10	0.0 %	50 mm/sec	0.0 N

[类型] 取消 加压 完成 未完成

图 9.2.42　压力调整

执行“加压”时，电极头将以指定速度接触压力计，在指定时间内保持指定扭矩，最后移动到指定的打开位置，加压完成后，将压力计的读数填入对应压力的行。

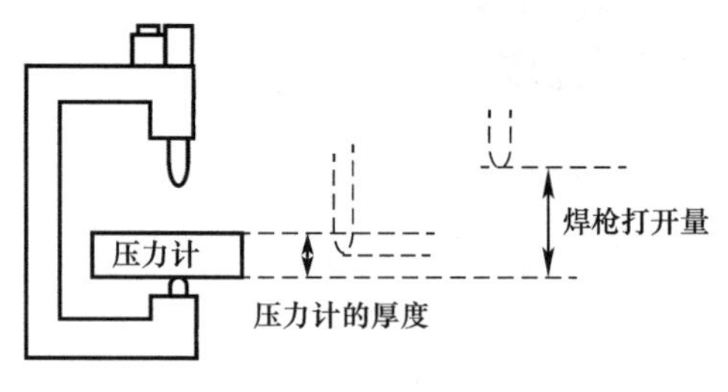

图 9.2.43　压力计的安装示意图

可以指定最多 15 个（最少 2 个）扭矩和焊枪关闭速度，反复执行上述步骤。经过几次测量后，若将光标指向【Calibration Status】（压力调整状态）：INCOMP（未完成），按下 F4【COMP】（完成），将获得新的调整数据。

注意：

（1）首先将倍率置于低速，确认测量动作是否适合加压，实际调整时，将倍率置于 100%进行加压。

（2）进行加压动作前，将光标指向扭矩行，若光标不在扭矩行，无法执行加压动作。

（3）完成后，自动检测调整点，当压力相对扭矩的增加而下降或相等时，会有报警发生，成为调整未完成状态。

（4）应在 T2 模式且将倍率置于 100%下进行加压力标定。压力调整后的压力确认和焊接质量的确认亦应于 100%速度倍率下进行。

（七）厚度检查标定

注意：厚度的标定必须在完成压力标定后才能做。

如图 9.2.33 所示的界面中，将光标移动到第 5 项【Thickness Check Calibration】（厚度检查标定）上，将电极头正确移动到零点位置（±0.1mm）。

将模式开关置于 AUTO 或 T2 模式，复位所有报警，按住【DEADMAN】（安全开关），再按【SHIFT】+F3【EXEC】（执行）。如图 9.2.44 所示，在弹出的对话框中分别选择【OK】、【YES】、【OK】后进行厚度标定。

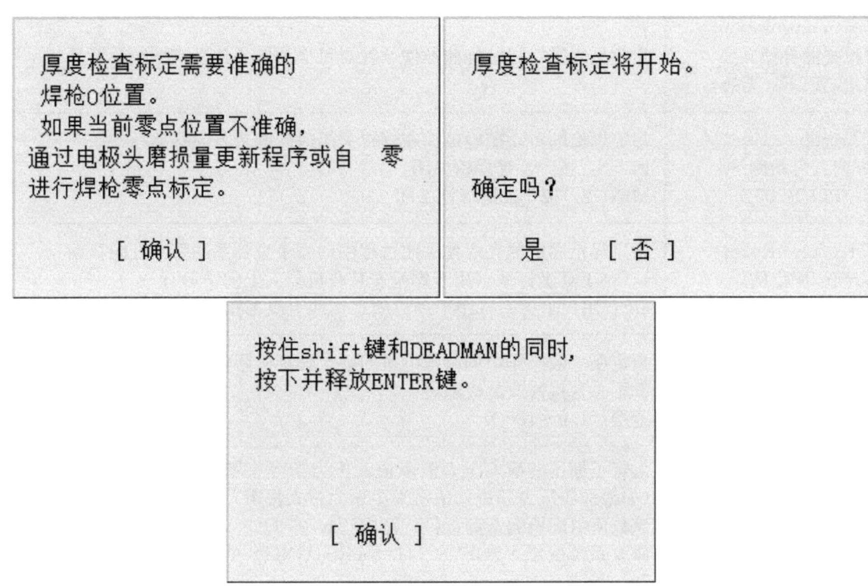

图 9.2.44 确认执行厚度标定对话框

厚度标定成功时，第 5 项的状态由【INCOMP】（未完成）变为【COMP】（完成），如图 9.2.45 所示。

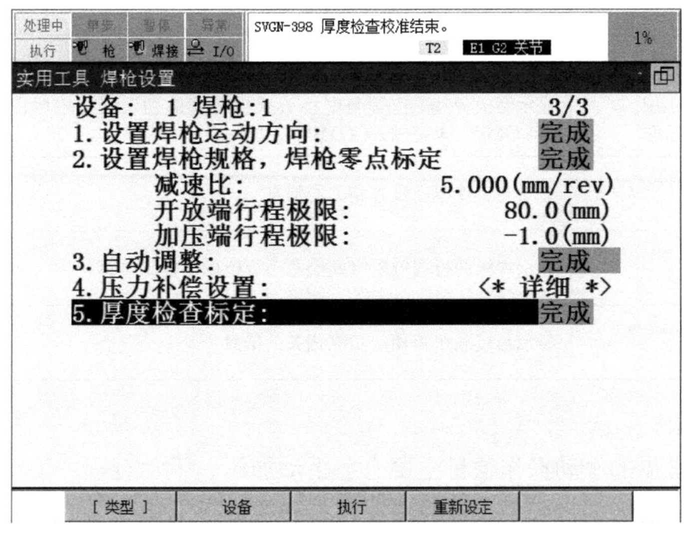

图 9.2.45 完成厚度检查标定

（八）伺服焊枪设置

如图 9.2.40 所示的伺服焊枪设置界面中，可以对表 9.2.3 中的项目进行设置。

伺服焊枪设置项目列表　　　　表 9.2.3

项目	说明
Tip Wear Comp （电极头磨损量补偿） 默认：DISABLE（无效）	指定是否进行电极头磨损补偿： DISABLE（无效）：假设当前电极头没有磨损，进行点焊的定位操作； ENABLE（有效）：考虑当前的电极头磨损量，进行点焊的定位操作
Gun Sag Compensation （焊枪挠曲补偿） 默认：DISABLE（无效）	指定是否进行焊枪挠曲补偿，针对每个加压条件设定挠曲补偿量
Close Direction（Gun） （加压方向<可动侧>） 默认：PLUS（正）	指定焊枪的可动侧电极头在焊枪关闭时向哪个方向移动： PLUS：按＋X 键焊枪关闭； MINUS：按－X 键焊枪关闭
Close Direction（Robot） （加压方向<固定侧>） 默认：UT：1＋Z	指定焊枪固定侧在焊枪关闭过程中向哪个坐标系的哪个方向移动： UT：工具坐标系（用于焊枪安装在机器人上的情形）； UF：用户坐标系（用于焊枪固定在地上或工作台上的情形）
Max Motor Torque（%） （最大电机扭矩） 默认：100.0	指定在一般操作中伺服枪电机的最大转矩极限值，在不加压的情况下也适用。通常不必直接修改此极限值。 范围：1.0～100.0
Max Pressure（kgf） （最大压力） 默认：4903.3N（500kgf）	指定了加压的最大压力极限值，压力指令中指定的压力值必须在此极限值之内（如果加压压力超过此值会发生压力过大报警）。 该数值由焊枪制造商提供，范围：1.0～9999.9N 修改系统变量 $SGSYSCFG.$PRS_UNITS 可变更压力单位：0＝kgf、1＝lbf、2＝nwt
Tip Stick Detect Distance [mm] （粘枪检测距离）	设定熔敷检测时焊枪的开启量，焊枪熔敷检测信号在点焊机 I/O 界面上进行设定，默认：5mm
Tip Wear Detection （电极头磨损量检测）	设定电极头磨损检测方式、发出报警时的判断基准
Pressure Cal （压力调整）	显示压力标定界面： INCOMP：未完成压力标定；COMP：完成压力标定
Tip Wear Standard （电极头磨损量标准）	显示磨损量基准值等与电极头磨损补偿的初设设定中所设定的值相关的信息： INCOMP：未完成；COMP：完成
Thickness Check （板厚检测）	显示与工件厚度检查相关的信息
Gun Stroke Limit （焊枪行程极限）	显示焊枪的行程极限（此值基于焊枪的零位来计算）
Over Torque Protection （扭矩超负载保护）	显示与过载扭矩预防功能相关的信息

（九）手动操作

点焊机器人常见的手动操作项目主要有：手动加压、手动行程、手动焊接、焊枪点动等，在操作点焊机器人的过程中，可视情况进行相关的手动操作。

其中，手动加压和手动行程操作前，可进行相关的动作参数预设。在如图 9.2.39 所示的伺服焊枪设置界面中（【MENU】→【SETUP】→F1【TYPE】→【Servo Gun】），将光标指向【Manual Operation Setup】（手动操作设置）的＜＊DETAIL＊＞＜＊详细＊＞，按下【ENTER】键，显示如图 9.2.46 所示的手动操作设置界面。

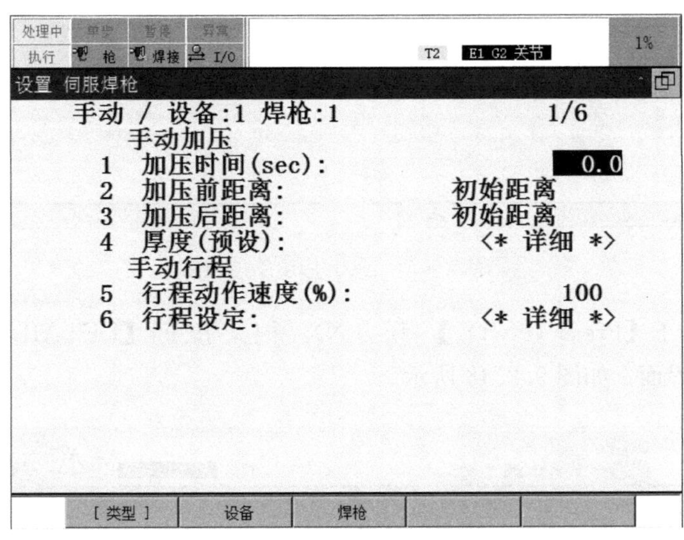

图 9.2.46　手动操作设置

1. 手动加压

（1）准备工作

在图 9.2.46 中指定加压时间、开始距离、结束距离、设定厚度条件，详细见表 9.2.4。

手动加压操作预设参数　　表 9.2.4

项目	说明
Pressuring Time（加压时间）	在指定时间内持续加压（初始值：0 秒）
Start distance type（加压前距离）	可以指定开始手动加压时的焊枪动作： INITIAL DIST（初始距离）：焊枪将从当前位置加压（初始值）； BACKUP STROKE（手动行程）：焊枪将会开启到当前所选的手动行程量后加压
End distance type（加压后距离）	可以指定经过加压时间后的焊枪开启量： INITIAL DIST（初始距离）：将焊枪开启到开始加压的位置（初始值）； BACKUP STORKE（手动行程）：焊枪将会开启到当前所选的手动行程量为止； PART THICKNESS（工件厚度）：使焊枪开启到工件厚度，相当于焊枪开启无效
Thickness table（presets）厚度（预设）	进行厚度条件预设

（2）指定加压条件

1）按【DATA】（数据）键→F1【TYPE】（类型）→【Pressure】（压力）/【Manual Thickness】（厚度），显示加压条件/厚度条件一览界面，如图 9.2.47 所示。

2）在界面中用数字键输入压力值（Press）和工件厚度（Thickness），然后将相应项的【Manual】（手动）项设置为【TRUE】（有效）。

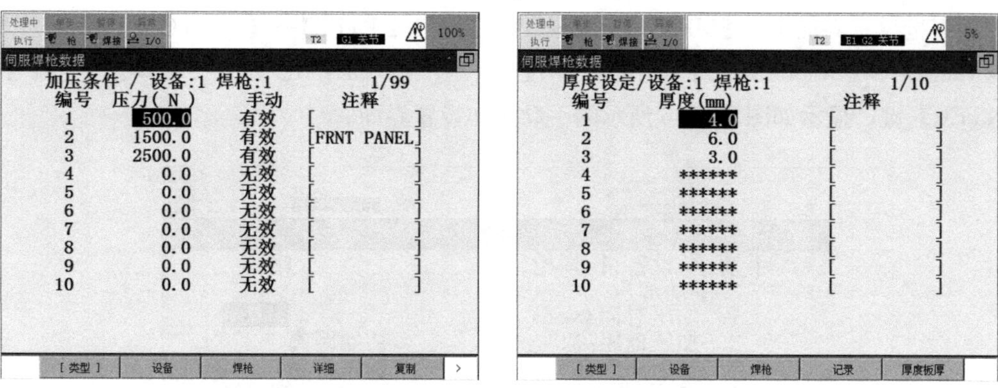

图 9.2.47　压力/厚度条件设置

3）将光标置于【Press（Nwt）】（压力 N）项上，按 F4【DETAIL】（详细）键可进入加压条件详细界面，如图 9.2.48 所示。

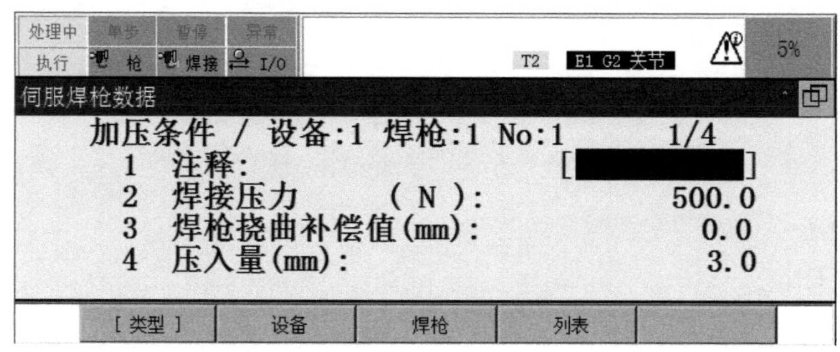

图 9.2.48　加压条件详细设置

（3）手动加压操作步骤

1）按【Gun】键弹出压力及厚度选择窗口，如图 9.2.49 所示。

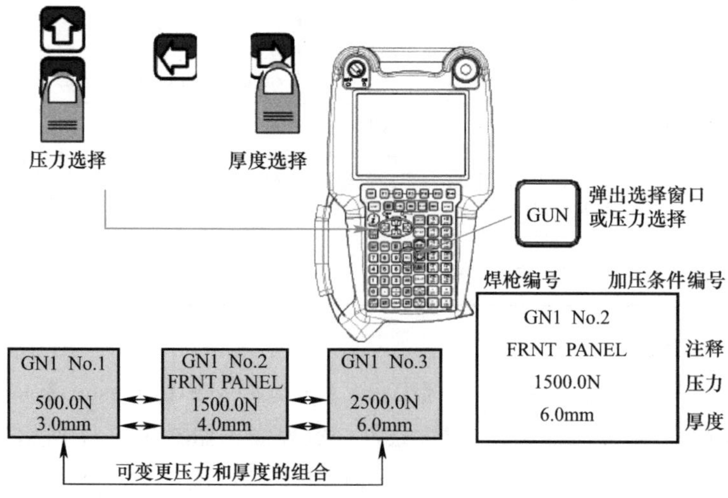

图 9.2.49　压力及厚度条件选择示意图

① 按上下光标键进行“加压条件”切换选择或多次按【Gun】键切换。

② 按左右光标键进行“厚度条件”切换选择。

2）按【SHIFT】+【Gun】键进行手动加压。加压过程中，【SHIFT】键要一直按住，【Gun】键不必一直按住。

2. 手动行程

（1）准备工作

如图 9.2.39 所示的伺服焊枪设置界面中（【MENU】→【SETUP】→F1【TYPE】→【Servo Gun】），将光标指向【Manual Operation Setup】（手动操作设置）的＜＊DETAIL＊＞＜＊详细＊＞，按下【ENTER】键，显示如图 9.2.46 所示的手动操作设置界面。

可根据需要改变【Backup Speed】（行程动作速度），默认速度为 100%。

（2）指定行程条件

将光标置于【Backup stroke】（行程设定）项的＜＊DETAIL＊＞＜＊详细＊＞处，按下【ENTER】键出现手动行程条件设置界面，如图 9.2.50 所示。此界面也可通过：按【DATA】（数据）→F1【TYPE】→选择【Manual Bkup】（手动行程）进入。

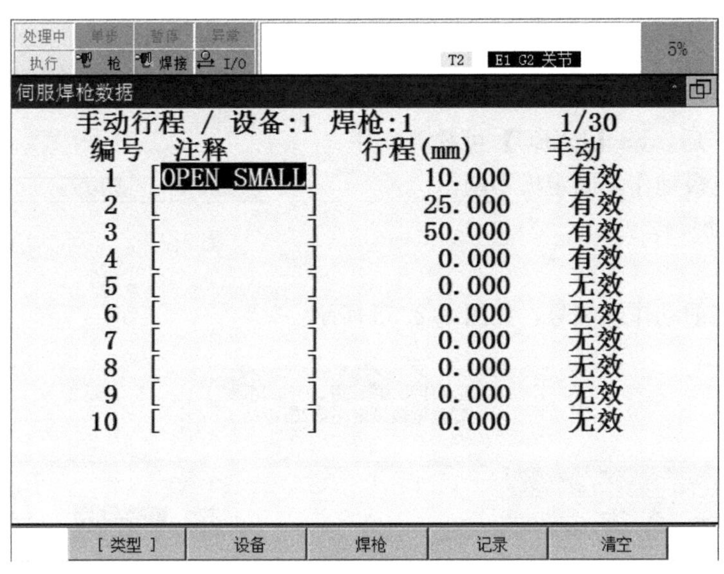

图 9.2.50　手动行程条件设置界面

将光标置于指定的条件编号的【Stroke】（行程）项处，输入行程量，再移动光标至【Enable】（手动）项处，按 F4 将其改为【TRUE】（有效）。

（3）手动行程操作步骤

1）按【BACK UP】键，弹出行程条件的选择窗口，如图 9.2.51 所示。按上下光标键进行“行程条件”或通过多次按【BACK UP】键切换选择。

焊枪编号　行程条件编号

BU1 No.1

OPEN SMALL　注释

10.00mm　行程量

图 9.2.51　手动行程选择窗口

2）按住【DEADMAN】安全开关，按住【SHIFT】键，再按【BACK UP】键，焊

枪动作，按所选中的行程条件中所设定的行程量打开焊枪。

注意：

① 在此情况下，焊枪固定侧（机器人）不动。

② 不进行电极头磨损补偿。

③ 若已将 UK、SU 设置为宏程序，则执行时这些键优先分配给宏程序，不执行手动行程操作。

3. 手动焊接

条件：必须先完成焊接条件的设定。

操作步骤：

(1) 按【MENU】(菜单) 键→选择【MANUAL FCTNS】(手动操作功能)→F1【TYPE】(类型)→【Manual Weld】(手动焊接) 进入手动焊接设定界面，如图 9.2.52 所示。

指定用于手动焊接的各个条件编号后即可执行手动焊接。

(2) 按住【DEADMAN】(安全开关)，再按【SHIFT】+F3【EXEC】(执行)，焊枪将在指定的焊接条件下执行加压、焊接、开启操作。开始动作后，F3【EXEC】可松开。手动焊接只有动电极动作，固定极不动。

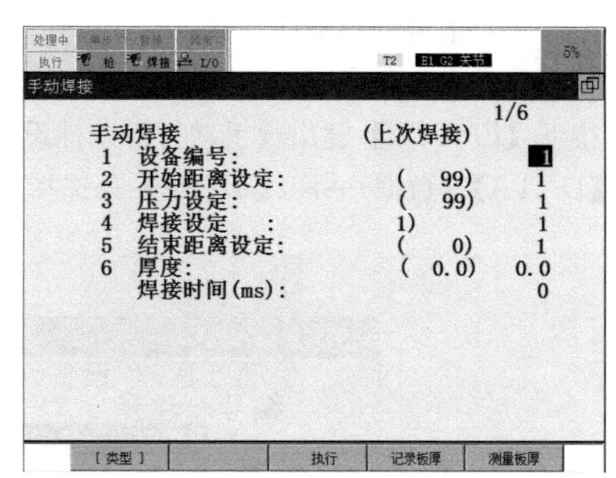

图 9.2.52 手动焊接设定界面

4. 焊枪点动操作

操作步骤：

(1) 确认当前动作组编号，如图 9.2.53 所示。

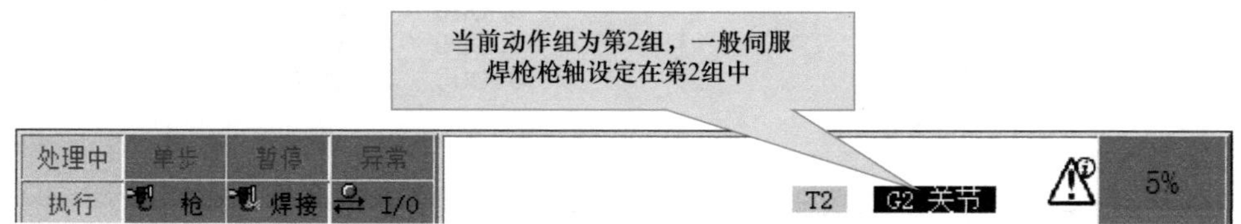

图 9.2.53 确认伺服焊枪轴为当前动作组

(2) 调节速度倍率到合适的值，通过按住【SHIFT】键，再按【−X】或【+X】来点动伺服枪轴。

(十) 点焊指令

通过程序指定伺服焊枪动作的指令叫做“点焊指令”，点焊指令除了执行一连串的动作和焊接处理外，还执行电极头磨损量补偿、焊枪挠曲补偿等处理。

1. 点焊指令格式

伺服焊枪的点焊指令格式如下：

(1) 基本格式

1：SPOT[SD=m，P=n，t=i，S=j，ED=m]

（2）动作附加指令格式

1：J P[2] 100% CNT80：SPOT[SD=m，P=n，t=i，S=j，ED=m]

其中　m——电极头距离条件编号（1～99）；

n——加压条件编号（1～99）；

i——厚度（0.0～999.9），针对每个点焊指令设定厚度；

j——焊接条件（0～255），焊接控制器焊接工艺参数选择。

2. 点焊指令中需要指定的条件

（1）开始位置电极头距离（SD）：指定开始焊接时焊枪电极头的打开量。

（2）加压条件（P）：按所指定的加压条件进行加压。

（3）厚度（t）：按所指定的厚度进行加压。

（4）焊接条件（S）：由控制装置向焊机发送所指定的焊接条件。

（5）结束位置电极头距离（ED）：指定接收到焊接完成信号时，焊枪电极头的打开量。

（十一）条件设定

有关点焊指令的各条件设定，在如图 9.2.54 所示界面中进行选择设定。

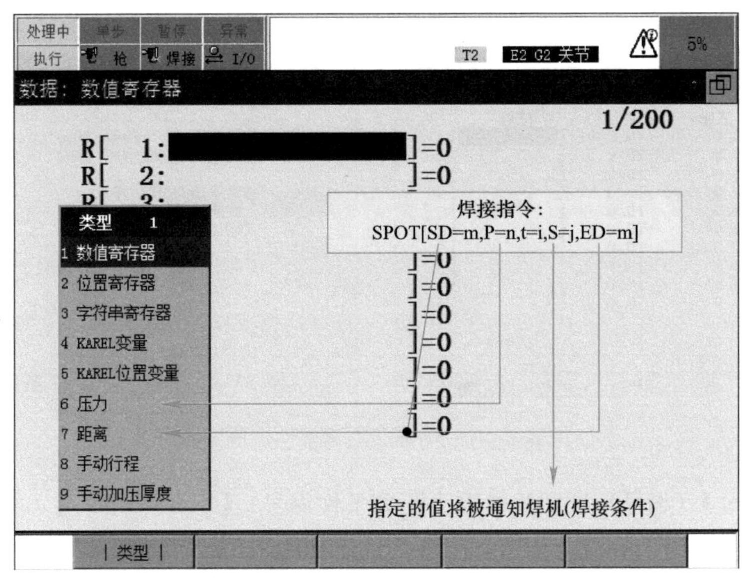

图 9.2.54　数据界面

按下【DATA】（数据）键，显示数据界面，按下 F1【Type】类型，选择要设定的条件。

1. 加压条件设置

在如图 9.2.54 数据界面中，按下 F1【Type】类型，选择【Pressure】（压力），显示加压条件的一览界面。其中：【No.】（编号）项即为压力条件编号；【Press（Nwt）】（压力 N）项为对应的压力值。

此外，可通过按下 F4【DETAIL】（详细），显示加压条件的详细设置界面，如图 9.2.55 所示。

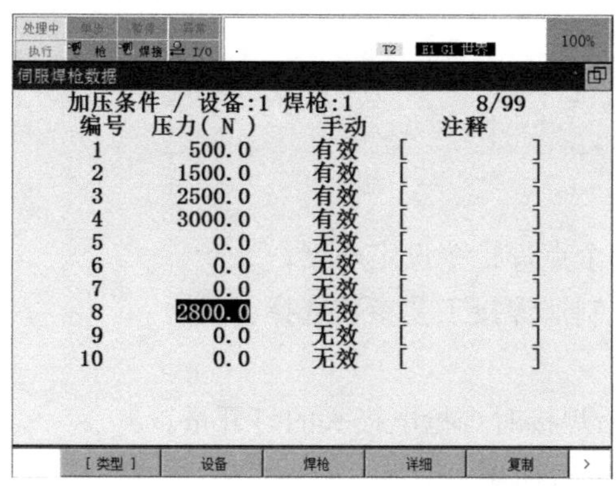

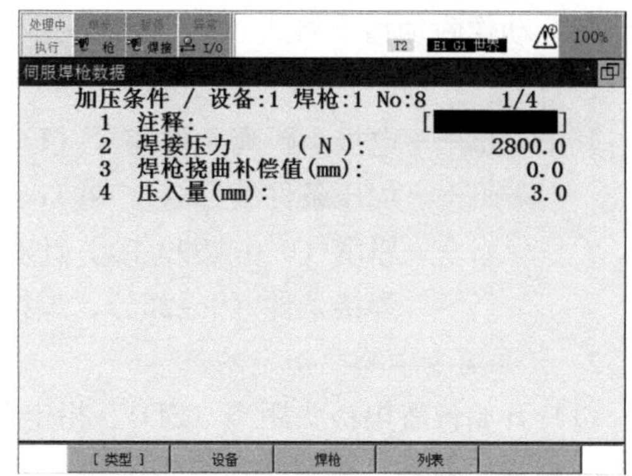

图 9.2.55　压力条件设置界面

注：通过加载不同的备份文件 SYSPRESS.SV，就可以移植压力条件数据。

2. 电极头距离条件设置

按下【DATA】（数据）键，显示数据界面，按下 F1【Type】类型，选择【Distance】（距离），显示电极头距离条件设置的一览界面，如图 9.2.56 所示。此外，要浏览详细设置界面，可按下 F4【DETAIL】（详细）。

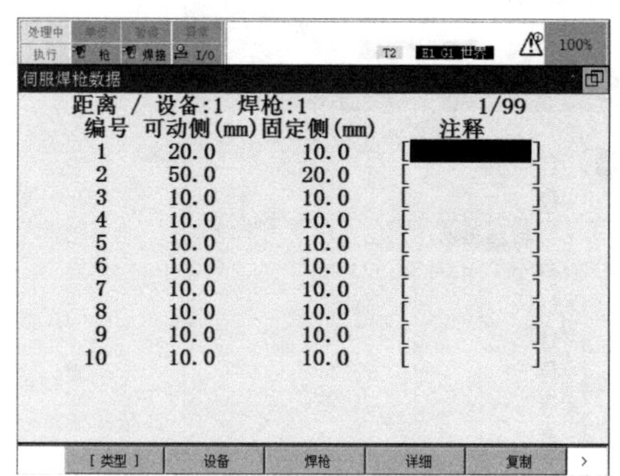

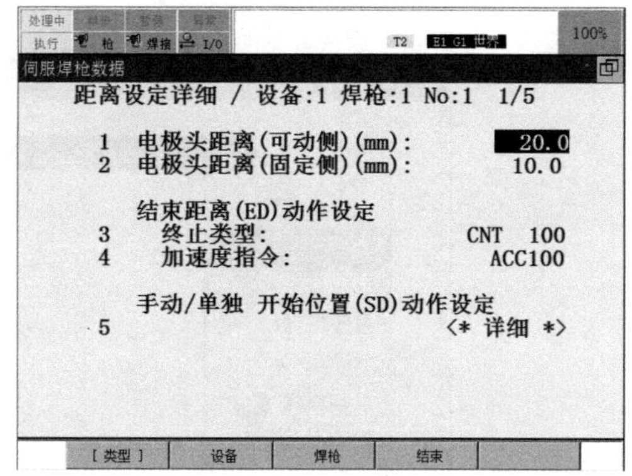

图 9.2.56　电极头距离条件设置界面

其中：【No.】（编号）项即为电极头距离条件编号；【Gun（mm）】（可动侧）项为可动侧距离值；【Robot(mm)】（固定侧）项为固定侧距离值。

注意：

(1) 通过加载不同的备份文件 SYSDIST.SV，就可以移植电极头距离条件数据。

(2) 通过示教位置和电极头距离条件（SD 和 ED），自动生成如图 9.2.57 所示的焊接路径。

注意：

(1) 在点焊指令连续的焊点，若焊点间距较短，则会比在电极头距离条件下指定的打开量更小，导致电极头摩擦工件，或拖曳工件，这样的情况下要调大打开量。

(2) 加压开始前的电极头路径若是附带动作指令的点焊指令，随附加在动作指令上的终止类型而定。

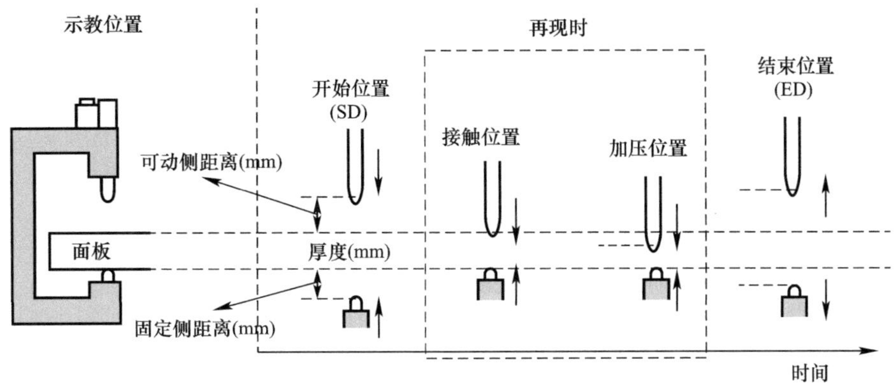

图 9.2.57　焊接路径示意图

3. 示教位置

在示教点焊指令时，以固定侧电极头接触到面板的位置为示教位置，示教步骤如图 9.2.58 所示。

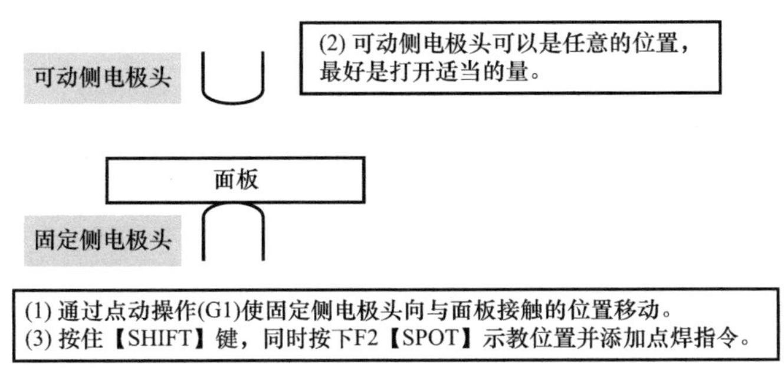

图 9.2.58　点焊示教位置示意图

注意：进行位置示教时，务必使电极头磨损量与实际的电极头状态相同。

（十二）加压动作指令

加压动作指令是进行加压动作而不进行点焊的指令，该指令在加压完成后不执行焊接处理和焊枪开启操作。指令格式：

（1）基本格式：

1：PRESS_MOTN[SD=m，P=n]

（2）动作附加指令格式：

1：L P[1] 2000mm/sec FINE：PRESS_MOTN[SD=1，P=1]

注：

1）加压动作指令可作为动作附加指令或单独指令执行。

若作为动作附加指令，在加压顺序中，不仅可动侧电极头动作，固定侧电极头也动作；此外，还应进行电极头磨损补偿和焊枪挠曲补偿。

2）加压动作指令只进行加压动作，因此，加压时间及开启动作，需要另外进行示教。

例：

```
1：L P[1] 100mm/sec FINE             第 1 行：加压动作
 ：PRESS_MOTN[SD=1，P=2]
2：WAIT 2.00sec                      第 2 行：加压时间
3：L P[2] 100mm/sec FINE             第 3 行：开启动作
```

（十三）电极头的磨损补偿

电极头磨损补偿功能用于补偿由于焊接或电极头修磨等操作造成的电极头磨损，在执行点焊指令和加压动作指令时进行电极头前端位置的补偿。

要使用电极头磨损量补偿功能，需要在各方式中执行如下操作：

（1）初始设定（SETUP）：初始化与磨损量相关的数据，设定磨损量的基准值。

（2）磨损量测量（UPDATE）：根据基准值测量并更新电极头的磨损量。

可通过伺服枪选项提供的 TP 程序和宏程序进行上述操作，这些 TP 程序和宏程序的说明见表 9.2.5。

磨损补偿相关程序说明　　表 9.2.5

程序名称	将被执行的宏程序名称	功能
已经标准安装有以下程序		
TW_SET01	TW_SETUP	采用两步方式进行磨损测量的初始设定
TW_UPD01	TW_UPDAT	采用两步方式进行磨损测量，并更新当前的磨损量
TW_MV2PT	无	采用两步方式，对执行焊嘴接触动作和夹具接触动作的位置进行示教。所示教的位置，在 TW_SET01 和 TW_UPD01 内使用。由于其作为子程序使用，所以请勿更改程序名称
要使用下列程序，需将 $SGSYSCFG. $LOAD_TWD 设定为 11，并重启机器人		
WR_SET01	WR_SETUP	采用单步方式进行磨损测量的初始设定
WR_UPD01	WR_UPDAT	采用单步方式进行磨损测量，并更新当前的磨损量
要使用如下程序，需将 $SGSYSCFG. $LOAD_TWD 设定为 12，并重启机器人		
TW_CMP01	TW_PRSRT	进行焊嘴的安装辅助

两步法在此不做介绍，单就单步法进行描述（不需要夹具），操作步骤：

1. 初始设定

执行“WR_SET01”程序即可对焊枪 1 进行单步法的初始设定，如图 9.2.59 所示。程序执行时，机器人不会动作，仅当场执行焊枪的关闭动作。

注意：

（1）要在 100%速度倍率下执行（AUTO 或 T2 模式）。

（2）“WR_SET01”用于焊枪 1 的初始设定，进行不同焊枪的初始设定时，应更改焊枪编号。

（3）若在程序一览界面中找不到程序“WR_SET01”，请将系统变量 $SGSYSCFG. $LOAD_TWD 设定为 11，并重启机器。

（4）新建点焊工作站或焊枪特性（在夹具接触测量时受到影响）发生变化的情况下，以及将电极杆和手臂新安装到焊枪上而导致尺寸发生变化的情况下，需要再次执行 WR_SET01。

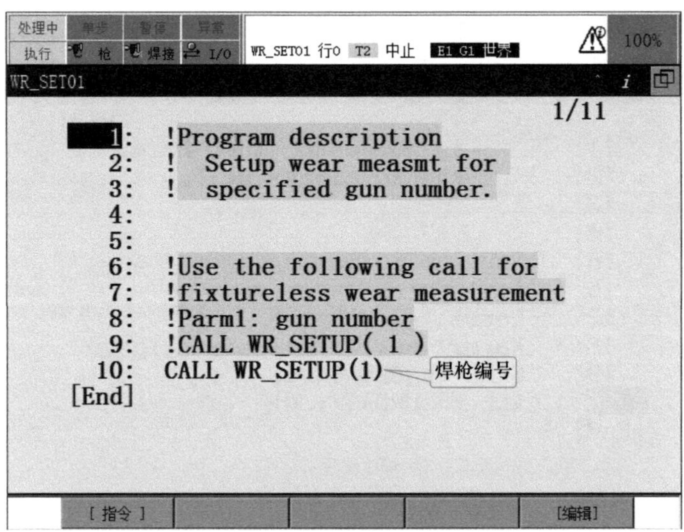

图 9.2.59　焊枪 1 的初始设定程序

2. 磨损率设定

注：使用标准磨损率（0.5）时，不需执行此步骤。

按【SELECT】键→F1【TYPE】（类型）→选择【Macro】（宏程序），列出所有宏程序。选择宏程序“WR_UPDAT”，并进入其编辑界面，进行磨损率的设定，如图 9.2.60 所示。

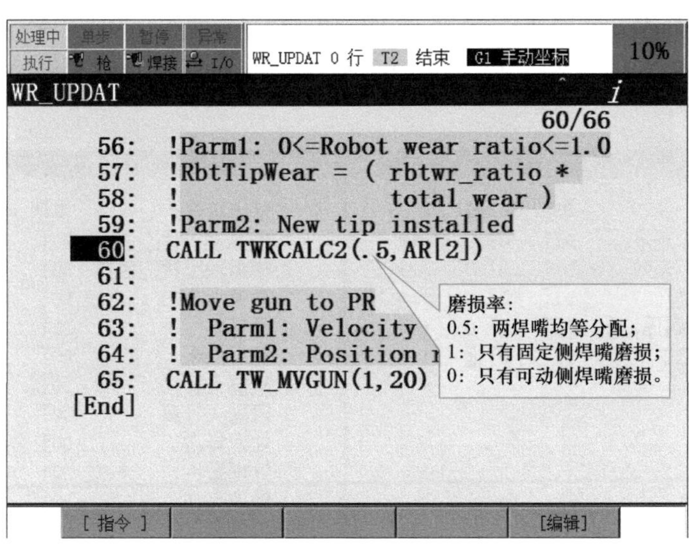

图 9.2.60　磨损率设定示意图

3. 磨损量测量

执行“WR_UPD01”程序即可对焊枪 1 进行磨损量测量，如图 9.2.61 所示。

注意：

（1）要启用电极头磨损量补偿功能，需要将图 9.2.40 伺服焊枪一般设置界面中的【Tip Wear Comp】（电极头磨损补偿）设置为【ENABLE】（启用）。

（2）执行磨损量测量程序时，伺服焊枪将进行电极头的关闭动作。

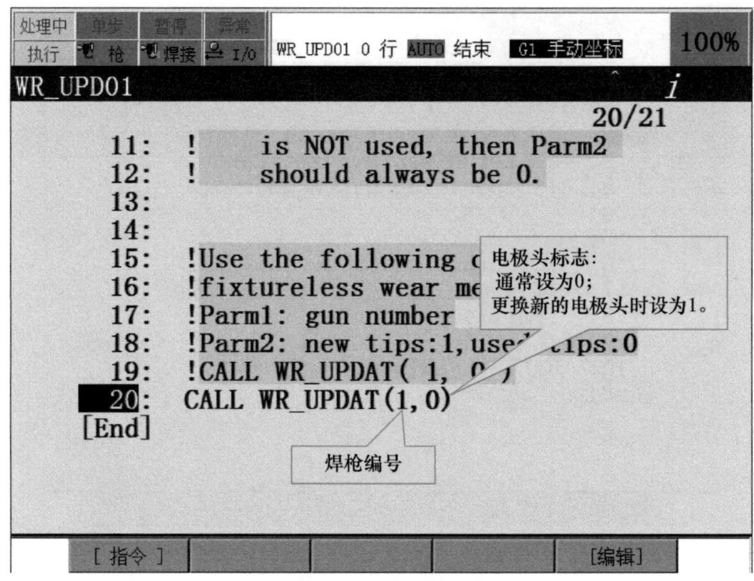

图 9.2.61　磨损量测量程序

（十四）点焊相关 I/O

1. 单元接口 I/O 信号

单元接口 I/O 信号主要用于机器人与单元控制器（如 PLC）之间的通信，通过按下【MENU】（菜单）键→选择【I/O】→按 F1【TYPE】（类型）→选择【Cell Interface】（单元接口）可进入单元 I/O 设置界面，按 F3【IN/OUT】可切换显示输入/输出信号列表，如图 9.2.62 所示。

I/O 单元输入　5/5

	输入信号	类型	#	模拟	状态
1	焊接有效/无效	DI[	0]	U	***
2	加压有效/无效	DI[	0]	U	***
3	冷却机复位	DI[	0]	U	***
4	从POUNCE到原位置	DI[	0]	U	***
5	试运行模式	DI[	0]	U	***

I/O 单元输出　17/23

	输出信号	类型	#	模拟	状态
1	模拟输入状态信号	DO[	0]	U	***
2	模拟输出状态信号	DO[	0]	U	***
3	倍率 = 100	DO[	0]	U	***
4	循环中	DO[	0]	U	***
5	程序结束	DO[	0]	U	***
6	机器人互锁	DO[	0]	U	***
7	机器人分离	DO[	0]	U	***
8	处理异常	DO[	0]	U	***
9	处理警告	DO[	0]	U	***
10	处理完成	DO[	0]	U	***
11	焊接有效	DO[	0]	U	***
12	加压有效	DO[	0]	U	***
13	电极头交换要求1	DO[	0]	U	***
14	电极头交换要求2	DO[	0]	U	***
15	电极头交换警告	DO[	0]	U	***
16	电极头配线要求1	DO[	0]	U	***
17	电极头配线要求2	DO[	0]	U	***
18	完成1个打点	DO[	0]	U	***
19	试运行状态	DO[	0]	U	***
20	检测信号	DO[	0]	U	***

图 9.2.62　单元接口 I/O 信号

关于输入信号的详细说明见表 9.2.6，输出信号不做详述。

单元接口输入信号说明　　表 9.2.6

输入信号	宏指令名	说明
WELD/NOWELD（焊接有效/无效）	—	通过 PLC 将机器人的焊接方式置于焊接有效或焊接无效状态。焊接有效时，焊接方式必须是加压有效
STROKE/NOSTROKE（加压有效/无效）	—	通过 PLC 将机器人的焊接方式置于加压有效或加压无效状态
Rmt wtr svr reset（冷却机复位）	—	通过 PLC 来复位冷却机：对所有装置/焊枪执行 RESET WATER SAVER（冷却机复位）指令
Return home from pounce（从 POUNCE 到原位置）	AT POUNCE	令机器人从 POUNCE 位置（AT POUNCE 宏中指定的位置）后退到原点位置（程序的开头位置）。当接收到本信号时，执行中的其他程序被强制结束，机器人后退到原点位置而等待下一个程序启动指令
Tryout Mode（试运行模式）	—	通过 PLC 使得试运行模式有效或者无效。试运行模式置于有效时，将板厚作为 0mm 进行加压，因而可以在无面板的状态下执行焊接动作

注：对这些信号分配完成后必须重启机器才能生效。

2. 焊机 I/O 信号

点焊机信号，用于机器人与焊机之间的通信。使用哪些焊接信号，与所用的点焊机种类有关。通过按下【MENU】（菜单）键→选择【I/O】→按 F1【TYPE】（类型）→选择【Weld Interface】（焊接机接口）可进入焊机 I/O 信号的设置界面，按 F3【IN/OUT】可切换显示输入/输出信号列表，如图 9.2.63 所示。

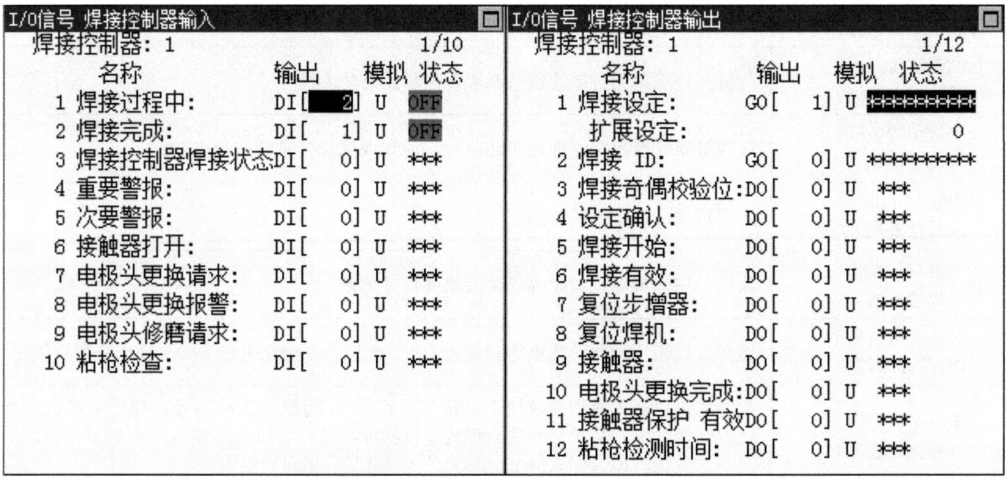

```
I/O信号 焊接控制器输入
  焊接控制器: 1                    1/10
        名称          输出     模拟 状态
   1 焊接过程中:        DI[    2] U  OFF
   2 焊接完成:          DI[    1] U  OFF
   3 焊接控制器焊接状态DI[    0] U  ***
   4 重要警报:          DI[    0] U  ***
   5 次要警报:          DI[    0] U  ***
   6 接触器打开:        DI[    0] U  ***
   7 电极头更换请求:    DI[    0] U  ***
   8 电极头更换报警:    DI[    0] U  ***
   9 电极头修磨请求:    DI[    0] U  ***
  10 粘枪检查:          DI[    0] U  ***
```

```
I/O信号 焊接控制器输出
  焊接控制器: 1                    1/12
        名称          输出     模拟  状态
   1 焊接设定:          GO[    1] U  **********
     扩展设定:                        0
   2 焊接 ID:           GO[    0] U  **********
   3 焊接奇偶校验位:DO[    0] U  ***
   4 设定确认:          DO[    0] U  ***
   5 焊接开始:          DO[    0] U  ***
   6 焊接有效:          DO[    0] U  ***
   7 复位步增器:        DO[    0] U  ***
   8 复位焊机:          DO[    0] U  ***
   9 接触器:            DO[    0] U  ***
  10 电极头更换完成:DO[    0] U  ***
  11 接触器保护 有效DO[    0] U  ***
  12 粘枪检测时间:      DO[    0] U  ***
```

图 9.2.63　点焊机 I/O 信号

信号的详细说明见表 9.2.7 和表 9.2.8。

点焊机输入信号说明　　表 9.2.7

输入信号	说明
Weld in process （焊接过程中）	该信号表示焊接顺序正在执行
Weld complete （焊接完成）	该信号表示焊接顺序已完成
WELD/NOWELD status （焊机焊接方式）	用来确认焊机的状态（焊接有效或无效）。 ON＝焊机处于焊接有效状态； OFF＝机器人将焊机识别为处在焊接无效状态
Major alarm （重要报警）	检测到重大的报警或错误，生产中接收到该信号时，显示错误消息
Minor alarm （次要报警）	检测出轻度的报警或错误，生产中接收到该信号时，显示错误消息
Iso contactor on （接触器打开）	表示一次电源分离接触器被关闭
Cap change request （电极头更换请求）	在焊接的最后，从焊机读出该信号。此输入 ON 的情况下，机器人将该信号作为单元接口 I/O 界面的电极头更换请求信号传递给 PLC，由 PLC 来确定是否执行其后的周期。在电极头更换宏或程序内，需要将该输出置于 OFF
Appr Cap change （电极头更换报警）	机器人从焊机读出该信号，并将其作为单元接口 I/O 界面的电极头更换报警信号传递给 PLC。在电极头更换宏或程序内，需要将此信号置于 OFF
Tip dress request （电极头修磨请求）	机器人从焊机读出该信号，并将其作为单元接口 I/O 界面的电极头修磨请求信号传递给 PLC。该信号接通时，可由 PLC 来确定何时向机器人发出执行电极头修磨的指令。在电极头修磨宏内，需要将该输出置于 OFF
Tip stick detect （粘枪检查）	机器人从焊机读出该信号，向机器人通知电极头熔敷的情况。在自熔敷检测距离到开启之间该信号必须处于 OFF 状态

点焊机输出信号说明　　表 9.2.8

输出信号	说明
Weld schedule （焊接设定：组输出）	向焊机发送所选的焊接条件的组信号
Weld parity （焊接奇偶校验位）	焊接条件输出的行数为偶数时，该信号始终为 ON
Schedule Strobe （设定确认）	在焊接条件输出后立即输出此信号，通知焊机焊接条件的读出 OK
Weld Initiate （焊接开始）	向焊机发出焊接开始的指令
Enable weld （焊接有效）	该信号用来将焊机设定为焊接有效或焊接无效
Reset stepper （复位步增器）	通知焊机将步增器计数值重新设置为 0，此信号在焊接电极头的更换或修磨后使用
Reset welder （复位焊机）	这是通过机器人复位焊接错误的信号。在 0.5s 间输出脉冲信号。焊接前焊机发生了错误的情况下，系统自动输出焊机复位脉冲信号，尝试复位错误。无法复位错误的情况下，发送“Reset Welder timeout”（焊机复位超时）错误
Cap change comp （电极头更换完成）	根据电极头更换程序或电极头更换后的宏，向焊机发送该信号
Tip stick timing （粘枪检测时间）	通知焊机进行熔敷检测：使焊枪在点焊后开启到粘枪检测距离时，此信号接通

三、任务实施

9-2 点焊系统的应用编程

构建点焊工作站后（包括前期配置：伺服焊枪轴初始设定、工具坐标系设定、焊枪零点标定、伺服参数自整定、压力标定、厚度检查标定、伺服焊枪设置、焊接 I/O 设置、加压力条件设定、电极头距离条件设定、电极头磨损量初始设定、负载设定等）实施。

（一）切换焊接无效

1. 依次按键操作：【MENU】（菜单）键→选择【TEST CYCLE】（试运行）→按下 F1【TYPE】（类型）→选择【Spot Weld】（点焊），进入如图 9.2.64 所示的点焊试运行设置界面。

2. 光标定位至【Weld Controller Mode】（焊接有效/无效）项的【WELD】（焊接有效），按下 F5【NOWELD】（焊接无效），如图 9.2.65 所示。

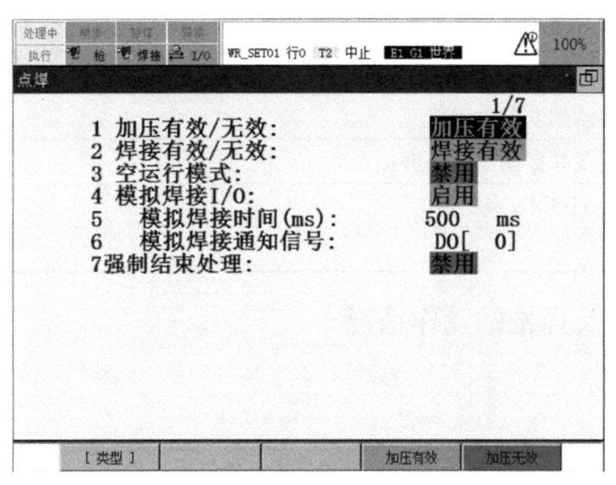

图 9.2.64　点焊试运行设置界面

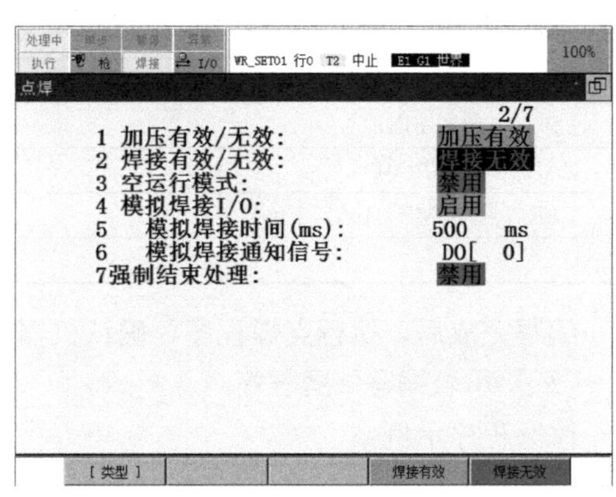

图 9.2.65　切换焊接无效

注：

（1）焊接无效时，即使执行焊接指令，也不供应焊接电流，只进行机器人及焊枪的动作确认。

（2）切换第一项【Gun Operation】（加压有效/无效）为【NOSTROKE】（加压无效）时，【Weld Controller Mode】（焊接有效/无效）项将同时被切换为【NOWELD】（焊接无效）。即使执行焊接指令，也不进行加压及焊接。

（3）此外，按下【FCTN】（辅助功能）键，弹出如图 9.2.66 所示界面，此时分别按下 F2【GUN】（加压）和 F3【WELD】（焊接）同样可以切换加压及焊接的有效/无效。

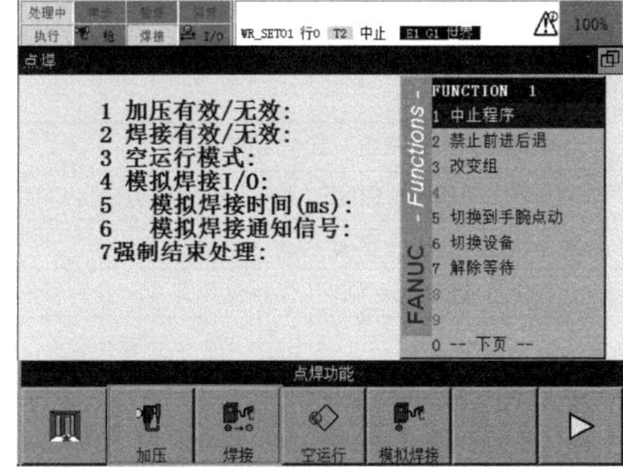

图 9.2.66　FCTN 辅助功能菜单

（二）示教编写点焊程序

点焊程序示例：

SPOT_TEST. TP：	注释：
1：UFRAME_NUM=0	用户坐标系切换
2：UTOOL_NUM=1	工具坐标系切换

续表

SPOT_TEST. TP：	注释：
3：PAYLOAD[1]	负载切换
4：OVERRIDE=50%	速度倍率切换
5：　；	
6：J PR[1：HOME] 100% FINE	从 HOME 点出发
7：J P[1] 100% FINE	移动到板件接近点
8：L P[2] 2000mm/sec CNT50 ：　SPOT[SD=1，P=1，t=4.0，S=1，ED=1]	移动到焊点 1 并焊接(SD 开始焊接电极头打开量编号 1，P 压力条件编号 1，t 板厚 4mm，S 焊接条件 1，ED 焊接结束电极头打开量编号 1)
9：J P[3] 100% CNT100	移动到过渡点(两焊点距离较近时可省略)
10：L P[4] 2000mm/sec CNT50 ：　SPOT[SD=1，P=1，t=4.0，S=1，ED=1]	移动到焊点 2 并焊接
11：J P[1] 100% FINE	
12：J P[5] 100% FINE	移动到安全位置
13：CALL WR_UPD01	测量并更新电极头磨损量
14：J PR[1：HOME] 100% FINE	回 HOME 点结束
/END	

编写完成后，执行点焊程序，确认机器人及焊枪的动作情况。

（三）示教编写修磨程序

修磨程序示例：

TIP_DRESS. TP：	注释：
1：UFRAME_NUM=0	用户坐标系切换
2：UTOOL_NUM=1	工具坐标系切换
3：PAYLOAD[1]	负载切换
4：OVERRIDE=30%	速度倍率切换
5：　；	
6：J PR[1：HOME] 100% FINE	从 HOME 点出发
7：J P[1] 100% FINE	移动到修磨机接近点
8：J P[2] 50% FINE	移动到修磨过渡点
9：DO[6:Dress]=ON	开启修磨机
10：　；	
11：L P[3] 100mm/sec CNT50 ：PRESS_MOTN[SD=1，P=12，t=6.0]	移动到修磨位置，加压修磨（压力条件编号 12，修磨机厚 6mm）
12：WAIT 1.50(sec)	修磨 1.5 秒
13：L P[2] 2000mm/sec CNT100	打开电极头
14：DO[6:Dress]=OFF	关闭修磨机
15：　；	
16：J P[1] 100% FINE	移动到安全位置
17：CALL WR_UPD01	测量并更新电极头磨损量
18：J PR[1：HOME] 100% FINE	回 HOME 位置结束
/END	

编写完成后，开启修磨机电源，切换加压无效。执行修磨程序，确认机器人及修磨机的动作情况。

注意：示教修磨过渡点和修磨位置时，必须让电极头垂直于修磨机且对中，以便得到平整的修磨面，否则恐会损坏电极头。

(四) 测试程序

1. 切换加压有效及焊接有效，开启冷却水阀，设定焊接控制器焊接参数。
2. 执行点焊程序。
3. 执行电极头修磨程序。

习　题

1. 弧焊机器人中，通过按下________＋____________键，可以切换焊接功能的启用/禁用。__________的情况下即使执行焊接指令，也不进行焊接只示教点位走轨迹。
2. 焊接电源的控制方式 VLT＋AMP 表示的是__________控制。
3. 动作指令中的____________表示使用焊接数据中的焊接速度来移动机器人。
4. 弧焊机器人在进行焊接作业时，要求速度倍率必须为________。
5. 通常将点焊机器人的工具坐标系原点设置在________________，电极头关闭方向________________。
6. 请简述点焊机器人手动加压与手动行程的操作步骤。

项目十 视觉系统的应用编程

Item X Application Programming of Vision System

Item X Pemrograman Aplikasi untuk Sistem Visual

教学目标

1. 知识目标

（1）了解 FANUC 机器人视觉工作站的功能和组成；

（2）了解 FANUC 机器人视觉系统的分类和相机的安装方式；

（3）掌握 FANUC 机器人视觉工作站项目实施的流程；

（4）掌握 FANUC 机器人视觉系统相关的视觉寄存器和指令。

2. 能力目标

（1）能够对 FANUC 机器人视觉系统的相机进行安装、连接和调整；

（2）能够按任务要求对 FANUC 机器人视觉系统进行零点标定、点阵板坐标系设定、相机校准、视觉处理等示教、编程和调试工作。

3. 素质目标

（1）通过深入生活和工业领域的机器视觉应用场景介绍，体现科学技术是第一生产力对产业升级和国家发展的支撑作用，以工业问题为特色导入，推进对学生“懂专业爱工业爱国家”价值观的培养。

（2）通过国产和国际机器视觉品牌的对比，提升学生对民族品牌崛起和关键技术突破的使命感和责任感，坚定实现“中国制造 2025”的理想信念、厚植爱国主义情怀，弘扬以改革创新为核心的时代精神。

任务一　构建视觉搬运工作站

一、任务分析

任务描述：构建一个 FANUC 机器人视觉搬运工作站，能对工作台上位置不固定的工件进行检测，并自动进行抓取位置补正的搬运作业，如图 10.1.1 所示。

图 10.1.1　视觉搬运工作站示意图

任务分析：FANUC 机器人可以通过内置视觉系统 iRVision，实现智能视觉定位和检测等功能，具有操作便捷、高柔性和高可靠性等特点。

按照任务要求，可采用 iRVision 的 2D 单视图检测（2D Single-View）方案，识别出工件，并检测其实际位置与基准位置的 X 轴位移、Y 轴位移和 Z 轴旋转角度即可进行抓取位置补正，对非固定位置的工件进行准确抓取和搬运。此外，补正用的坐标系须平行于工件移动的平面，工件在 Z 轴方向上的高度须保持不变。

二、相关知识

机器视觉是“新工科”人工智能快速发展的一个支点，它利用机器代替人眼来做测量和判断，相机就是它的眼睛。通过相机可以把现实事物变成数字图片，进而利用人工智能算法进行分析，去判断图片上有什么、是什么和在哪里。工业领域主要利用机器视觉进行目标识别和分类、目标定位和检测等任务，可以大大提高生产效率、生产的灵活性和自动化程度。

镜头、相机、光源和算法是工业视觉的核心组成部分，我国本土的主力品牌有奥普特、凌云光、海康威视等，主要占据性价比市场，而康耐视、基恩士等国际一线品牌，主要深耕底层算法等核心技术，并形成较高的技术壁垒。

（一）iRVision 2D 系统的构成

典型的 iRVision 系统部件构成如表 10.1.1 及图 10.1.2 所示。

iRVision 系统部件构成表　　表 10.1.1

相机部件	其他部件
工业相机（含 CCD 相机和镜头）及相机控制单元（数码相机用）	安装有所需 iRVision 2D 功能软件及带有视觉接口主板的机器人控制柜
相机电缆	彩色示教器或电脑
照明装置	网线（使用电脑进行调试时需要）
复用器（连接多台相机时使用）	

其中，工业相机的规格见表 10.1.2。

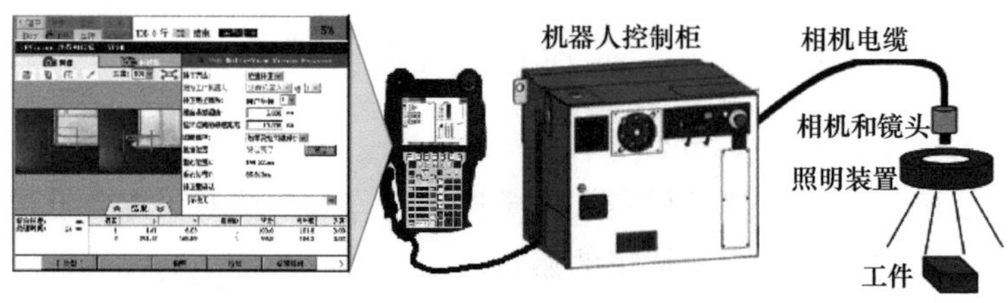

图 10.1.2　iRVision 系统部件构成示意图

iRVision 2D 系统工业相机规格表　　表 10.1.2

类型	模拟相机	数字相机
型号	SONY XC-56	KOWA SC130E B/W
分辨率	30 万像素（640×480）	130 万像素（1280×1024）
CCD 尺寸	1/3 英寸	1/2 英寸
镜头焦距	8mm、12mm、16mm、25mm	
光源	需要自备光源（照明装置）	

（二）iRVision 2D 的应用分类

1. 根据补偿方式分类

如图 10.1.3 所示，iRVision 系统通常对机器人形态有两种补正方式：

（1）基于用户坐标系的补偿方式（位置补正）

机器人在用户坐标系下，通过 iRVision 检测和计算目标工件当前位置相对于基准位置（示教位置）的偏移量，并自动补偿抓取位置。

（2）基于工具坐标系的补偿方式（抓取偏差补正）

机器人在工具坐标系下，通过 iRVision 检测和计算机器人手爪上目标工件的当前抓取位置，相对于基准抓取位置（示教位置）的偏移量，并自动补偿放置位置。

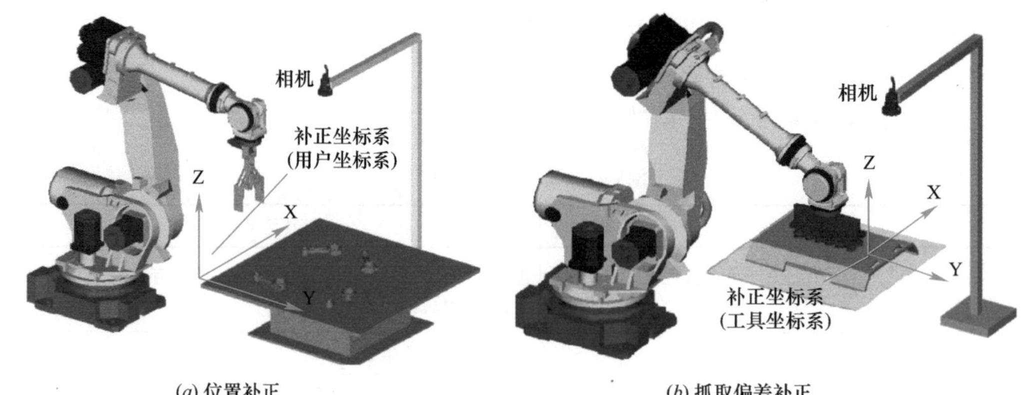

图 10.1.3　iRVision 对机器人形态的补正方式示意图

注：

补正用坐标系的 XY 平面必须与工件的移动平面平行，并与相机光轴垂直。

2. 根据相机安装方式分类

如图 10.1.4 所示，iRVision 系统通常有两种相机安装方式：

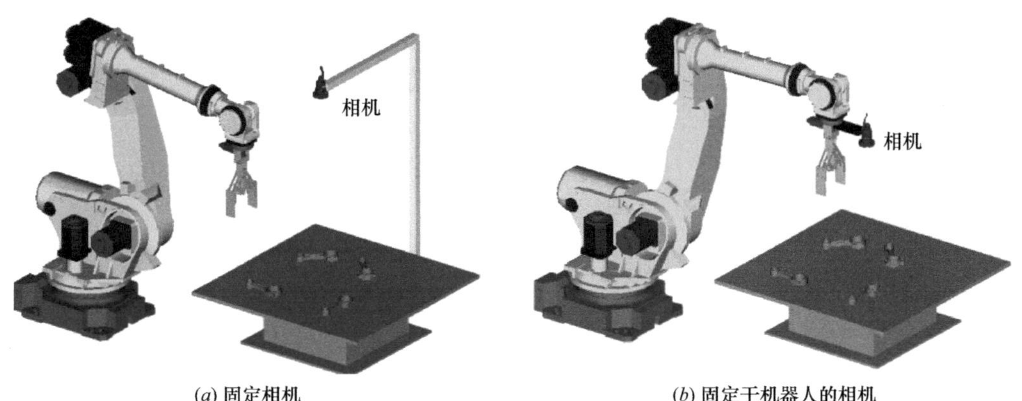

图 10.1.4　两种相机安装方式的示意图

（1）固定相机

相机安装于固定的支架上，始终从相同距离拍摄相同的区域。

优点：

①机器人在执行其他作业时，可同步执行 iRVision 中的处理程序，缩短总体的循环时间；

②可进行位置补正和抓取偏差补正；

③相机电缆铺设简易，不易磨损。

缺点：

①检测区域固定；

②若相机与机器人的相对位置发生变化，需要重新进行相机校准。

（2）固定于机器人的相机

相机安装于机器人手腕上，通过移动机器人，可使用 1 台相机对不同区域进行测量，或改变相机与工件之间的距离。

优点：

①检测区域可随机器人移动，范围大；

②能用较大焦距的镜头，提高检测精度；

③易于拓展再检测功能。

缺点：

①照相时机器人必须停止；

②不能进行抓取偏差补正；

③相机电缆、相机、镜头及照明装置容易被机器人或外围设备干涉。

3. 根据相机测量方式分类

iRVision 2D 系统通常有两种相机测量方式：

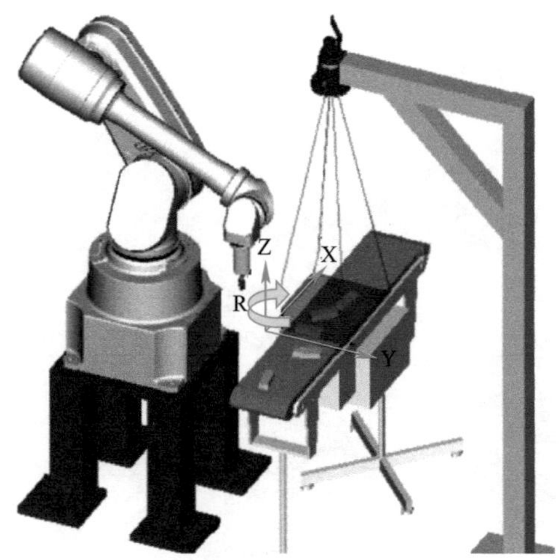

图 10.1.5 2D 单视图检测示意图

（1）2D 单视图检测（2D Single-View Vision Process）

用于检测平面内移动的目标工件（X、Y 方向偏移和平面旋转量 R），适用于工件是由传送带或定位精度不高的料筐、托盘输送等场合，如图 10.1.5 所示。

（2）2D 多视图检测（2D Multi-View Vision Process）

通过对同一个工件不同部位进行多次拍照，获取工件上多个点的位置信息，综合计算出工件的位置，适用于一次拍照不能拍到全部所需轮廓的大工件，如图 10.1.6 所示。

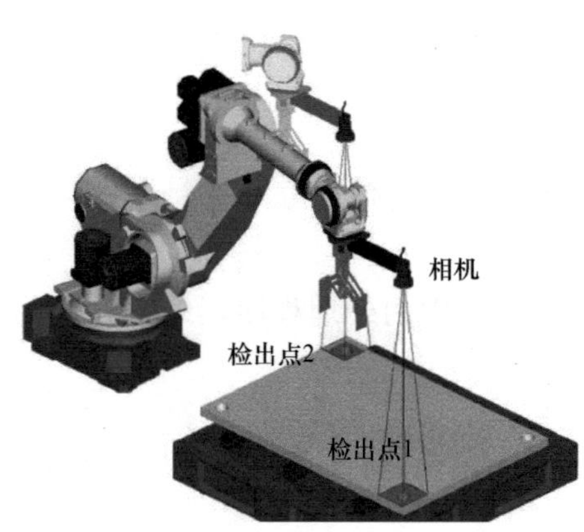

(*a*) 通过1个相机的2次拍照计算出工件位置

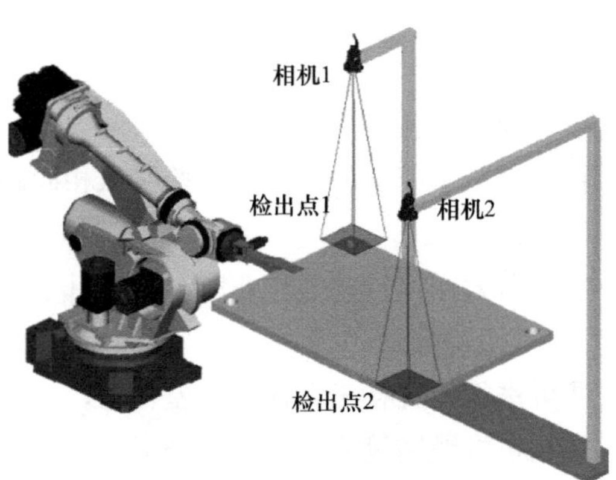

(*b*) 通过2个相机拍照计算出工件位置

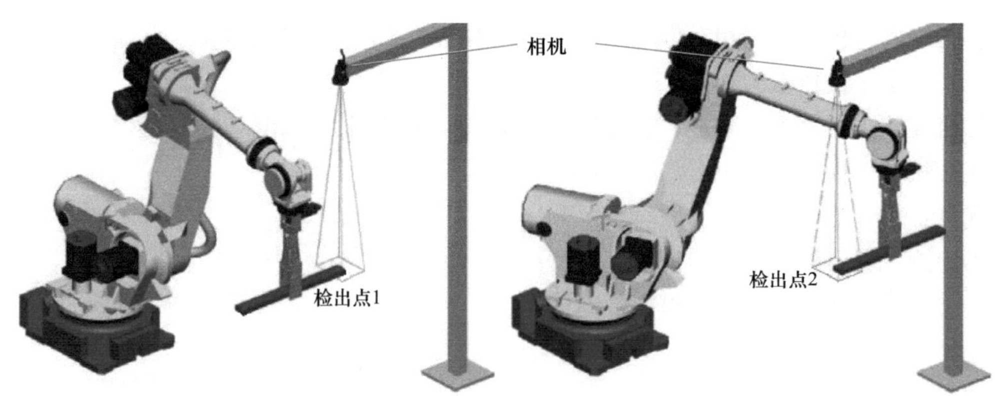

(*c*) 通过1个固定相机的2次拍照计算出工件位置

图 10.1.6 2D 多视图检测示意图

（三）iRVision 的调试方法

1. 使用电脑进行视觉调试

如图 10.1.7 所示，使用网线（通过 TCP/IP 协议）将电脑与机器人连接，从机器人上下载 UIF 插件，用 IE 浏览器即可进行视觉调试，此方法适用于所有带视觉功能的 FANUC 机器人。

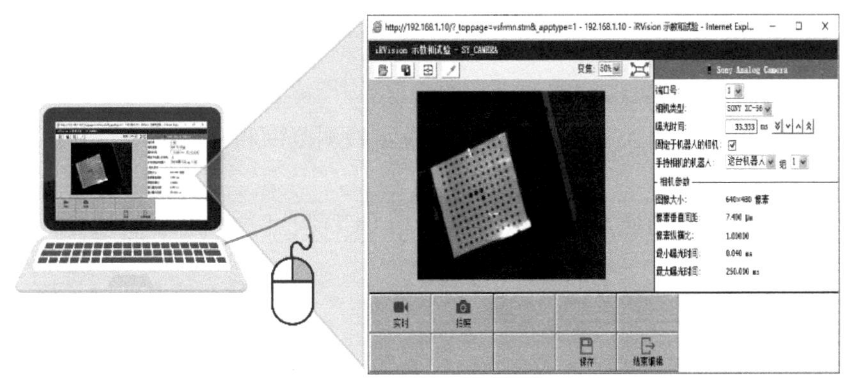

图 10. 1. 7　使用电脑进行视觉调试示意图

2. 使用示教器进行视觉调试

如图 10. 1. 8 所示，可使用带触摸屏的彩色示教器（iPendant）进行视觉调试。此外，将鼠标连接到示教器上的 USB 接口，可提高示教器调试视觉程序的工作效率，此法也适用于无触屏的彩色示教器。

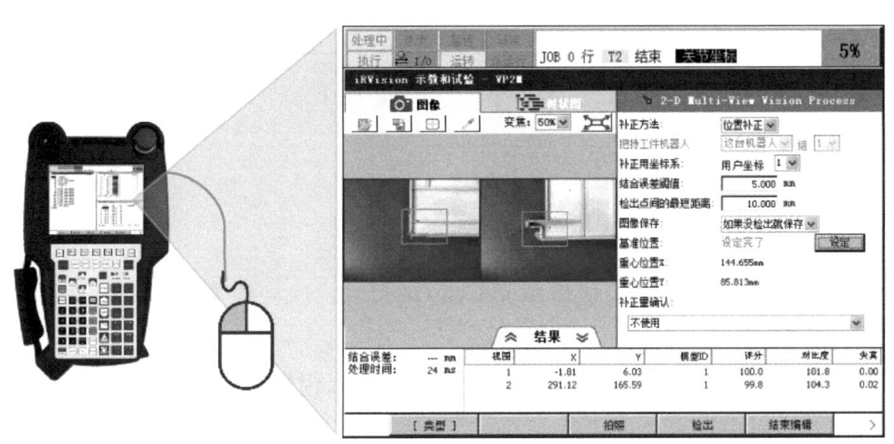

图 10. 1. 8　使用示教器进行视觉调试示意图

（四）iRVision 2D 的示教流程

iRVision 系统的示教数据称为“视觉数据”，视觉数据被存储在 FROM 中，若容量不足，应关闭自动备份，将自动备份地址改为 MC 或更换大容量的 FROM 卡。视觉数据根据目的的不同，分为四类：

（1）相机：进行相机的类型、连接端口号等参数的设定。

（2）相机校准：建立相机所拍摄图像的坐标系与机器人动作坐标系之间的数学对应关系。

（3）视觉处理程序：设定生产线运转时 iRVision 所进行的图像处理等内容。

（4）应用数据：进行应用固有的设定。

对 iRVision 进行示教，就是创建视觉数据后进行示教。通常，iRVision 2D 系统的示教流程如图 10.1.9 所示。

三、任务实施

（一）安装和连接硬件

1. 相机选型

我们需要根据工件的大小和检测要求来决定检测范围和拍照高度，并由此来确定合适的相机、镜头和安装位置。

相机的检测范围由拍照高度、镜头焦距和 CCD 尺寸这三个要素决定，如图 10.1.10 所示。

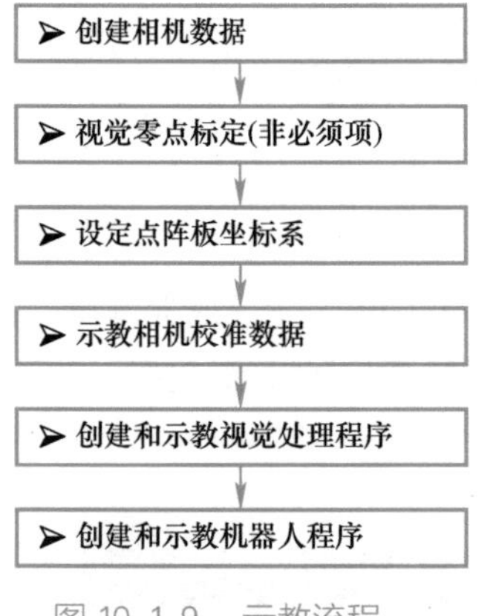

图 10.1.9　示教流程

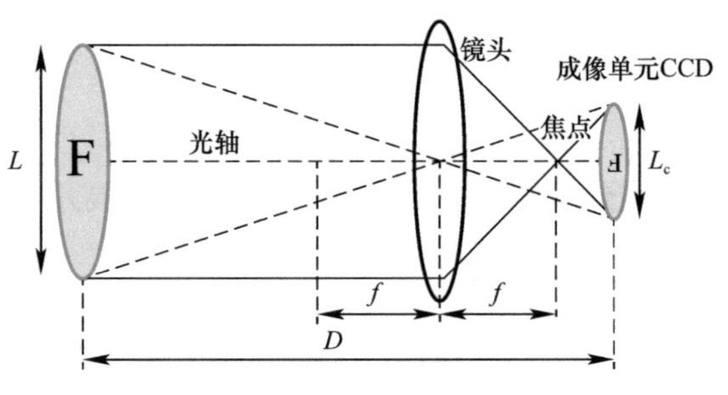

图 10.1.10　镜头成像示意图

检测范围和拍照高度的计算公式如下：

检测范围 $L \approx (D-f) \div f \times L_c$

拍照高度 $D \approx L/L_c \times f + f$

式中，f 为镜头焦距；L_c 为成像单元 CCD 的尺寸，L_c＝像素垂直间距（像素尺寸）×图像尺寸（分辨率）。

iRVision 可选相机的参数见表 10.1.3。其中，模拟相机的图像尺寸是固定的，数字相机的图像尺寸可通过设定进行变更。

iRVision 可选相机参数表　　　　**表 10.1.3**

相机类型	相机型号	图像尺寸（分辨率-像素）	像素尺寸
黑白数字相机	KOWA SC130E B/W	1/8″QVGA（320×240）	5.3μm
		1/4″QVGA（320×240）	10.6μm
		1/4″VGA（640×480）	5.3μm
		1/2″VGA（640×480）	10.6μm
		1/3″XGA（1024×768）	5.3μm
		1/2″SXGA（1280×1024）	5.3μm
		VGA_WIDE（1280×480）	5.3μm
		VGA_TALL（640×960）	5.3μm
模拟相机	SONY XC-56	640×480	7.4μm

本任务我们选用 SONY XC-56 模拟相机，则其 CCD 尺寸为：$L_c=7.4\mu m/pixel\times(640pixel\times480pixel)=4.736mm\times3.552mm$。

假设拍照距离为 500mm，则经过计算得：采用 8mm 焦距镜头的检测范围约为 291mm×218mm，12mm 焦距镜头的检测范围约为 192mm×144mm。

若要增大检测范围，可采取以下措施：

（1）延长相机与工件的距离；

（2）采用短焦距的镜头；

（3）如果使用数码相机，则选择大尺寸图像。

若检测区域 L 确定，SONY XC-56 相机的拍照高度为：采用 8mm 焦距镜头时约 2.25L，12mm 焦距镜头时约 3.4L。

此外，能准确对焦的最短拍照距离与镜头焦距有关，当相机与工件的距离过近时，将无法对焦。选用 8mm 焦距的镜头时，其最短拍照距离为 260mm。

2. 连接相机

SONY XC-56 的 2D 模拟相机可直接连接到机器人控制柜主板上的视觉接口（R-30iB 柜为 JRL7 端口），如图 10.1.11 所示。此外，对于 R-30iA 控制柜的视觉接口为 JRL6。注意：插拔相机电缆时，必须断电操作。

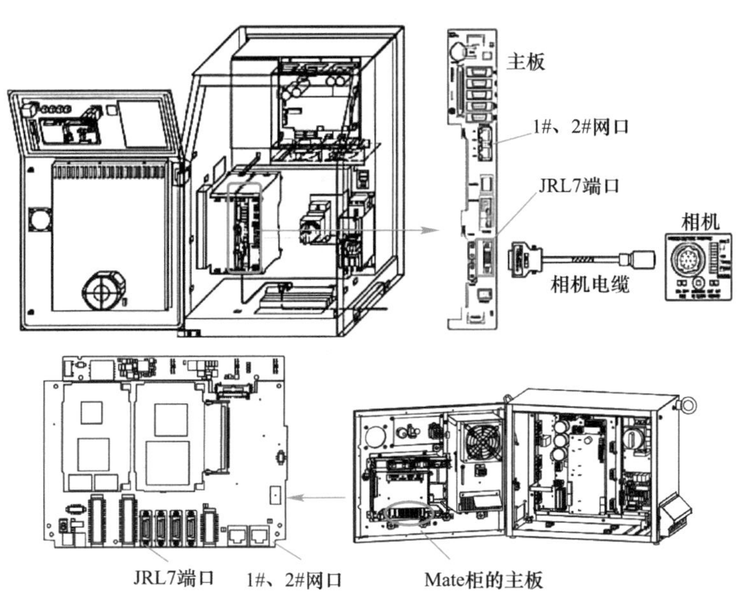

图 10.1.11　单台 2D 模拟相机的连接示意图

如果使用多台 2D 模拟相机时，需将相机连接到复用器上，再将复用器连接到主板的视觉接口，如图 10.1.12 所示。

另外，使用数字相机时，要经过数字相机控制单元 CCU 再接入机器人主板上的视觉接口，如图 10.1.13 和图 10.1.14 所示。

3. 设置相机

数字相机无需进行任何设置，但 SONY XC-56 模拟相机在使用之前，需要对相机背面的 DIP 开关进行设置，如图 10.1.15 及表 10.1.4 所示。

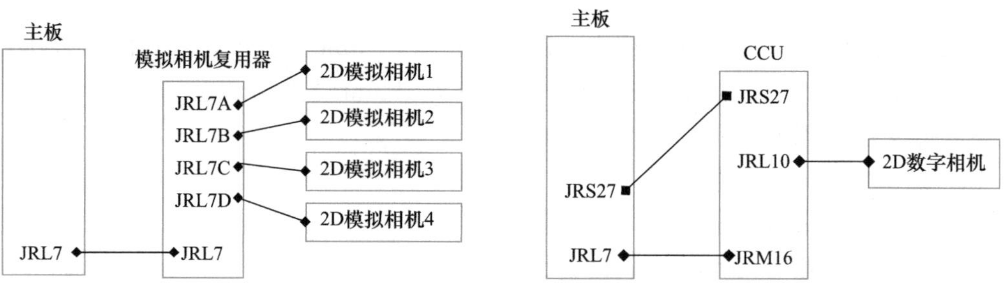

图 10.1.12　多台 2D 模拟相机的连接示意图　　图 10.1.13　单台 2D 数字相机的连接示意图

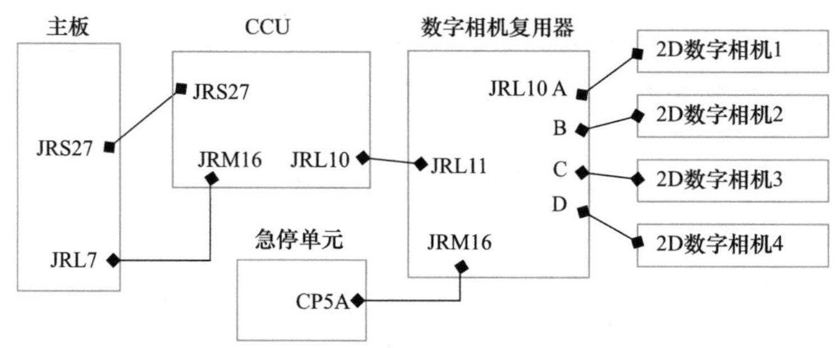

图 10.1.14　多台 2D 数字相机的连接示意图

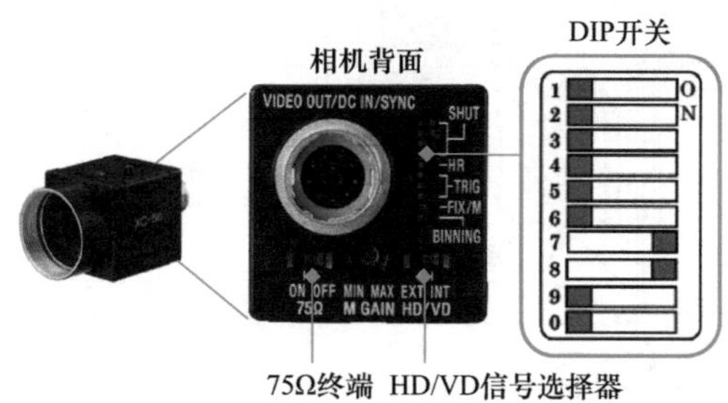

图 10.1.15　SONY XC-56 相机背面开关示意图

SONY XC-56 相机设置表　　**表 10.1.4**

开关名称	出厂设置	iRVision 设置
DIP 开关	全部为 OFF	7 和 8 为 ON，其他为 OFF
75Ω 终端	ON	ON
HD/VD 信号选择器	EXT	EXT

4. 连接电脑与机器人

连接电脑是为了更便捷地进行视觉系统调试，调试结束后可将电脑撤掉。

（1）硬件连接

将电脑网口和机器人控制柜主板上的 1＃或 2＃网口（CD38A、CD38B）通过网线连接。

（2）设置机器人的 IP 地址

按下【Menu】（菜单）键→选择【SETUP】（设置）选项→【Host Comm】（主机通信）→TCP/IP→按下 F3【DETAIL】（细节），进入机器人 IP 地址设置界面，如图 10.1.16 所示。

根据网线所连接的网口号，通过按下 F3【PORT】（端口）进行端口＃1 和端口＃2 的切换。将光标移至相应项目上按下【ENTER】（确认）键，直接输入机器人的 IP 地址和子网掩码。

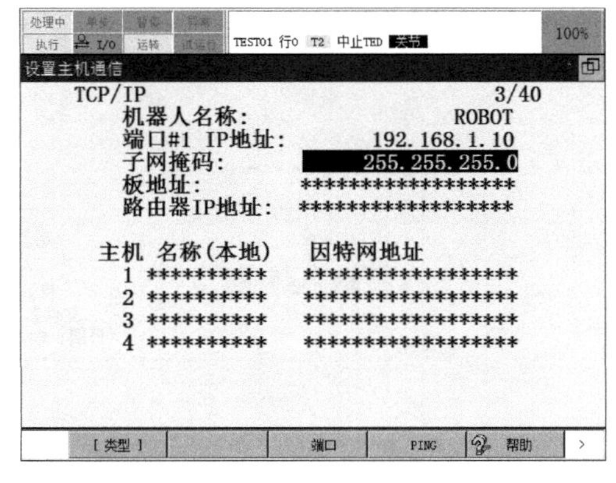

图 10.1.16　TCP/IP 通信设置界面

（3）设置电脑的 IP 地址

进入电脑操作系统的控制面板→网络和共享中心→本地连接→属性，如图 10.1.17 所示。

选择“Internet 协议版本 4（TCP/IPv4）”，点击“属性”，在 TCP/IPv4 的属性对话框中输入电脑的 IP 地址和子网掩码，如图 10.1.18 所示。

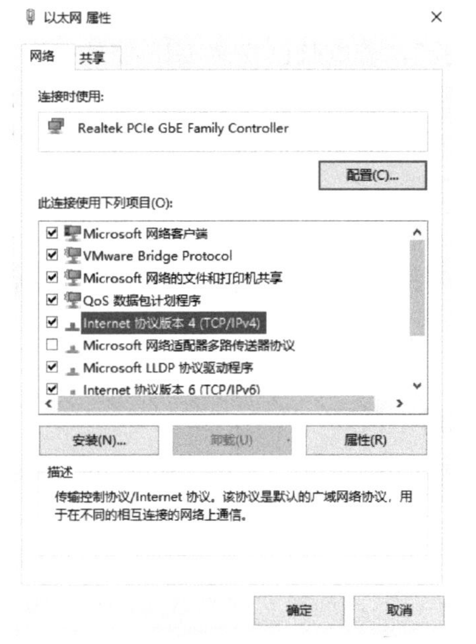

图 10.1.17　本地连接的属性对话框

图 10.1.18　TCP/IPv4 的属性对话框

注：

IP 地址可自由设定，但机器人和电脑的 IP 地址必须在同一网段内：

机器人：192.168.1.10

电脑：192.168.1.2

子网掩码：255.255.255.0

（4）检查连通性

在电脑中，打开 IE 浏览器，在地址栏中输入控制柜的 IP 地址，如果出现如图 10.1.19

所示页面，则表示控制柜与电脑已经连通。

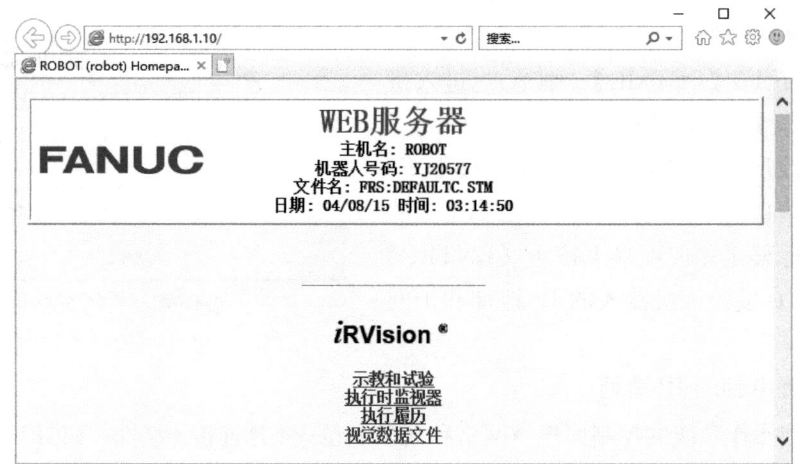

图 10.1.19　FANUC 机器人 WEB 服务器页面

（5）安装 UIF 控件

点击“WEB 服务器”网页上的“示教和试验”，若电脑已安装 UIF 控件，则直接进入视觉设置界面；若未安装 UIF 控件，则会出现安装 UIF 控件的提示（点击“Run”安装，安装完成后，关闭 IE 浏览器，重启电脑并重新打开页面）。

若连接失败，可尝试以下设置：

1）关闭 Windows 防火墙和各种杀毒软件的实时防护；

2）打开 IE 浏览器的 Internet 选项→安全，将机器人的 IP 地址设置为信任的站点；

3）Internet 选项→隐私，关闭弹出窗口阻止程序，或将机器人的 IP 地址添加到允许弹出窗口的站点；

4）Internet 选项→高级→浏览→去掉“禁用脚本调试”选项；

5）控制面板→程序和功能→启用或关闭 Windows 功能→去掉“IIS（Internet Information Services）”选项；

6）IE 浏览器菜单→工具→兼容性视图设置，将机器人 IP 地址添加到兼容性视图显示中。

如页面显示为乱码，可在 IE 页面中点击鼠标右键，选择“编码”，将 IE 的编码语言设置为“Unicode”，重启 IE 浏览器。

如 IE 提示“类不能支持 Automation 操作”错误（进入 Vison 界面后，视觉数据的名称为乱码），需重新注册以下文件：msscript.ocx、dispex.dll、vbscript.dll、scrrun.dll、urlmon.dll。注册方法为：在开始菜单中选择“运行…”，输入“regsvr32 msscript.ocx”后确定，以此类推。

（二）创建相机

1. 打开 IE 浏览器，进入机器人的 WEB 服务器页面。

2. 点击“示教和试验”（Vision Setup），进入 iRVision 示教和试验界面，如图 10.1.20 所示。

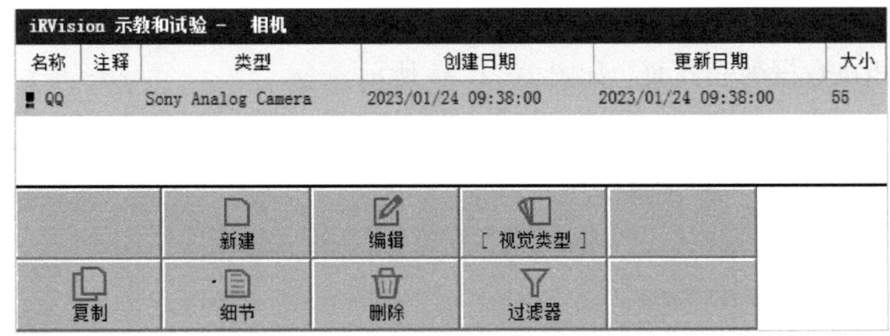

图 10.1.20　iRVision 示教和试验界面

注：

电脑和示教器不能同时操作 iRVision！电脑上线 iRVision，将导致示教器下线。

3. 点击“视觉类型”（VTYPE），如图 10.1.21 所示。选择“相机”（Camera Setup Tools），然后点击“新建”（CREATE），新建相机数据。

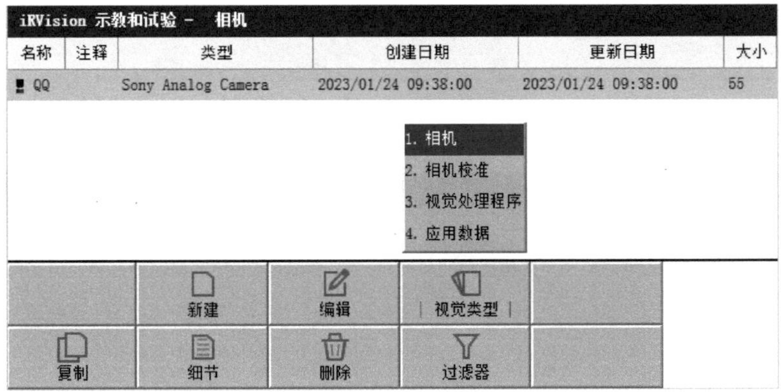

图 10.1.21　视觉数据类型选择界面

4. 点击“类型”（TYPE）下拉框，如图 10.1.22 所示，选择“Sony Analog Camera”（SONY 模拟相机）。

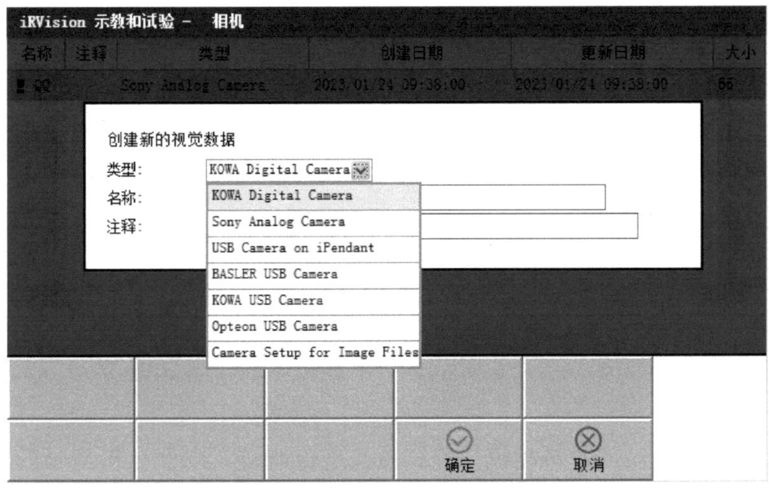

图 10.1.22　相机类型选择界面

5. 选定相机类型，设定相机名称、注释等信息，如图 10.1.23 所示。点击“确定”（OK），返回相机数据列表界面，如图 10.1.24 所示。

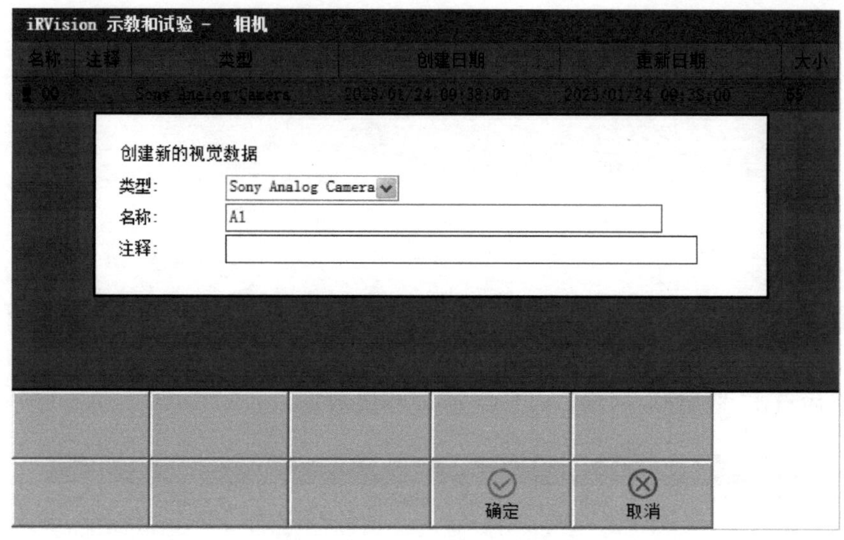

图 10.1.23　设定相机数据界面

iRVision 示教和试验 - 相机

名称	注释	类型	创建日期	更新日期	大小
A1		Sony Analog Camera	2023/01/24 11:17:46	2023/01/24 11:17:46	55
QQ		Sony Analog Camera	2023/01/24 09:38:00	2023/01/24 09:38:00	55

新建　编辑　[视觉类型]

复制　细节　删除　过滤器

图 10.1.24　相机数据列表界面

6. 双击新建的相机“A1”，或选择相机“A1”点击“编辑”（EDIT），进入相机设置界面，如图 10.1.25 所示。

7. 设定相机参数

模拟相机参数设置如图 10.1.26 所示，数字相机参数设置如图 10.1.27 所示。

8. 镜头调整

在完成相机设定前，需要对相机位置和镜头进行调整，以便获得清晰的成像和较短的曝光时间。镜头调整步骤如下：

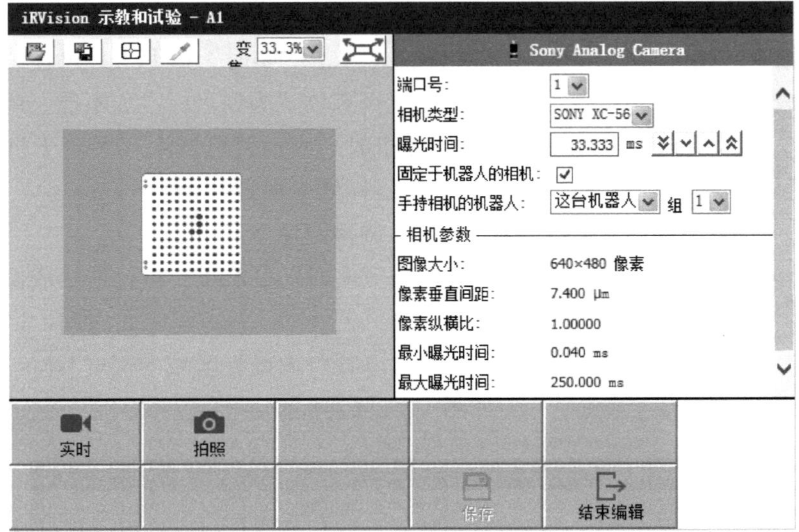

图 10. 1. 25　相机设置界面

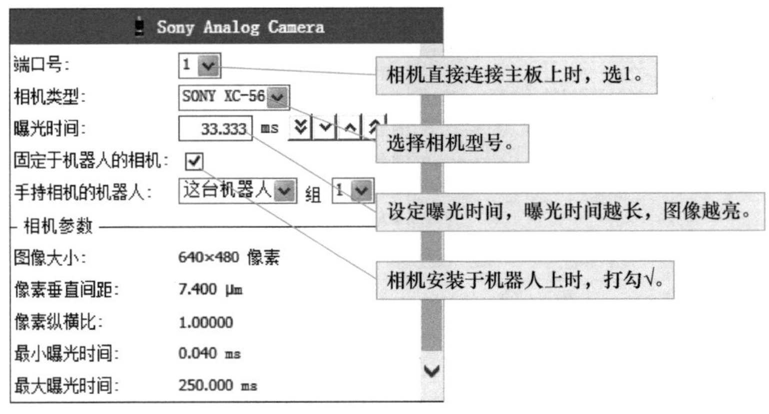

图 10. 1. 26　模拟相机参数设置示意图

KOWA Digital Camera

通道: 1-2

相机类型: KOWA SC130E B/W

曝光时间: 33.333 ms

固定于机器人的相机:

手持相机的机器人: 这台机器人　组 1

图像尺寸: 1/3.6" VGA (640x480)

使用闪光灯:

增益: 1.000

相机参数

图像大小: 640×480 像素

像素垂直间距: 5.300 μm

像素纵横比: 1.00000

曝光时间的范围: 0.100 - 200.000 ms

选择相机连接的通道，通过复用器最多可以连接16台相机。

选择数字相机的图像尺寸，使其能覆盖整个检测区域。

增益值越大图像越亮，但增益过大会产生噪点干扰，一般使用默认值1。

图 10. 1. 27　数字相机参数设置示意图

（1）调整目标在视野中的位置

点击“拍照”(SNAP)，可显示拍照图像，点击“实时”(LIVE)可连续拍照。观察视野内能否有效观测到目标。如不能，调整目标位置（固定相机时）或示教机器人（固定于机器人的相机时），使目标处于视野中。

图 10.1.28 相机镜头示意图

（2）调整图像亮度

点击“实时”(LIVE)进行连续成像，同时调整镜头光圈（图 10.1.28）和曝光时间，以获得合适的图像亮度（视野内最亮区域的灰度 Gray 在 200 左右，如图 10.1.29 所示）。

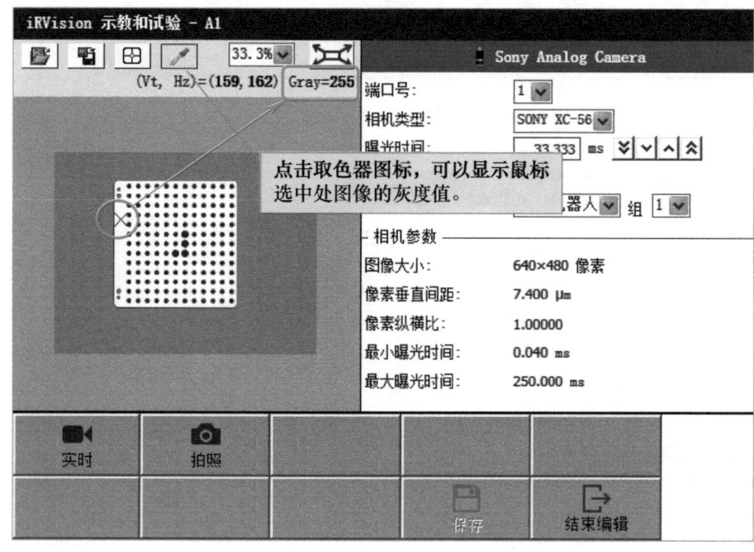

图 10.1.29 查看图像灰度值示意图

注：

1）在环境光源不变的情况下，图像亮度由光圈和曝光时间共同决定：光圈决定单位时间内进入镜头内的光量大小，光圈值越小，图像越亮；曝光时间决定一次拍照光圈打开的时间，曝光时间越长，图像越亮，如图 10.1.30 所示。

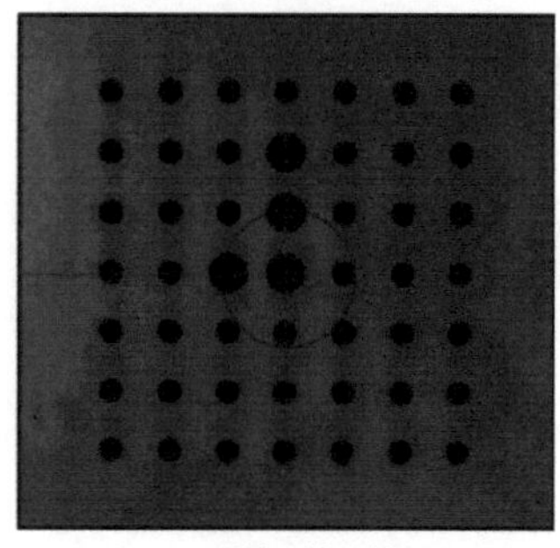

(a) 曝光时间过短

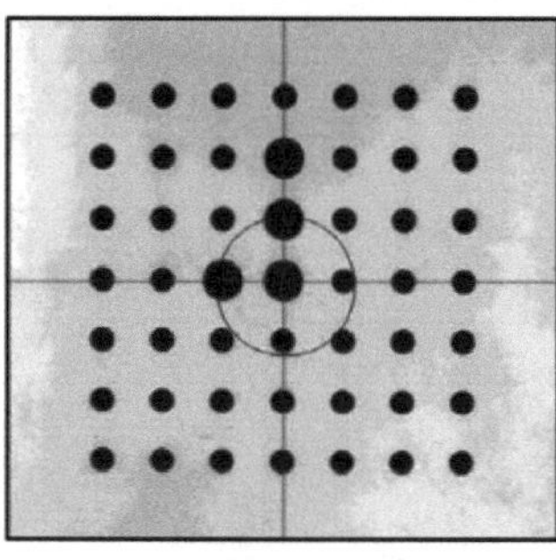

(b) 曝光时间适当

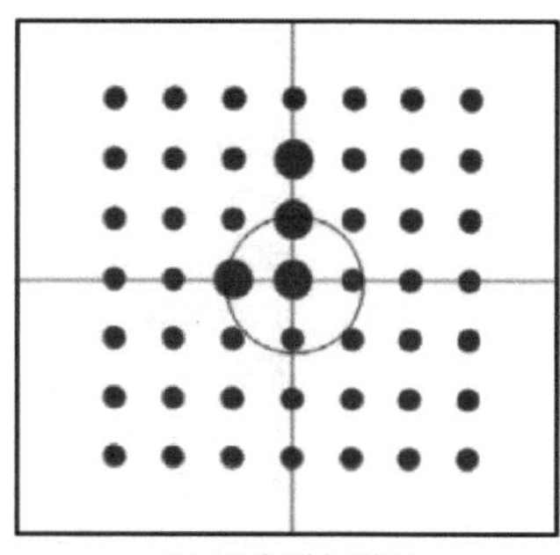

(c) 曝光时间过长

图 10.1.30 曝光时间对图像亮度的影响

2）若调整光圈和曝光时间始终无法得到满意的图像亮度，请调整光源亮度和照射角度。

3）图像亮度以浅灰色能明显区分点阵板黑点和背景为佳。

（3）调整图像清晰度

通过调整镜头上的对焦环来对焦，可以获得最清晰的成像。有些镜头的对焦环上标有不同物距所对应的最清晰的对焦位置：如工件与相机的距离为 50cm 时，对焦环刻度在 0.5m 附近，可以得到最清晰的图像。

> 注意：
>
> 1）调整好图像的亮度和清晰度之后，通过镜头上的锁紧螺丝锁定光圈环和对焦环，并记录曝光时间。
>
> 2）镜头光圈和焦点的调整必须在相机校准之前完成！重新调整光圈和焦点后，必须重新进行相机校准！

（三）视觉零点标定

视觉零点标定功能是通过视觉测量来调整 J2～J5 轴的零点参数，提高机器人重复定位精度的功能，对于 TCP 设置、视觉检测的位置补偿等精度有显著提高。该功能是通过安装于机器人工具尖端的相机，在机器人多个姿势下，自动测量已被固定的同一测量目标（点阵板），从而调整 J2～J5 轴的零点标定参数。

1. 安装相机和点阵板

如图 10.1.31 所示，相机安装要求：

（1）相机稳固安装在机器人的工具前端；

（2）使相机光轴前端注视点，处于 J6 轴中心线偏移的位置；

（3）相机到目标的距离（相机与点阵板的距离）建议值为 400mm；

（4）机器人手腕部分应避免动作时发生干涉（机器人在容易发生手腕干涉时，需要减小测量姿态的摆动角度，但零点标定结果可能会变差）。

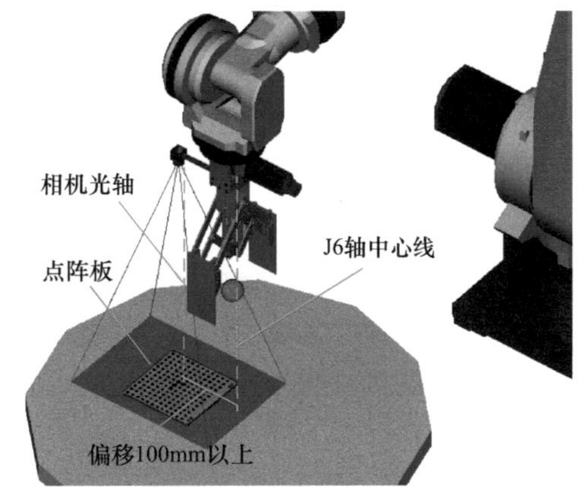

图 10.1.31　视觉零点标定的相机安装要求

如图 10.1.32 所示，点阵板安装要求：

（1）使用 FANUC 官方指定规格的点阵板；

（2）点阵板在视觉零点标定过程中不可随意移动位置；

（3）点阵板的面与相机的光轴基本垂直；

（4）点阵板的 X 轴方向（板中心朝 3 个大圆的方向）在相机图像上呈向上的方式；

（5）点阵板中心大概位于相机视野中心。

注：

（1）点阵板是 FANUC 提供的用于相机校准的专用工具，点阵间隔有 7.5mm、11.5mm、15mm、22.5mm、30mm 等。

（2）点阵板可自行绘制，但要保证点阵间隔准确，且中间 4 个大圆点布局正确，大圆

图 10.1.32　视觉零点标定的点阵板安装要求

点与其他小圆点的直径比约为 10∶6。

（3）点阵板要使用反光小的材料制作，以免反光过大，造成相机局部曝光过度。

2. 进入视觉零点标定界面

（1）在示教器上，按下【MENU】（菜单）键，选择【UTILITIES】（实用工具）→【iRCalibration】，显示如图 10.1.33 所示界面。

（2）光标移至【Vision Mastering】（视觉零点标定），按下 F3【DETAIL】（详细），进入视觉零点标定界面，如图 10.1.34 所示。

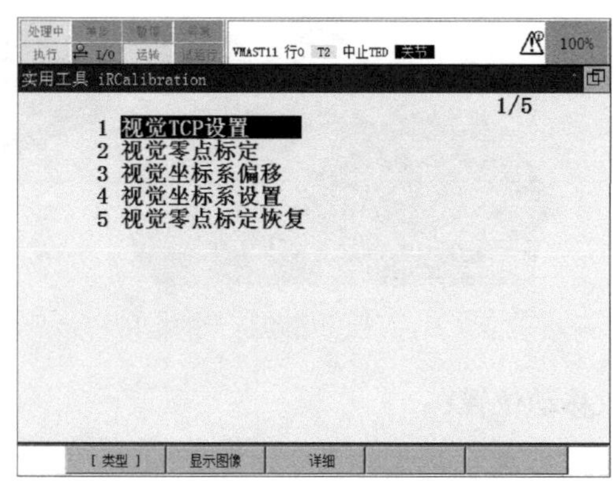

图 10.1.33　iRCalibration 界面

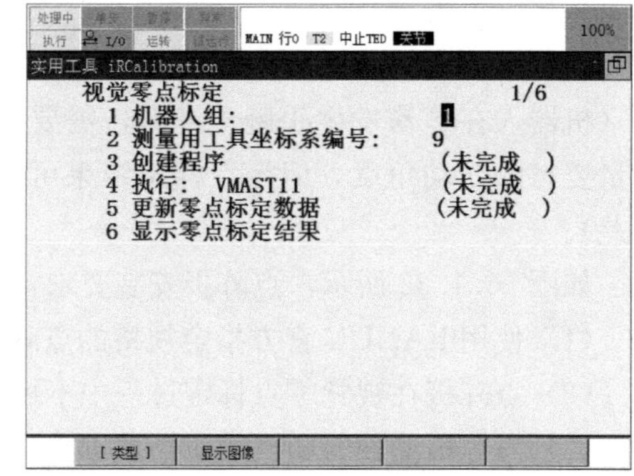

图 10.1.34　视觉零点标定界面

（3）确定机器人的组编号和测量用的工具坐标系编号（选择一个未使用的工具坐标系编号）。

3. 设置视觉零点标定参数

光标移至【Create Program】（创建程序），按下【ENTER】键或 F4【SELECT】（执

行）进入如图 10.1.35 所示的界面，按顺序设置参数并测量相机位置。

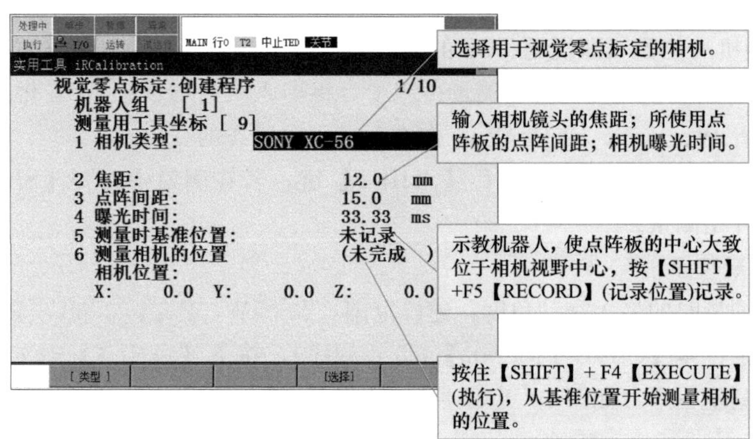

图 10.1.35　视觉零点标定参数设置示意图

测量结束后，示教器界面将提示【Camera Position is Measured】（相机位置已测量），【Measure Camera Position】（测量相机的位置）项状态是【Done】（完成），如图 10.1.36 所示。

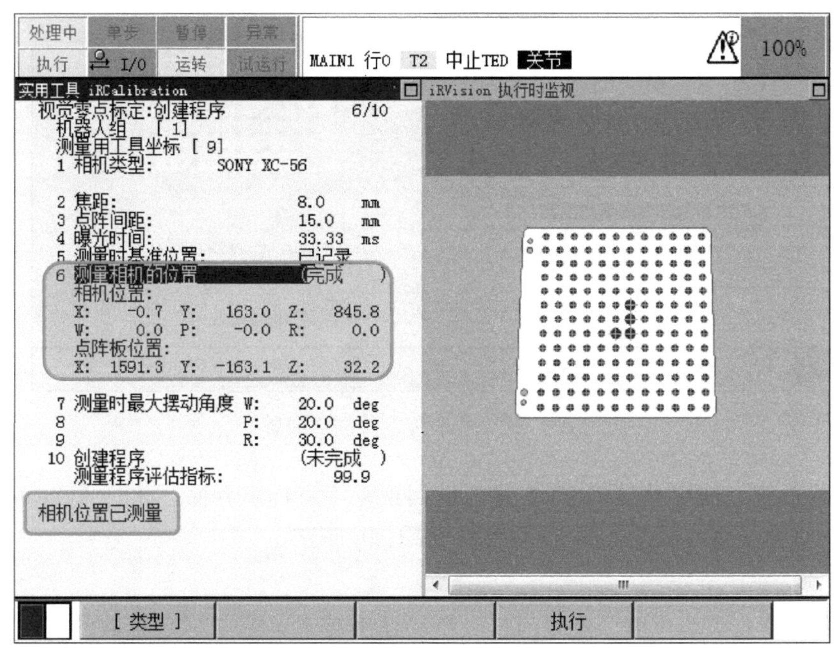

图 10.1.36　相机位置测量完成界面

注：

1）相机类型。一般与主板的 JRL7 端口或者复用器的 JRL7A 端口连接的 SONY XC-56 相机，选择 SONY XC-56。其余情况下，选择 iRVision 相机，再具体选择相应的相机名称。

2）测量时基准位置（可定为相机的拍照位置）。理想测量时的基准位置选取位姿为：J2 轴、J4 轴的角度在 0°附近；J3 轴的角度为负值；机器人的手腕法兰盘朝下。

3）测量相机的位置（即视觉 TCP 的位置）。在 T1 模式下，将机器人的速度倍率设置为 30％以下，开始测量相机位置。测量过程中，机器人将沿着 X、Y、Z 轴的正方向移动数厘米，再沿着 W、P、R 方向旋转 15°左右，进行多姿态的变化。

4）在测量过程中，需要持续按住【SHIFT】键，若在测量中松开【SHIFT】键，则从头开始重新开始测量。

4. 生成测量程序

(1) 设置测量时的最大摆动角度，建议范围：20°≤W，P≤45°，30°≤R≤45°。

(2) 光标定位至【Create Program】(创建程序)，按下【SHIFT】+F4【EXECUTE】(执行)，生成测量程序，如图 10.1.37 所示。

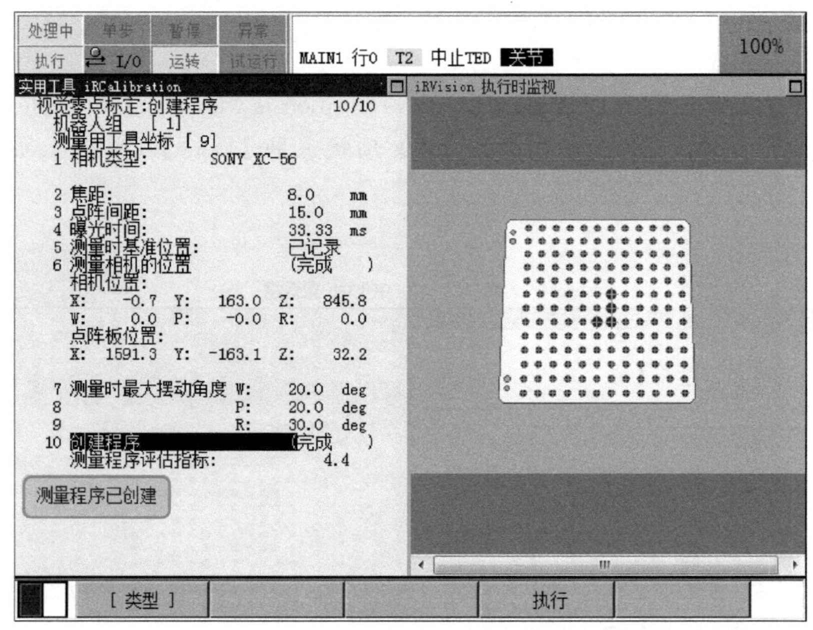

图 10.1.37 测量程序生成完成界面

(3) 程序创建完成后按【PREV】键，返回视觉零点标定界面，此时【Create Program】(创建程序) 项显示【Done】(完成)，如图 10.1.38 所示。

注：

1）测量时最大摆动角度。测量时最大摆动角度越大，零点标定参数的调整精度越好，但是所需的动作区域将越大，容易引起干涉。摆动角度建议不超过 45°，否则在测量过程中机器人可能到达极限位置而无法动作。

2）测量程序评估指标。测量程序评估指标越小，视觉零点标定结果精度越好（确保评估指标≤4.2）。当评估指标大于 4.2 时，可增大测量时最大摆动角度，再重新执行创建程序。如果增大测量时最大摆动角度后，评估指标依然大于 4.2，那么重新示教基准位置，从测量相机位置开始重新操作。

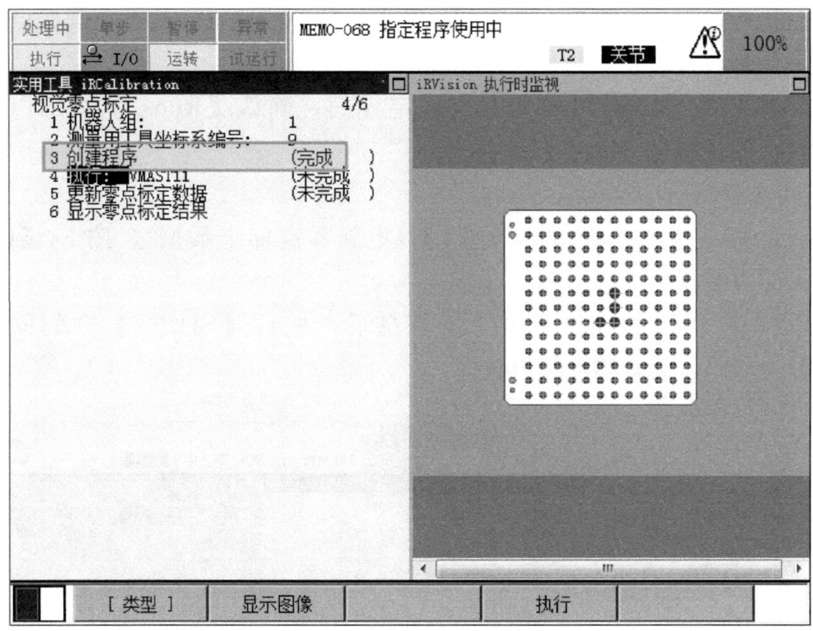

图 10.1.38　视觉零点标定界面

5. 执行测量程序

（1）将光标移至【Run：VMAST11】（执行：VMAST11）项，按 F4【EXECUTE】（执行），进入测量程序 VMAST11 的编辑界面。

（2）在 T1 模式下，使机器人速度倍率不超过 30%，执行测量程序：VMAST11，如图 10.1.39 所示。

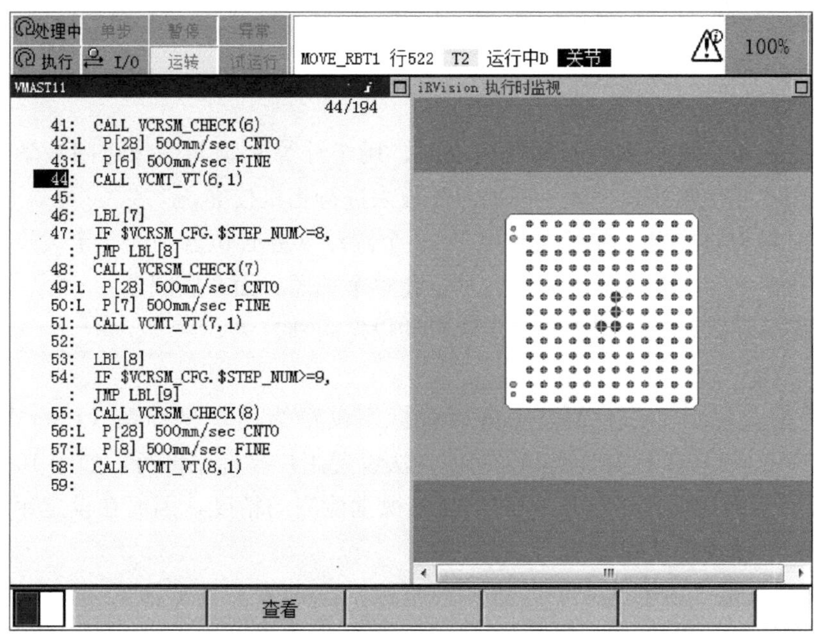

图 10.1.39　视觉零点测量程序界面

若程序在执行过程中，机器人无法到达其中的某个位置点。此时在确保点阵板在相机视野内，可示教修改该位置，并从该行继续执行测量程序。

（3）程序执行完毕，回到视觉零点标定界面，确认【Run：VMAST11】（执行：VMAST11）项的状态是【Done】（完成）。

6. 更新和显示零点标定数据

（1）将光标移至【Update Master CT】（更新零点标定数据），按 F4【EXECUTE】（执行），进入零点数据的更新界面。

（2）确认如图 10.1.40 所示的三项信息后，按住【SHIFT】键的同时按下 F3【UPDATE】（更新），更新零点标定数据。

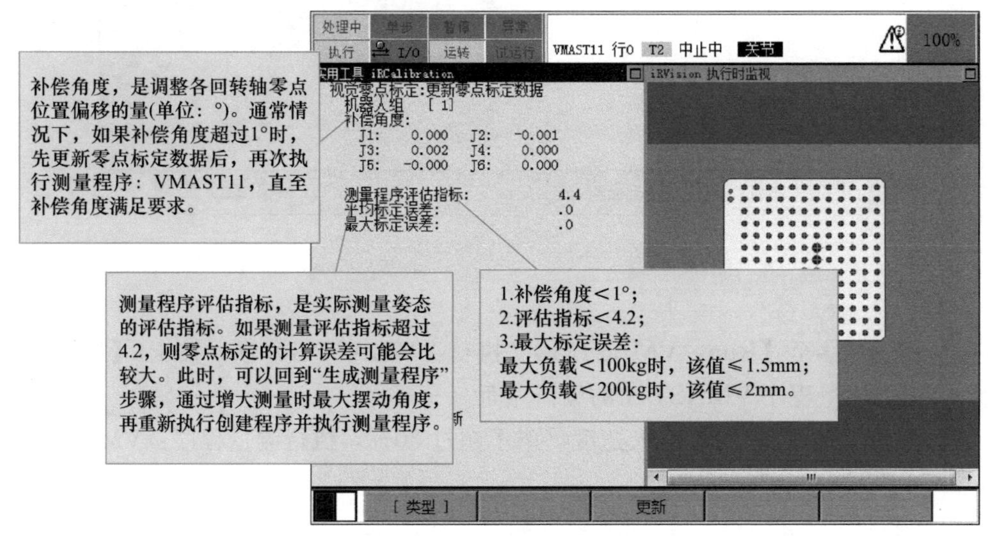

图 10.1.40 更新零点标定数据界面

（四）设定点阵板坐标系

点阵板坐标系是进行点阵板相机校准时，用于计算实物与图像之间数学关系的坐标系，一般选用比相机视野尺寸大一圈的点阵板来进行相机校准。

在校准时只需要检出点阵板上其中 7×7 个圆点（务必包含中间 4 个大点）即可确保精度，无需检出所有点。在此基础上，尽量让整个拍照界面布满圆点。

点阵板坐标系的设定，有手动设定和自动设定两种方法。

1. 手动设定

1）点阵板安装于工作台时，点阵板坐标系设定为用户坐标系（User Frame），如图 10.1.41 所示。以 TCP 为基点，采用四点法设置用户坐标系即可，如图 10.1.42 所示。TCP 的精度将会通过用户坐标系影响 Vision 视觉检测的精度，因而在设定用户坐标系之前要尽可能精准地设定 TCP。

2）点阵板安装于机器人上时，点阵板坐标系设定为工具坐标系（Tool Frame），如图 10.1.43 所示。TCP 基准针安装于固定支架上，以工具坐标系设置六点法（XZ 或 XY）任意一种方法，触碰记录如图 10.1.44 所示的 6 点。

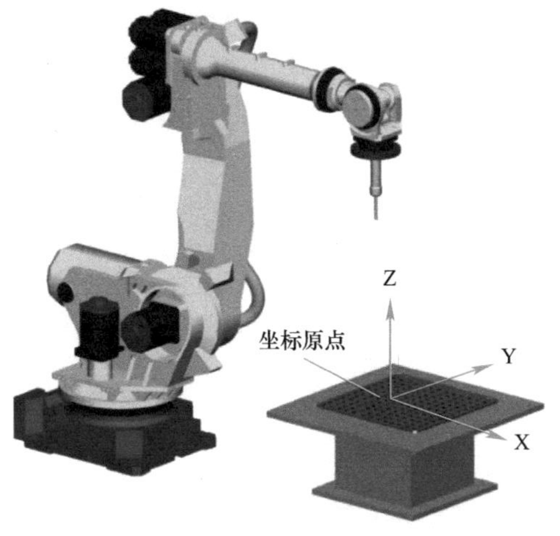

图 10.1.41　点阵板固定的坐标系手动设定

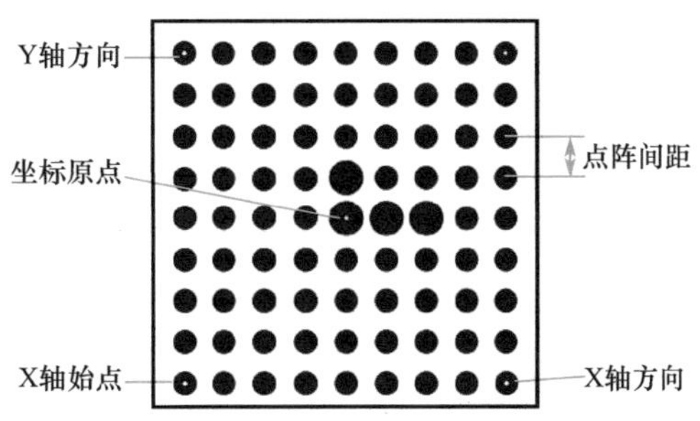

图 10.1.42　四点法设定用户坐标系示意图

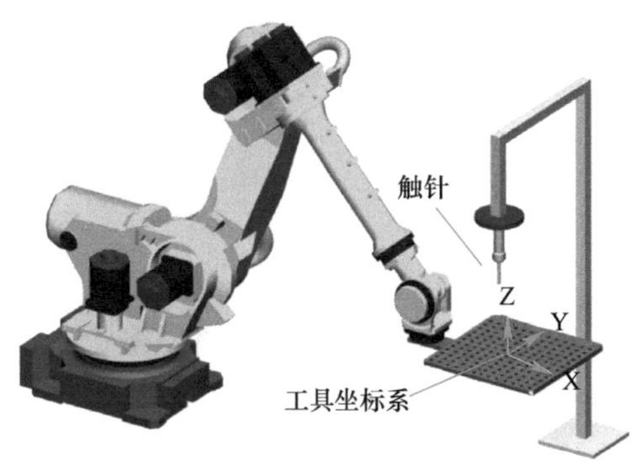

图 10.1.43　机器人手持点阵板的坐标系手动设定

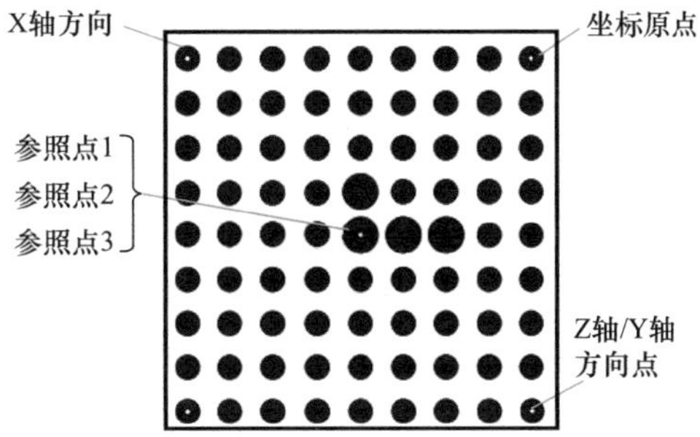

图 10.1.44　六点法设定工具坐标系示意图

注意：

1）以六点法（XZ）设定的工具坐标系，处于 X 轴旋转了 90°的姿态，所以需要用直接输入法将 W 值增加 90°进行修正。

2）设定完成后，需要进行 TCP 精度的检验，确认旋转中心落在点阵板中心。

2. 自动设定

6 轴机器人的点阵板坐标系可使用“点阵坐标系设置功能”自动设定。在“点阵坐标系设置功能”中，手持相机或者手持点阵板的机器人将会自动动作，在改变相机与点阵板之间的相对位置的同时进行多次反复测量，最后识别点阵板相对世界坐标系的位置或者点阵板相对 J6 轴法兰盘的位置。

使用“点阵坐标系设置功能”自动设定的点阵板坐标系，相比手动设定，具有操作简单、精度高等优点。安装点阵板：

(1) 点阵板固定于工作台时：固定于机器人的相机，自动动作改变相机与点阵板之间的相对位置，识别点阵板在世界坐标系中的位置，并将结果写入用户坐标系（User Frame）中，如图 10.1.45 所示。若相机固定，可另外准备相机安装于机器人上用于测量。

（2）机器人手持点阵板：机器人手持点阵板，自动动作改变点阵板与固定相机之间的相对位置，识别点阵板相对 J6 轴法兰盘的位置，并将结果写入工具坐标系（Tool Frame）中，如图 10.1.46 所示。若固定相机视野附近没有足够的动作空间，可另外准备相机用于测量。

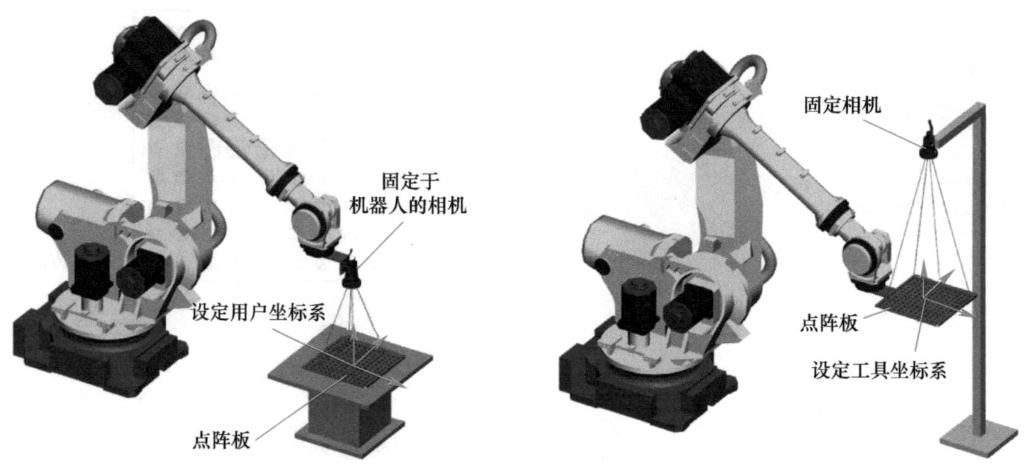

图 10.1.45　点阵板固定的坐标系自动设定　　图 10.1.46　机器人手持点阵板的坐标系自动设定

点阵板坐标系自动设定的操作步骤如下：

（1）按下【Menu】（菜单）键→选择【iRVision】→【Vision Utilities】（视觉工具），选择【Automatic Grid Frame Set】（点阵板坐标系设置），按下【ENTER】确认或 F3【DETAIL】（细节）进入设置界面，如图 10.1.47 所示。

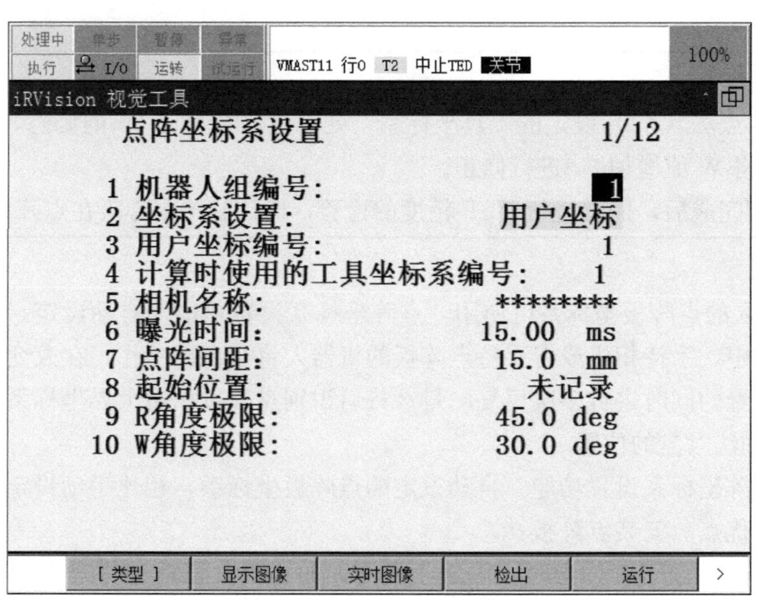

图 10.1.47　点阵坐标系设置界面

（2）按下 F2【DISP IMG】（显示图像）可显示当前的图像，如图 10.1.48 所示。

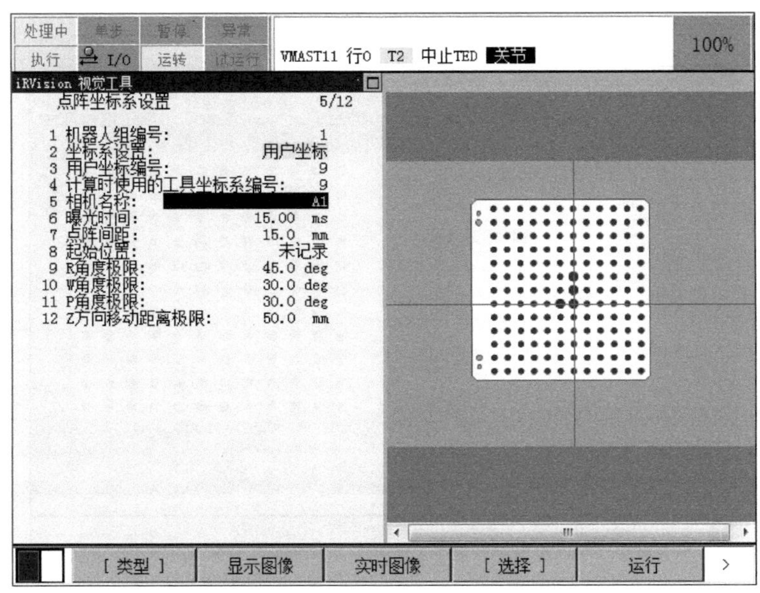

图 10.1.48　显示点阵板图像

（3）设定各项参数

1）坐标系设置：点阵板固定在工作台时，选择【用户坐标】，点阵板安装在机器人上时，选择【工具坐标】。

2）用户坐标系编号：指定要自动设定的用户坐标系编号，“坐标系设置”为工具坐标时，此项为“工具坐标系编号”。

3）计算时使用的工具坐标系编号：指定中间计算用的工具坐标系编号，选择一个未使用的工具坐标系即可。点阵板坐标系为工具坐标系时，此项无需设置。

4）相机名称：通过按下 F4【CHOICE】（选择），指定用于测量的相机。

5）曝光时间：指定读入图像时的曝光时间，使得点阵板上的黑色圆圈清晰可见。

6）点阵间距：设定所使用的点阵板的点阵间距。

（4）设定起始位置

将光标置于【Start Postion】（起始位置）上，移动机器人到设定的起始位置上，要求：

1）相机光轴基本垂直于点阵板平面。

2）点阵板与相机的距离应该是对好焦的距离，一般与进行相机校准时的距离相同。

3）点阵板的 4 个大圆点全部进入相机视野，尽量让点阵板布满整个相机视野，就算有一些小圆点拍不到也没关系。

机器人运动到适当的起始位置后，同时按下【SHIFT】键和 F4【RECORD】（记录），记录自动测量的起始位置，如图 10.1.49 所示。

> 注意：在设定点阵板坐标系至完成相机校准前，不可移动点阵板，点阵板与机器人的相对位置必须保持固定，否则要重新设定，重新校准！

（5）设定测量时机器人的动作范围极限，机器人的默认动作范围如下：

1）向 X、Y、Z 方向平移±50mm。

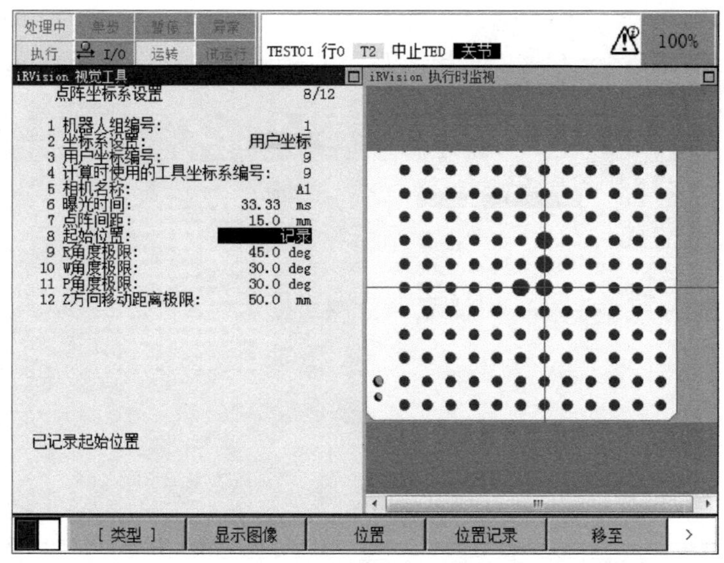

图 10.1.49　记录起始位置示意图

2）绕着相机光轴旋转±45°。

3）从机器人开始位置的相机光轴倾斜（WP）旋转±30°。

4）从与点阵板正对的相机光轴倾斜（WP）旋转±30°。

> 注意：测量前请确定机器人所在区域有无足够的动作空间，避免干涉。如果没有足够的动作空间，可以适当缩小机器人的动作范围。

（6）执行测量

同时按下【SHIFT】键和 F5【EXECUTE】（运行），机器人执行自动测量程序。测量正常结束后，显示“坐标系已更新”的提示，如图 10.1.50 所示界面。

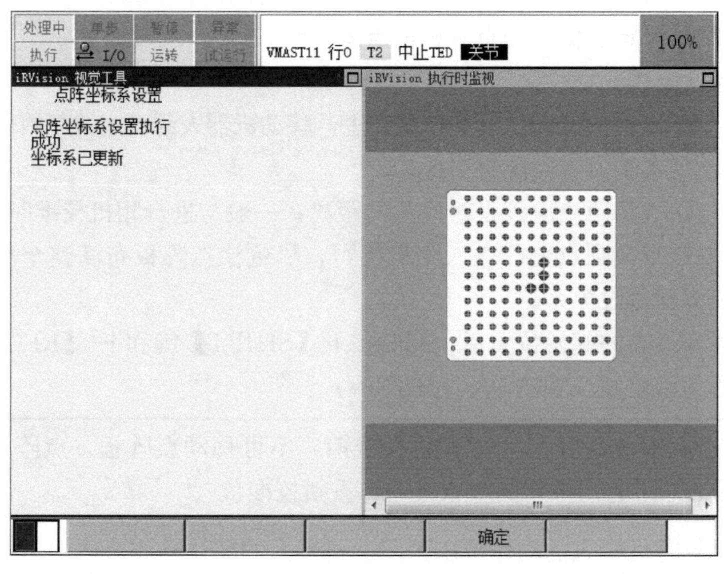

图 10.1.50　自动测量点阵板坐标系

按下 F4【OK】(确定)，完成点阵板坐标系的自动设置。

> 注意：机器人动作过程中，请注意干涉情况，建议使用较低的速度倍率，以免出现干涉。在测量程序执行完成前，请勿松开【SHIFT】键。

(7) 修改起始位置

自动测量执行结束后，机器人停止的位置，不仅相机光轴完全垂直于点阵板平面，并且点阵板原点刚好位于相机图像的中心上。将此位置保存，它将作为后续相机校准和机器人拍照的位置。因此，可以回到点阵板坐标系设置界面，将起始位置重新修改为当前的位置。

(五) 相机校准

相机校准的目的是矫正图像畸变和建立相机图像坐标与机器人坐标的数学关系，还原相机成像的物体在真实世界的位置。进行相机校准时，应确保相机光轴垂直于点阵板平面，推荐使用自动测量点阵板坐标系后的机器人停止位置。

1. 创建相机校准数据

在“示教和试验”(Vision Setup) 界面，点击“视觉类型”(VTYPE)，选择“相机校准”(Camera Calibration Tools)，如图 10. 1. 51 所示。

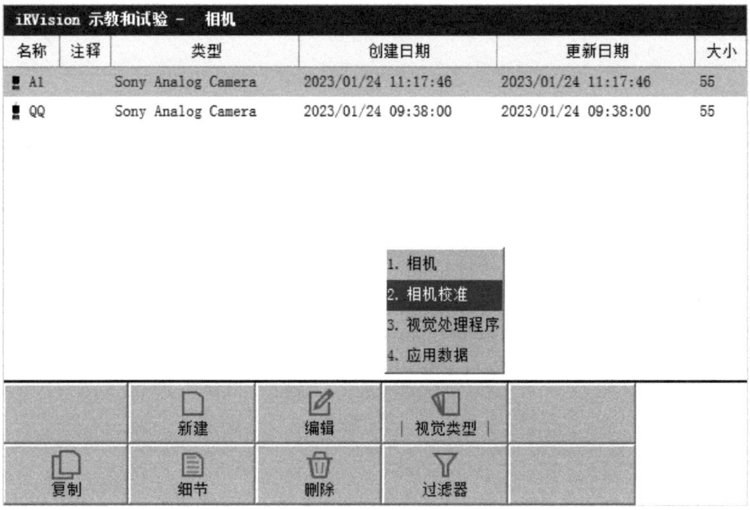

iRVision 示教和试验 - 相机

名称	注释	类型	创建日期	更新日期	大小
A1		Sony Analog Camera	2023/01/24 11:17:46	2023/01/24 11:17:46	55
QQ		Sony Analog Camera	2023/01/24 09:38:00	2023/01/24 09:38:00	55

1. 相机
2. 相机校准
3. 视觉处理程序
4. 应用数据

新建 编辑 视觉类型 复制 细节 删除 过滤器

图 10. 1. 51 选择相机校准视觉数据类型

点击“新建”(CREATE)，选择“点阵板校准工具”(Grid Pattern Calibration Tool)，输入相机校准数据名称，如图 10. 1. 52 所示。

注：

“机器人生成点阵校准工具”(Robot-Generated Grid Cal. Tool) 用于 30mm 点阵板在相机视野中很小，无法用点阵板进行校准的情况。

点击“确定”(OK)，完成相机校准数据的创建，如图 10. 1. 53 所示。

2. 设置相机校准参数

双击相机校准数据“A2”，进入如图 10. 1. 54 所示的点阵板校准工具界面。

iRVision 示教和试验 － 相机校准

创建新的视觉数据

类型：Grid Pattern Calibration Tool

名称：A2

注释：

确定 取消

图 10. 1. 52 选择点阵板校准工具

iRVision 示教和试验 － 相机校准

名称	注释	类型	创建日期	更新日期	大小
A2		Grid Pattern Calibration Tool	2023/01/26 17:42:32	2023/01/26 17:42:32	150

新建 编辑 ［视觉类型］

复制 细节 删除 过滤器

图 10. 1. 53 完成相机校准数据的创建

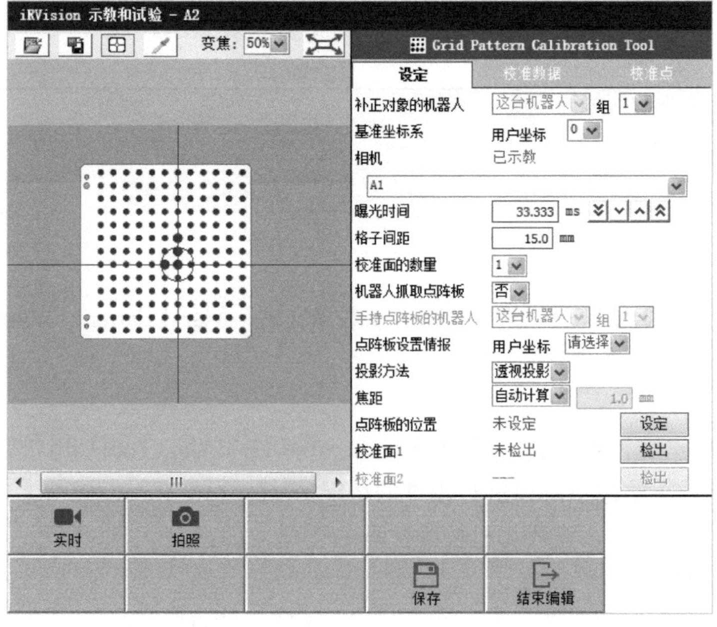

图 10. 1. 54 点阵板校准工具界面

3. 进行点阵板校准

点阵板校准相机的方法有：1 板法和 2 板法。以固定于机器人的相机为例：

(1) 1 板法校准

1）设定校准参数，然后点击“设定”（Set），设定点阵板的位置，如图 10. 1. 55 所示。

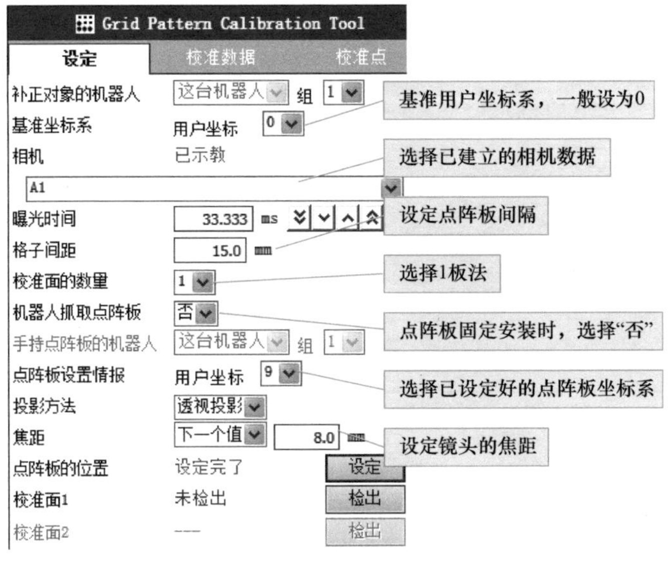

图 10. 1. 55　设定 1 板法校准参数

2）点击“拍照”（SNAP），再点击“检出”（Find）选项，进入如图 10. 1. 56 所示界面。

3）拖动红色方框，框选完整且清晰的黑色圆点区域（务必包含 4 个大点在内的 7×7 以上的范围），如图 10. 1. 57 所示。然后点击“确定”（OK），返回点阵板校准工具界面，如图 10. 1. 58 所示。

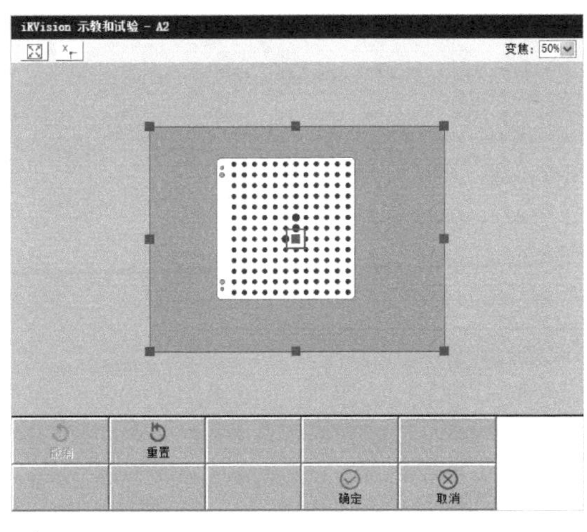

图 10. 1. 56　检测范围调整界面

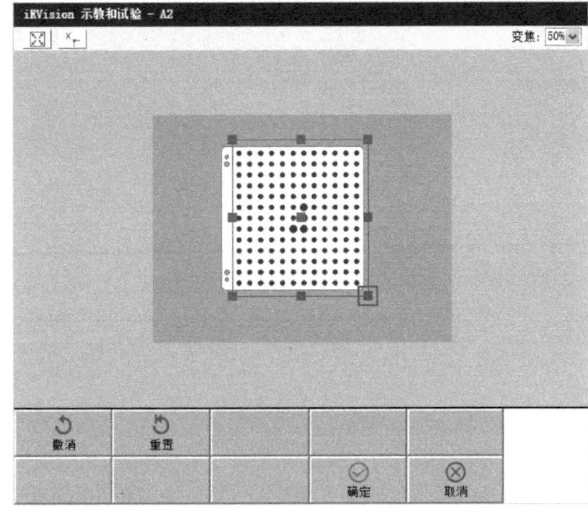

图 10. 1. 57　选定检测范围示意图

4）确认校准结果

正确完成校准时，点阵板校准工具由红色变为绿色。点击“校准点”（Points），显示校准点数据，如图 10.1.59 所示。

图 10.1.58　正确检出点阵板示意图

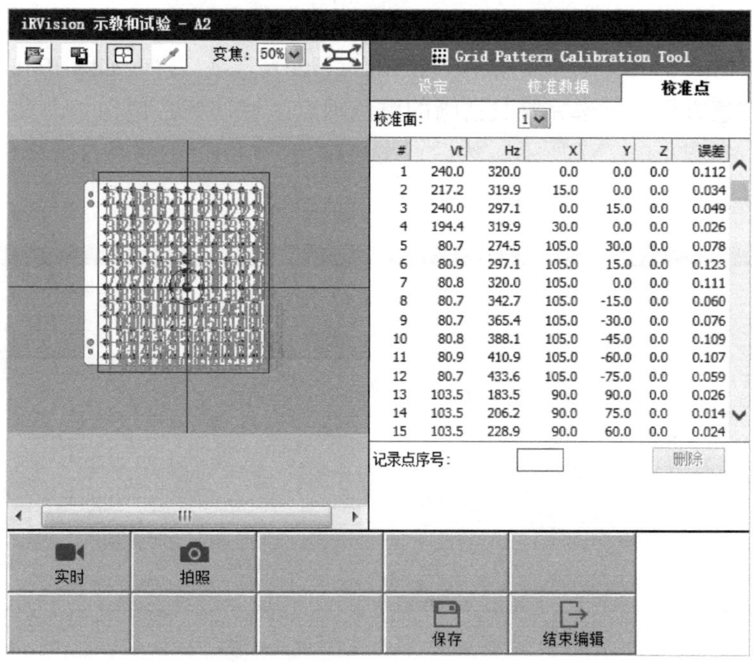

图 10.1.59　校准点界面

点击“误差”（Err），可对误差值进行排序，删除误差大于 0.5（像素）的值。删除过大的误差点后，校准数据将重新进行计算。

点击“校准数据”（Data），进入如图 10.1.60 所示的校准数据界面，确认该数据是否准确。

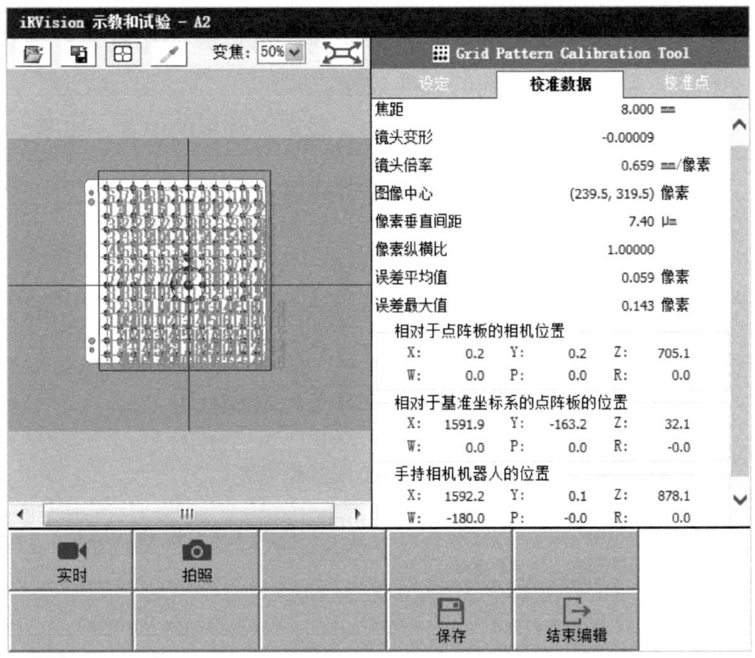

图 10.1.60　校准数据界面

若校准点和校准数据确认无误，点击“保存”（SAVE），再点击“结束编辑”（END EDIT），完成相机校准。此后，点阵板可移除。

注：

① 焦距：采用 1 板法校准时，焦距为手动输入的值。

② 镜头变形：即镜头失真度（镜头变形应小于 0.05）。

③ 镜头倍率：表示图像上 1 个像素相当于实物的多少毫米，可通过视野尺寸（mm）除以图像尺寸来求得。如：视野尺寸为 262mm×169mm，图像尺寸为 640pix×480pix，则镜头倍率为：262mm÷640pix=0.409mm/pix。如镜头倍率有误，请确认点阵板设置信息是否正确。镜头倍率随着相机的距离变化而变化，校准数据显示的镜头倍率为校准面附近的平均值。

④ 图像中心：确认是否在（240，320）±10%以内。

⑤ 像素垂直间距：图像中的像素大小（即相机的像素尺寸），此参数可通过相机参数查到，如 SONY XC-56 相机为 7.4μm。

⑥ 像素纵横比：SONY XC-56 相机为 1。

⑦ 误差平均值、最大误差值：请确认是否在允许的范围内。

⑧ 相对于点阵板的相机位置：相机相对点阵板坐标系的位置。

⑨ 相对于基准坐标系的点阵板的位置：点阵板相对于基准坐标系（默认为 User0）的位置。

⑩ 手持相机机器人的位置：机器人法兰面坐标系相对于基准坐标系的位置。只有当相机安装于机器人上时才有此项数据。

（2）2 板法校准

固定于机器人的相机或者机器人手持点阵板时，可以改变相机与点阵板之间的距离，使用 2 板法校准相机，能得到更准确的校准数据。

1）设定校准参数，然后点击“设定”（Set），设定点阵板的位置，如图 10.1.61 所示。

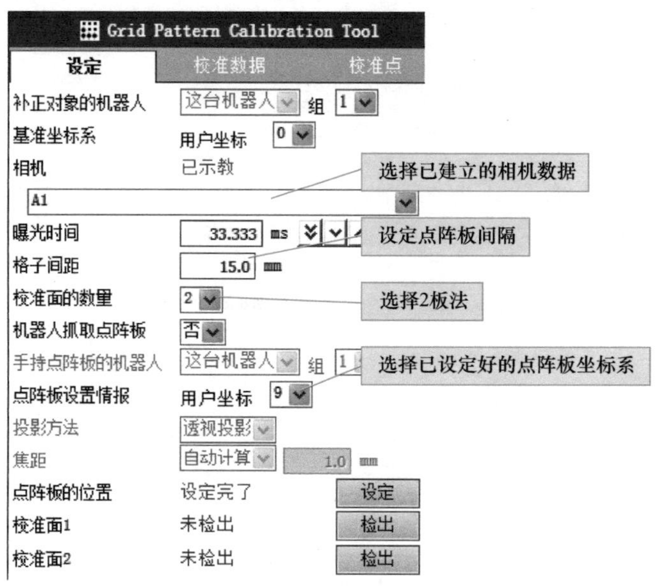

图 10.1.61　设定 2 板法校准参数

2）通过移动机器人改变相机与点阵板之间的距离，在相距 100～150mm 的 2 个位置上对点阵板进行成像检测（图 10.1.62），从而计算出校准数据。

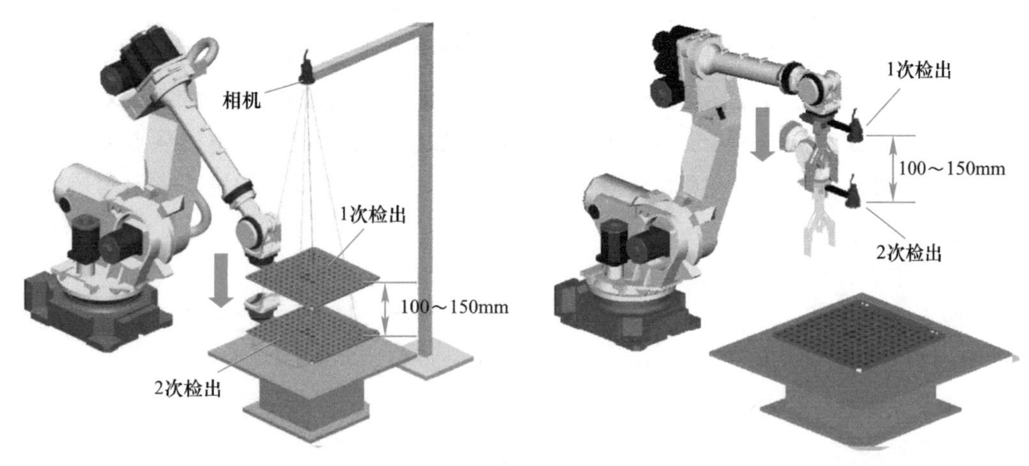

图 10.1.62　2 板法校准示意图

可通过创建如 TEST10_1. TP 的示例程序来记录 2 个拍照位置：

TEST10_1. TP	注释：
1：UFRAME_NUM=9	调用已设定好的点阵板坐标系
2：UTOOL_NUM=1	
3：J P[1：SNAP] 100% FINE	最佳拍照位置
4：PR[10]=LPOS-LPOS	将 PR[10] 中的直角坐标数据清 0
5：PR[10，3]=50	设置 Z 轴偏移量为 50mm
6：L P[1：SNAP] 100mm/sec FINE Offset，PR[10]	运动到第 1 个拍照位置
7：PAUSE	
8：PR[10，3]=(−50)	设置 Z 轴偏移量为−50mm
9：L P[1：SNAP] 100mm/sec FINE Offset，PR[10]	运动到第 2 个拍照位置
[END]	

3）运行上面的程序，将机器人移动到第 1 个拍照的位置上，点击“拍照”（SNAP），再点击“校准面 1”后面的“检出”（Find）选项，进入如图 10.1.63 所示界面。

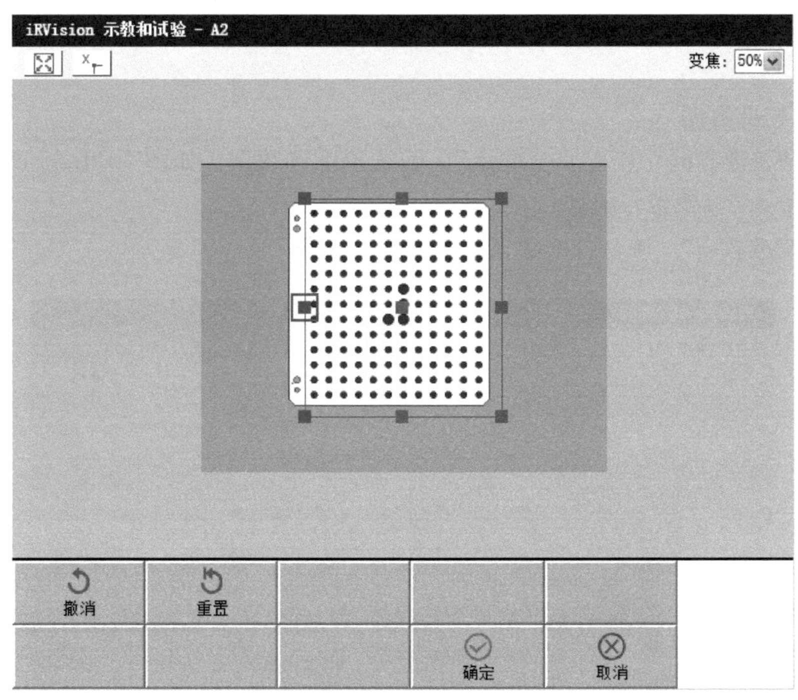

图 10.1.63　检测范围调整界面

拖动红色方框，框选完整且清晰的黑色圆点区域（务必包含 4 个大点在内的 7×7 以上的范围），然后点击“确定”（OK），返回点阵板校准工具界面。

4）继续运行程序，将机器人移动到第 2 个拍照位置上，点击“拍照”（SNAP），再点击“校准面 2”后面的“检出”（Find）选项。框选出适合的检出范围，然后点击“确定”（OK），返回如图 10.1.64 所示的点阵板校准工具界面。

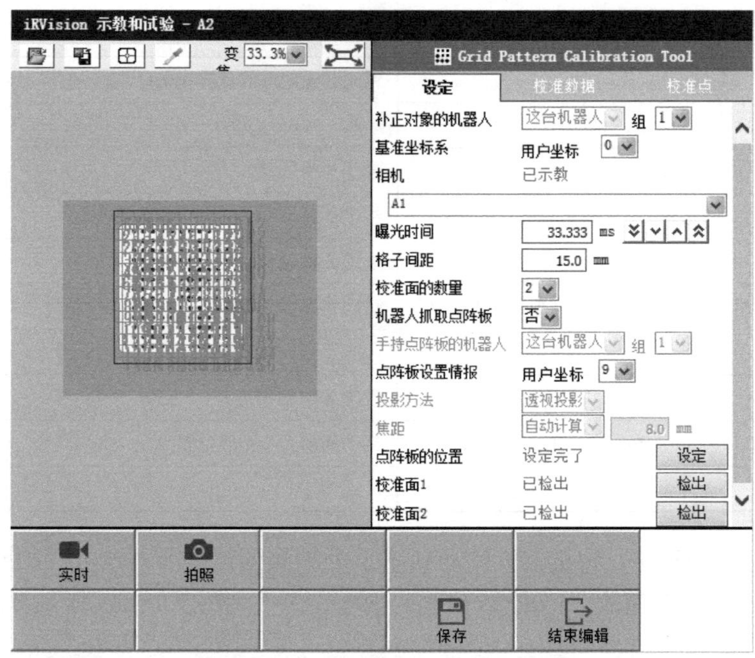

图 10.1.64　点阵板校准工具界面

5）确认校准数据

和 1 板法校准相同，点击“校准点”，确认校准点数据，如图 10.1.65 所示，删除校准面误差大于 0.5（像素）的点。

点击“校准数据”，确认校准数据是否准确，如图 10.1.66 所示。

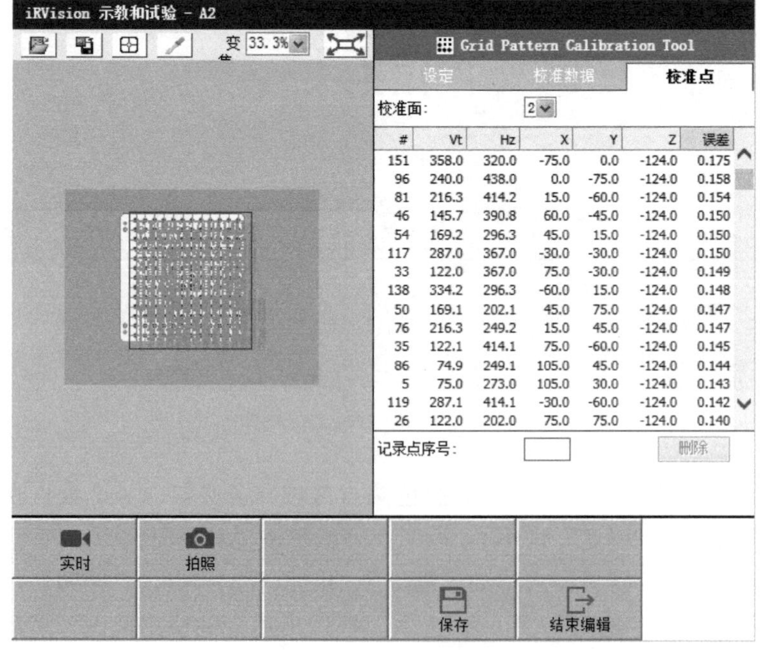

#	Vt	Hz	X	Y	Z	误差
151	358.0	320.0	-75.0	0.0	-124.0	0.175
96	240.0	438.0	0.0	-75.0	-124.0	0.158
81	216.3	414.2	15.0	-60.0	-124.0	0.154
46	145.7	390.8	60.0	-45.0	-124.0	0.150
54	169.2	296.3	45.0	15.0	-124.0	0.150
117	287.0	367.0	-30.0	-30.0	-124.0	0.150
33	122.0	367.0	75.0	-30.0	-124.0	0.149
138	334.2	296.3	-60.0	15.0	-124.0	0.148
50	169.1	202.1	45.0	75.0	-124.0	0.147
76	216.3	249.2	15.0	45.0	-124.0	0.147
35	122.1	414.1	75.0	-60.0	-124.0	0.145
86	74.9	249.1	105.0	45.0	-124.0	0.144
5	75.0	273.0	105.0	30.0	-124.0	0.143
119	287.1	414.1	-30.0	-60.0	-124.0	0.142
26	122.0	202.0	75.0	75.0	-124.0	0.140

图 10.1.65　校准面 2 的校准点界面

图 10.1.66 校准数据界面

2 板法校准时，焦距为自动计算的结果，计算出来的焦距与镜头标称焦距的差别应该在镜头焦距的±5%以内。校准数据、校准点确认无误后，点击“保存”（SAVE)→“结束编辑”（END EDIT)，相机校准完成。此后，可移除点阵板。

注：

对于相机固定且点阵板固定的情况，只能用 1 板法校准。

（六）视觉处理

2D 单视图检测（2D Single-View）视觉处理程序，是利用 1 次拍照检测工件的 2 维位置而对机器人动作进行补正的视觉程序，适用于 1 次拍照能完全拍到工件全部轮廓的场合。设定步骤如下：

1. 创建视觉处理程序

1）在“示教和试验”（Vision Setup）界面中，点击“视觉类型”（VTYPE），选择“视觉处理程序”（Vision Process Tools），如图 10.1.67 所示。

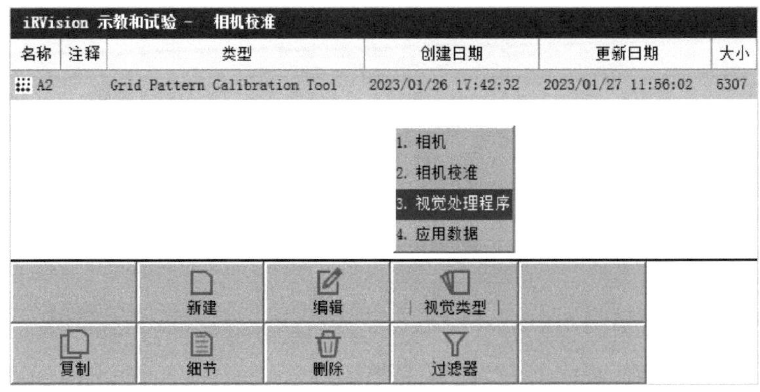

图 10.1.67 选择视觉处理程序示意图

2）点击“新建”（CREATE），选择“2D 单视图检测视觉处理程序”（2-D Single-View Vision Process Tools）类型，输入视觉数据名称，如图 10.1.68 所示。

图 10.1.68　选择视觉处理程序示意图

点击“确定”（OK），完成视觉处理程序数据的创建。

3）双击视觉处理程序名称“A3”，进入如图 10.1.69 所示界面。

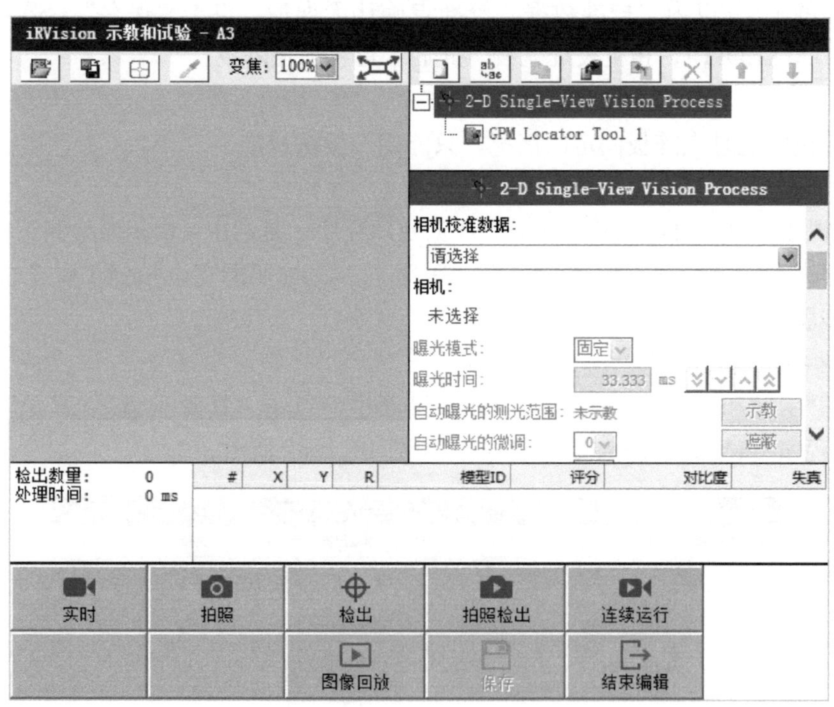

图 10.1.69　2D 单视图检测视觉处理程序界面

4）设置相关参数，如图 10.1.70 所示。

2. 示教图形匹配工具（GPM Locator Tool）

图形匹配工具（GPM Locator Tool）作为 iRVision 核心的图形处理工具，是从相机拍摄

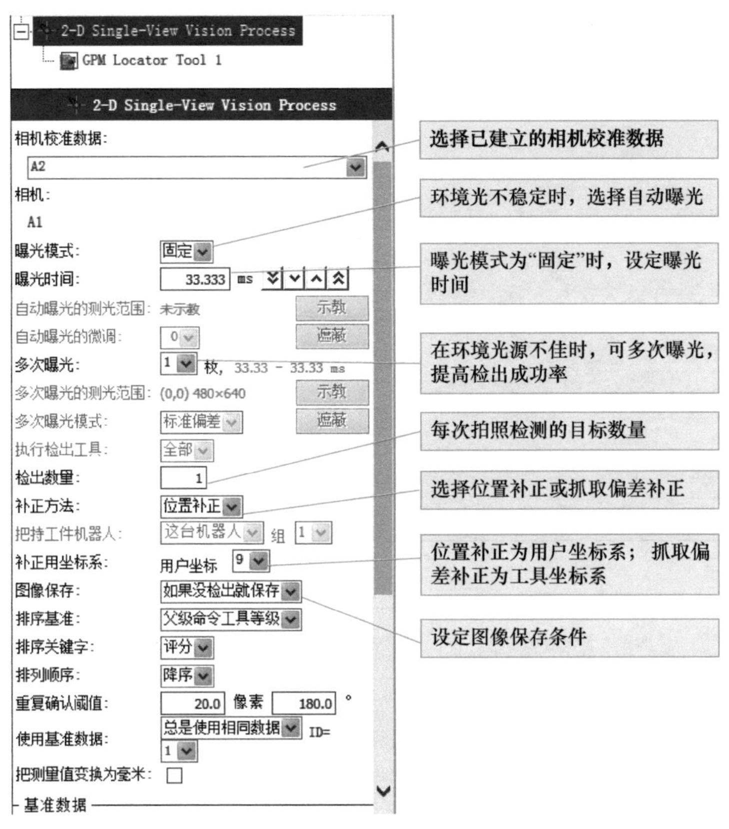

图 10.1.70　2D 单视图检测视觉处理程序的参数设置

的图像中检测出与预先示教好的模型图形相同的图形并输出该图形位置的检出工具。

1）点击列表中的“GPM Locator Tool”，将工件放置到相机视野中心，点击“拍照”（SNAP），捕捉图像，如图 10.1.71 所示。

2）示教模型

点击“模型示教”（Teach），显示编辑界面，如图 10.1.72 所示。

拖动红色方框，框选需要示教的工件图像，然后点击“确定”（OK），出现如图 10.1.73 所示界面。

系统会从位置、角度、大小三个方面评估模型的性能是否可用：

① 良：可稳定地进行检出。

② 可：可以进行检出，但不稳定。

③ 差：无法检出。

模型性能若出现“可”，则可以使用“关注区域”或者重新示教模型。出现“差”，请重新示教模型。

3）设置模型原点

模型原点：以数值来表示已检出的图形位置的代表点。在显示检出结果时，检出的图形的位置坐标值（Vt，Hz）即是模型原点的位置，并会在该处显示“十”字。

点击“更改原点”，可手动设定模型的原点；若模型是对称的，可点击“中心原点”，

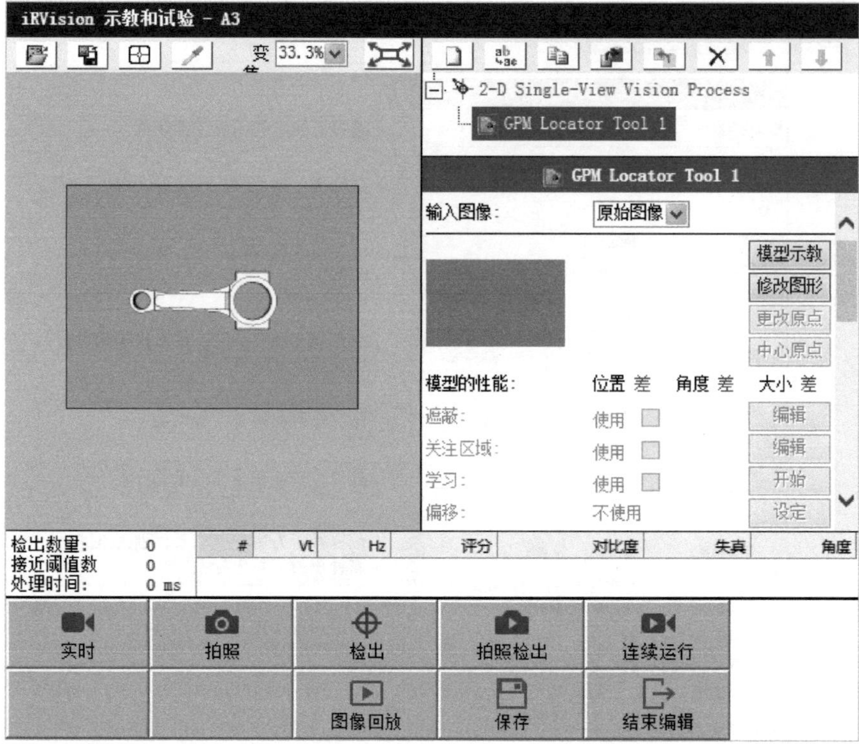

图 10.1.71　图形匹配工具界面

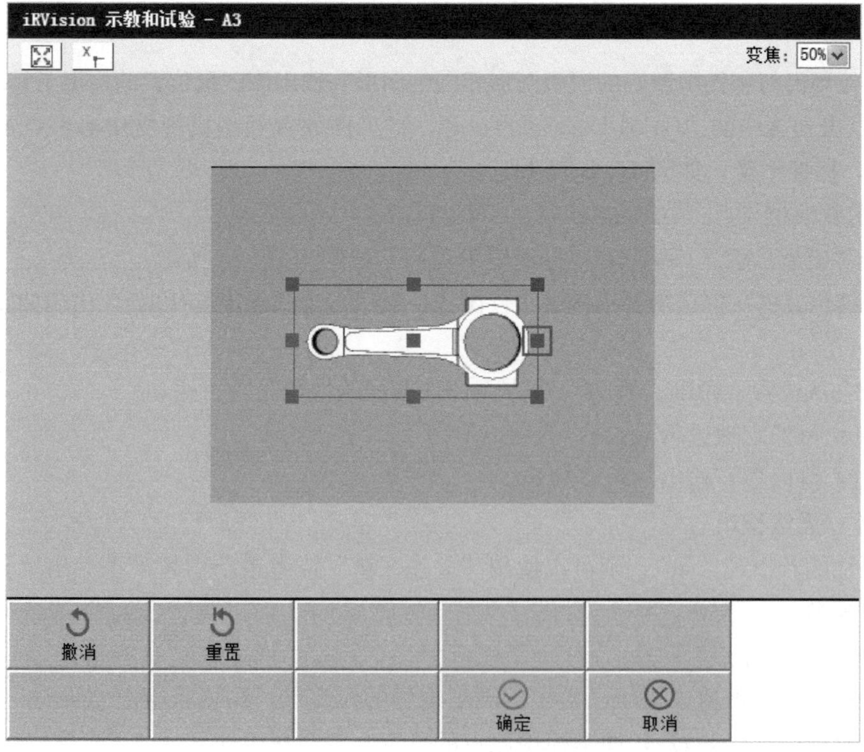

图 10.1.72　模型示教编辑界面

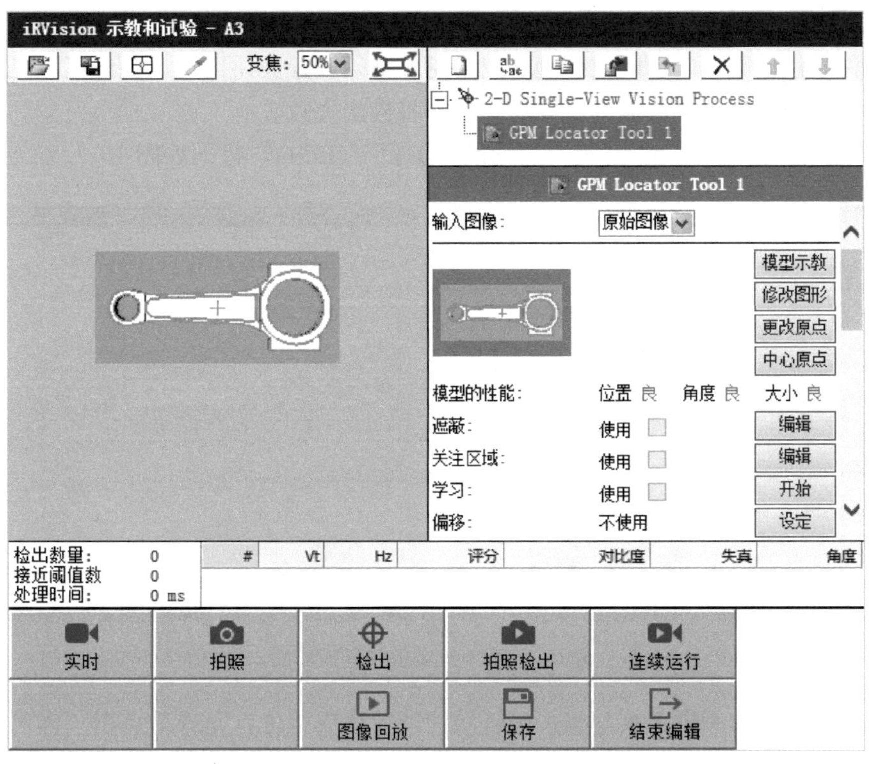

图 10.1.73　模型的性能评估示意图

将原点设定在模型的旋转中心上。

4）编辑遮蔽区域

如果模型上有任何不需要的特征，或者在其他工件上找不到的特征或污点，可以通过使用遮蔽区域将这些不要的特征去掉。

点击“遮蔽”（Training Mask）后面的“编辑”（Edit），进入如图 10.1.74 所示界面。

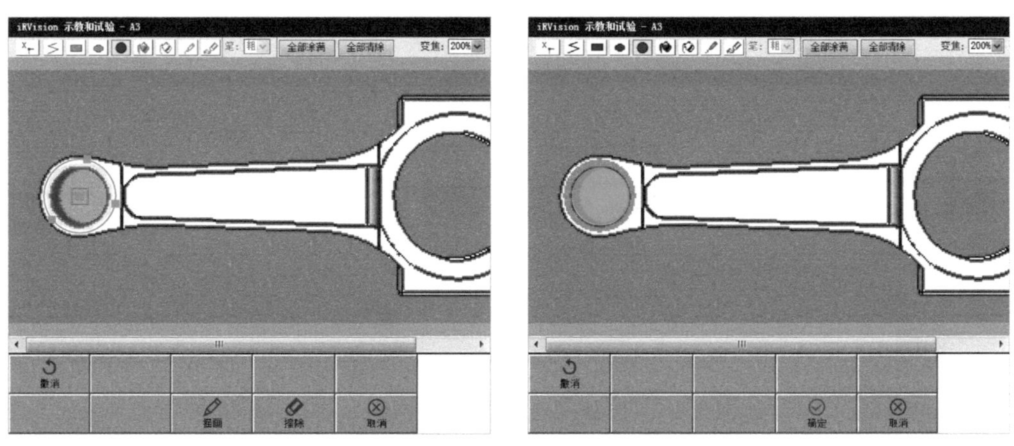

图 10.1.74　训练遮蔽区域界面

使用界面上方的编辑工具，将不需要的特征涂成红色，完成后点击“确定”（OK）。

5）设置关注区域

当工件的位置或方向不能准确判断出来时，必须设置关注区域。关注区域是工件的关键特征，若检测不到关注区域的特征，该工件将检出失败。

点击“关注区域”（Emphasis）后面的“编辑”（Edit），进入如图 10.1.75 所示界面。

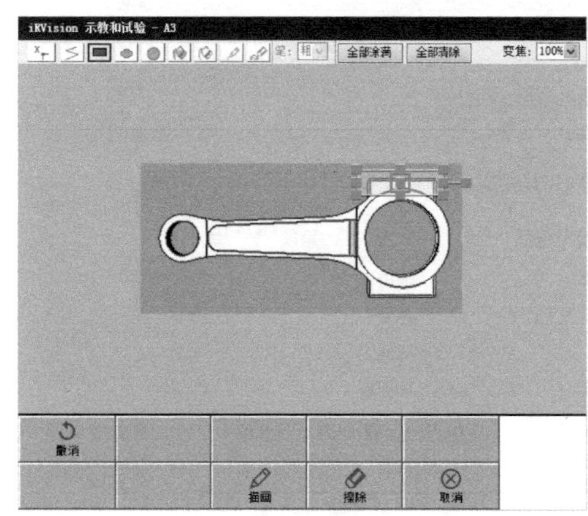

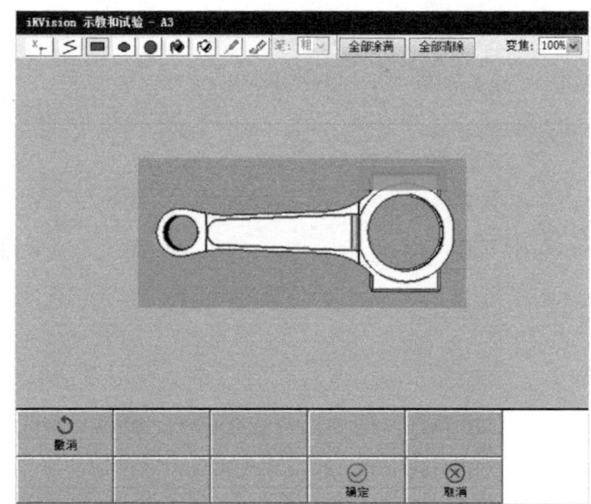

图 10.1.75　训练关注区域界面

使用界面上方的编辑工具，将关注区域的特征涂成蓝色，完成后点击“确定”（OK），返回图形匹配工具界面，如图 10.1.76 所示。

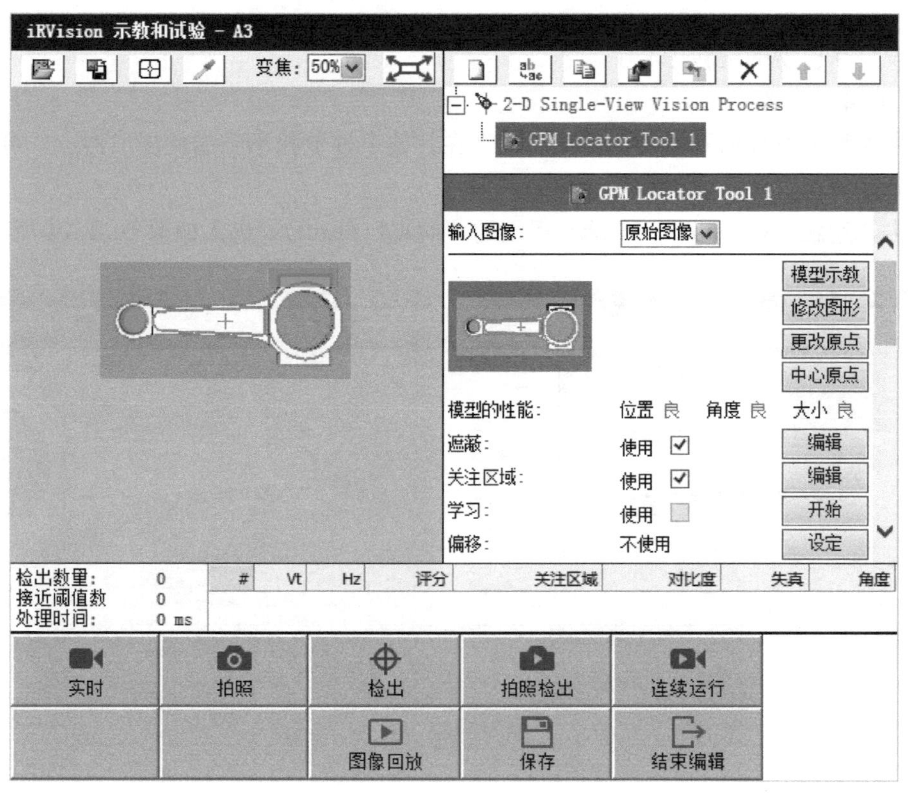

图 10.1.76　图形匹配工具界面

6）调整检出参数，如图 10.1.77 所示。

注：

① 模型 ID：如果有多个模型被示教，需要给每个模型设定一个唯一的 ID 号，以区分被检出的工件属于哪个模型的。

② 评分的阈值：检出结果的正确度（满分是 100 分），分数大于等于此值时，工件被成功检出；低于此值时，检出失败。设置范围为 10～100，分数设定越低，检测结果越不准确。

③ 对比度的阈值：指定检出对象的对比度极限，默认值为 50。设定较小的值时，能检测出看不太清楚的物体，但会耗费比较长的时间。错误检测出污点等对比度较低的部分时，可尝试调高此值。

④ 重叠领域：当检测对象之间的重叠比率大于此值时，判断为重叠，只留下评分高的结果，评分低的检出结果会被删除。重叠比率由模型的外框长方形重叠面积来决定，默认值为 75%，若设定为 100%，即使完全重叠，检出结果也不会被删除。

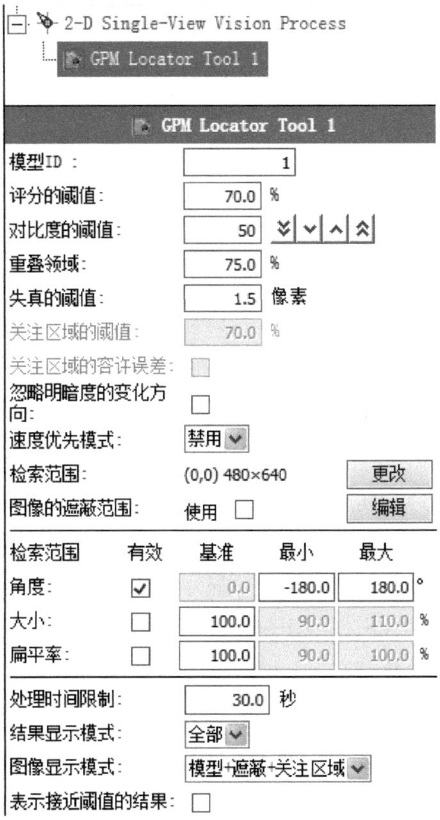

图 10.1.77　检出参数调整示意图

⑤ 失真的阈值：通过像素值指定被检测的物体相对于示教模型在几何形状上的偏差值，设置值越大，检测结果越不准确。

⑥ 关注区域的阈值：指定只在关注区域以多大的评分进行检出的阈值。

⑦ 关注区域的容许误差：勾选该项时，即使关注区域相对于整个模型的位置有 2～3 个像素的偏差也允许。

⑧ 忽略明暗度的变化方向：明暗度的变化方向即对象物和背景哪个更亮。如果忽略明暗度的变化方向，则两个图形都能检出。

⑨ 检索范围：指定进行检索的图像上的范围，检索范围越小，处理速度越快，默认为整个拍摄范围。点击“更改”可重新设定检索范围。

⑩ 图像的遮蔽范围：以任意形状指定不希望在检索范围内处理的区域。

⑪ 检索范围——角度：指定检索对象相对于模型的旋转角度范围，范围越小，检测速度越快。如果不勾选此项，检测时不允许有旋转。

⑫ 检索范围——大小：指定检索对象相对于模型的大小比例，以模型的大小为 100%，可以设定的范围为 25%～400%。设定范围越小，处理速度越快。若不勾选此项，检测对象的大小必须与模型一样才能检出。

⑬ 检索范围——扁平率：指定检测对象的扁平率，以模型的扁平率为 100%，可以设定的扁平率范围是 50%～100%。设定范围越小，处理速度越快。不勾选此项时，检测对

象的扁平率需与模型的扁平率一样时才能检出。

⑭ 处理时间限制：设定检测的超时时间，检测时间超出此项设定的时间时，结束检测，显示检测失败。若设置为 0，则没有检测时间限制。

⑮ 结果显示模式：选择在执行程序时将检出结果显示于图像上的方式：

A. 全部——显示模型原点的位置、模型的特征点和模型的长方形。

B. 原点＋特征——只显示模型原点的位置和模型的特征点。

C. 原点＋长方形——只显示模型原点的位置和模型的长方形。

D. 原点——只显示模型原点的位置。

E. 无——什么也不显示。

⑯ 图像显示模式：选择编辑界面上显示图像的模式：

A. 图像——只显示相机图像。

B. 图像＋结果——显示图像和检出试验的结果。

C. 图像＋图像的特征——显示相机图像和图像中的特征点。

D. 模型——显示已示教的模型图形，特征点以绿色显示，关注区域以蓝色显示。

E. 模型＋遮蔽＋关注区域——在已被示教的图形中，显示关注区域中指定了遮蔽的重叠部分。

⑰ 表示接近阈值的结果：未检出的工件中，如有评分、对比度、角度、大小等恰好在设定范围外而未检出的工件，显示该结果（图像上以红色的四角显示）。

3. 设定工件高度和基准位置

当工件的检出面偏离补正用坐标系的 XY 平面时，需要正确设定工件的高度，如图 10. 1. 78 所示。

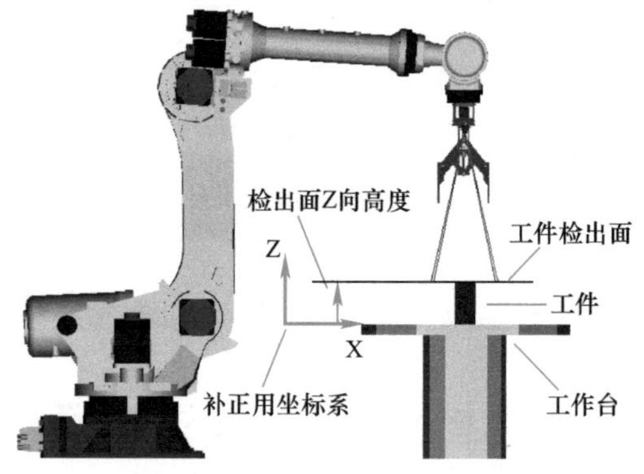

图 10. 1. 78　工件高度偏离补正用坐标系示意图

1）点击“2-D Single-View Vision Process”，在“检出面 Z 向高度”中输入工件检出面相对补正用坐标系 XY 平面的 Z 方向数据（工件的实际高度），如图 10. 1. 79 所示。

2）点击“拍照检出”（SNAP＋FIND），显示检测结果，如图 10. 1. 80 所示。

3）成功检出工件后，点击“基准位置”（Ref. Pos. Status）后面的“设定”（Set），设定工件的基准位置，如图 10. 1. 81 所示。

4）点击“保存”（SAVE），完成视觉处理程序的示教。点击“结束编辑”（END EDIT），退出视觉处理程序示教界面。

> 注意：
>
> ① 须保证在基准位置时，相机光轴与工件检测面垂直。
>
> ② 若相机安装于机器人上，可将此位置作为以后拍照捕捉工件时的位置。
>
> ③ 在完成机器人视觉程序示教之前，不可移动工件的位置，否则需重设基准位置。

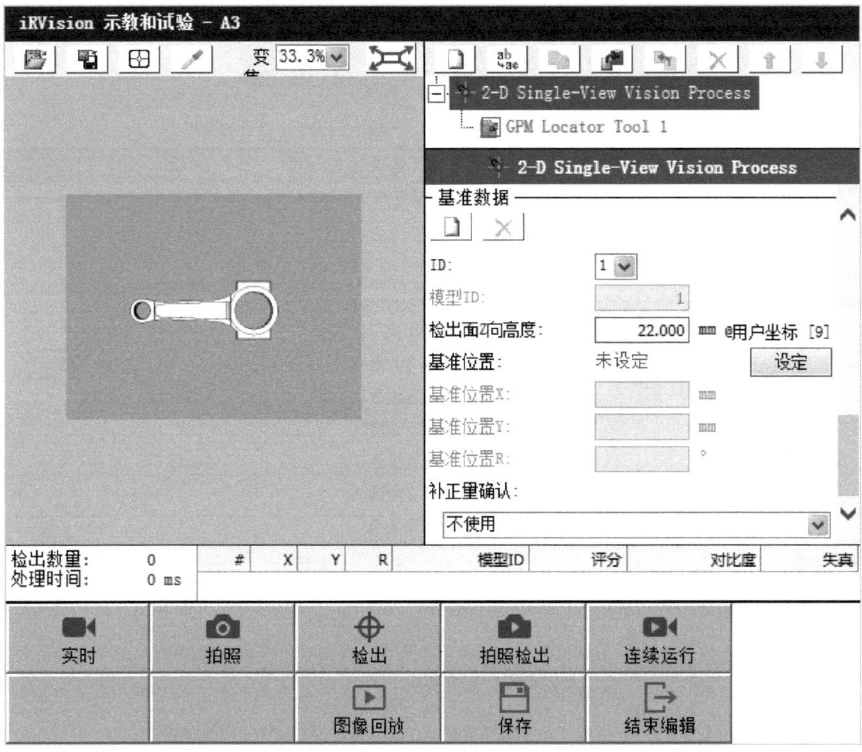

图 10. 1. 79　设定检出面 Z 向高度

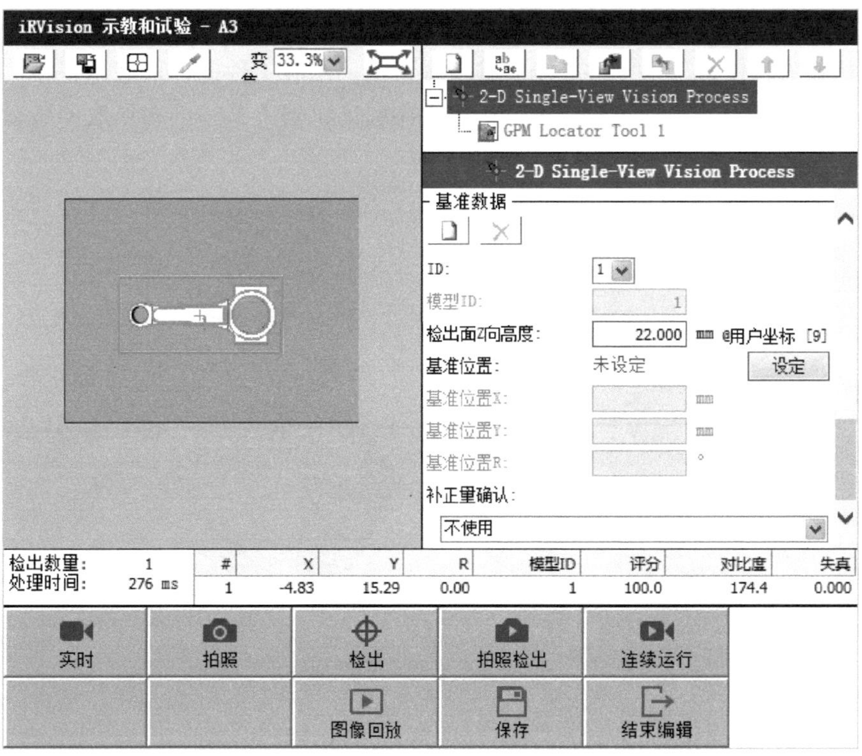

图 10. 1. 80　拍照检出工件

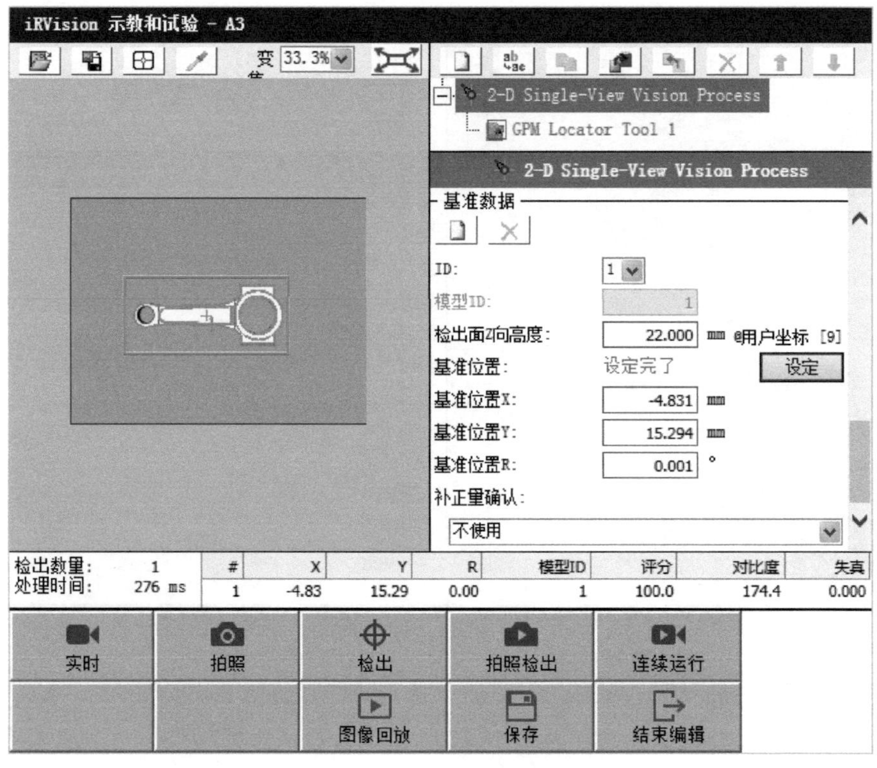

图 10.1.81　设定基准位置

（七）示教机器人视觉程序

创建机器人程序，确保工件处于基准位置不动，示教工件的抓取搬运程序，然后添加相关的视觉程序指令。移动工件位置，运行程序验证机器人是否准确抓取和搬运工件，如图 10.1.82 所示。

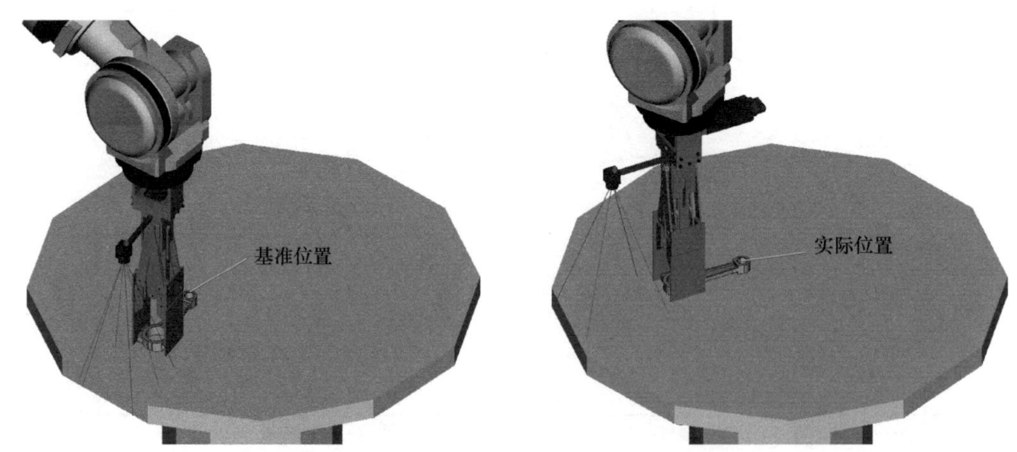

图 10.1.82　验证机器人视觉程序示意图

机器人视觉程序示例如下：

(1) 一次拍照识别一个工件，并检测其实际位置与基准位置的偏移量，补正机器人的抓取位置进行搬运，示例程序如 TEST10_2. TP 所示。

TEST10_2. TP	注释：检测工件位置并搬运
1：UFRAME_NUM=0	
2：UTOOL_NUM=1	
3：J PR[1：HOME] 100% FINE	
4：J P[1：SNAP] 100% FINE	拍照位置
5：WAIT 0.50(sec)	等待相机稳定
6：VISION RUN_FIND 'A3'	启动视觉处理程序 A3，拍照检出
7：VISION GET_OFFSET 'A3' VR[1] JMP LBL[1]	取得检出结果存入 VR[1]，若失败则跳转至 LBL[1]
8：J P[2] 100% FINE VOFFSET,VR[1]	移动到抓取接近点
9：L P[3] 100mm/sec FINE VOFFSET,VR[1]	移动到工件抓取点
10：CALL PICKUP	调用抓取工件子程序
11：L P[2] 100mm/sec FINE VOFFSET,VR[1]	
12：J P[4] 100% FINE	
13：L P[5] 100mm/sec FINE	移动到工件放置点
14：CALL DROP	调用放置工件子程序
15：L P[4] 100mm/sec FINE	
16：J PR[1：HOME] 100% FINE	返回安全位置
17：END	
18：LBL[1]	
19：UALM[1]	检出失败，发出用户报警
[END]	

（2）一次拍照识别不同工件类型中的一种工件，并检测其实际位置与基准位置的偏移量，补正机器人的抓取位置进行搬运，示例程序如 TEST10_3. TP 所示，视觉处理程序如图 10.1.83 所示。

TEST10_3. TP	注释：
1：UFRAME_NUM=0	
2：UTOOL_NUM=1	
3：J PR[1：HOME] 100% FINE	
4：J P[1：SNAP] 100% FINE	拍照位置
5：WAIT 0.50(sec)	等待相机稳定
6：VISION RUN_FIND 'A4'	启动视觉处理程序 A4，拍照检出

续表

TEST10_3. TP	注释：
7：VISION GET_OFFSET 'A4' VR[1] JMP LBL[1]	取得检出结果存入 VR[1]，若失败则跳转至 LBL[1]
8：R[1]=VR[1]. MODELID	取得工件模型 ID 存入 R[1]
9：IF R[1]=1，CALL PART01	模型 ID 为 1，调用 PART01 子程序
10：IF R[1]=2，CALL PART02	模型 ID 为 2，调用 PART02 子程序
11：J PR[1：HOME] 100% FINE	返回安全位置
12：END	
13：LBL[1]	
14：UALM[1]	检出失败，发出用户报警
[END]	

PART01. TP	注释：工件类型 1 的搬运
1：J P[1] 100% FINE VOFFSET，VR[1]	1#工件抓取接近点
2：L P[2] 100mm/sec FINE VOFFSET，VR[1]	1#工件抓取点
3：HAND_CLOSE1	抓取 1#工件
4：L P[1] 100mm/sec FINE VOFFSET，VR[1]	
5：J P[3] 100% FINE	1#工件放置接近点
6：L P[4] 100mm/sec FINE	1#工件放置点
7：HAND_OPEN1	放置 1#工件
8：L P[3] 100mm/sec FINE	
[END]	

PART02. TP	注释：工件类型 2 的搬运
1：J P[1] 100% FINE VOFFSET，VR[1]	2#工件抓取接近点
2：L P[2] 100mm/sec FINE VOFFSET，VR[1]	2#工件抓取点
3：HAND_CLOSE2	抓取 2#工件
4：L P[1] 100mm/sec FINE VOFFSET，VR[1]	
5：J P[3] 100% FINE	2#工件放置接近点
6：L P[4] 100mm/sec FINE	2#工件放置点
7：HAND_OPEN2	放置 2#工件
8：L P[3] 100mm/sec FINE	
[END]	

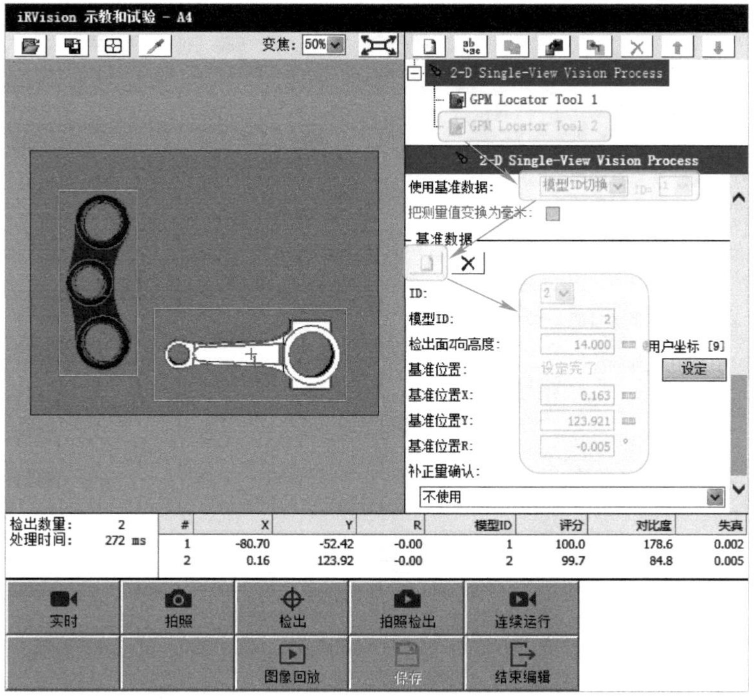

图 10.1.83　一次拍照检出 2 种工件类型的视觉处理程序

注：

(1) 视觉寄存器 VR[i]

视觉寄存器 VR[i]是用于存储 iRVision 检出结果的专用寄存器，1 个 VR 存储 1 个检出工件的数据。按下【DATA】(数据) 键→F1【TYPE】(类型)，选择“视觉寄存器”(Vision Reg)，显示视觉寄存器列表界面，如图 10.1.84 所示。

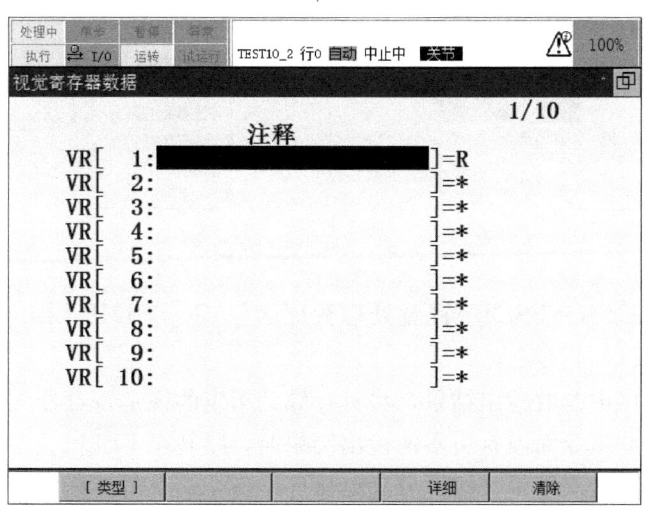

图 10.1.84　视觉寄存器列表

按下 F4【DETAIL】(详细) 可显示视觉寄存器数据的详细界面，如图 10.1.85 所示。

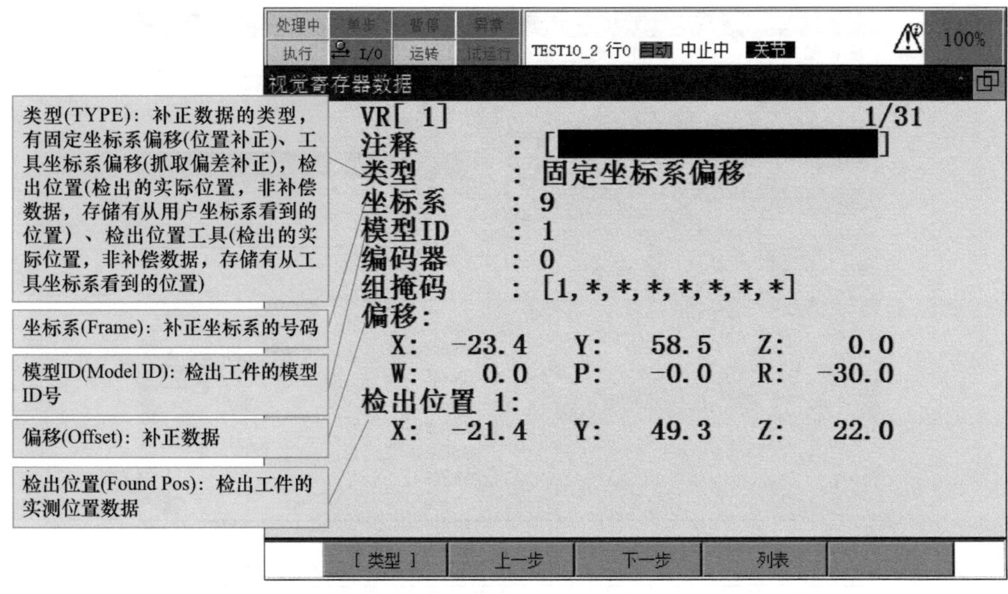

图 10.1.85　视觉寄存器数据

（2）常用视觉程序指令

1）VISION RUN_FIND'视觉处理程序名'：“进行检出”（RUN_FIND）指令。

启动视觉处理程序并拍照检出，当视觉处理程序包含多个相机视图时，可在该指令后面使用附加相机视图指令 CAMERA_VIEW[i]，如：VISION RUN_FIND'视觉处理程序名' CAMERA_VIEW[i]。通过在程序编辑界面中按下 F1【INST】(指令)→选择“VISION”（视觉)→“RUN_FIND”（进行检出）进行指令的添加，如图 10.1.86 所示。

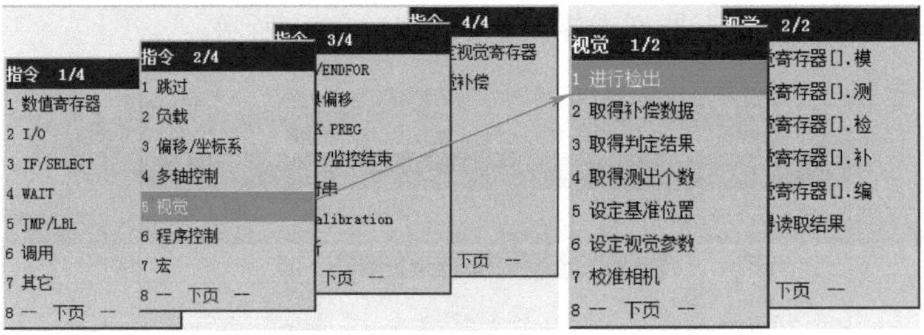

图 10.1.86　添加进行检出指令

2）VISION GET_OFFSET '视觉处理程序名' VR[i] JMP LBL[a]：“取得补偿数据”（GET_OFFSET）指令。

从视觉处理程序中读取检出结果，将其存储到指定的视觉寄存器 VR[i]中。若没有检出结果或反复执行此指令而没有更多的检出结果时，跳转至 LBL[a]。当检出多个工件时，反复执行这条指令可依次取得（按评分高低排序）各个工件的补偿数据。

3）VOFFSET，VR[i]：“视觉补偿，视觉寄存器”指令。

视觉补偿指令是附加在机器人动作指令上的附加指令，如图 10.1.87 所示。对机器人示教位置进行视觉补正，使机器人运动到工件的实际位置上（补正后的位置＝工件的实际位置)。

视觉补偿指令有 2 种形式：

① 直接视觉补偿

L P[3] 100mm/sec FINE VOFFSET,VR[1]

② 间接视觉补偿

VOFFSET CONDITION VR[1]　　//视觉补偿条件指令

……

L P[4] 100mm/s FINE VOFFSET　//视觉补偿

视觉补偿指令的基本用法跟 OFFSET,PR[i]和 TOOL_OFFSET，PR[i]类似，但视觉补偿指令无需考虑程序中所用的用户或工具坐标系是哪一个，也与当前有效的用户或工具坐标系无关，只会按照 iRVision 计算补偿数据的坐标系（即视觉寄存器中的补正坐标系）进行补正。

4) R[i]=VR[i]. MODELID："视觉寄存器 . 模型"（VR[i]. MODELID）指令。

将检出工件的模型 ID 号复制到 R[i]寄存器中，用于有多个模型 ID 的视觉程序，指令添加如图 10. 1. 88 所示。

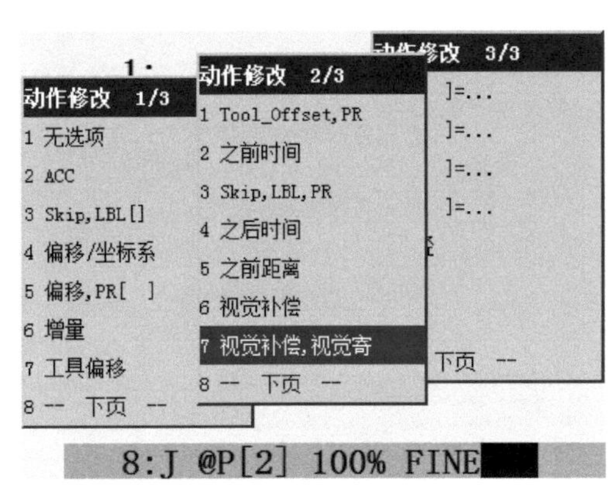

图 10. 1. 87　添加视觉补偿指令

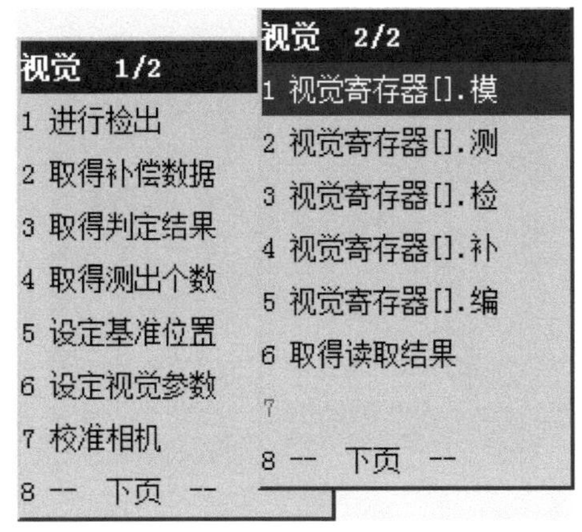

图 10. 1. 88　添加视觉寄存器 . 模型指令

5) VISION GET_NFOUND '视觉处理程序名' R[i]："取得测出个数"（GET_NFOUND）指令。

取得检出的工件个数，存入 R[i]中，用于一次拍照检出多个工件的视觉程序。

(3) 常用的视觉 KAREL 程序

iRVision 内嵌了一些 KAREL 程序供用户调用：

1) IRVLEDON(i，j)：打开光源。打开连接在模拟相机复用器上的 LED 光源或数字相机 LED 电源上的光源。

① i：通道号码。指定点亮的 LED 光源的通道号码（i=1～4）；

② j：光量。指定 LED 光源的光量（j=1～16）。

2) IRVLEDOFF(i，j)：熄灭光源。熄灭连接在模拟相机复用器上的 LED 光源或数字相机 LED 电源上的光源。

注：

要在 TP 程序中调用 KAREL 程序，需将系统变量 $ KAREL_ENB 设置为 1。

习　题

1. ＿＿＿＿＿＿＿后，机器人所停的位置，相机光轴完全垂直于点阵板平面，此位置可作为＿＿＿＿和机器人视觉程序的＿＿＿＿。

2. VISION GET_NFOUND 'A4' R[2]指令的功能是＿＿＿＿＿＿＿＿＿＿＿＿。

3. 请示教并编写实现一次拍照自动识别和搬运多个相同工件的机器人视觉程序。

项目十一 机器人与 PLC 的通信
Item XI Communication Between Robot and PLC
Item XI Komunikasi Antara Robot dan PLC

教学目标

1. 知识目标

(1) 了解工业通信的定义及主流的通信协议和通信接口；

(2) 了解常见的数据类型；

(3) 了解 CC-Link、EtherNet/IP、PROFINET、Modbus 通信的基本原理；

(4) 掌握 FANUC 机器人和 PLC 进行工业通信的实施和测试流程。

2. 能力目标

(1) 能够正确对 FANUC 机器人和 PLC 进行通信连接；

(2) 能够根据不同的通信类型对 FANUC 机器人和 PLC 进行相应的通信配置、编程及测试；

(3) 能够根据不同的通信类型对 FANUC 机器人进行 I/O 分配。

3. 素质目标

(1) 通过本项目的实践教学组织，培养学生扎实的理论基础，提升数字化、信息化素养，为加快建设制造强国、网络强国培养高素质技术技能型工业互联网人才和数字经济的弄潮儿。

(2) 通过强调工业互联网是新型信息基础设施之一，是推动经济数字化转型升级，支撑中国经济发展新动能的关键。培养学生从思维理念上完成根本性的变化，在信息技术的引领下完成自身的架构变革和流程再造。引导学生坚定共产主义远大理想和中国特色社会主义共同理想，立志肩负起民族复兴的时代重任。

工业通信是沟通工业现场的计算机、控制器、智能化仪器仪表、传感器、执行机构等数字化设备的桥梁，也是连接工业网络信息层、控制层、设备层之间的纽带，是现代工业自动化系统实现数据采集、远程监控、信息共享的重要组成部分。

随着工业自动化和信息化的融合发展，通信技术变得越来越重要，如果没有一个高效可靠的通信链路，工厂自动化系统就会失去意义。

工业互联网是未来制造业竞争的制高点，是新一代信息通信技术与工业经济深度融合的新型基础设施。本项目主要介绍了 FANUC 机器人与常见 PLC 之间进行工业互联通信的方法，以期建立对 FANUC 机器人的数字化监控系统。

任务一　与三菱 PLC 的 CC-Link 通信

CC-Link 是由三菱电机为主导的多家公司推出的一种现场总线，它是一种以设备层为主的网络，同时也可覆盖较高层次的控制层和较低层次的传感器层。CC-Link 采用主从通信方式通过专用电缆（蓝、白、黄三芯＋屏蔽层）进行连接，其传输速率最高可达 10Mbit/s，具有性能卓越、使用简单、节省成本等优点，主要应用于三菱 PLC 的自动化系统中。

一、任务分析

任务描述：采用 CC-Link 通信方式，实现 FANUC 机器人和三菱 FX-3U 型 PLC 之间的数据通信。

任务分析：首先可以在 FX-3U 的 PLC 端扩展安装 FX3U-16CCL-M 主站模块（即 PLC 作为主站），在 FANUC 机器人端安装用于 CC-Link 通信的远程设备站板卡（机器人作为远程设备站），并用 CC-Link 专用电缆连接两个模块。然后配置主站模块及机器人并编写 PLC 程序，即可实现两者间的 CC-Link 通信。

11-1 与三菱 FX5U PLC 之间的 CC-Link 通信（上）

11-1 与三菱 FX5U PLC 之间的 CC-Link 通信（下）

二、相关知识

（一）用于通信的数据

CC-Link 通信所相互交换的数据如图 11.1.1 所示：机器人端的 UO/DO 相当于 PLC 端的远程输入信号 RX；机器人端的 UI/DI 相当于 PLC 端的远程输出信号 RY；机器人端的 AI/R 相当于 PLC 端的远程输出寄存器 RWw；机器人端的 AO/R 相当于 PLC 端的远程输入寄存器 RWr。

1. RX/RY 信号

远程输入/输出（RX/RY）的信号点数量由“站数”决定，当占用的站数为 4 时，一共可以通信 128 点远程输入和 128 点远程输出信号。其中，最后的 16 点被系统占用，用户不能使用，如图 11.1.2 所示。

以“站数”设置为 4，从第 1 点开始分配所有的 UO/UI 点，剩下的点数开始分配 DO/DI 为例，如图 11.1.3 所示：机器人端的 UO[1]对应 PLC 端的远程输入 RX 第 0 位，UO[16]则对应 RX 的第 15 位，DO[k]则从第 21 位开始分配。UI 及 DI 信号的分配原理也是如此。

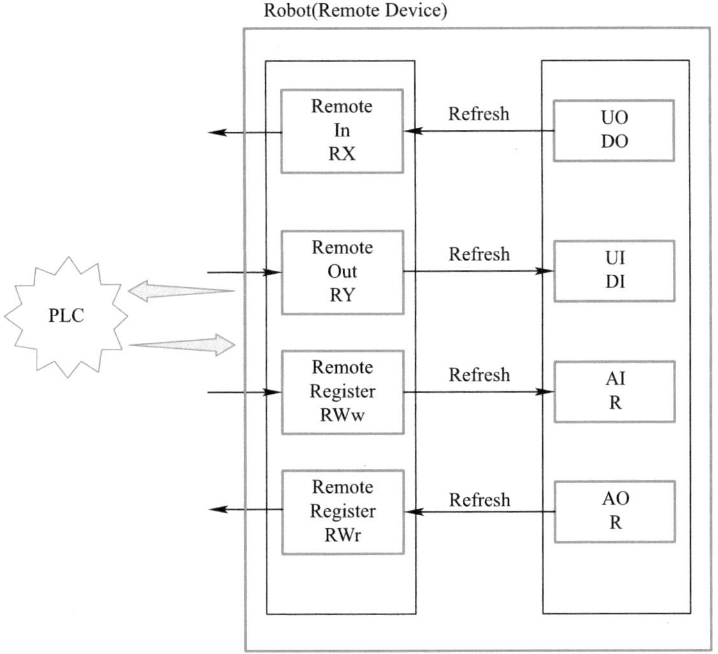

图 11. 1. 1　CC-Link 所交换的数据

	1 station	2 stations	3 stations	4 stations
Remote input RX	User area 16 pnts + System area 16 pnts	User area 48 pnts + System area 16 pnts	User area 80 pnts + System area 16 pnts	User area 112 pnts + System area 16 pnts
Remote output RY	User area 16 pnts + System area 16 pnts	User area 48 pnts + System area 16 pnts	User area 80 pnts + System area 16 pnts	User area 112 pnts + System area 16 pnts

图 11. 1. 2　RX/RY 的信号点数

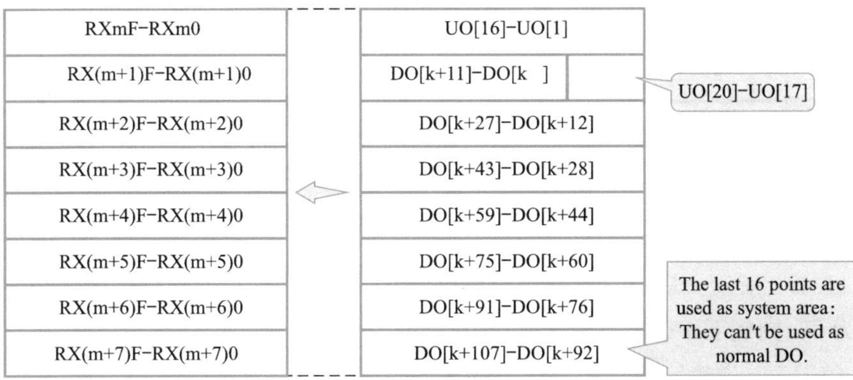

图 11. 1. 3　RX/RY 通信数据示例（一）

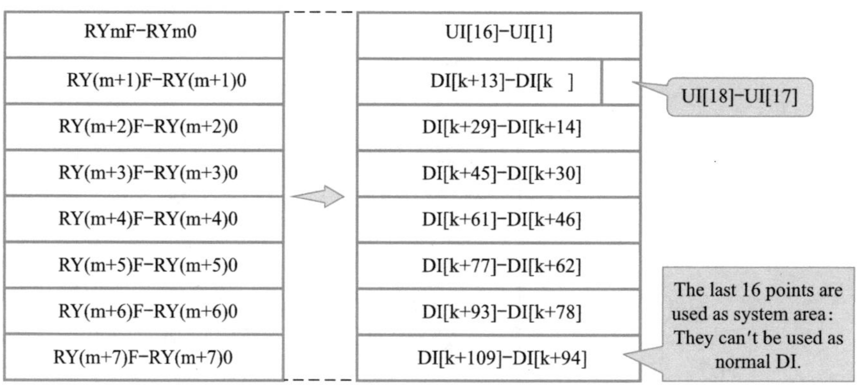

图 11.1.3　RX/RY 通信数据示例（二）

2. RWr/RWw 信号

远程输入寄存器 RWr 和远程输出寄存器 RWw 信号点数量同样由“站数”决定，如图 11.1.4 所示。

	1 station	2 stations	3 stations	4 stations
Remote register RWr	4 points	8 points	12 points	16 points
Remote register RWw	4 points	8 points	12 points	16 points

图 11.1.4　RWr/RWw 的信号点数

当“站数”设置为 2 时，一共可以通信 8 点 RWr 和 8 点 RWw 信号。

如图 11.1.5 所示：从第 p 点开始分配 4 点的 AO；设置 2 个寄存器 R 用于远程通信，开始编号为 1；则剩下 2 个寄存器未被使用，所有位被置成 0。

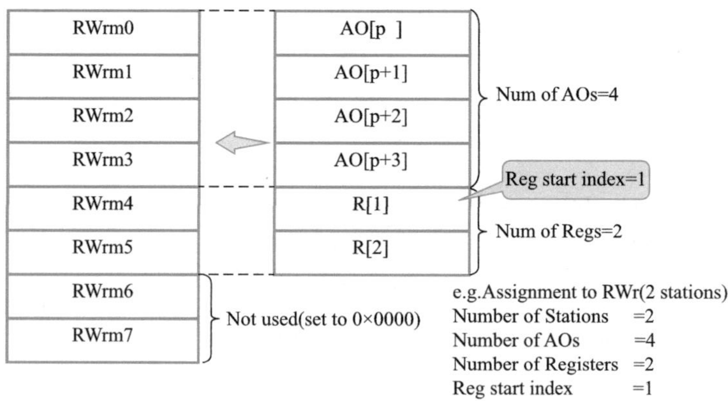

图 11.1.5　RWr 信号通信示例

如图 11.1.6 所示：从第 q 点开始分配 2 点的 AI；设置 5 个寄存器 R 用于远程通信，开始编号为 5；则剩下 1 个寄存器未被使用。

（二）CC-Link 通信编程相关的指令和缓冲存储器

1. FROM 指令（BFM→PLC）

FROM 指令在读取缓冲存储器的数据时使用，如图 11.1.7 所示：将单元 No. 1 缓冲存储器（BFM♯29）的内容读取1点到数据寄存器（D10）中。

其中，单元No.1指的是PLC右侧扩展安装的第2个特殊功能模块。对于FX3U的PLC，单元号从离PLC最近的特殊功能模块开始，从0算起。FX3UC-32MT-LT(-2）和FX5U的PLC是从1算起。

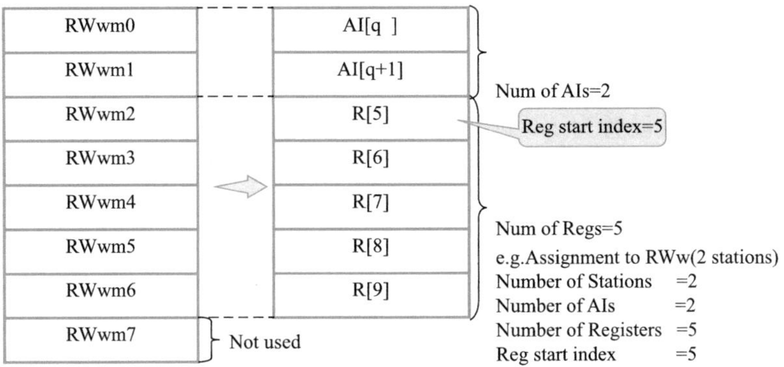

图 11.1.6　RWw信号通信示例

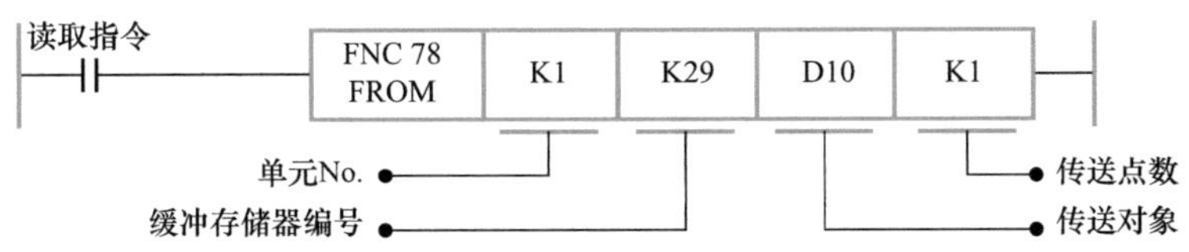

图 11.1.7　FROM指令示例

2. TO指令（PLC→BFM）

TO指令在向缓冲存储器写入数据时使用，如图11.1.8所示：向单元No.1的缓冲存储器（BFM ♯0）写入1个数据（H0001）。

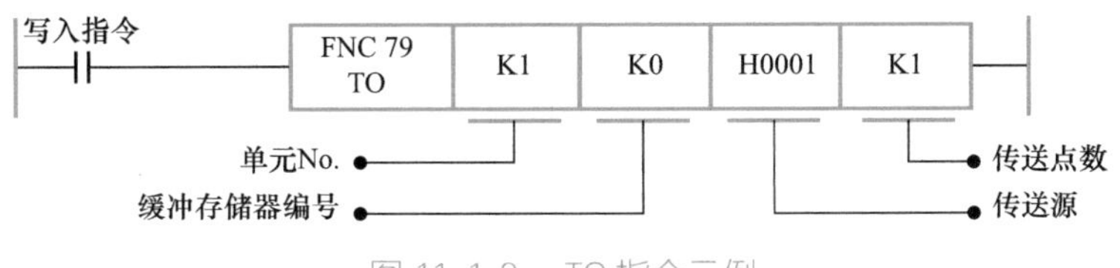

图 11.1.8　TO指令示例

3. 缓冲存储器BFM♯0～♯3

使用TO指令向BFM♯0～♯3写入相应数据，可以设置通信模块的运行参数，见表11.1.1。

通信模块的参数信息区　　　　表11.1.1

BFM编号		项目	内容
16进制数	10进制数		
♯0H	♯0	模式设置	设置主站的动作模式
♯1H	♯1	连接台数	设置连接至主站的远程站及智能设备站的台数

续表

BFM 编号		项目	内容
16 进制数	10 进制数		
＃2H	＃2	重试次数	设置通信异常时的重试次数
＃3H	＃3	自动恢复台数	设置可通过 1 个链接扫描恢复的远程站及智能设备站的台数

其中：

（1）BFM＃0 可以设置为 K0 远程网 Ver. 1 模式、K1 远程网添加模式、K2 远程网 Ver. 2 模式。初始设置为 K0 远程网 Ver. 1 模式，其所使用的远程数据缓冲存储器区域为：

1）远程输入（RX）区域：BFM＃E0H～＃FFH。

2）远程输出（RY）区域：BFM＃160H～＃17FH。

3）远程寄存器（RWw）区域：BFM＃1E0H～＃21FH。

4）远程寄存器（RWr）区域：BFM＃2E0H～＃31FH。

（2）BFM＃1 用于设置连接至主站的远程设备站或智能设备站的台数，初值为 K8，不是占用的站数。

（3）BFM＃2 用于设置通信异常时的重试次数，初值为 K3，可设置范围 K1～K7。

（4）BFM＃3 用于设置 1 个链接扫描，可以从故障解列自动恢复并参与数据链接的远程站及智能设备站的台数，初值为 K1，可设置范围 K1～K10。

4. 缓冲存储器 BFM＃32～＃47

使用 TO 指令向 BFM＃32～＃47 写入相应数据，可以设置已连接的远程站、智能设备站的站信息，如图 11.1.9 所示。

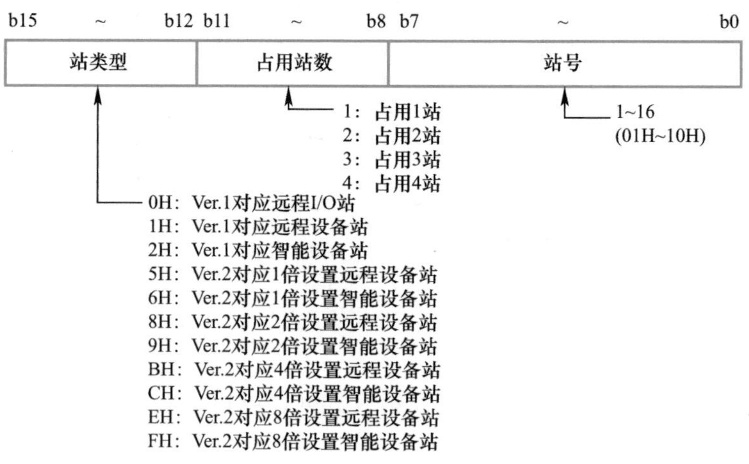

图 11.1.9　BFM＃32～＃47 站信息设置

其中：第 1 台远程设备需要把站信息写入 BFM＃32，第 2 台应写入 BFM＃33，以此类推。站信息设置示例见表 11.1.2。

5. 缓冲存储器 BFM＃10

（1）使用 FROM 指令读取 BFM＃10 时，得到表 11.1.3 的模块状态信息。其中：

站信息设置示例　　表 11.1.2

BFM 编号		站类型	占用站数	站号	设置值
16 进制数	10 进制数				
＃20H	＃32	0H	1H	01H	0101H
＃21H	＃33	5H	2H	02H	5202H
＃22H	＃34	6H	4H	04H	6404H

1）b0 位为模块的正常/异常状态：OFF 时表示单元正常，ON 时表示单元异常。

2）b6/b7 位分别为通过 BFM 的参数的数据链接启动正确/异常完成。

3）b15 位为模块能否动作的信号：OFF 表示模块异常或设置状态异常，ON 时表示模块就绪可动作。

使用 FROM 指令读取 BFM＃10　　表 11.1.3

BFM 编号		位	输入信号名称
16 进制数	10 进制数		
＃AH	＃10	b0	单元异常
		b1	本站数据链接状态
		b2	参数设置状态
		b3	其他站数据链接状态
		b4	禁止使用
		b5	禁止使用
		b6	通过缓冲存储器的参数的数据链接启动完成
		b7	通过缓冲存储器的参数的数据链接启动异常完成
		b8	禁止使用
		b9	
		b10	
		b11	
		b12	
		b13	
		b14	
		b15	单元就绪

（2）使用 TO 指令写入 BFM＃10 时，可以控制主站模块的运行（表 11.1.4）。其中：

1）b0 位刷新指示是指将缓冲存储器“远程输出 RY（BFM＃352～＃383）”的内容设为有效还是无效，ON 为有效（应在 b6 位链接启动前置 ON）。

2）b6 位用于按照缓冲存储器的参数内容启动数据链接。

使用 TO 指令写入 BFM＃10　　表 11.1.4

BFM 编号		位	输出信号名称
16 进制数	10 进制数		
＃AH	＃10	b0	刷新指示
		b1	禁止使用
		b2	
		b3	
		b4	
		b5	
		b6	通过缓冲存储器的参数的数据链接启动请求
		b7	
		b8	

6. 缓冲存储器［BFM＃224～＃255］远程输入（RX）

站信息选择远程网 Ver.1 模式或远程网添加模式时，使用 BFM＃224～＃255 作为远程输入（RX）信号，用于存储来自远程 I/O 站、远程设备站、智能设备站的输入状态，如图 11.1.10 所示。

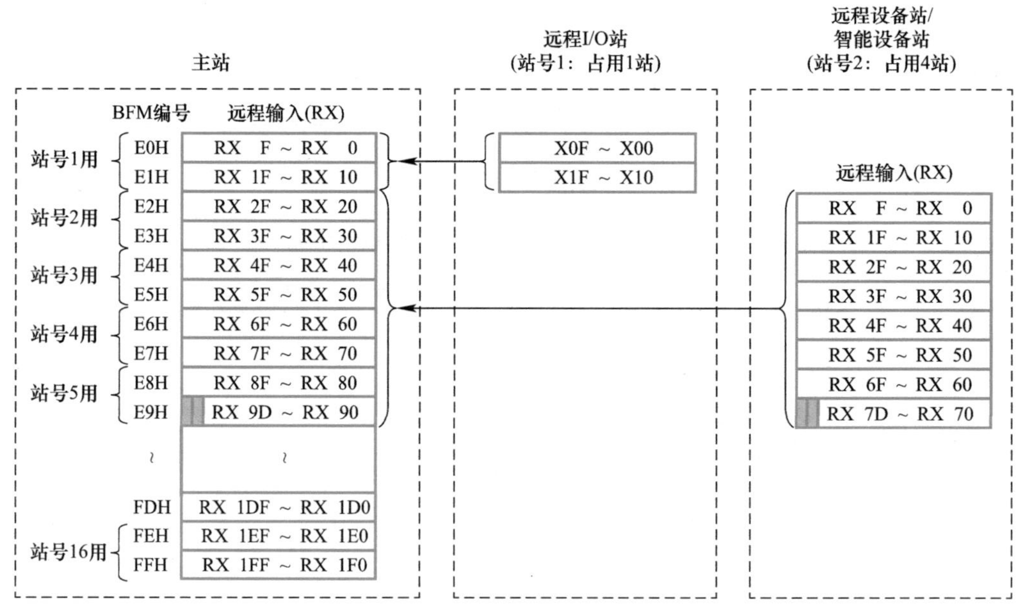

图 11.1.10　远程网 Ver.1 模式的 RX 缓冲存储器区域

7. 缓冲存储器［BFM＃352～＃383］远程输出（RY）

站信息选择远程网 Ver.1 模式或远程网添加模式时，使用 BFM＃352～＃383 作为远程输出（RY）信号，如图 11.1.11 所示。

8. 缓冲存储器［BFM＃480～＃543］远程寄存器输出（RWw）

站信息选择远程网 Ver.1 模式或远程网添加模式时，使用 BFM＃480～＃543 作为远程寄存器（RWw），如图 11.1.12 所示。

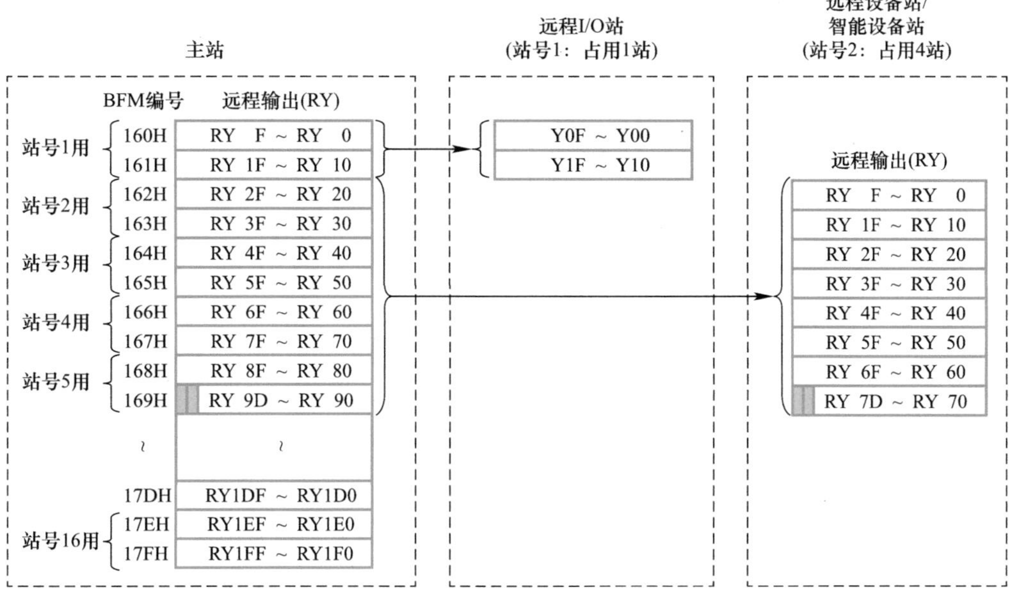

图 11.1.11　远程网 Ver.1 模式的 RY 缓冲存储器区域

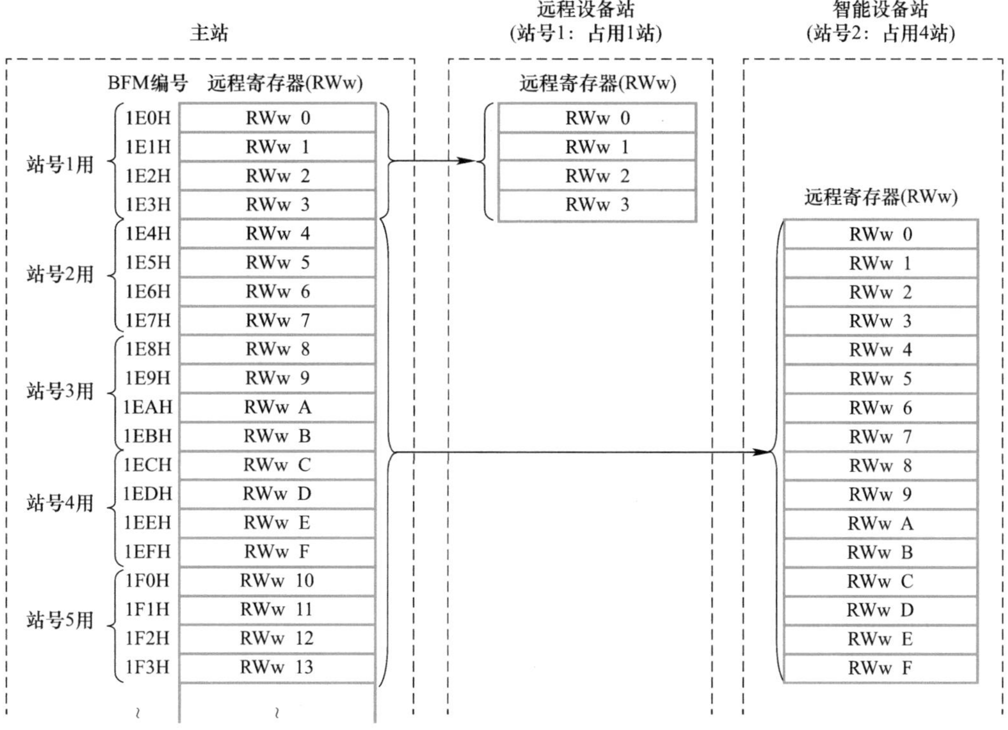

图 11.1.12　远程网 Ver.1 模式的 RWw 缓冲存储器区域

9. 缓冲存储器［BFM＃736～＃799］远程寄存器（RWr）

站信息选择远程网 Ver.1 模式或远程网添加模式时，使用 BFM＃736～＃799 作为远程寄存器输入（RWr），如图 11.1.13 所示。

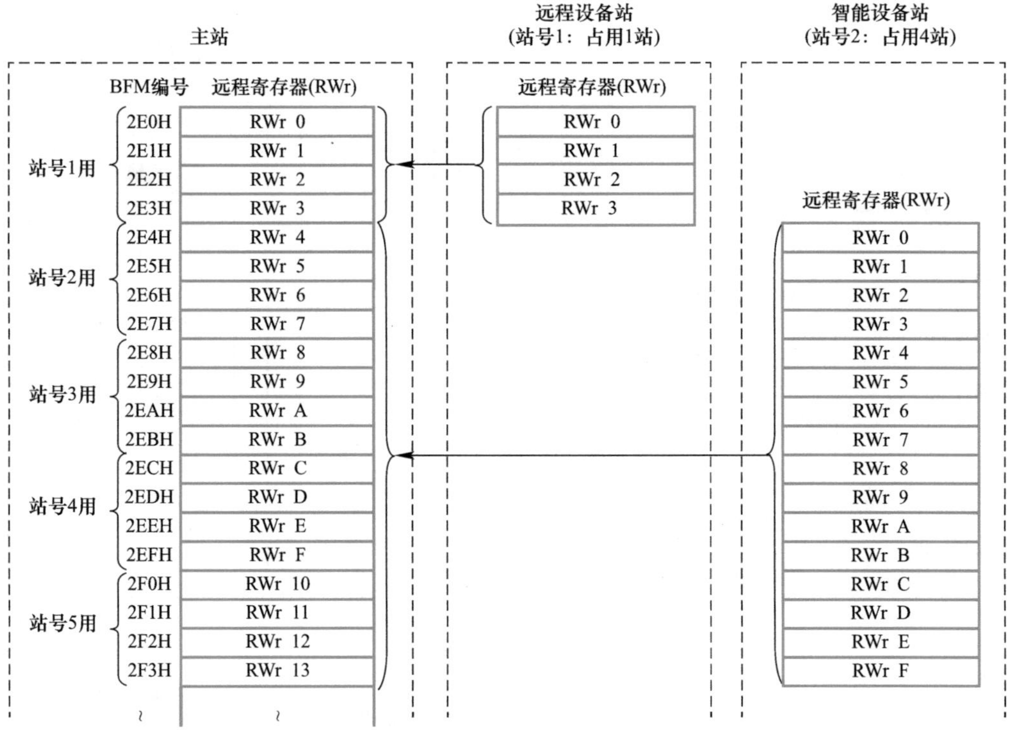

图 11.1.13　远程网 Ver.1 模式的 RWr 缓冲存储器区域

三、任务实施

本次任务仅以 1 台 PLC 和 1 台 FANUC 机器人进行 RX 和 RY 的 CC-Link 通信为例，实施通信的软硬件组态，任务的前提是机器人安装了 CC-Link Interface(Slave)软件。

（一）CC-Link 主站模块设置及线路连接

1. 在 FX-3U 的 PLC 基本单元右侧扩展安装一个 FX3U-16CCL-M 主站模块，在 FANUC 机器人控制柜中安装用于 CC-Link 通信的远程设备站板卡。

2. 如图 11.1.14 所示，连接主站模块 DC24V 供电的电源线，并使用 CC-Link 专用电缆连接模块和板卡：

（1）将电缆的蓝色线连接模块和板卡的 DA 端。

（2）白色线连接模块和板卡的 DB 端。

（3）黄色线连接模块和板卡的 DG 端。

（4）电缆屏蔽层连接模块和板卡的 SLD 端。

（5）分别在模块和板卡的 DA 和 DB 端子之间并接一个 110Ω 的终端电阻，以防信号发散或反射。

3. 如图 11.1.14 所示，设置 FX3U-16CCL-M 主站模块的站号和通信波特率：

（1）PLC 作为 CC-Link 通信主站时，站号须设置为 0（STATION NO. 旋钮旋至 00）。

（2）CC-Link 通信的波特率分别可以设置为 156/625Kbps 和 2.5/5/10Mbps，我们按 10Mbps 来进行设置（即 FX3U-16CCL-M 主站模块的 COM SETTING 旋钮旋至 4）。

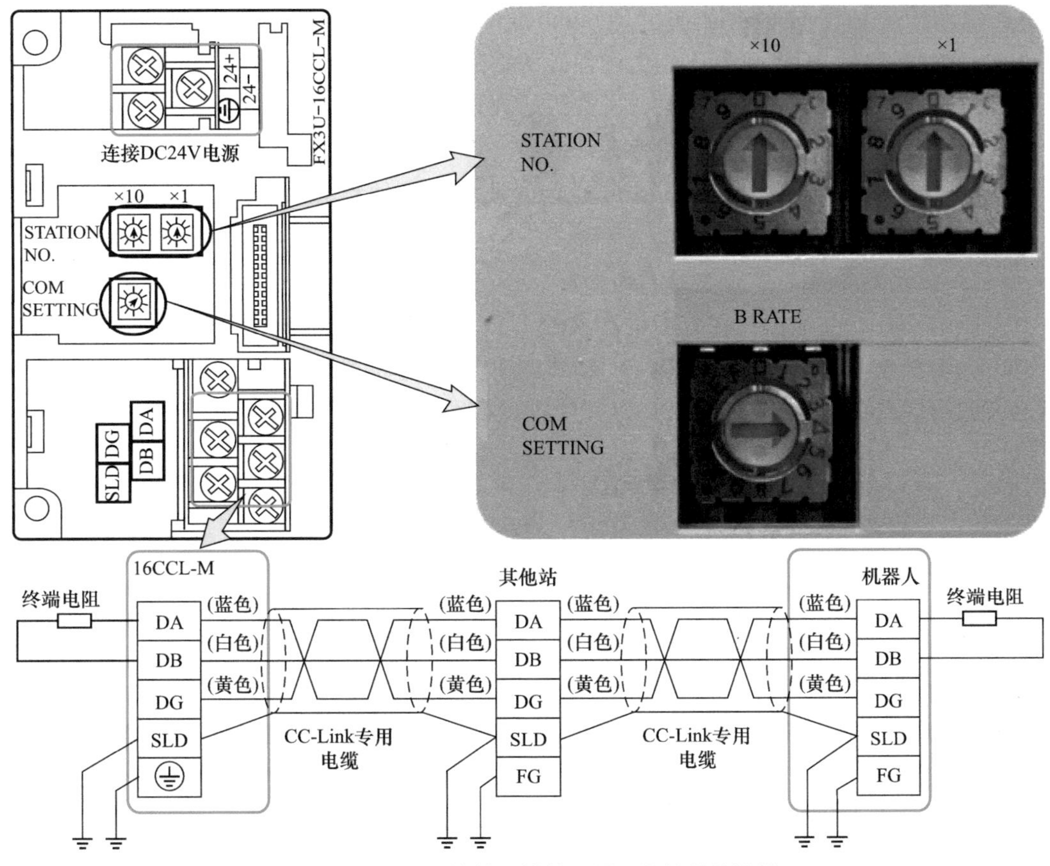

图 11.1.14 通信扩展模块设置及通信线路连接

(二) 机器人的 CC-Link 通信设置

依次按键操作：【MENU】(菜单)→6【SETUP】(设置)→F1【Type】(类型)→【CC-Link】，进入 CC-Link 设置界面，详细的设置如图 11.1.15 所示。

设置CC-link

远程设备基板 1/11

1	单次错误:	禁用
2	站编号:	1
3	站数:	4
4	波特率:	[10Mbps]
	RWr (16)	
5	模拟量输出信号数量:	1
6	数值寄存器数量:	1
7	数值寄存器开始索引:	1
	RWw (16)	
8	模拟量输入信号数量:	1
9	数值寄存器数量:	1
10	数值寄存器开始索引:	2
11	数值寄存器数据[无符号整数]	

图 11.1.15 CC-Link 设置界面

其中：

(1) 单次错误选项：开启时，即使 CC-Link 通信处于故障状态也可以被复位，以使机器人可以动作；关闭时，必须解决了 CC-Link 通信故障，才能复位报警，以使机器人动作。

（2）站号选项：设置机器人作为远程设备站的站号，此处设置为 1。

（3）占用站数选项：当站号是 1，占用站数设置为 4 时，站号 1～4 均被机器人占用了，其他设备在设置站号时应从站号 5 开始。

（4）波特率选项：机器人 CC-Link 通信的波特率必须和 PLC 端的主站模块通信波特率一致，故此处设置为 10Mbps。

（三）机器人 CC-Link 通信的 I/O 分配

要使用 CC-Link 通信，在分配机器人的 I/O 时，需要把机架号设置成 92。插槽号即为 CC-Link 板卡编号，即仅有一块 CC-Link 通信板卡时槽号设置成 1，如有第 2 块板卡，则该卡的通信需要把槽号设置成 2，以此类推，如图 11.1.16 所示。

Rack No.	92
Slot No.	Board 1：1 Board 2：2

图 11.1.16　机器人 CC-Link 通信的 I/O 分配方法

我们仅以 16 个点的 DI/DO 信号做测试，I/O 分配如图 11.1.17 所示。

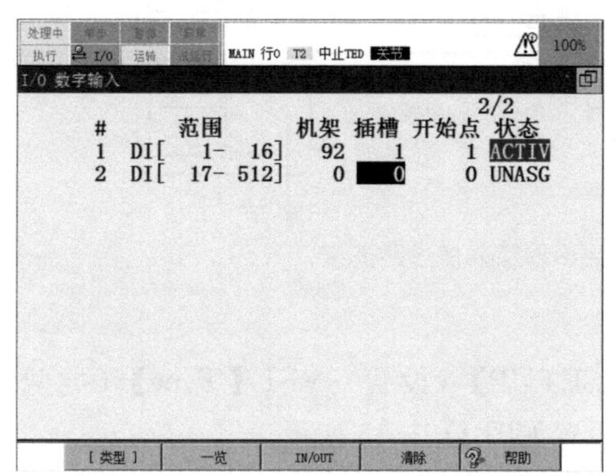

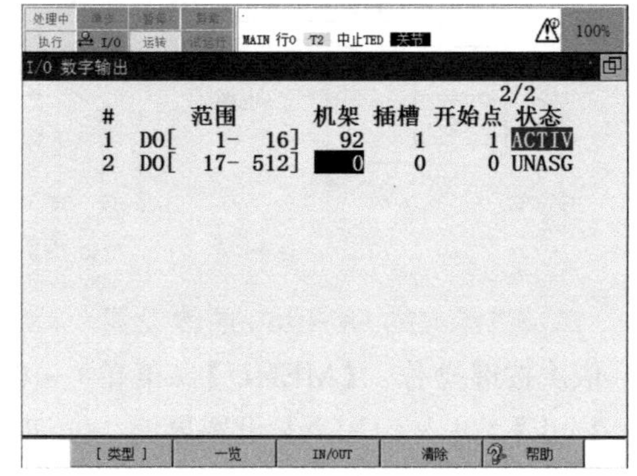

图 11.1.17　CC-Link 通信的 DI/DO 信号 I/O 分配

注意：机器人的 CC-Link 通信设置以及 I/O 分配完毕后，须断电重启，使设置生效。

（四）PLC 的 CC-Link 通信编程

CC-Link 通信扩展模块安装在 PLC 基本单元右侧第一个位置，PLC 编程主要包括三个步骤：

1. 通信参数设定

用 FROM 指令读取 BFM＃10 的模块状态信息（BFM＃10→M35～M20），如果通信模块单元正常（M20＝bit0＝OFF），且单元就绪（M35＝bit15＝ON），则设置模块的通信参数：

（1）模式设置为远程网 Ver. 1 模式。

（2）连接的从站台数为 1 台。

（3）连接错误时重试 7 次。

（4）自动恢复台数 1 台。

（5）站信息设置从站为远程设备站，占用站数 4，站号为 1，如图 11.1.18 所示。

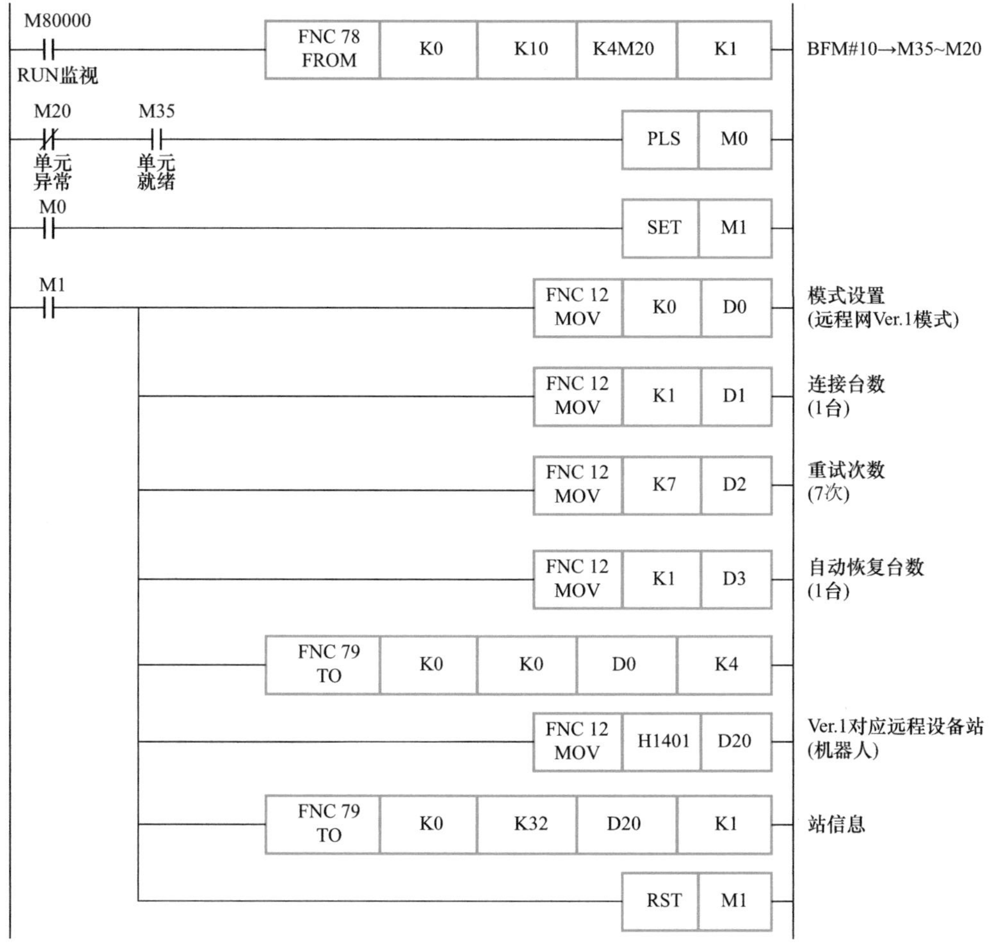

图 11. 1. 18 CC-Link 通信参数设置编程

2. 启动链接

如图 11. 1. 19 所示，用 TO 指令往 BFM♯10 里写入数据，可以控制模块开启数据链接：

(1) 设置刷新指示 bit0＝M40＝ON，使远程输出 RY 有效。应在数据链接启动之前将刷新指示（BFM♯10 bit0）置为 ON。

(2) 设置数据链接启动 bit6＝M46＝ON，模块的数据链接开始启动。

3. 数据读写

PLC 通过读写相应的缓冲存储器（RX、RY、RWw、RWr，相应地址参考“相关知识”）来和远程设备站（机器人）进行数据通信，本任务我们仅简单地对 RX 及 RY 的读写进行编程，如图 11. 1. 20 所示。

读取缓冲存储器 E0H 开始的 1 个点的数据存入 M100～M115 中（即将远程输入的 RX0～RXF 共 16 位数据存入 M100～M115 中）。

将 M300～M315 写入缓冲存储器 160H 开始的 1 个点的区域中（即将 M300～M315 共 16 位数据写出到 RY0～RYF 中）。

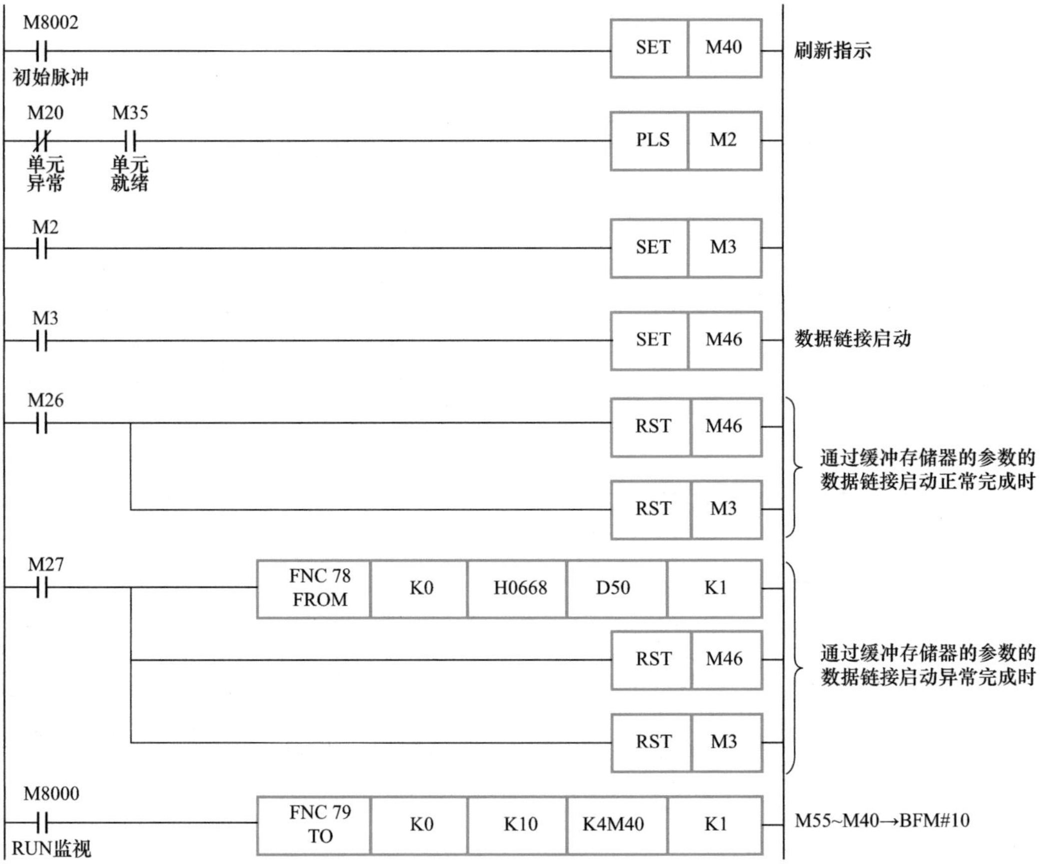

M8002
初始脉冲
SET
M40
刷新指示
M20
M35
单元异常
单元就绪
PLS
M2
M2
SET
M3
M3
SET
M46
数据链接启动
M26
RST
M46
RST
M3
通过缓冲存储器的参数的数据链接启动正常完成时
M27
FNC 78 FROM
K0
H0668
D50
K1
RST
M46
RST
M3
通过缓冲存储器的参数的数据链接启动异常完成时
M8000
RUN监视
FNC 79 TO
K0
K10
K4M40
K1
M55~M40→BFM#10

图 11.1.19　启动 CC-Link 通信链接编程

M8000
RUN监视
FNC 78 FROM
K0
H00E0
K4M100
K1
远程输入(RX)的读取
FNC 79 TO
K0
H0160
K4M300
K1
远程输出(RY)的写入

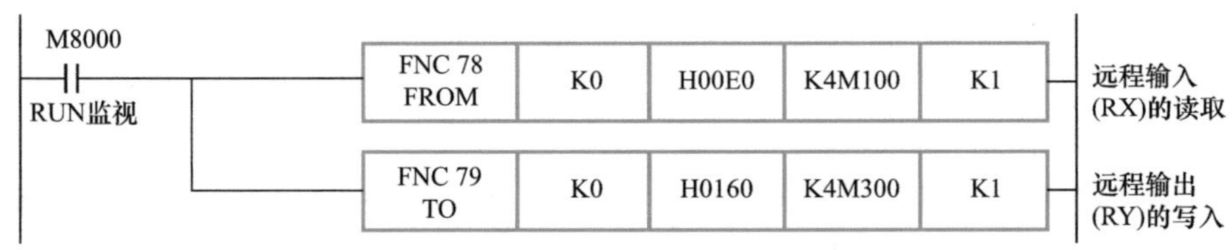

图 11.1.20　RX、RY 的读写

注：由图 11.1.10 和图 11.1.11 可知，远程输入 RX 的地址范围是 E0H～FFH，远程输出 RY 的地址范围是 160H～17FH。

（五）通信测试

1. 机器人的通信设置及 I/O 分配完毕后，需断电重启以使设置生效。

2. PLC 程序编写完成并下载，下载完成后需断电重启以使通信参数生效。

3. 通信测试的内容由图 11.1.17 和图 11.1.20 所示可知：

1）机器人的 DI[1～16]对应 PLC 远程输出 RY0～RYF（即 M300～M315）。

2）机器人的 DO[1～16]对应 PLC 远程输入 RX0～RXF（即 M100～M115）。

说明 FX3U-PLC 和 FANUC 机器人 CC-Link 通信成功的情况：于 PLC 端强制使 M300～M315 为 ON，机器人 DI[1～16]的状态应对应变成 ON；于机器人端强制使

DO[1～16]的信号为 ON，则 PLC 的 M100～M115 的状态应对应变成 ON。

四、知识拓展

（一）机器人 CC-Link 通信状态

依次按键操作：【MENU】（菜单)→0【NEXT】（下一页)→4【STATUS】（状态)→F1【Type】（类型)→【CC-Link】，可以进入 CC-Link 通信板卡的状态界面，如图 11.1.21 所示。

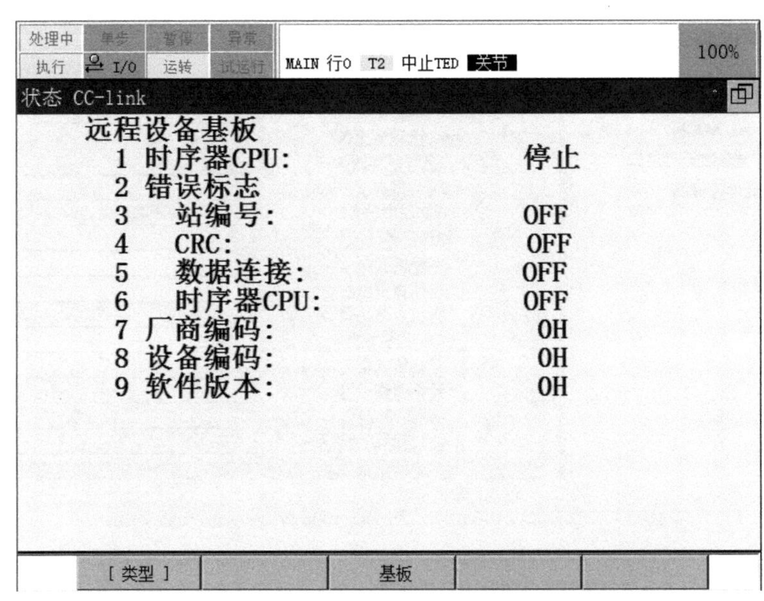

图 11.1.21　CC-Link 通信状态

其中：

（1）第 1 项“时序器 CPU”指示了 CC-Link 主站的时序 CPU 状态，当机器人与主站进行数据交换时，显示“运行”（RUN）。

（2）第 3～6 项“错误标志”指示了 CC-Link 通信中的各项错误状态：ON 为出错，OFF 为正常。

（二）PLC 的 CC-Link 网络参数设置

FX3U-PLC 在启动数据链接之前的通信参数设置，有通过缓冲存储器的数据链接启动和通过网络参数的数据链接启动这两种方法。

除了通过缓冲存储器编程来设置通信参数（本任务所用方法）外，GX Works2 还支持通过网络参数进行 CC-Link 通信参数的设置。如图 11.1.22 和图 11.1.23 所示，在 GX Works2 的导航中依次展开“工程”→“参数”→“网络参数”→“CC-Link”即可进行参数设置。当参数设置完成并下载至 PLC 后，断电重启，数据链接将会自动启动。

注：对于 FANUC 机器人的 CC-Link 通信，“站类型”可以使用“远程设备站”，也可以使用“智能设备站”。配置好网络参数之后，还需使用 FROM、TO 指令读写主站模块的通信数据区（RX、RY、RWw、RWr）。

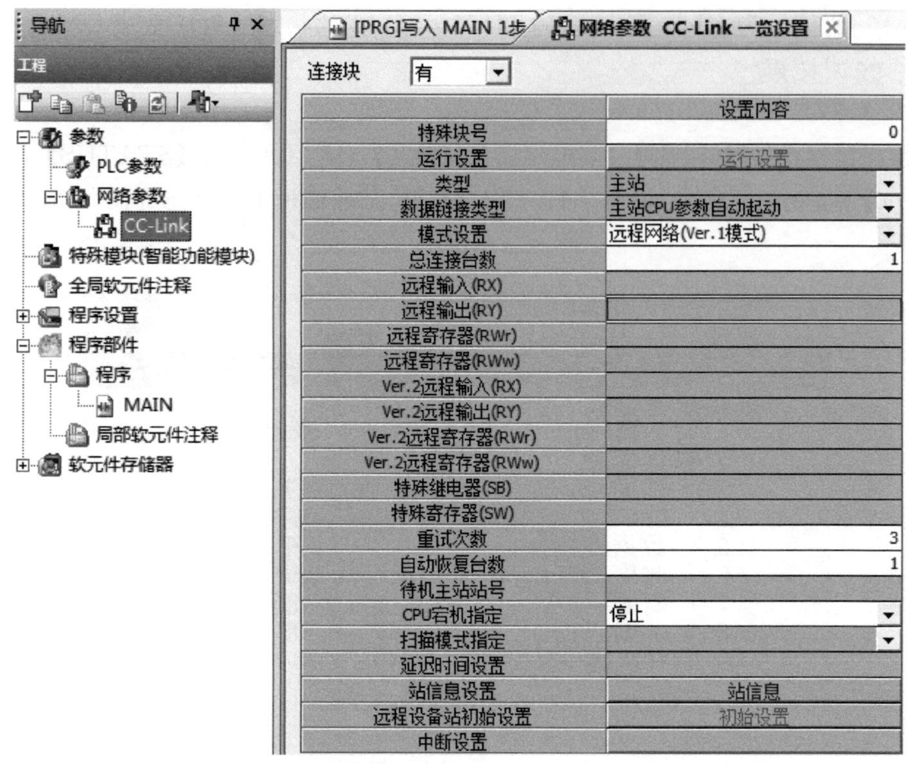

图 11.1.22　GX Works2 的 CC-Link 网络参数设置界面

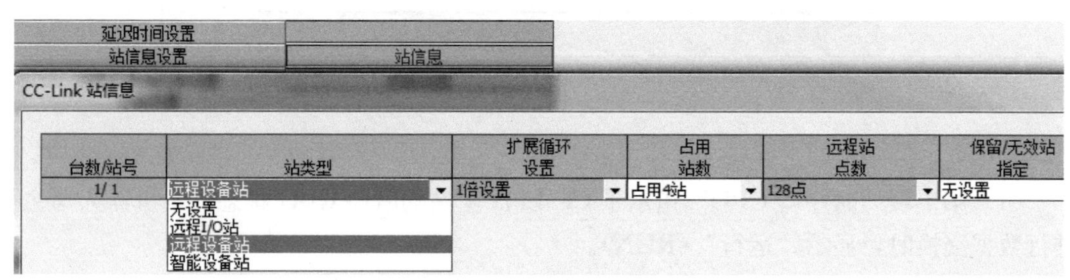

图 11.1.23　站信息设置界面

任务二　与 AB PLC 的 EtherNet/IP 通信

EtherNet/IP 是一种开放的工业网络标准，它充分利用了现有商用以太网技术，将 CIP（通用工业协议）附加在标准的 TCP/IP 协议之上。对于面向控制的隐式的实时 I/O 数据，采用了 UDP/IP 协议来传送，其优先级较高。而对于显式的信息（如组态、参数设置和诊断等），则采用 TCP/IP 来传送，其优先级较低，保证了重要数据的优先传输。

基于 EtherNet/IP 协议的通信也被称为“E 网通信”，主要应用于美国罗克韦尔自动化公司（Rockwell Automation）的自动化系统中。

一、任务分析

任务描述：采用基于 EtherNet/IP 协议的通信方式，组网 AB PLC（1756 ControlLogix PLC）和 FANUC 机器人，实现两者之间的数据通信。

任务分析：EtherNet/IP 网络是工业以太网的一种，组网非常方便，只要通信双方均支持 EtherNet/IP 协议，使用网线连接双方的以太网口，并做一些配置即可。依本任务要求，我们需要在 AB PLC 端安装以太网通信模块，然后使用网线直接连接 FANUC 机器人主板上的以太网口即可，如图 11.2.1 所示。

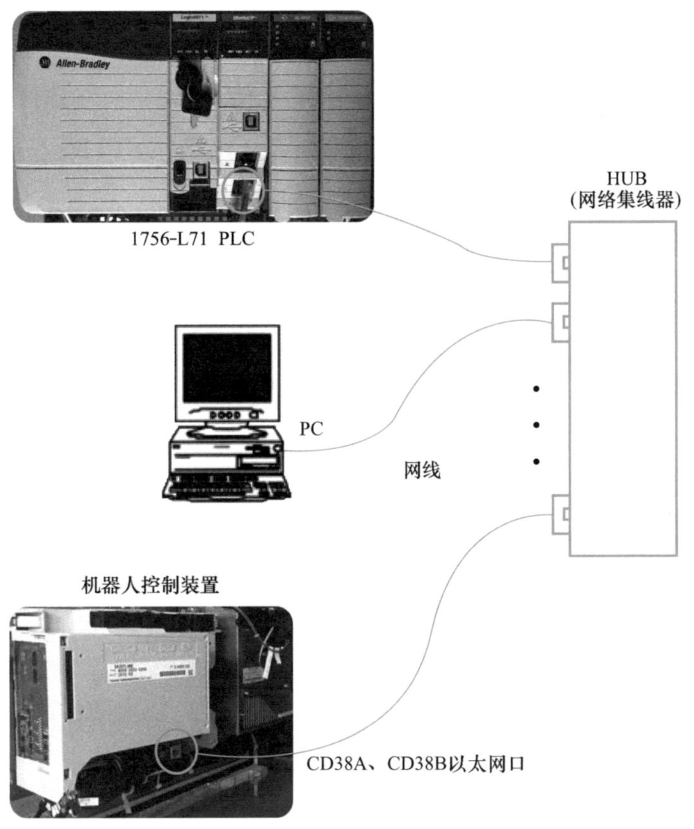

图 11.2.1　EtherNet/IP 组网示意图

二、相关知识

FANUC 机器人控制装置（R-30iB Mate）的主板上设置了 2 个以太网端口，可只使用其中一个或两个都使用。同时使用两个端口时，应设定为不同的子网。此外，端口 2（CD38B）针对 EtherNet/IP 以太网 I/O 通信协议进行了优化，而对 HTTP、FTP 的访问则使用端口 1（CD38A）更合适。

FANUC 机器人最多支持 32 个 EtherNet/IP 连接，各个连接可以设定为扫描仪连接或者适配器连接，最小 RPI 为 8 毫秒。适配器连接通常用于与生产控制装置、PLC 等扫描仪进行 I/O 数据的发送和接收处理；扫描仪连接主要与作为适配器的远程设备进行 I/O 数据的发送和处理。

要使用 EtherNet/IP 协议进行通信，需在机器人系统中安装 EtherNet/IP Scanner 软件。I/O 分配时，机架号需设置为 89，插槽号为 EtherNet/IP 连接的连接号（1～32）。

请参考表 11.2.1 和表 11.2.2 所列的机器人的 EtherNet/IP 适配器功能设定信息，以便配置生产控制装置、PLC 等扫描仪（图 11. 2. 13）。

适配器设定概要　　表 11. 2. 1

项目	说明
Vendor ID（厂商 ID）	356
Product Code（产品代码）	2
Device Type（设备类型）	12
Communication Format（通信格式）	Data-INT
Input Assembly Instance（输入 Assembly 实例）	101-132
Input Size（输入容量）	可按 16-bit 字的单位更改
Output Assembly Instance（输出 Assembly 实例）	151-182
Output Size（输出容量）	可按 16-bit 字的单位更改
Configuration Instance（Configuration 实例）	100
Configuration Size（配置容量）	0

连接点设定概要　　表 11. 2. 2

插槽编号（连接号）	输入 Assembly 实例	输出 Assembly 实例
1	101	151
2	102	152
3	103	153
4	104	154
5	105	155
6	106	156
7	107	157
…	…	…
32	132	182

注意：通信的数据类型为 16-bit 的 INT 型，即输入容量及输出容量均以 16-bit 的字的容量为单位进行设定。也就是说，输入/输出各需要 32-bit 时，输入/输出容量应分别设定为 2 个字。初始设定值为输入 4 个字（64-bit）、输出 4 个字（64-bit）。

11-2 与 AB PLC 之间的 EtherNET/IP 通信

三、任务实施

（一）机器人主机通信设置

1. 依次按键操作：【MENU】（菜单）→6【SETUP】（设置）→F1【Type】（类型）→【Host Comm】（主机通信），进入如图 11. 2. 2 所示的通信协议设置界面。

2. 移动光标至【TCP/IP】（TCP/IP 协议），按 F3【DETAIL】（细节）进入 TCP/IP 通信的设置界面，设置机器人的名称为：ROBOT，端口 ♯1 的 IP 地址为 192. 168. 1. 88，子网掩码使用默认值 255. 255. 255. 0，如图 11. 2. 3 所示。

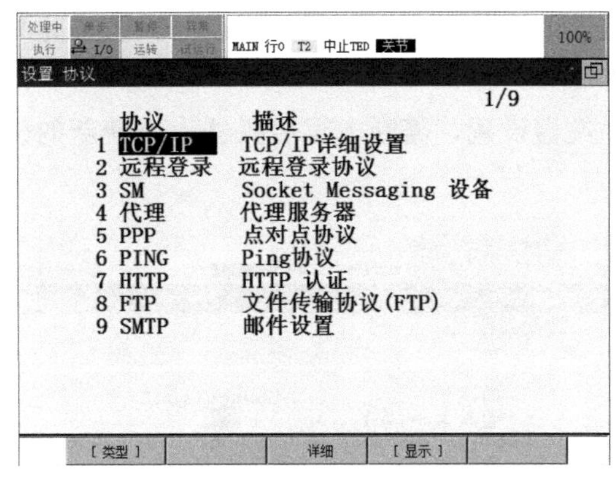

图 11.2.2　通信协议设置界面

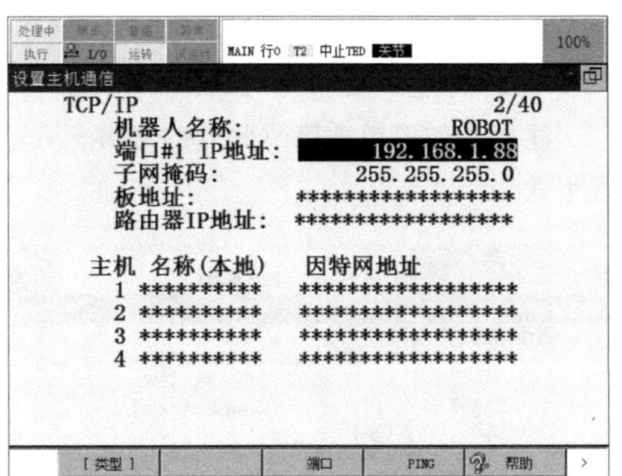

图 11.2.3　TCP/IP 通信设置

注意：如仅单独修改主机通信的设置，需断电重启机器人以使新的设置生效。

（二）机器人 EtherNet/IP 适配器设置

1. 依次按键操作：【MENU】（菜单)→5【I/O】→F1【Type】（类型)→【EtherNet/IP】，进入如图 11.2.4 所示的 EtherNet/IP 通信列表界面。

2. 移动光标至【Connection1】（连接 1）的【Enable】（启用）选项，按下 F5【FALSE】，切换连接 1 的启用状态为【FALSE】（无效)，如图 11.2.5 所示。

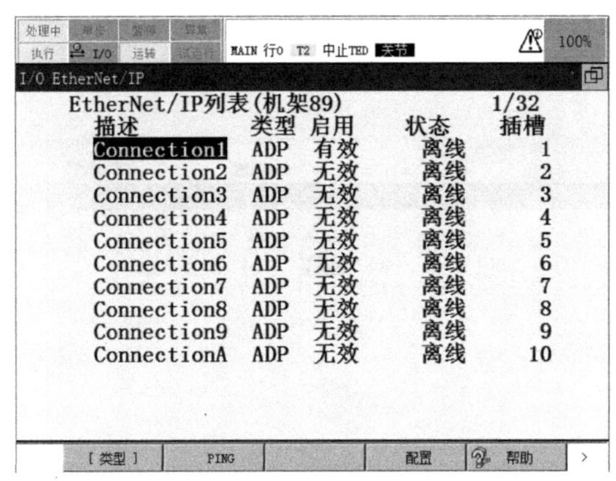

图 11.2.4　EtherNet/IP 通信列表界面

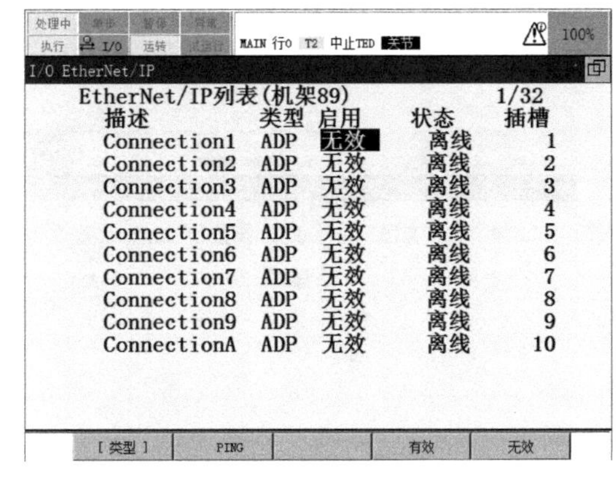

图 11.2.5　禁用 EtherNet/IP 的连接 1

注意：只有禁用了某个连接，才能修改其输入/输出容量等参数。启用选项为【TRUE】（启用）时，这些适配器参数设置仅为只读，如图 11.2.6 所示。

3. 移动光标至【TYP】（类型)，确认已设置机器人的连接类型为【ADP】（适配器）模式，而非【SCN】（扫描仪）模式。移动光标至【Connection1】（连接 1)，按下 F4【CONFIG】（配置)，进入适配器配置界面。配置输入/输出容量均为 4 个字，即 4×16bit=64bit 的输入/输出，如图 11.2.7 所示。

注意：移动光标至【Alarm Severity】（报警严重度）项，按下 F4【CHOICE】（选择）可以选择该连接发生故障时的三种报警严重程度：WARN、STOP、PAUSE。

4. 适配器参数配置完成后，按 F3【PREV】（返回)，重新回到 EtherNet/IP 列表画面，移动光标至【Enable】（启用），按下 F4【TRUE】（有效）切换至启用状态，此时【Status】（状态）处显示【PENDING】（待定）。

注意：如仅单独修改此处的 EtherNet/IP 适配器设置，需断电重启机器人以使新的设置生效。

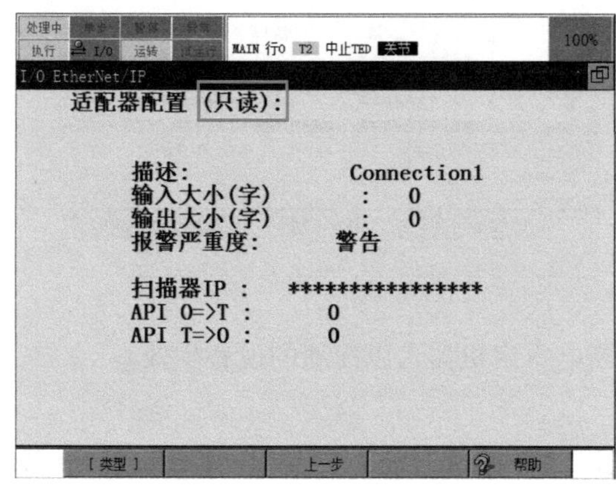

图 11.2.6　只读状态的适配器配置

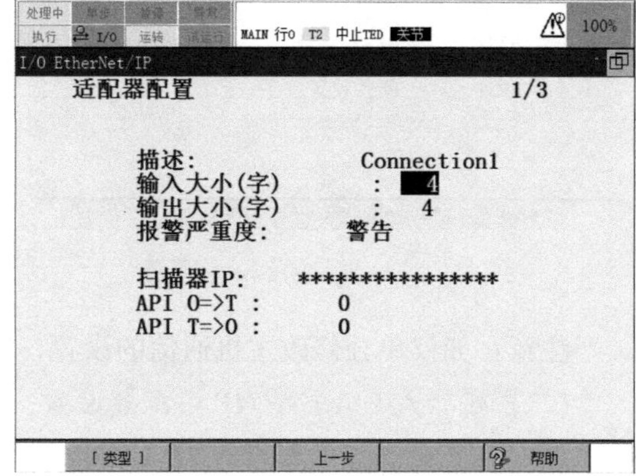

图 11.2.7　适配器配置界面

（三）机器人的 I/O 分配和网口连接

仅以 DI/DO 信号的 EtherNet/IP 通信的 I/O 分配为例。

1. 把 DI[1-64]和 DO[1～64]共 64 个输入/输出信号范围的机架号设置成 89（EtherNet/IP 通信），插槽号设置成连接号 1（连接 1），开始点可以设置成 1，如图 11.2.8 所示。

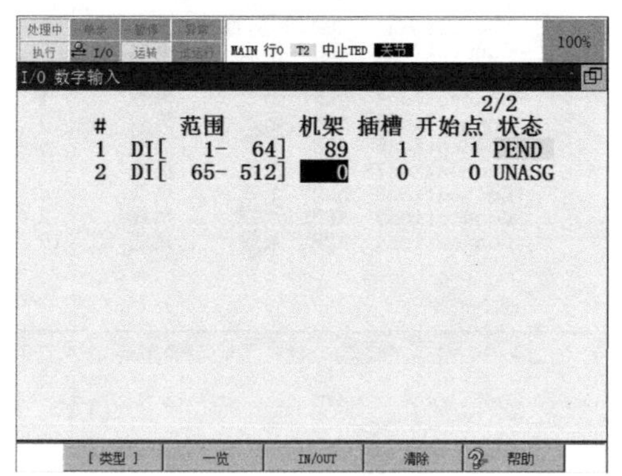

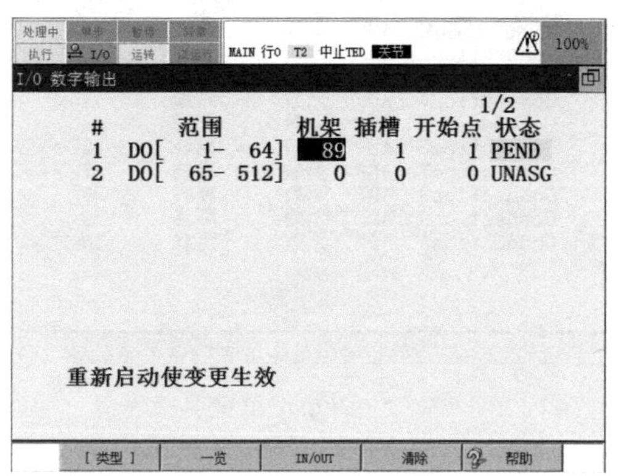

图 11.2.8　EtherNet/IP 通信的 I/O 分配示例

2. 机器人断电关机，并把网线插在控制装置主板的网口上，如图 11.2.9 所示。网线的另一端插在 AB PLC 端的以太网模块上，如图 11.2.1 所示。

3. 重新启动机器人后，前述的所有配置生效。

（四）PLC 端组态

1. 创建新项目

打开 AB PLC 的编程软件 RSLogix 5000，点击菜单栏【File】→【New...】打开 New Controller 对话框，创建一个新的控制器（新项目），如图 11.2.10 所示。

图 11.2.9　R-30iB Mate 柜主板网口示意图

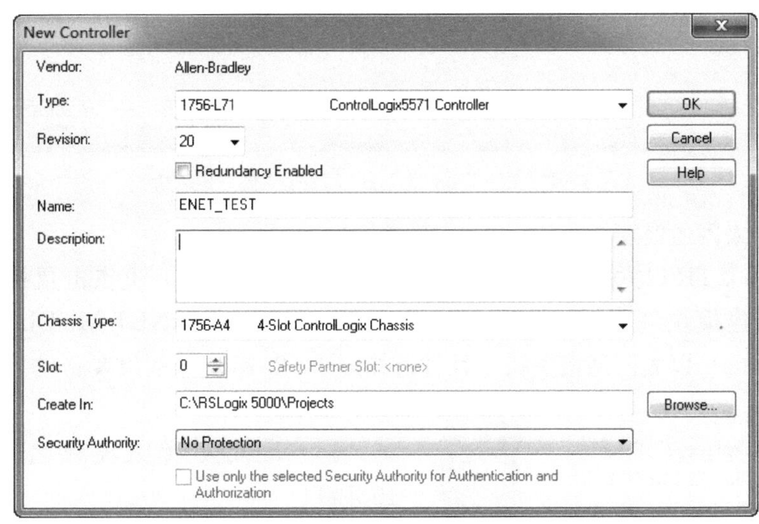

图 11.2.10　创建新控制器

其中：

1）Type 处选择所用 PLC 的 CPU 型号：1756-L71。

2）Revision 处选择 CPU 的固件版本。

3）Name 处填写名称：ENET_TEST。

4）Chassis Type 处选择所使用的背板类型：1756-A4。

5）Slot 处选择 CPU 所在的插槽号：0。

6）Create In 处点击【Browse...】浏览并选择项目的存放路径，最后点击 OK。

2. 添加以太网桥模块（自带网口的 CPU 则无需添加）

在【I/O Configuration】（I/O 配置）处按鼠标右键→【New Module...】（新建模块）→选择【1756-EN2TR】以太网桥模块→点击【Create】（创建），并进行如图 11.2.11 所示的设置。

其中：

1）Name 处输入模块名称：EN2TR。

2）Ethernet Address 处选择 Private Network 或 IP Address 并输入 IP 地址：192.168.1.50（PLC 的 IP 地址必须和机器人的 IP 地址处在同一网段）。

3）Slot 处输入模块所处于背板中的槽号：1。

4）点击【Change ...】修改 Revision 模块版本号，最后点击 OK 按钮确认添加。

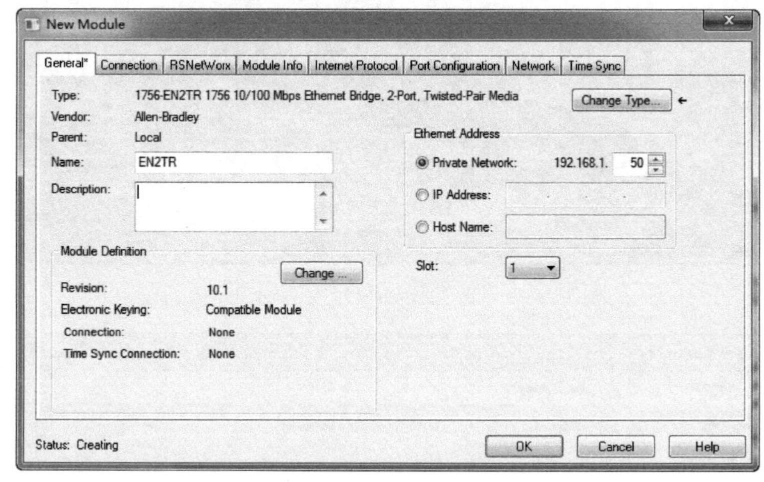

图 11.2.11　1756-EN2TR 以太网桥模块的添加

3. 添加以太网通信模块（EtherNet/IP 通信）

在 1756-EN2TR 以太网桥模块下的【Ethernet】（以太网）上点击鼠标右键→【New Module...】新建模块（图 11.2.12）→选择并添加【ETHERNET-MODULE】（Generic Ethernet Module）以太网通信模块，且进行如图 11.2.13 所示的设置。

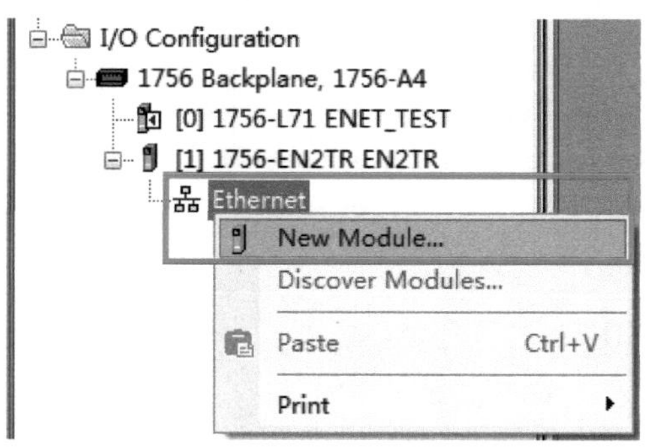

图 11.2.12　在 1756-EN2TR 模块的以太网口下添加模块

其中：

1）Name 处输入模块名称：FANUC_ROBOT。

2）Comm Format 处选择数据类型：Data-INT（16bit 的整型数据）。

3）Input 处的 Assembly Instance 实例处填写 101。

4）Size 容量处填写 4（4×16bit＝64bit Input）。

5）Output 处的实例填写 151，容量填写 4（4×16bit＝64bit Output）。

6）Configuration 配置处的实例填写 100，容量填写 0。

7）IP Address 处填写机器人的 IP 地址：192.168.1.88。

8）点击 OK 按钮→在弹出的对话框中选择【Connection】（连接选项），设置通信请求的间隔时间（RPI 参数），如 32ms→点击 OK 完成模块添加。

完成 ETHERNET-MODULE（EtherNet/IP 以太网通信模块）的添加之后，在【Controller Tags】（控制器标签）中，会自动生成名为“FANUC _ ROBOT：C”、“FANUC_ROBOT：I”、“FANUC_ROBOT：O”的三组标签，如图 11. 2. 14 所示。

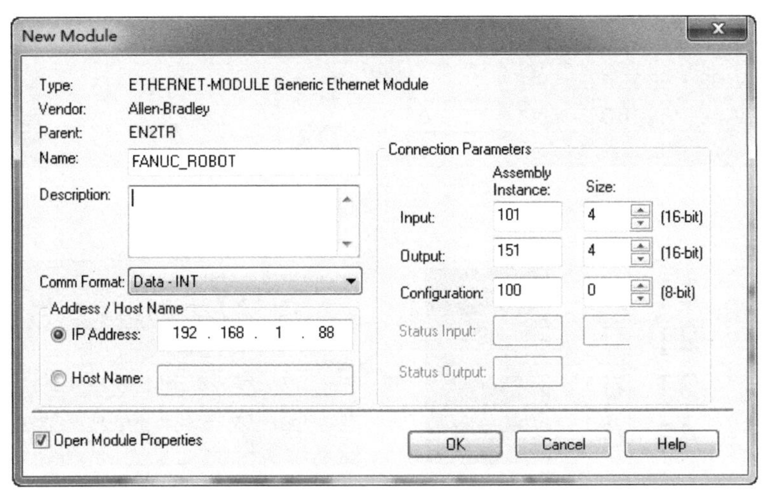

图 11. 2. 13　添加 ETHERNET-MODULE

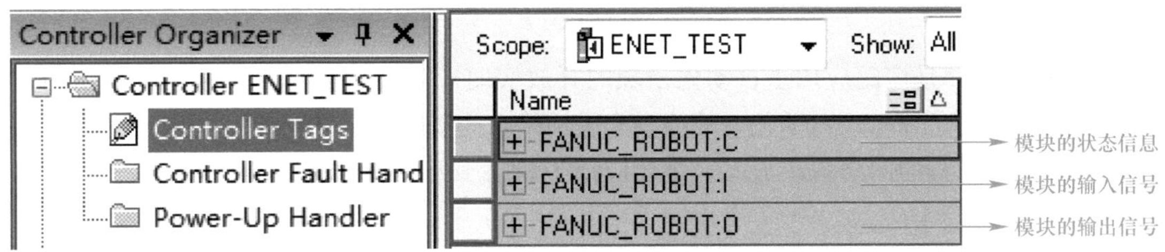

图 11. 2. 14　自动添加的控制器标签

（五）通信测试

1. 点击菜单【Communications】→【Who Active】→浏览选择需要下载项目的 CPU 模块→点击【Download】下载项目组态至 CPU 中→切换控制器至 RUN 运行模式。

2. 双击打开【Controller Tags】（控制器标签）→【Monitor Tags】（监视标签）→分别展开 FANUC _ ROBOT：I 和 FANUC _ ROBOT：O 至 FANUC _ ROBOT：I. Data[0] 和 FANUC_ROBOT：O. Data[0]下的 16bit 数据标签。

3. 机器人示教器切换至数字 I/O 界面，按 F3【IN/OUT】可以切换输入/输出信号列表。

4. PLC→机器人的信号通信测试（图 11. 2. 15）：在 FANUC_ROBOT：O. Data[0]. 0 的【Value】（值）处输入 1 并按【Enter】回车键，同时观察机器人的 DI[1]信号是否变成 ON 状态。将该值改为 0 并按【Enter】回车键，同时观察机器人的 DI[1]信号是否变成 OFF 状态。

5. 机器人→PLC 的信号通信测试（图 11. 2. 16）：在机器人 DO[1]信号的（状态）项按 F4【ON】，同时观察 PLC 的 FANUC_ROBOT：I. Data[0]. 0 标签的【Value】（值）处

是否变成 1。在机器人 DO[1]信号的（状态）项按 F5【OFF】，同时观察 PLC 的 FANUC_ROBOT:I. Data[0]. 0 标签的【Value】（值）处是否变成 0。

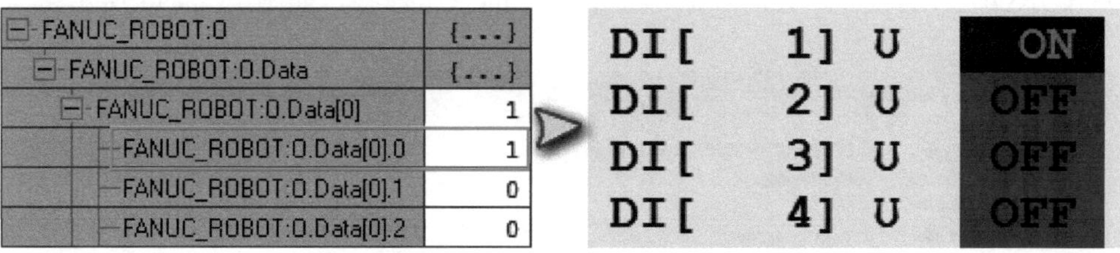

图 11. 2. 15 PLC 至机器人的信号通信测试

图 11. 2. 16 机器人至 PLC 的信号通信测试

任务三 与 S7-1200 PLC 的 PROFINET IO 通信

PROFINET 是广泛应用于自动化领域的开放实时工业以太网标准，包含诸如实时以太网、运动控制、分布式自动化、故障安全及网络安全等先进技术标准，为自动化通信领域提供了一个完整的网络解决方案，主要应用于西门子公司的自动化系统中。

一、任务分析

任务描述：采用 PROFINET IO 通信的方式，组网西门子 S7-1200 PLC 和 FANUC 机器人，实现两者之间的数据通信。

11-3 S7-1200PLC 与 FANUC 机器人的 PROFINET IO 通信

二、相关知识

PROFINET 通信能够实现一根网线多种数据的传输，兼顾了开放性和高性能，原因在于其采用的三种数据通道：

（1）标准数据通道（兼容 TCP/IP、UDP/IP 通信的非实时数据通信，反应时间约为 100ms）。

（2）RT 实时通道（主要针对 PROFINET IO 通信，反应时间小于 10ms）。

（3）IRT 等时实时通道（主要针对驱动系统的 PROFINET IO 通信，反应时间小于 1ms）。

PROFINET 网络和外部设备的通信是通过 PROFINET IO 来实现的，PROFINET IO 定义了设备之间的数据交换、参数设定及诊断机能。PROFINET IO 系统包含三种设备：

（1）IO 控制器（有“主站机能”的设备，控制自动化的工作任务）。

（2）IO 设备（有“从站机能”的设备，一般是现场设备，受 IO 控制器的监控）。

（3）IO 监控器（PC 软件）。

FANUC 机器人要进行 PROFINET IO 通信时，需安装 PROFINET IO 通信板卡和 Dual Chan. Profinet（R834）软件。它既可以作为 IO 设备受 PLC（IO 控制器）监控，也可以作为 IO 控制器，监控其他现场设备（IO 设备），如图 11.3.1 所示。

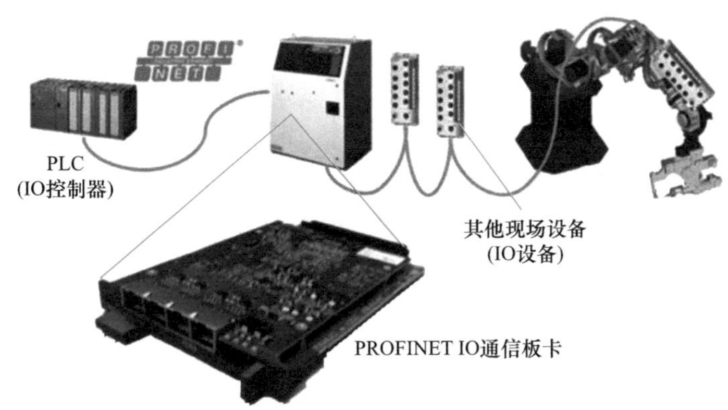

图 11.3.1　FANUC 机器人 PROFINET IO 通信示意图

三、任务实施

（一）机器人端配置

1. 配置通信参数

按下【MENU】（菜单）键，移动光标选择【I/O】→【PROFINET（M）】（图 11.3.2），按下【ENTER】键进入 PROFINET（M）功能界面，如图 11.3.3 所示。

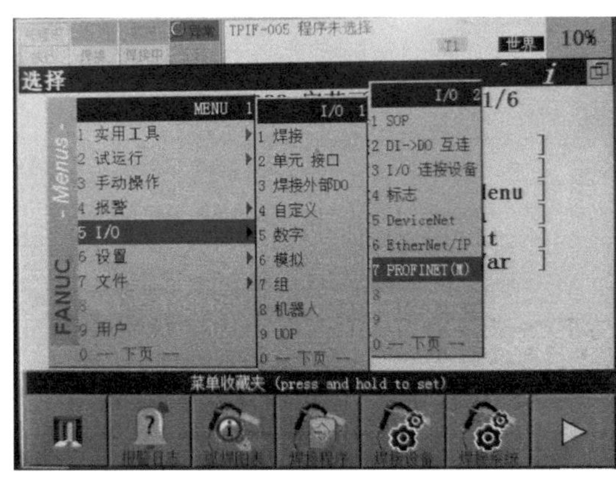

图 11.3.2　选择 PROFINET（M）功能

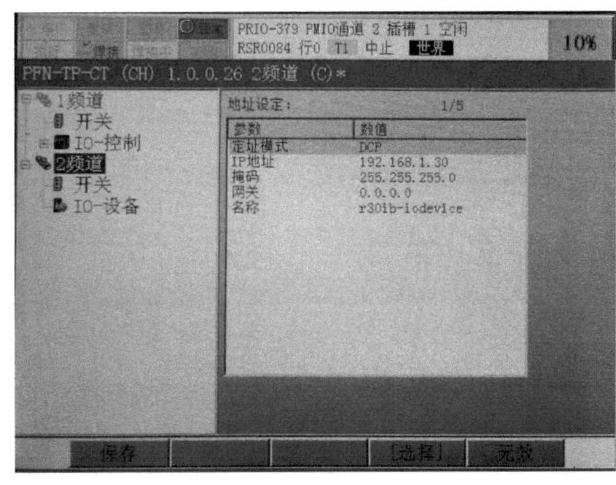

图 11.3.3　PROFINET（M）功能界面

按上下方向键移动光标至“2 频道”，按下【DISP】键激活右侧界面，设置定址模式为 DCP，设定机器人端的 IP 地址、子网掩码和 IO 设备名称（必须和 PLC 端组态的机器人 IP 地址、子网掩码和 IO 设备名称一致）。

注：

（1）机器人作为 IO 控制器时，使用“1 频道”（使用通信板卡上的 X1P1 和 X1P2 端口，即网口 1 和网口 2）。

（2）机器人作为 IO 设备时，使用“2 频道”（使用通信板卡上的 X2P1 和 X2P2 端口，即网口 3 和网口 4）。

（3）定址模式：DCP 为固定 IP 地址，DHCP 模式为自动获取 IP。

（4）在 PROFINET IO 通信中，通常将 PLC 作为 IO 控制器，机器人作为 IO 设备。

（5）PROFINET（M）功能界面的基本操作是：上下方向键移动光标，左右方向键折叠或展开选项页，【DISP】键切换左右操作界面。

（6）“端口 3”和“端口 4”的通信波特率等参数使用默认值，如图 11.3.4 所示。

2. 配置通信数据

移动光标至“IO-设备”项，按下【DISP】键切换至右侧界面，选择相应的插槽，如图 11.3.5 所示。按下 F4【编辑】，配置机器人的通信数据。

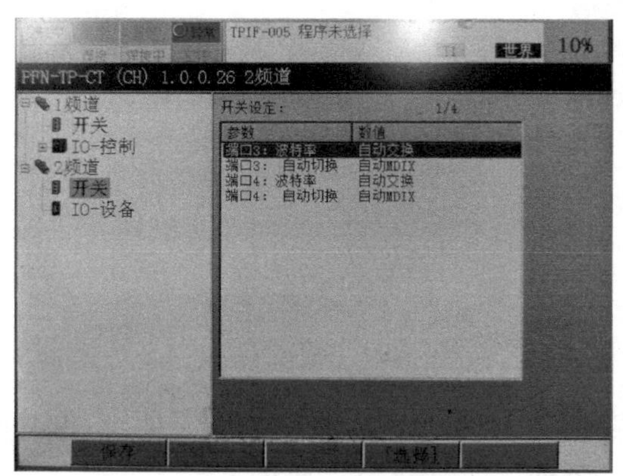

图 11.3.4　端口参数

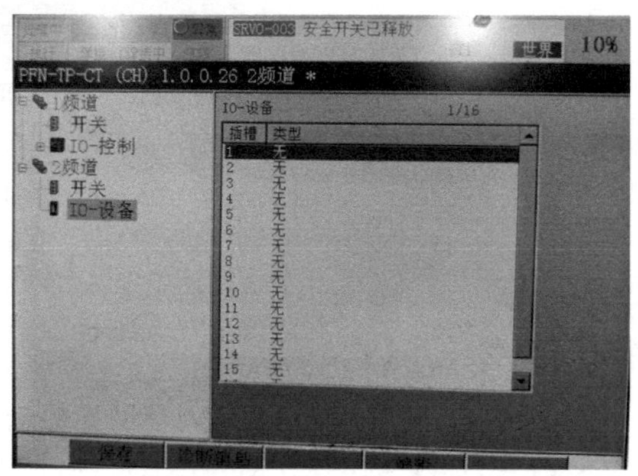

图 11.3.5　IO-设备界面

可选择的插槽数据有“输入插槽”“输出插槽”和“输入输出插槽”三种类型，如图 11.3.6 所示。

选择需要的插槽数据大小，如图 11.3.7 所示。

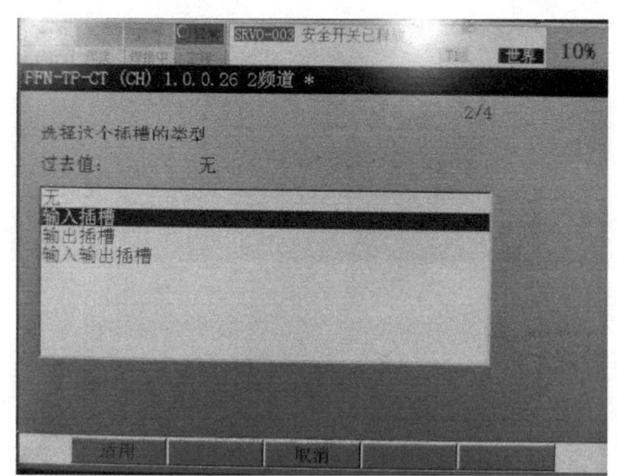

图 11.3.6　选择插槽的类型

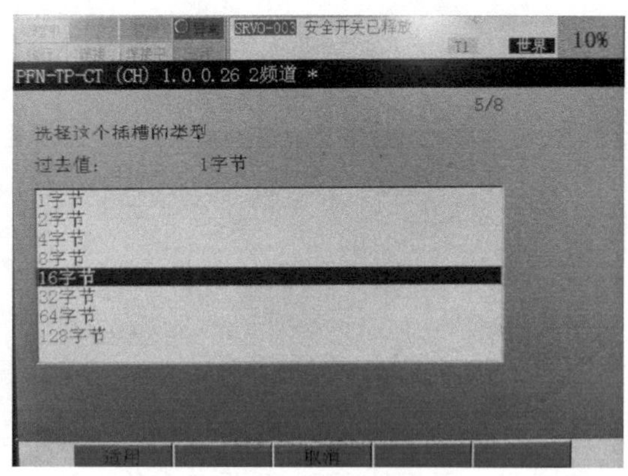

图 11.3.7　选择插槽的数据大小

如图 11.3.8 所示，1 号插槽配置了 16 个字节的 DI 数据，2 号插槽配置了 16 个字节的 DO 数据。

3. 保存配置

光标返回到“2 频道”，按 F1【保存】，此时标题变红，需要重启机器人才能使配置生效，如图 11.3.9 所示。

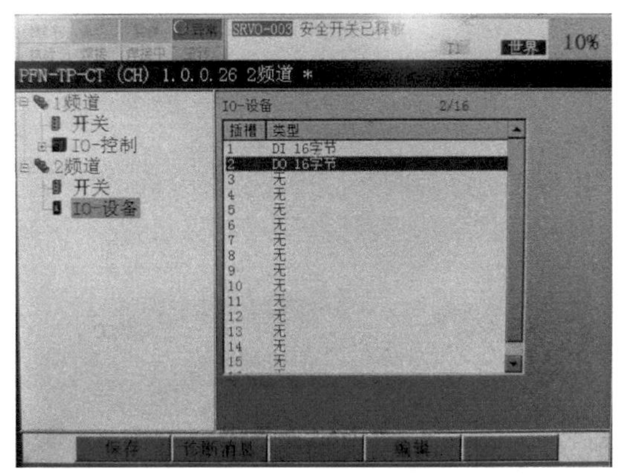

图 11.3.8　配置完成的通信数据

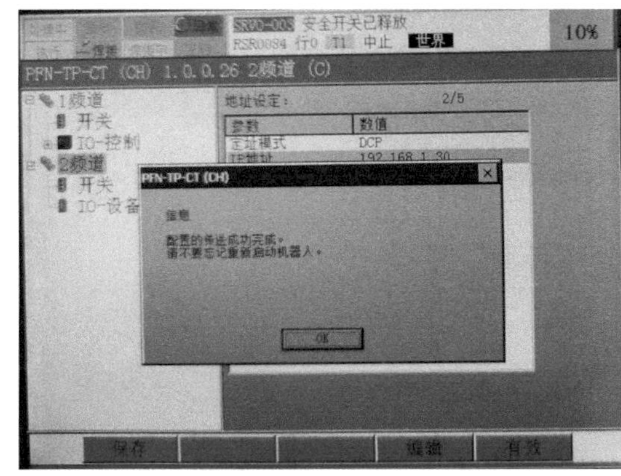

图 11.3.9　保存配置

按下 F5【有效】，设置“2 频道”的通信连接为有效，如图 11.3.10 所示。频道有效时，如果没有和 IO 控制器正确连接，会报警停机。

注：

（1）通道有效时，图标点亮成彩色，通道无效时，图标为灰色。

（2）光标在“IO-设备”位置，按下 F2【诊断信息】后，在诊断界面可以单独切换“IO-设备”是否“有效”（IO-设备无效时，图标为灰色，与 PLC 断开通信连接），如图 11.3.11 所示。

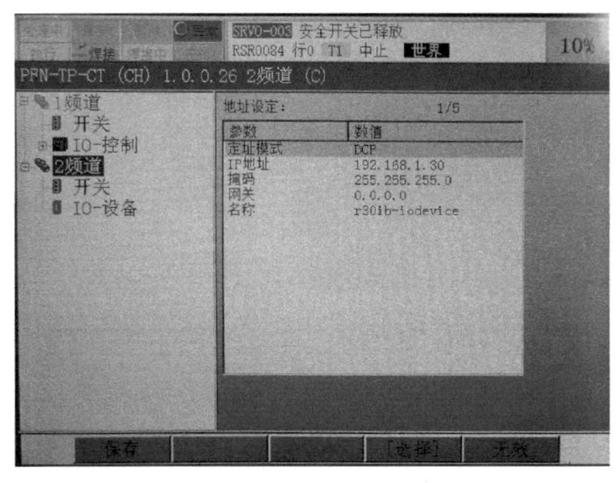

图 11.3.10　使能 2 频道的连接

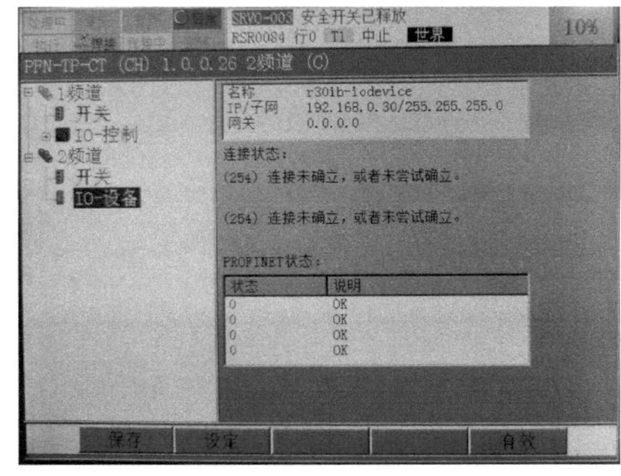

图 11.3.11　IO-设备的诊断信息

（3）如果 PLC 没有和机器人正常通信，则显示 PRIO-379 PMIO 报警，默认情况下，是警告级别。$PM_CFG.$IOD_KEEP 变量从 0 修改为 1 时，可以升级到 STOP 级别。

4. I/O 分配

FANUC 机器人进行 PROFINET IO 通信时，IO 分配原则为：作为 IO 控制器时，设定为 101 机架；作为 IO 设备时，设定为 102 机架。

如图 11.3.12 所示，将 DI[1]至 DI[128]共 128 点（16 字节）的输入信号分配给 PROFINET IO 通信（102 机架）输入数据的前面 128 位；DO[1]至 DO[128]共 128 点的输出信号分配给 PROFINET IO 通信输出数据的前面 128 位。

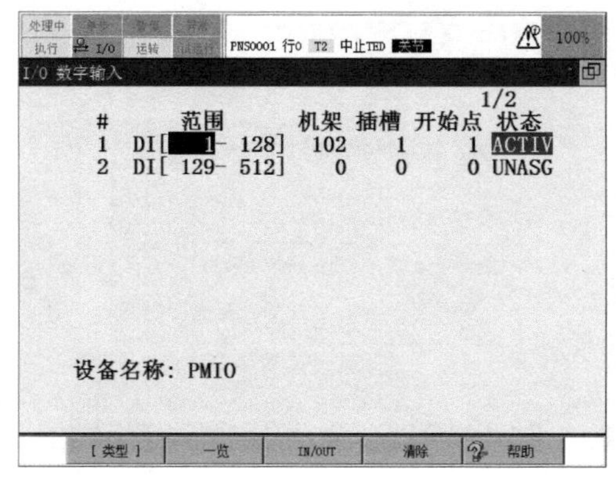

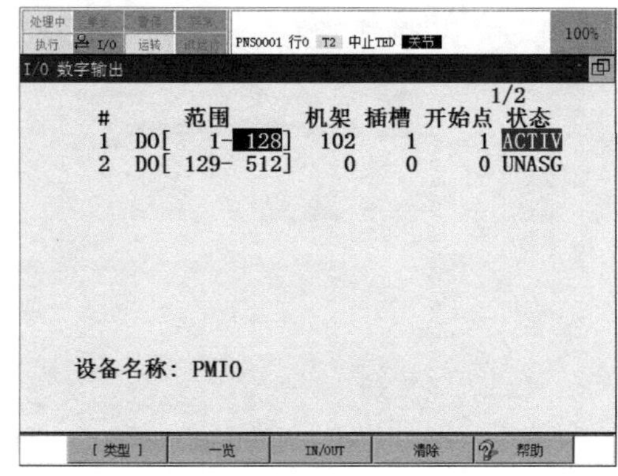

图 11.3.12　PROFINET IO 通信的 IO 分配

5. 断电重启

通信配置和 IO 分配完毕后，将机器人断电，将与 PLC 通信的网线连接至 PROFINET 通信板卡的 X2P1 或 X2P2 网口（即网口 3 或网口 4，如图 11.3.13 所示），机器人重新开机以使上述配置生效。

图 11.3.13　连接网线至网口 3 示意图

（二）PLC 端组态

1. 创建项目，添加 PLC 设备：在西门子 TIA Portal 软件中创建项目，添加 PLC 设备，并修改 PLC 的 IP 地址，如图 11.3.14 所示。

注意：编程电脑、PLC、机器人的 IP 地址须在同一个子网段内，且地址不同。

2. 安装机器人的 GSD 文件：通过菜单“选项”→“管理通用站描述文件（GSD）”选项进入 GSD 文件管理界面，如图 11.3.15 所示。浏览并安装 FANUC 机器人的 GSD 文件，如图 11.3.16 所示，以便将 FANUC 机器人添加到 TIA Portal 软件的硬件目录中。

图 11.3.14　设定 PLC 的 IP 地址

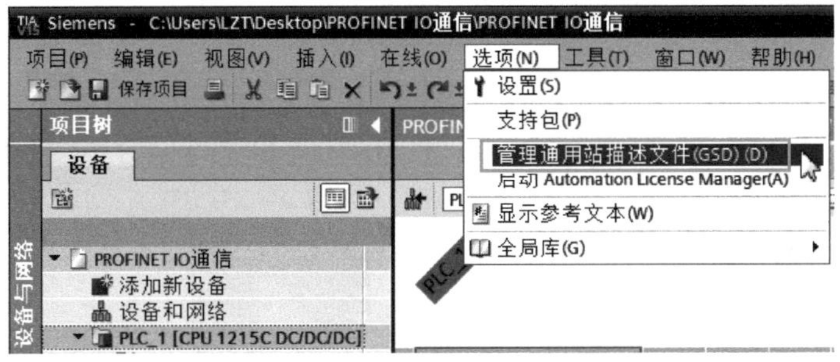

图 11.3.15　进入 GSD 文件管理界面

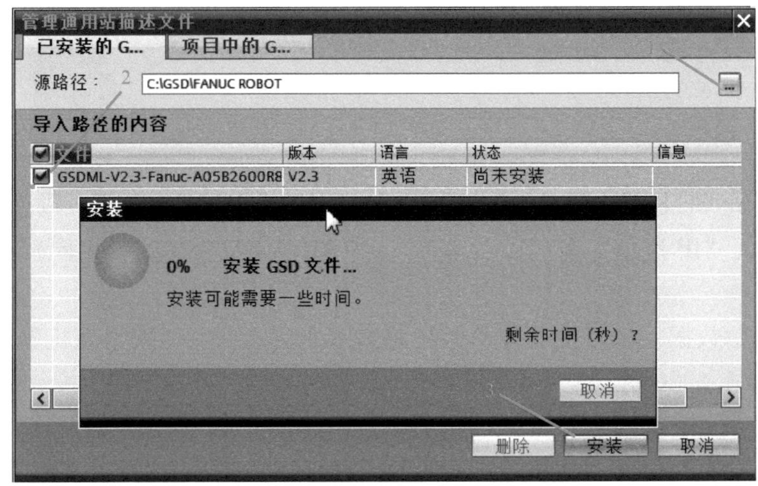

图 11.3.16　安装 FANUC 机器人的 GSD 文件

3. 组建 PROFINET IO 系统网络：双击项目树中的“设备和网络”，点击进入“网络视图”，从右侧硬件目录中拖拽添加 FANUC 机器人至系统网络中，如图 11. 3. 17 所示。

图 11. 3. 17　添加 FANUC 机器人硬件

连接 PLC 和 FANUC 机器人的网口，或点击机器人硬件图标上的“未分配”，选择 PLC 的通信接口，如图 11. 3. 18 所示。

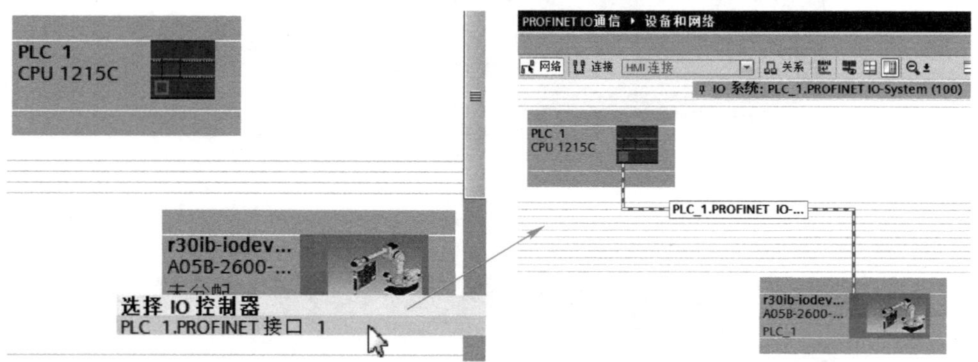

图 11. 3. 18　组建 PROFINET IO 系统网络

4. 配置 FANUC 机器人的设备名称和 IP 地址：双击 FANUC 机器人硬件图标，在属性中设定机器人的“IP 地址”和“设备名称”（须和机器人端的配置相同），如图 11. 3. 19 所示。

5. 配置通信数据：从右侧硬件目录中拖拽添加需要的 IO 数据到机器人的“设备视图”中，如图 11. 3. 20 所示。

注：

（1）PLC 端的 Q 数据对应机器人端的 DI 数据，I 数据对应机器人端的 DO 数据。

（2）如图 11. 3. 20 所示：插槽 1 的 QB2～QB17 共 16 字节输出数据，对应于“IO 设

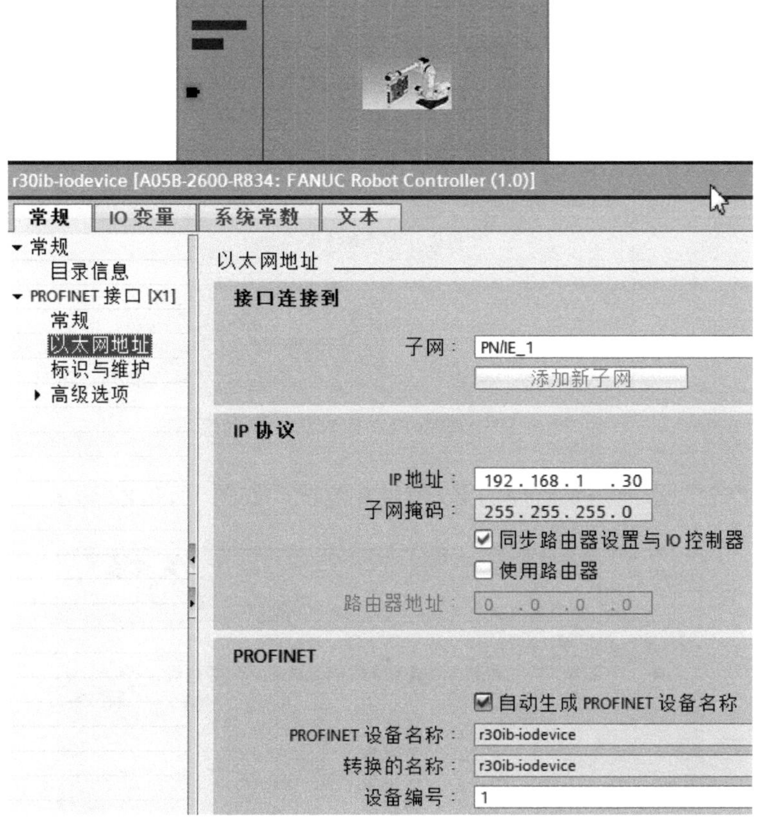

图 11.3.19　设定 FANUC 机器人的 IP 地址和设备名称

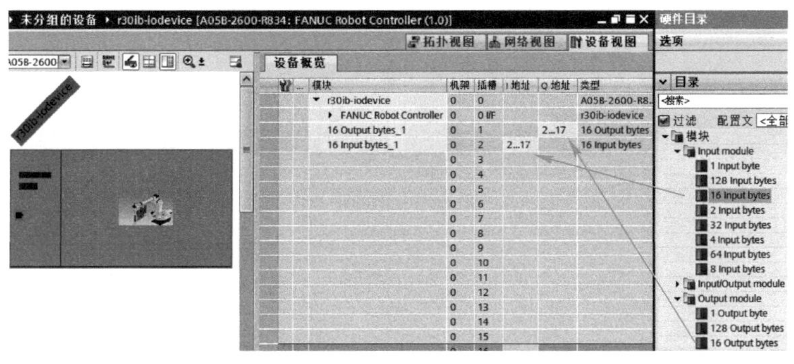

图 11.3.20　配置通信数据

备”（机器人端）插槽 1 的 16 字节 DI 输入数据（图 11.3.8）。

（3）如图 11.3.20 所示：插槽 2 的 IB2～IB17 共 16 字节输入数据，则对应于“IO 设备”（机器人端）插槽 2 的 16 字节 DO 输出数据。

（三）通信测试

在 TIA Portal 软件左侧的项目树中选择组态完成的 PLC，将组态好的项目下载至 PLC 中。将 PLC 切换至在线模式，观察通信是否正常（各台设备为绿色对勾表示正常），如图 11.3.21 所示。

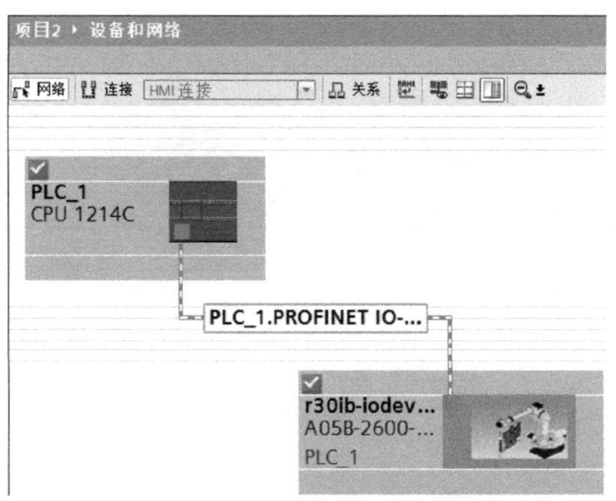

图 11.3.21　观察 PLC 与机器人的通信情况

创建“监控表”添加需要监控的 IO 信号并测试，如图 11.3.22 所示。

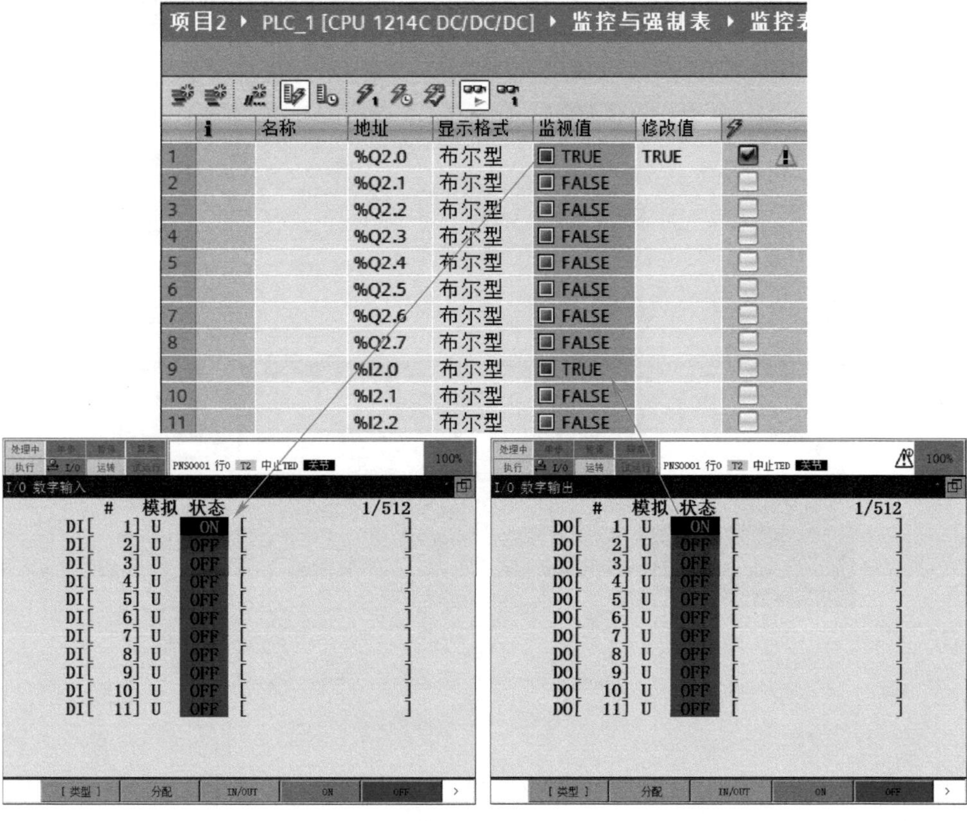

图 11.3.22　通信测试

以下情况说明西门子 S7-1200PLC 和 FANUC 机器人的 PROFINET IO 通信成功：于监控表中修改 Q2.0 输出信号为 TRUE 并写入 PLC 时，机器人的 DI[1]状态对应变成 ON；于机器人端强制 DO[1]信号为 ON 时，PLC 监控表中的 I2.0 输入信号状态对应变成 TRUE。

任务四　与S7-1200 PLC的Modbus TCP通信

Modbus协议是一种已广泛应用于当今工业控制领域的通用通信协议，具有公开无版权、易于部署和维护、使用方便限制少等特点。

一、任务分析

任务描述：采用Modbus TCP通信的方式，组网西门子S7-1200 PLC和FANUC机器人，实现两者之间的数据通信。

任务分析：FANUC机器人需要安装R581软件选项，才能作为服务器（Server），接受PLC客户端（Client）的主动连接，进行Modbus TCP通信。

二、相关知识

Modbus通信的物理接口可以是串行接口或以太网接口，基于串行通信的方式有Modbus RTU和Modbus ASCII两种，基于以太网的通信则是Modbus TCP。Modbus通信采用的是主从通信模式（主站和从站），由主站发起主动连接，从站只进行响应。对于Modbus TCP而言，主站通常称为客户端（Client），从站称为服务器（Server）；而对于Modbus RTU和Modbus ASCII来说，主站是Master，从站是Slave。

三、任务实施

（一）机器人端配置

1. 设置机器人的IP地址

按下【MENU】（菜单）键→选择【SETUP】（设置）选项→【Host Comm】（主机通信）→TCP/IP→按下F3【DETAIL】（细节），进入如图11.4.1所示界面。

根据网线所连接的网口号（CD38A、CD38B），通过按下F3【PORT】（端口）进行端口#1和端口#2的切换。将光标移至相应项目上按下【ENTER】（确认）键，直接输入机器人的IP地址和子网掩码。

2. 配置通信参数

按下【MENU】（菜单）键→选择【I/O】选项→【Modbus TCP】→按下【ENTER】（确认）键，进入如图11.4.2所示界面。

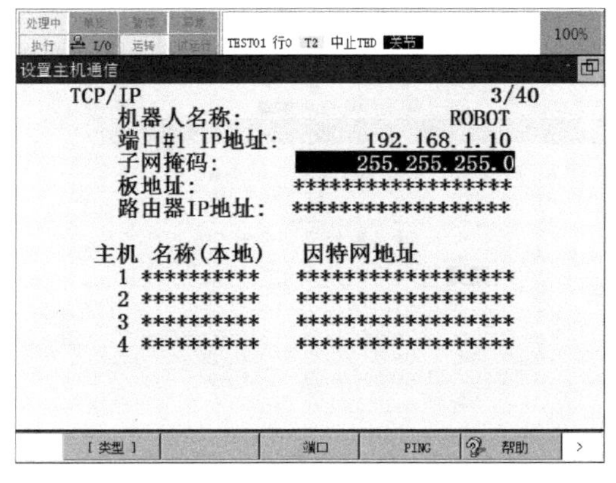

图11.4.1　机器人IP地址设置界面

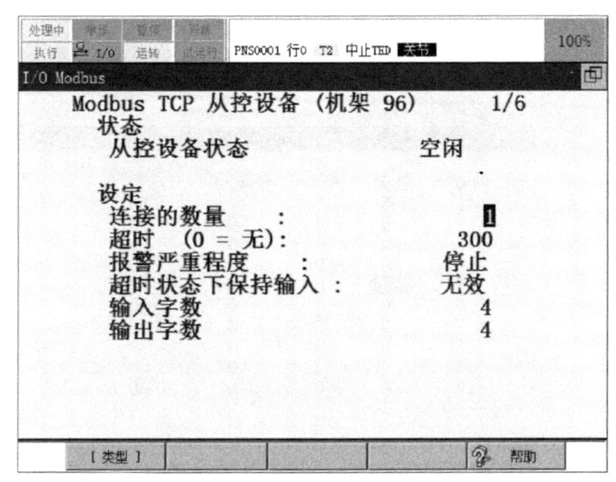

图11.4.2　Modbus TCP通信配置界面

设置 Modbus TCP 的通信参数：

（1）从控设备状态（Slave Status）：显示从站的状态，和主站进行通信时，显示“运行中”，否则显示“空闲”。

（2）连接数量（Number of Connections）：允许从控设备进行 Modbus TCP 连接的数量，最多 4 个连接。设置为 0 时，禁用此从控设备。

（3）超时（Timeout）：超过设定的时间（单位：ms）仍没有与任何主站建立连接时，发出超时报警。设置为 0 时，将禁用超时。

（4）报警严重程度（Error Severity）：Modbus TCP 的报警严重程度，通过按下 F4【CHOICE】（选择）选择“停止”、“警告”或“暂停”。

（5）超时状态下保持输入（Keep Input on Timeout）：设置为“无效”（FALSE）时，发生通信超时的时候输入被置零。否则，保持输入的最后状态。

（6）输入字数（Input Words）：分配输入字的数量，一个字为 16 位。

（7）输出字数（Output Words）：分配输出字的数量，一个字为 16 位。

3. I/O 分配

FANUC 机器人进行 Modbus TCP 通信时，I/O 分配的原则是机架 96，插槽 1。

如图 11.4.3 所示，将 DO[1]至 DO[16]共 16 点的输出信号分配给 Modbus TCP 通信的第 1 个输出字，GO[1]共 16 位的输出信号分配给第 2 个输出字。

将 DI[1]至 DI[16]共 16 点的输入信号分配给 Modbus TCP 通信的第 1 个输入字，GI[1]共 16 位的输入信号分配给第 2 个输入字。

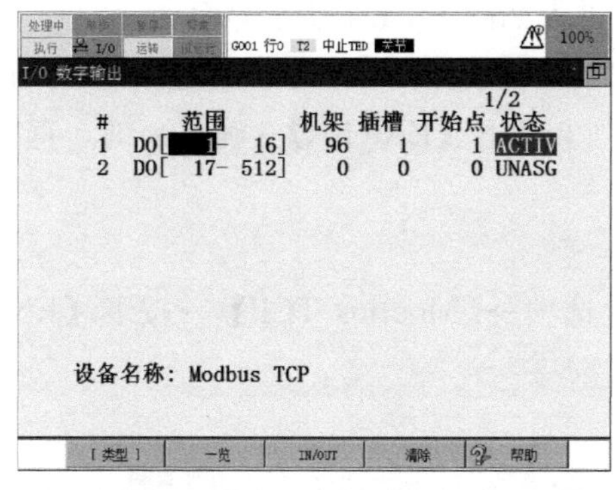

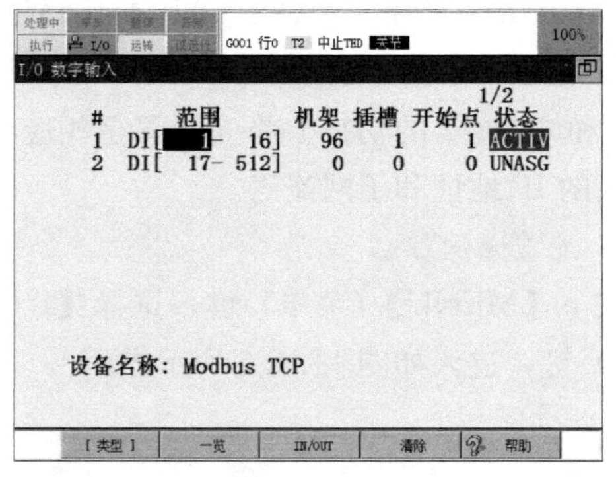

I/O 组输出　5/100

GO #	机架	插槽	开始点	点数
1	96	1	17	16
2	0	0	0	0
3	0	0	0	0
4	0	0	0	0
5	0	0	0	0
6	0	0	0	0
7	0	0	0	0
8	0	0	0	0
9	0	0	0	0
10	0	0	0	0

I/O 组输入　5/100

GI #	机架	插槽	开始点	点数
1	96	1	17	16
2	0	0	0	0
3	0	0	0	0
4	0	0	0	0
5	0	0	0	0
6	0	0	0	0
7	0	0	0	0
8	0	0	0	0
9	0	0	0	0
10	0	0	0	0

图 11.4.3　Modbus TCP 通信的 IO 分配

4. 重启机器人

当通信参数配置和 I/O 分配完毕后，关闭机器人电源。

用网线将机器人控制器主板上的 1 号网口（CD38A）和电脑网口连接起来，如图 11.4.4 所示。

重启机器人以使上述配置生效。

图 11.4.4　R-30iB Mate 控制器主板上的 1 号网口

（二）PLC 端组态

1. 创建项目

打开西门子 TIA Portal 软件，创建新项目。添加 PLC 设备，并修改 PLC 的 IP 地址，如图 11.4.5 所示。

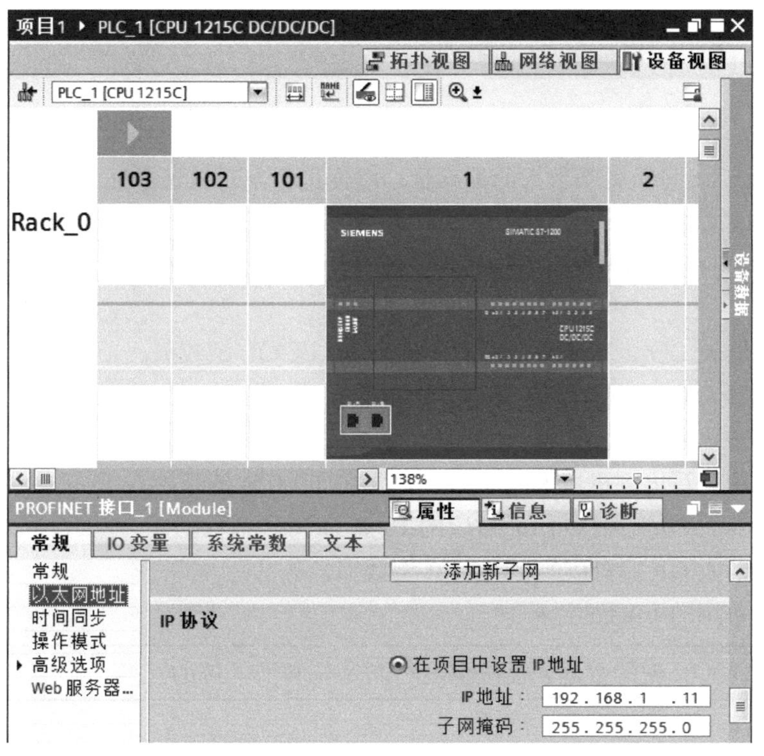

图 11.4.5　设定 PLC 的 IP 地址

注意：编程电脑、PLC、机器人的 IP 地址须在同一个子网段内，且地址不同。

2. 创建数据块

在软件左侧的“项目树”中，展开“程序块”，双击“添加新块”，选择“数据块”，输入数据块名称，如图 11.4.6 所示。点击“确定”，添加用于通信的数据块（DB1）。

3. 修改数据块属性

鼠标右键点击数据块（DB1），点击“属性”，打开属性对话框。选择“常规”→“属性”，取消“优化的块访问”属性，如图 11.4.7 所示。

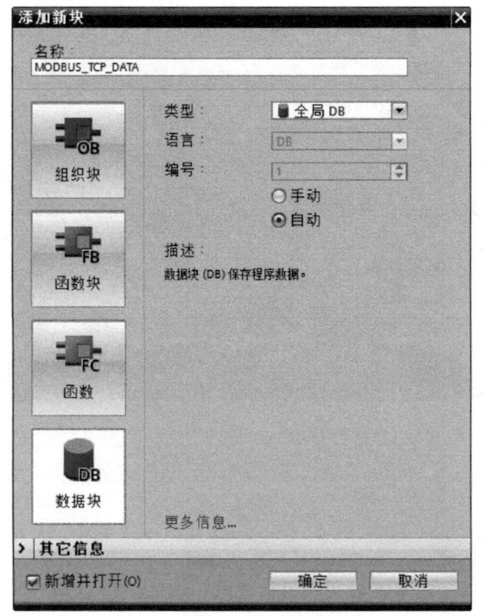

图 11.4.6 添加用于通信的数据块

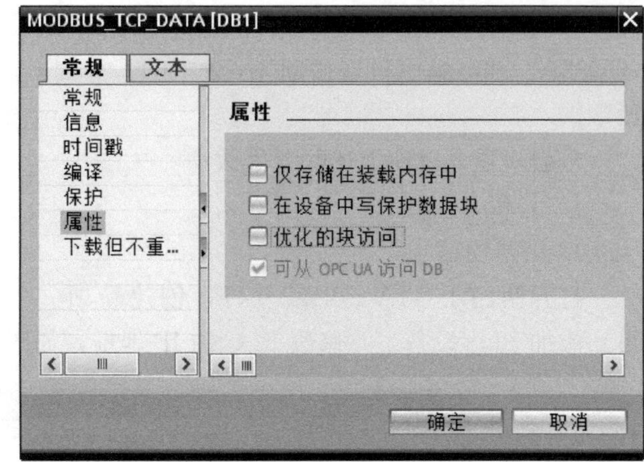

图 11.4.7 取消“优化的块访问”属性

点击“确定”，显示各个数据的偏移量，以便进行绝对地址寻址。

4. 创建通信数据

如图 11.4.8 所示，从数据块的 0.0 地址开始，添加用于存储从机器人读取到的 4 个字的数据：

（1）与机器人 DO[1]至 DO[16]对应的 16 点 BOOL 型数据。

（2）与机器人 GO[1]对应的 16 位 Int 型数据。

（3）两个备用的 Int 数据。

接着添加用于写出到机器人的 4 个字的数据（8.0 地址开始）：

（1）与机器人 DI[1]至 DI[16]对应的 16 点 BOOL 型数据。

（2）与机器人 GI[1]对应的 16 位 Int 型数据。

（3）两个备用的 Int 数据。

> 注意：对于 BOOL 型的数据，需按字进行高 8 位和低 8 位的互换。

5. 修改通信指令版本

如图 11.4.9 所示，在软件右侧的“指令”库中展开“通信”，将“开放式用户通信”的指令版本改为 V3.1。展开“其他”目录→“MODBUS TCP”，将 MODBUS TCP 通信的指令版本改为 V3.1。

注：V3.X 为标准地址范围的指令版本，通信参数设置简单。V4.0 以上为支持扩展地址的指令版本，通信参数设置复杂。

6. 编写通信程序

在“项目树”的“程序块”中双击“Main[OB1]”打开主程序，将两条“MB_CLIENT”客户端指令拖拽添加至主程序中。两条指令要使用相同的背景数据块 DB2，如图 11.4.10 所示。

项目1 ▸ PLC_1 [CPU 1215C DC/DC/DC] ▸ 程序

保持实际值　快照

MODBUS_TCP_DATA

	名称	数据类型	偏移量	起始值
2	DO9	Bool	0.0	false
3	DO10	Bool	0.1	false
4	DO11	Bool	0.2	false
5	DO12	Bool	0.3	false
6	DO13	Bool	0.4	false
7	DO14	Bool	0.5	false
8	DO15	Bool	0.6	false
9	DO16	Bool	0.7	false
10	DO1	Bool	1.0	false
11	DO2	Bool	1.1	false
12	DO3	Bool	1.2	false
13	DO4	Bool	1.3	false
14	DO5	Bool	1.4	false
15	DO6	Bool	1.5	false
16	DO7	Bool	1.6	false
17	DO8	Bool	1.7	false
18	GO1	Int	2.0	0
19	备用1	Int	4.0	0
20	备用2	Int	6.0	0

项目1 ▸ PLC_1 [CPU 1215C DC/DC/DC] ▸ 程序

保持实际值　快照

MODBUS_TCP_DATA

	名称	数据类型	偏移量	起始值
21	DI9	Bool	8.0	false
22	DI10	Bool	8.1	false
23	DI11	Bool	8.2	false
24	DI12	Bool	8.3	false
25	DI13	Bool	8.4	false
26	DI14	Bool	8.5	false
27	DI15	Bool	8.6	false
28	DI16	Bool	8.7	false
29	DI1	Bool	9.0	false
30	DI2	Bool	9.1	false
31	DI3	Bool	9.2	false
32	DI4	Bool	9.3	false
33	DI5	Bool	9.4	false
34	DI6	Bool	9.5	false
35	DI7	Bool	9.6	false
36	DI8	Bool	9.7	false
37	GI1	Int	10.0	0
38	备用3	Int	12.0	0
39	备用4	Int	14.0	0

图 11.4.8　添加用于读取和写出的通信数据

指令

选项

› 收藏夹

› 基本指令

› 扩展指令

› 工艺

⌄ 通信

名称	描述	版本
▸ S7 通信		V1.3
▸ 开放式用户通信		V3.1
▸ WEB 服务器		V1.1
▾ 其它		
▾ MODBUS TCP		V3.1
MB_CLIENT	通过 PROFINET 进行通信，作为 Modbus TCP客户端	V3.1
MB_SERVER	通过 PROFINET 进行通信，作为 Modbus TCP服务器	V3.1
▸ 通信处理器		
▸ 远程服务		V1.9

图 11.4.9　修改指令版本

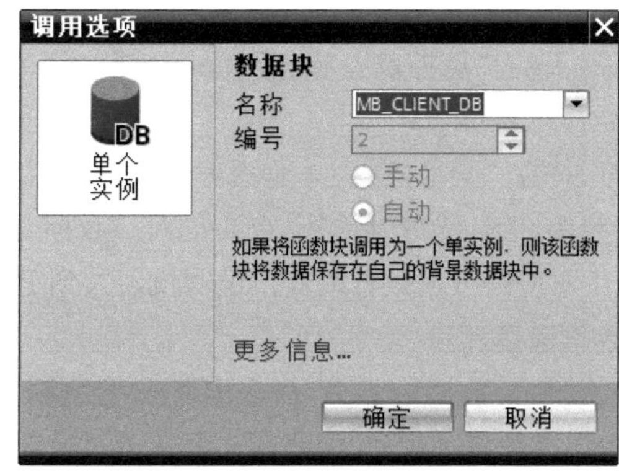

图 11.4.10　添加 MB_CLIENT 指令

填写指令的各个引脚，编写通信程序，如图 11.4.11 所示。

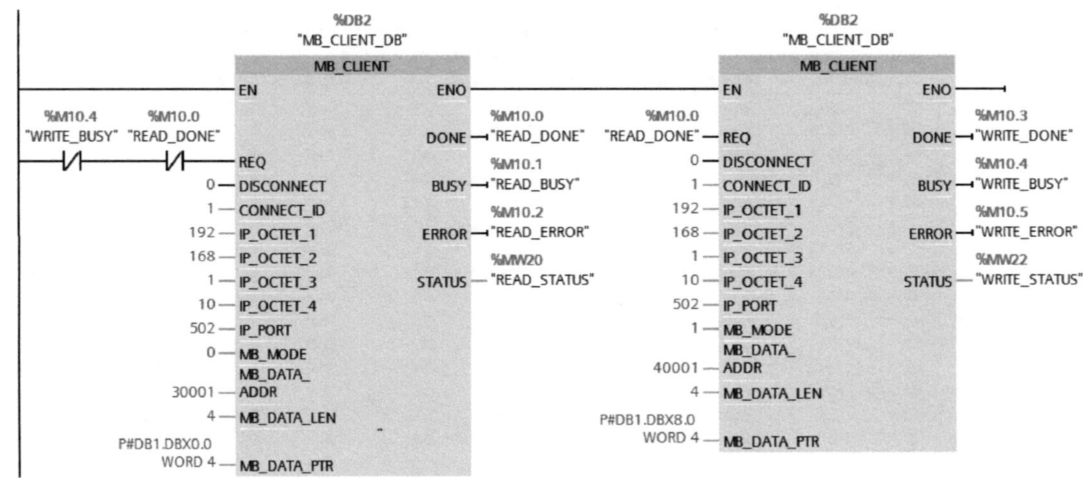

图 11.4.11　MODBUS TCP 通信程序

注：

（1）选中 MB_CLIENT 指令，按下 F1 打开帮助文档，可查看各引脚参数的说明。

（2）第 1 个 MB_CLIENT 指令用于读取远程地址 30001 开始的 4 个输入字（对应机器人的 4 个输出字），存入数据块 DB1，地址 0.0 开始，共 4 个字的数据中。

（3）第 2 个 MB_CLIENT 指令用于将数据块 DB1，地址 8.0 开始，共 4 个字的数据，写出到远程地址 40001 开始的 4 个保持性寄存器中（对应机器人的 4 个输入字）。

（4）MB_DATA_PTR 参数是一个指向数据缓冲区的指针，格式为："P＃DBi. DBX 数据首地址""数据类型""长度"。其中，i 为数据块编号。

（5）读取和写出指令不能同时工作。

（三）通信测试

1. 下载并监视 PLC 程序

编好程序之后，在软件左侧"项目树"中选择"PLC_1"，点击"下载到设备"，将项目下载至 PLC 中。

点击"启用/禁用监视"，监视 PLC 程序，观察通信指令是否正常，如图 11.4.12 所示。

注：通信成功时，机器人的"从控设备状态"（Slave Status）为"运行中"。

2. 机器人到 PLC 的数据通信测试

点击 PLC 数据块 DB1 中的"全部监视"，监视 PLC 的数据，如图 11.4.13 所示。

将机器人的 DO 信号置为 ON，观察数据块 DB1 的对应数据变为了 TRUE；修改机器人 GO[1]的数值，数据块 DB1 对应的数据跟着改变，说明机器人到 PLC 的数据通信成功。

3. PLC 到机器人的数据通信测试

如图 11.4.14 所示，将 PLC 数据块 DB1 中的 BOOL 型数据置为 TRUE，观察机器人对应的 DI 信号变为了 ON；在数据块 DB1 中修改机器人 GI[1]对应的 Int 型数据，观察到机器人 GI[1]的数值跟着改变，说明 PLC 到机器人的数据通信成功。

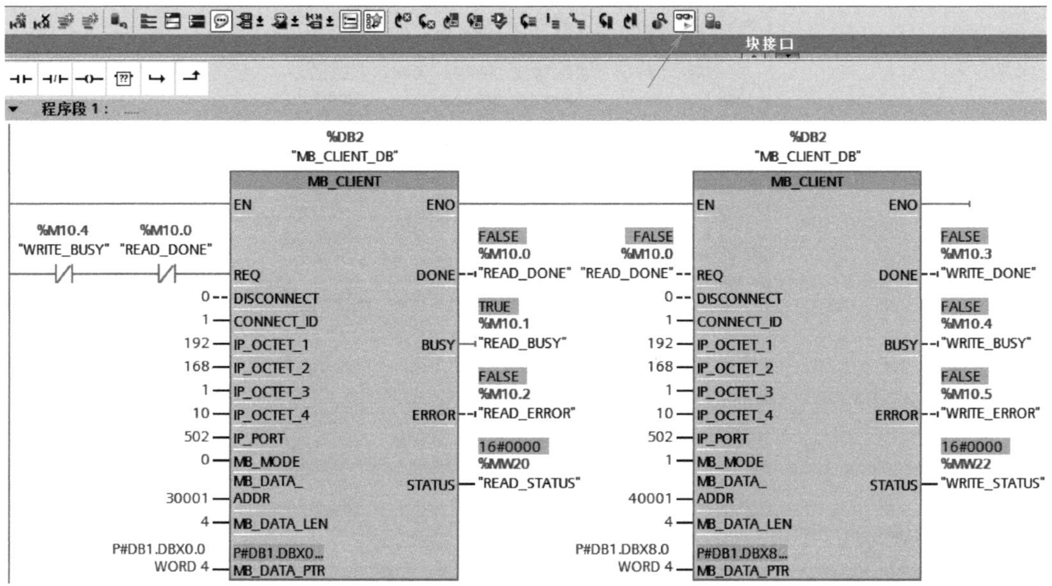

图 11.4.12　监视 PLC 与机器人的通信情况

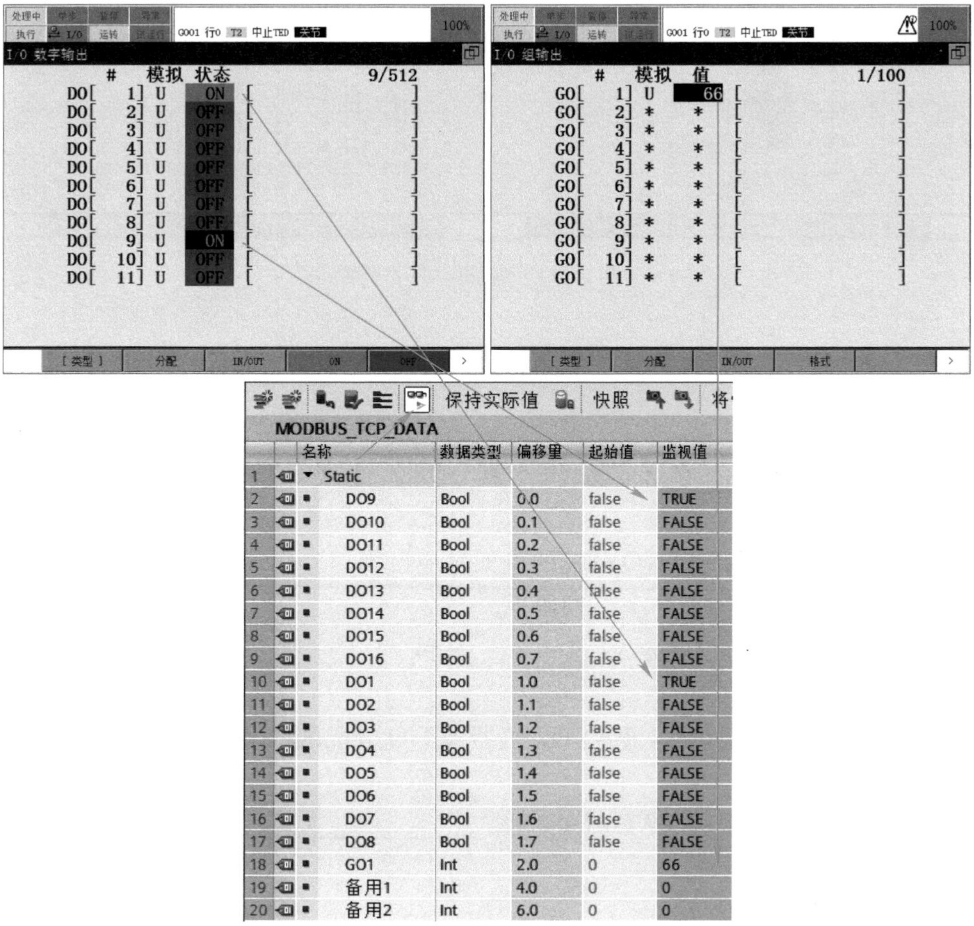

I/O 数字输出　　9/512

#		模拟	状态
DO[	1]	U	ON
DO[	2]	U	OFF
DO[	3]	U	OFF
DO[	4]	U	OFF
DO[	5]	U	OFF
DO[	6]	U	OFF
DO[	7]	U	OFF
DO[	8]	U	OFF
DO[	9]	U	ON
DO[	10]	U	OFF
DO[	11]	U	OFF

I/O 组输出　　1/100

#		模拟	值
GO[	1]	U	66
GO[	2]	*	*
GO[	3]	*	*
GO[	4]	*	*
GO[	5]	*	*
GO[	6]	*	*
GO[	7]	*	*
GO[	8]	*	*
GO[	9]	*	*
GO[	10]	*	*
GO[	11]	*	*

MODBUS_TCP_DATA

	名称	数据类型	偏移量	起始值	监视值
1	▼ Static				
2	DO9	Bool	0.0	false	TRUE
3	DO10	Bool	0.1	false	FALSE
4	DO11	Bool	0.2	false	FALSE
5	DO12	Bool	0.3	false	FALSE
6	DO13	Bool	0.4	false	FALSE
7	DO14	Bool	0.5	false	FALSE
8	DO15	Bool	0.6	false	FALSE
9	DO16	Bool	0.7	false	FALSE
10	DO1	Bool	1.0	false	TRUE
11	DO2	Bool	1.1	false	FALSE
12	DO3	Bool	1.2	false	FALSE
13	DO4	Bool	1.3	false	FALSE
14	DO5	Bool	1.4	false	FALSE
15	DO6	Bool	1.5	false	FALSE
16	DO7	Bool	1.6	false	FALSE
17	DO8	Bool	1.7	false	FALSE
18	GO1	Int	2.0	0	66
19	备用1	Int	4.0	0	0
20	备用2	Int	6.0	0	0

图 11.4.13　机器人到 PLC 的数据通信测试

保持实际值 快照

MODBUS_TCP_DATA

	名称	数据类型	偏移量	起始值	监视值
21	DI9	Bool	8.0	false	FALSE
22	DI10	Bool	8.1	false	FALSE
23	DI11	Bool	8.2	false	FALSE
24	DI12	Bool	8.3	false	FALSE
25	DI13	Bool	8.4	false	FALSE
26	DI14	Bool	8.5	false	FALSE
27	DI15	Bool	8.6	false	FALSE
28	DI16	Bool	8.7	false	FALSE
29	DI1	Bool	9.0	false	TRUE
30	DI2	Bool	9.1	false	TRUE
31	DI3	Bool	9.2	false	FALSE
32	DI4	Bool	9.3	false	FALSE
33	DI5	Bool	9.4	false	FALSE
34	DI6	Bool	9.5	false	FALSE
35	DI7	Bool	9.6	false	FALSE
36	DI8	Bool	9.7	false	FALSE
37	GI1	Int	10.0	0	456
38	备用3	Int	12.0	0	0
39	备用4	Int	14.0	0	0

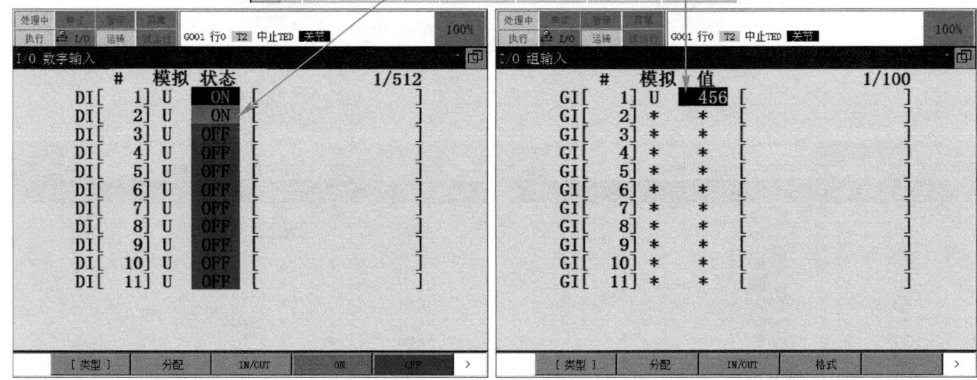

图 11.4.14 PLC 到机器人的数据通信测试

习 题

1. CC-Link 通信的站点总数是________，占用站数也包含在内，主站的站号通常设为________，始站和终端站须在信号线两端并接________以防止信号反射，FANUC 机器人应设置为________站。

2. EtherNet/IP 通信时，I/O 分配的机架号应设为________，PLC 和机器人的 IP 地址________，但必须设置在________网段下。

3. EtherNet/IP 通信设备分为____________和____________，PROFINET IO 通信设备分为 I/O 监视器和________、________。

4. PROFINET IO 通信时，FANUC 机器人 I/O 分配的机架号为 101 表示________，102 表示________。

5. 通信数据中的 1 个字（WORD）＝2 个________＝________位二进制（bit）。

项目十二　机器人的自动运行
Item Ⅻ　Automatic Running of Robot
Item Ⅻ　Operasi Otomatis Robot

教学目标

1. 知识目标

（1）了解机器人自动运行的定义；

（2）了解 FANUC 机器人外围设备 I/O 信号的定义；

（3）掌握 FANUC 机器人切换至自动模式的方法；

（4）掌握 FANUC 机器人各自动运行模式的特点、配置方法和启动时序；

（5）掌握 FANUC 机器人自动运行程序的操作步骤。

2. 能力目标

（1）能够正确切换 FANUC 机器人至自动模式；

（2）能够正确切换不同的自动运行模式并进行配置；

（3）能够按要求控制外围设备 I/O 来选择和启动 FANUC 机器人程序。

3. 素质目标

（1）通过动手实践的教学组织，对比各自动运行模式的命名要求和启动时序异同，培养学生善于比较、反思和总结，严谨务实的良好工作作风。

（2）通过引导学生思考：在实际工程现场的应用中，如何编写 PLC 程序来选择和启动机器人程序，培养学生的工程思维习惯和工程实践能力，以及主动思考、自主学习的优秀职业素养。

通常，工业机器人都需要从示教模式切换至自动运行模式，受控于外部遥控装置（如PLC等），来参与到工作站或生产线的作业当中。如图12.0.1所示。

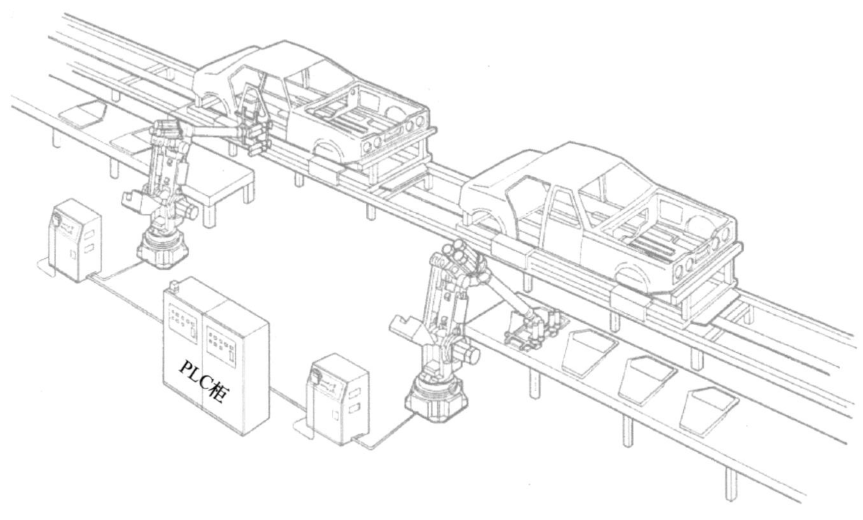

图12.0.1　汽车制造自动化生产线

机器人的“自动运行”即是遥控装置通过外围设备I/O（UOP）信号来选择与启动机器人程序的一种功能。

自动运行通常需要对机器人系统进行相关的设置，达到相应的条件后才能进行。常用的自动运行有RSR、PNS、STYLE等三种方式，它们涉及的UOP信号见表12.0.1。

常用的自动运行方法　　表12.0.1

常用的自动运行方式	涉及的信号	
	UI	UO
RSR（机器人启动请求）	UI[9]－UI[16]	UO[11]－UO[18]
PNS（程序号码选择）	UI[9]－UI[18]	UO[11]－UO[19]
STYLE	UI[9]－UI[16]＋UI[18]	UO[11]－UO[19]

任务一　切换自动运行

一、任务分析

任务描述：示教编写三个不同的机器人程序，测试确认后，把机器人从示教模式切换至自动运行模式，且可接收外部遥控装置的信号来自动选择和启动程序的状态（即遥控条件达到的状态）。

任务分析：机器人要自动运行程序，通常需要进行如下步骤的操作：

示教编程→测试运转→切换自动运行→自动选择及启动程序。

其中，成功切换至自动运行模式，需要达到一定的条件。

二、相关知识

外围设备I/O（UOP），是在系统中已经确定了其用途的专用信号，可以实现以下功能：1）选择程序；2）开始和停止程序；3）从报警状态中恢复系统；4）其他。

要查看或配置 UOP 信号，可依次按键操作：【MENU】(菜单)→5【I/O】→F1【Type】(类型)→【UOP】，然后按键 F3【IN/OUT】来切换显示输入/输出信号列表界面。可供使用的所有外围设备 I/O（UOP）一共是输入 18 点，输出 20 点，如图 12.1.1 所示。

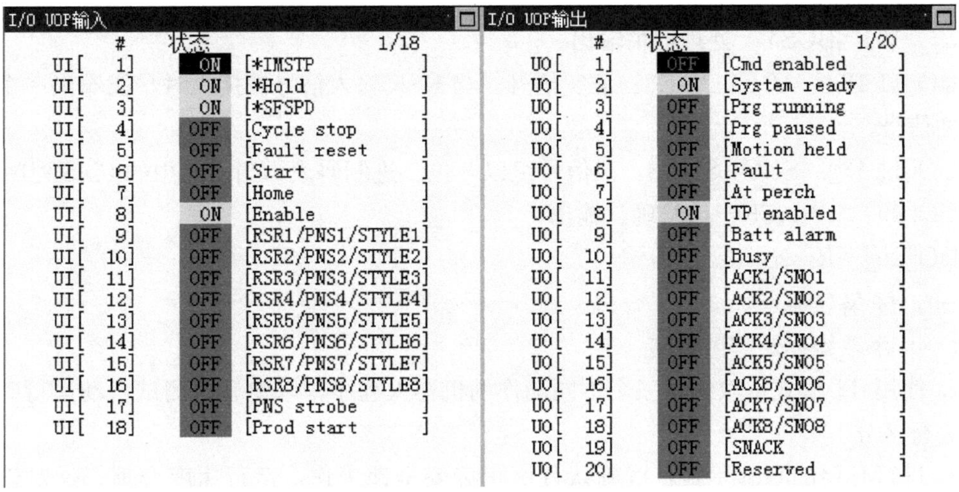

I/O UOP输入

#	状态	1/18
UI[1]	ON	[*IMSTP]
UI[2]	ON	[*Hold]
UI[3]	ON	[*SFSPD]
UI[4]	OFF	[Cycle stop]
UI[5]	OFF	[Fault reset]
UI[6]	OFF	[Start]
UI[7]	OFF	[Home]
UI[8]	ON	[Enable]
UI[9]	OFF	[RSR1/PNS1/STYLE1]
UI[10]	OFF	[RSR2/PNS2/STYLE2]
UI[11]	OFF	[RSR3/PNS3/STYLE3]
UI[12]	OFF	[RSR4/PNS4/STYLE4]
UI[13]	OFF	[RSR5/PNS5/STYLE5]
UI[14]	OFF	[RSR6/PNS6/STYLE6]
UI[15]	OFF	[RSR7/PNS7/STYLE7]
UI[16]	OFF	[RSR8/PNS8/STYLE8]
UI[17]	OFF	[PNS strobe]
UI[18]	OFF	[Prod start]

I/O UOP输出

#	状态	1/20
UO[1]	OFF	[Cmd enabled]
UO[2]	ON	[System ready]
UO[3]	OFF	[Prg running]
UO[4]	OFF	[Prg paused]
UO[5]	OFF	[Motion held]
UO[6]	OFF	[Fault]
UO[7]	OFF	[At perch]
UO[8]	ON	[TP enabled]
UO[9]	OFF	[Batt alarm]
UO[10]	OFF	[Busy]
UO[11]	OFF	[ACK1/SNO1]
UO[12]	OFF	[ACK2/SNO2]
UO[13]	OFF	[ACK3/SNO3]
UO[14]	OFF	[ACK4/SNO4]
UO[15]	OFF	[ACK5/SNO5]
UO[16]	OFF	[ACK6/SNO6]
UO[17]	OFF	[ACK7/SNO7]
UO[18]	OFF	[ACK8/SNO8]
UO[19]	OFF	[SNACK]
UO[20]	OFF	[Reserved]

图 12.1.1 外围设备 I/O（UOP）信号

1. 输入信号（UI）

UI[1] IMSTP：紧急停机信号（正常状态：ON）。

UI[2] Hold：暂停信号（正常状态：ON）。

UI[3] SFSPD：安全速度信号（正常状态：ON）。

UI[4] Cycle Stop：周期停止信号。

UI[5] Fault reset：报警复位信号。

UI[6] Start：启动信号（信号下降沿有效，一般用于启动暂停中的程序）。

UI[7] Home：回 HOME 信号（需要设置宏程序）。

UI[8] Enable：使能信号（允许机器人动作）。

UI[9-16] RSR1-RSR8：机器人服务请求信号。

UI[9-16] PNS1-PNS8：程序号选择信号。

UI[9-16] STYLE1-STYLE8：STYLE 号码选择信号。

UI[17] PNSTROBE：PNS 选通信号（程序号码选择确认）。

UI[18] PROD_START：自动运行开始（生产开始）信号（信号下降沿有效，一般用于重新启动程序）。

2. 输出信号（UO）

UO[1] CMDENBL：命令使能信号输出（遥控条件成立信号）。

UO[2] SYSRDY：系统准备完毕输出。

UO[3] PROGRUN：程序执行状态输出。

UO[4] PAUSED：程序暂停状态输出。

UO[5] HELD：暂停输出。

UO[6] FAULT：报警输出。

UO[7] ATPERCH：机器人就位（参考位置 1 默认设置时，机器人处在该位置时 ON)。

UO[8] TPENBL：示教器使能输出。

UO[9] BATALM：电池报警输出（控制柜电池电量不足时，输出为 ON)。

UO[10] BUSY：处理器忙输出。

UO[11-18] ACK1-ACK8：证实信号，当 RSR 输入信号被接收时，能输出一个相应的脉冲信号。

UO[11-18] SNO1-SNO8：该信号组以 8 位二进制码表示当前选中的 PNS 程序号。

UO[19] SNACK：信号确认输出。

UO[20] Reserved：预留信号。

三、任务实施

（一）示教编程及测试运转

1. 使用 T1 模式示教编写三个不同动作的机器人程序，以便后续测试自动运行时从动作上进行区分。

2. 进行必要的测试运转，以确认程序正确安全地工作，运行速度合理。这对创建更为优化的程序以及确保作业人员和设备的安全十分重要。

测试运转的一般步骤为：

(1) 逐步测试运转：先以 T1 模式（限速），单步逐行执行程序。

(2) 连续测试运转：然后以 T1 模式（限速），从第一行开始连续执行程序直到结束。

(3) 接着以 T2 模式（全速），先单步逐行测试程序运转，完成后再进行连续的测试。

通过以上的测试运转，确认机器人程序能正常工作，程序足够优化且节拍合理后，方可切换至自动运行模式。

（二）切换自动运行

按如下步骤把机器人从示教模式切换至自动运行模式，以便达到自动运行的执行条件：

1. TP 开关置于 OFF。

2. 非单步执行状态。

3. 模式开关置于 AUTO 挡。

4. UI[1]－UI[3]为 ON（UI [1] IMSTP 瞬时停止信号、UI[2] HOLD 暂停信号、UI[3] SFSPD 安全速度信号；系统调试阶段，确保安全的情况下，可通过 I/O 分配为内部 35 号机架或强制接通使信号为 ON)。

5. UI[8] ENBL（动作允许信号）为 ON。

以上第 1 至 5 项如图 12.1.2 所示。

6. ENABLE UI SIGNAL（UI 信号有效、UOP：外部控制信号)：TURE（有效)。

7. 自动模式为 REMOTE（外部控制、远程控制)。

第 6，7 项条件的设置步骤：

【MENU】(菜单)→0【NEXT】(下一页)→6【system】(系统)→F1【Type】(类型)→【config】(配置)：

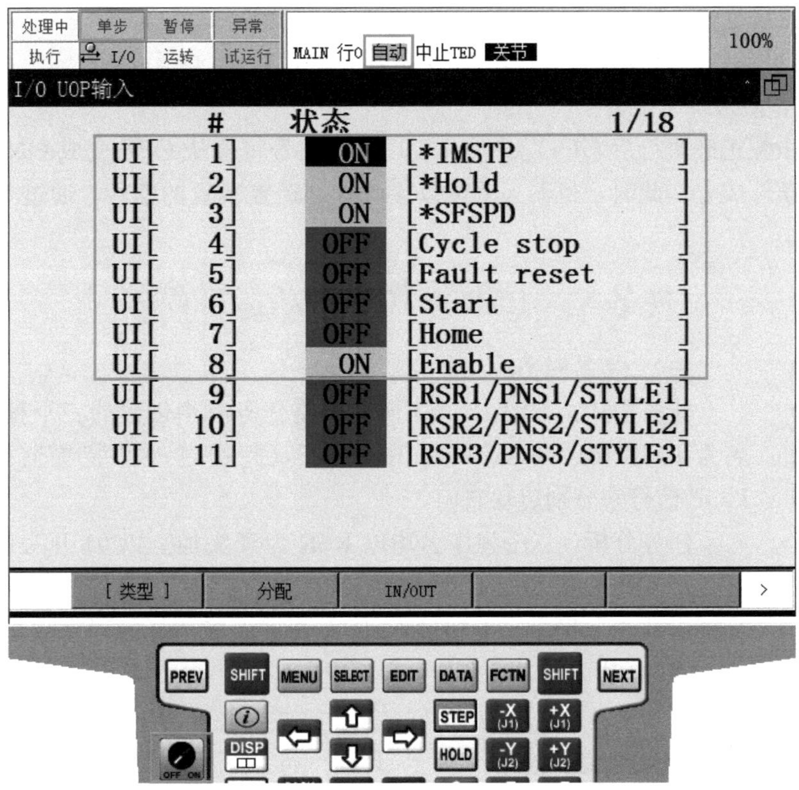

图 12.1.2　自动运行条件 1 至 5 项

（1）将 7 ENABLE UI SIGNAL（专用外部信号）设为【TURE】（启用）。

（2）将 43【Remote/Local SETUP】（远程/本地设置）设为【Remote】（远程）。

以上第 6 至 7 项如图 12.1.3 和图 12.1.4 所示。

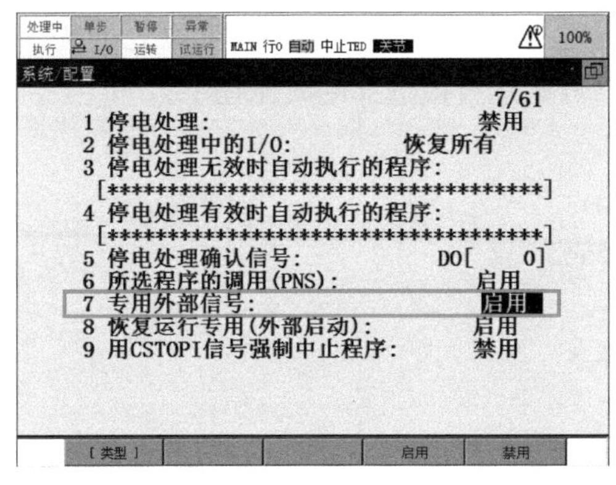

图 12.1.3　设置 UI 信号有效

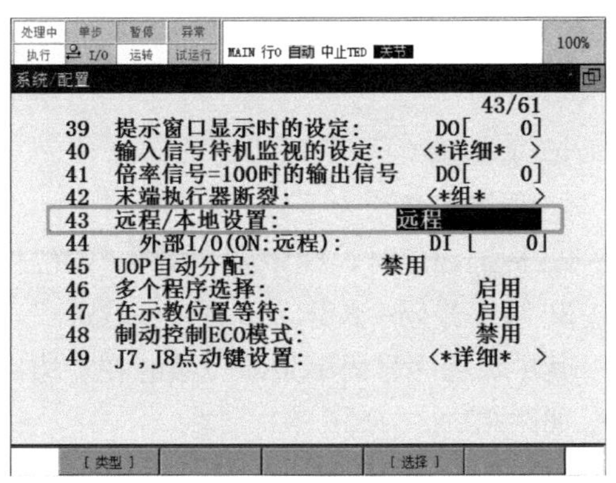

图 12.1.4　设置远程控制模式

8. 系统变量＄RMT_MASTER 为 0（默认值是 0），步骤：

【MENU】（菜单）→0【NEXT】（下一个）→6【system】（系统）→F1【Type】（类型）→【Variables】（变量）→＄RMT_MASTER。

注意：系统变量 $RMT_MASTER 定义下列远端设备。

0：外围设备，1：显示器/键盘，2：主控计算机，3：无外围设备

9. 复位，使系统无报警。

当上述步骤正确执行后，UO[1] CMDENBL 信号将会从 OFF 变成 ON 状态，表示机器人遥控条件成立。此时，机器人就可以接收外部遥控装置的信号，通过 UOP 来选择和启动程序了。

任务二 RSR 模式的自动运行程序

12-1 FANUC 机器人的 RSR 自动运行模式

一、任务分析

任务描述：如图 12.2.1 所示，将任务一中创建的三个程序，分别改名为 RSR0121、RSR0101、RSR0108，并通过外部装置监控机器人的 UOP 信号来分别启动它们。

任务分析：三个程序名均以 RSR 为开头加上以 01 开头的 4 位数字，符合 FANUC 机器人 RSR 自动运行方式对于程序名称的要求。而且只需分别启动三个程序，不超过 RSR 方式最大能选择的程序数量。所以，我们可以简单地使用 RSR 自动运行方式来分别启动它们。

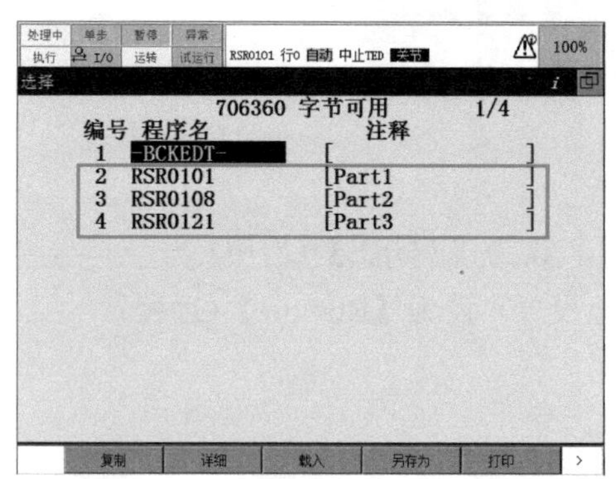

图 12.2.1 待自动运行的三个程序

二、相关知识

RSR（机器人启动请求）的自动运行方式，由遥控装置通过机器人外围设备 I/O（UOP）中的启动请求信号（UI[9-16] RSR1-RSR8）来选择和启动程序。

（一）RSR 的特点

1. 只能选择 8 个程序。

2. 当一个程序正在执行或中断时，其他被选择的程序处于等待状态，一旦原先的程序停止，就开始运行被选择的其他程序。

（二）RSR 的程序命名要求

1. 程序名必须为 7 位。

2. 标准设定时，程序名＝RSR＋4 位程序号码。

3. 程序号码＝RSR 记录号＋基数。

其中，程序号码不足 4 位数时在左边以 0 补齐。

如图 12.2.2 所示：

(1) RSR2 信号对应的记录号为 21。

(2) 如果遥控装置将机器人 UI[10] RSR2 信号置为 ON，则记录号 21 加上基数 100 得 121。因不足 4 位数字，故在左边补 0，得到 0121 的程序号码。

(3) 加上 RSR 的前缀，最后程序名为“RSR0121”的程序将会被选中并启动。

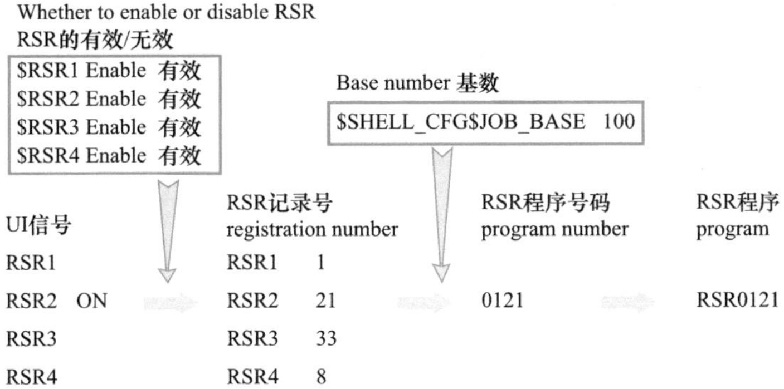

图 12.2.2 RSR 自动运行方式的启动请求

（三）RSR 的启动时序

RSR 自动运行模式设置完毕，且 UO[1] CMDENBL 为 ON（遥控条件成立）时，即可通过 UI[9-16] RSR1-RSR8 这 8 个 UI 信号来选择和启动程序。

RSR 自动运行模式的启动时序如图 12.2.3 所示，在对应 UI[9-16]信号的上升沿将启动所选程序，或进入等待启动的队列。

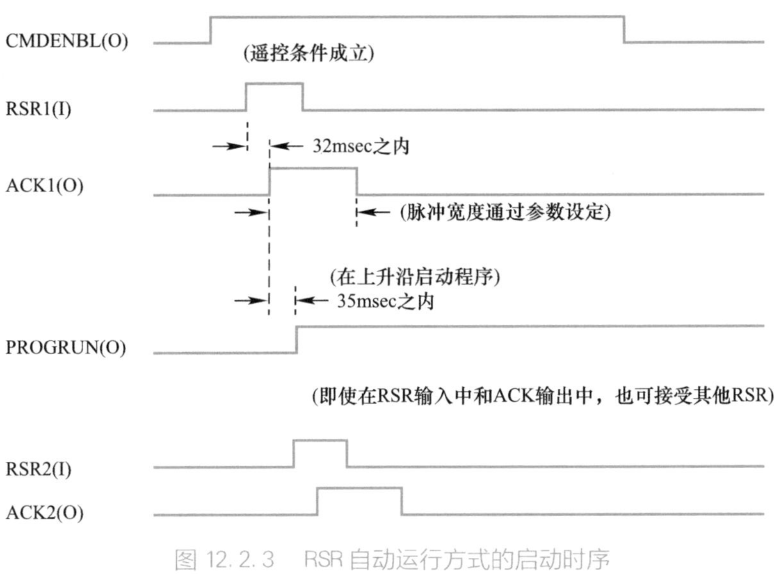

图 12.2.3 RSR 自动运行方式的启动时序

RSR1-RSR8 信号的上升沿之后，机器人会发出对应的 ACK1-ACK8 的确认信号（默认未开启），遥控装置可以通过该信号来确认机器人程序的选择是否正确。

三、任务实施

（一）RSR 自动运行方式的设置

1. 依次按键操作：【MENU】（菜单）→6【SETUP】（设置）→F1【Type】（类型）→【Prog Select】（选择程序），进入程序选择设置界面，如图 12.2.4 所示。

2. 按 F4【CHOICE】（选择）→【RSR】→【ENTER】，切换至 RSR 方式。

3. 按 F3【DETAIL】（细节），进入 RSR 设置界面，如图 12.2.5 所示。

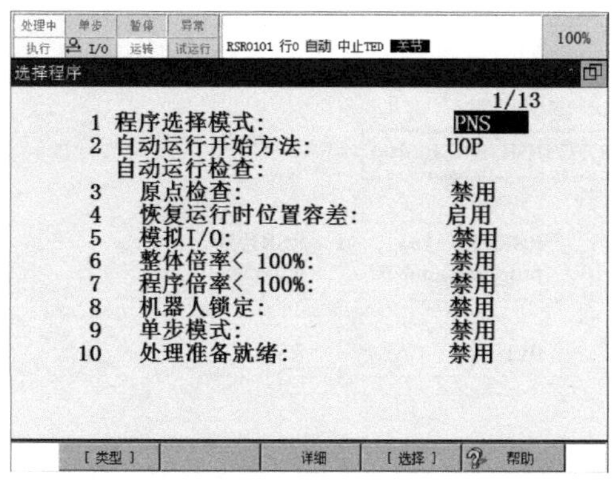

图 12.2.4　程序选择设置界面

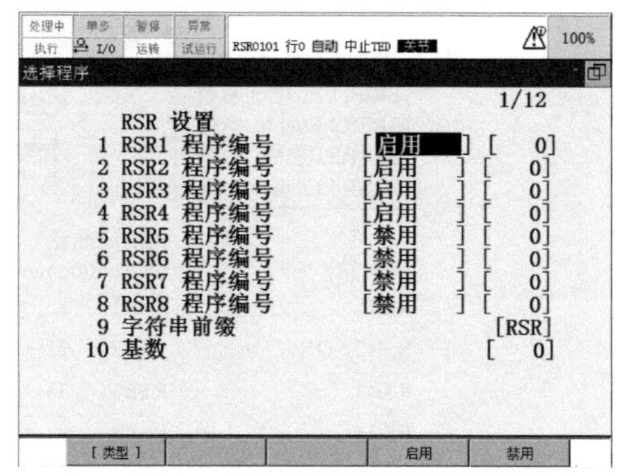

图 12.2.5　RSR 设置界面

4. 光标移到右侧的记录号处，对相应的 RSR 输入记录号，并将 DISABLE（禁用）改成 ENABLE（启用），禁用时，信号会被忽略。

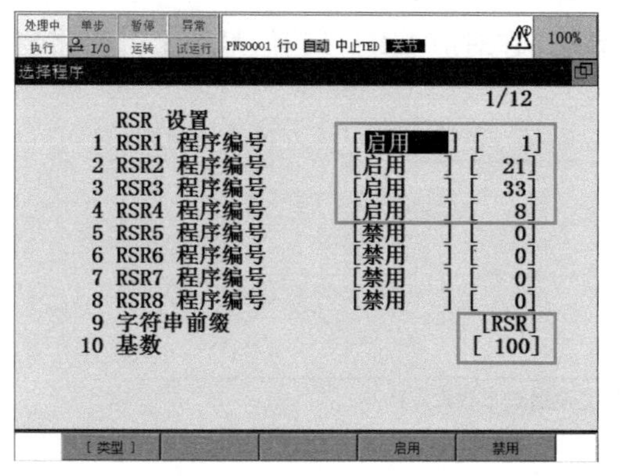

图 12.2.6　基数及记录号设置

5. 光标移到基数处，输入基数 100。

设置完成的 RSR 方式如图 12.2.6 所示。

注意：

（1）简略 CRMA16 分配时，无法切换至 RSR 或 STYLE 自动运行方式，仅 PNS 方式有效。

（2）从其他的选择程序方式切换成 RSR 方式时，设置完毕后，为使设置生效，需断电重启机器人。

（二）RSR 自动运行程序测试

RSR 的设定已经完成，遥控条件成立，且作业空间内没有人和障碍物时，操作遥控装置，分别接通机器人的 UI[9] RSR1、UI[10] RSR2、UI[12] RSR4 信号使其为 ON，观察对应的程序“RSR0101”、“RSR0121”、“RSR0108”是否被启动运行。

四、知识拓展

1. 要停止执行中的程序，可使用急停设备或 TP 上的 HOLD 按钮、瞬时停止（UI[1] IMSTP 输入）、暂停（UI[2] HOLD 输入）、循环停止（UI[4] CSTOPI 输入）信号。

2. 要解除等待队列中的其他程序，可使用循环停止（CSTOPI 输入）信号。

3. 要再启动暂停中的程序，可使用外部启动信号（UI[6] START 输入）。

任务三　PNS 模式的自动运行程序

12-2 FANUC 机器人的 PNS 自动运行模式

一、任务分析

任务描述：如图 12.3.1 所示，将任务一中创建的三个程序，分别改名为 PNS0001、PNS0010、PNS0037，并通过外部装置监控机器人的 UOP 信号来分别启动它们。

任务分析：三个程序名均以 PNS 为开头加 4 位数字，符合 FANUC

机器人 PNS 自动运行方式对于程序名称的要求。所以，我们可以使用 PNS 自动运行方式来分别启动它们。

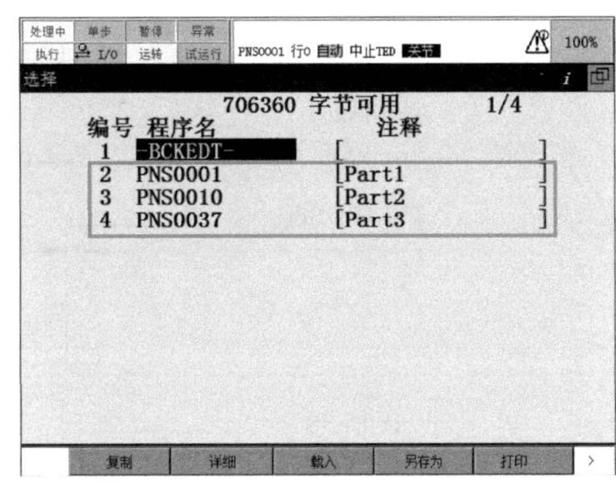

图 12.3.1　待自动运行的三个程序

二、相关知识

PNS（程序号码选择）是由遥控装置通过机器人外围设备 I/O（UOP）中的程序号码选择信号（UI[9] PNS1-UI[16] PNS8）来指定程序号；通过 UI[17] PNSTROBE（PNS 选通信号）来确认选择一个程序；通过 UI[18] PROD_START（自动运行开始）信号从第一行开始启动该程序的一种自动运行方式。

（一）PNS 的特点

1. 最多可以选择 255 个程序。

2. 当一个程序正在执行或暂停中时，PNS1-PNS8、PNSTROBE 和 PROD_START 信号被忽略。

（二）PNS 的程序命名要求

1. 程序名必须为 7 位。

2. 标准设定时，程序名＝PNS＋4 位程序号码。

3. 程序号码＝PNS 号码＋基数。

其中，程序号码不足 4 位数时在左边以 0 补齐。

（三）PNS 的启动时序

如图 12.3.2 及图 12.3.3 所示：

(1) 如果遥控装置将机器人 UI[9]、UI[11]、UI[14]（PNS1、PNS3、PNS6）信号置为 ON，则 UI[16-9]（PNS8-PNS1）信号组成的二进制数为 00100101（从左往右为高位至低位），转换成十进制是 37，加上基数 0 得 37。因不足 4 位数字，故在左边补 0，得

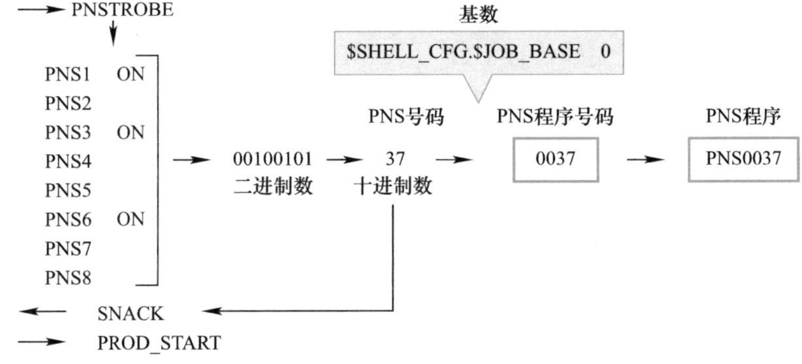

图 12.3.2　PNS 自动运行方式的启动请求

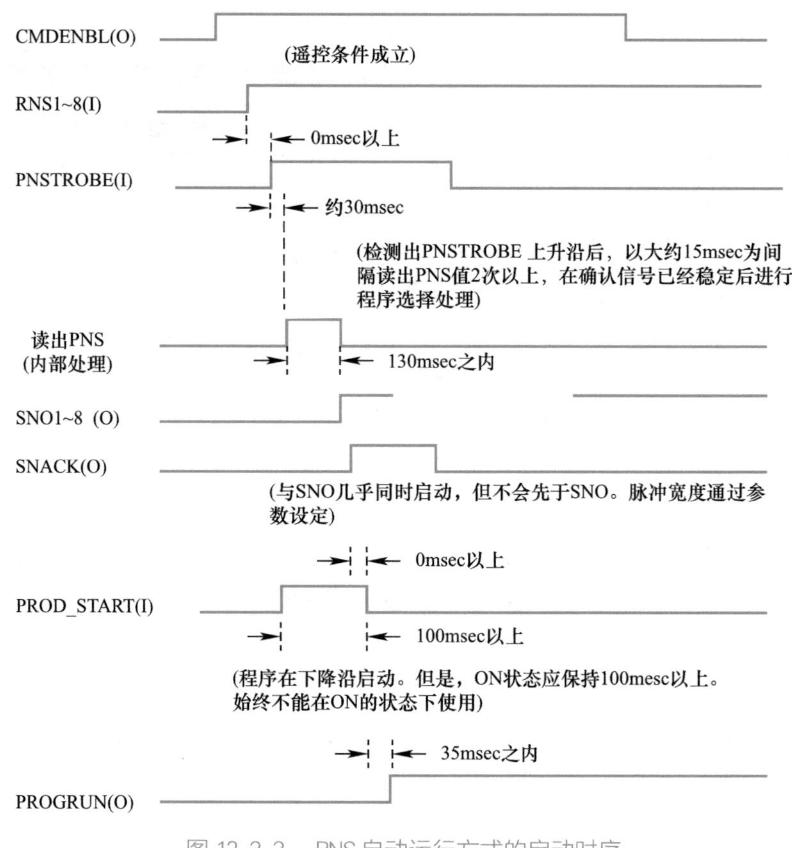

图 12.3.3　PNS 自动运行方式的启动时序

到 0037 的程序号码。

（2）程序号码指定后，输入 PNSTROBE 确认选择信号，则名为“PNS0037”的程序将被选定。此时，机器人会从 UO[18-11]（SNO8-SNO1）输出对应的程序号码二进制信号：00100101，并发出 UO[19] SNACK 脉冲进行确认。

（3）遥控装置在确认 SNO1-SNO8 与 PNS1-PNS8 相同后，送出 UI[18] PROD_START 自动运行启动信号，机器人开始从第一行执行“PNS0037”程序。

PNS 自动运行模式设置完毕，且 UO[1] CMDENBL 为 ON（遥控条件成立）时，即可按照如图 12.3.3 所示的启动时序来选择和启动程序。

三、任务实施

（一）PNS 自动运行方式的设置

1. 依次按键操作：【MENU】（菜单）→6【SETUP】（设置）→F1【Type】（类型）→【Prog Select】（选择程序），进入程序选择设置界面，如图 12.2.4 所示。

2. 按 F4【CHOICE】（选择）→【PNS】→【ENTER】，切换至 PNS 方式。

3. 按 F3【DETAIL】（细节），进入 PNS 设置界面，光标移到基数处，输入基数 0，如图 12.3.4 所示。

注意：从其他的选择程序方式切换成 PNS 方式时，设置完毕后，为使设置生效，需断电重启机器人。

(二) PNS 自动运行程序测试

PNS 的设定已经完成，遥控条件成立，且作业空间内没有人和障碍物时，操作遥控装置，接通机器人的 UI[9] PNS1、UI[11] PNS3、UI[14] PNS6 信号使其为 ON；然后接通 UI[17] PNSTROBE 信号，确认选择程序；最后输出 UI[18] PROD_START 脉冲信号，观察程序“PNS0037”是否被启动。“PNS0001”和“PNS0010”程序的启动操作原理同上。

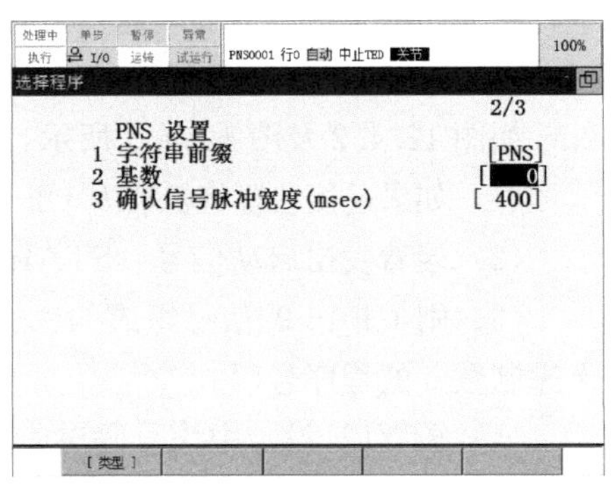

图 12.3.4　PNS 自动运行方式设置界面

注意：

(1) 标准设定时，“带有确认信号的 PROD_START”项为 FALSE (禁用) 时 {【MENU】(菜单)→0【NEXT】(下一页)→6【system】(系统)→F1【Type】(类型)→【config】(配置)}，接通 UI[17]选定程序后，UI[9-16] PNS1-PNS8 和 UI[17]信号即可为 OFF，不影响 UI[18]启动程序。

(2) 当设置“带有确认信号的 PROD_START”项为 TRUE (启用) 时，则 UI[17] 必须一直为 ON，UI[18]下降沿启动才有效。

任务四　STYLE 模式的自动运行程序

一、任务分析

任务描述：如图 12.4.1 所示，将任务一中创建的三个程序，分别改名为 PART01、PICK、STYLE6，并通过外部装置监控机器人的 UOP 信号来分别启动它们。

12-3 FANUC 机器人的 STYLE 自动运行模式

任务分析：对于非特定格式命名 (如 RSR、PNS 方式) 的程序，我们可以使用 STYLE 自动运行方式来启动它们。

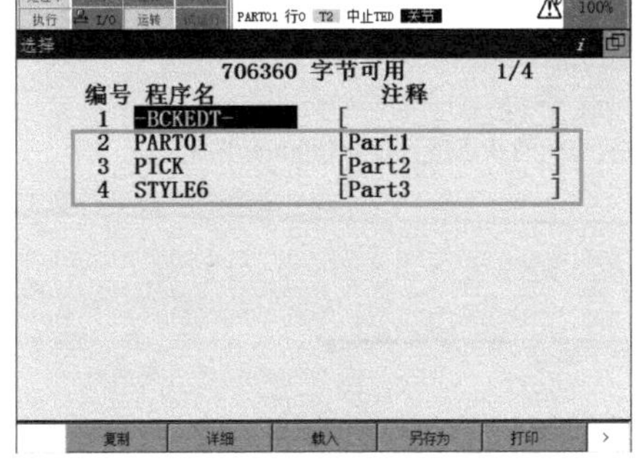

图 12.4.1　待自动运行的三个程序

二、相关知识

STYLE 是和 PNS 类似的一种自动运行方式，STYLE 程序号码同样通过 UI[9]-UI[16] 8 个信号 (STYLE1～8) 来指定，并通过 START 或 PROD_START 信号来启动程序，但是对程序名没有制约。

(一) STYLE 的特点

1. STYLE 中使用的程序，没有 RSR 和 PNS 那样的程序名称制约。

2. 需要事先在各 STYLE 号码中设定希望启动的程序。

3. 机器人将 STYLE1～8 输入信号作为二进制来读入，变换为十进制数后的值就是 STYLE 号码。

4. 程序暂停中发出启动输入信号 (只限 START，不能使用 PROD_START) 时，不进行新程序的选择，只继续运行暂停中的程序。

（二）STYLE 的启动时序

如图 12.4.2 及图 12.4.3 所示：

（1）如果遥控装置将机器人 UI[10]和 UI[11]（STYLE2、STYLE3）信号置为 ON。

（2）接着发出启动信号（START 或 PROD_START）。

（3）则 UI[16-9]信号组成的二进制数 00000110（从左往右为高位至低位），将转换成十进制数 6 的程序号码。

（4）STYLE 设定中该号码对应的程序名“STYLE6”就会被选中并启动。

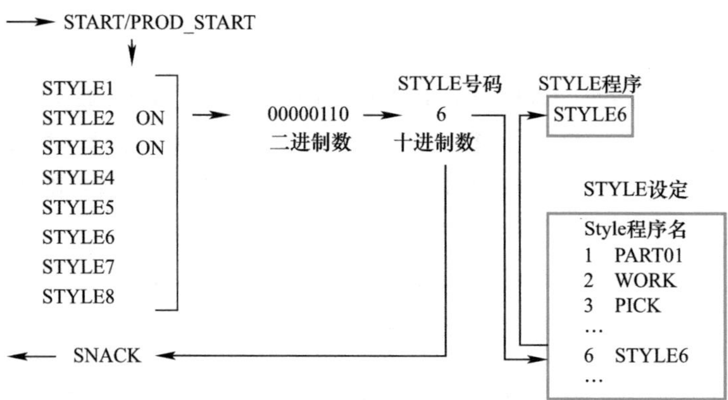

图 12.4.2 STYLE 自动运行方式的启动请求

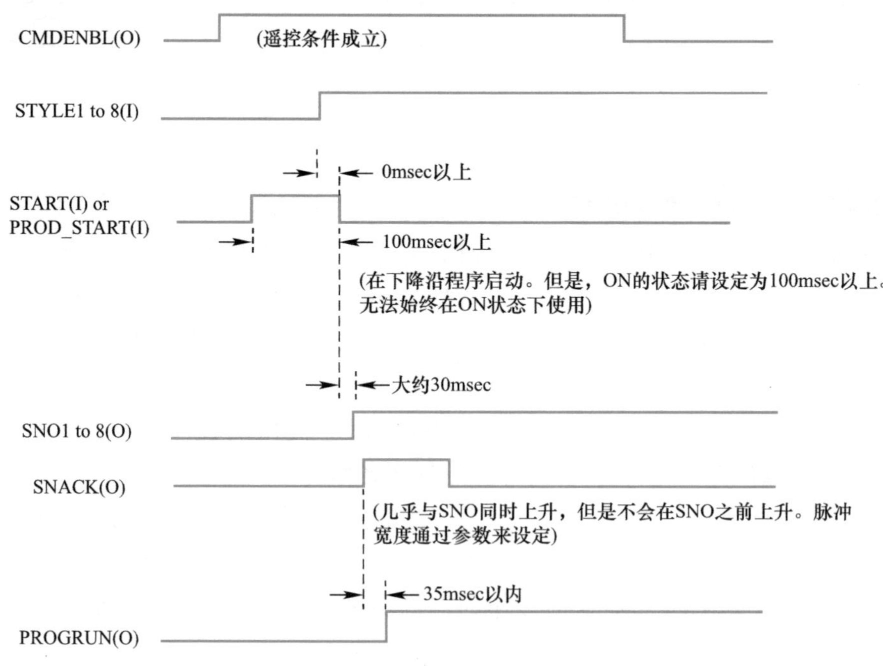

图 12.4.3 STYLE 自动运行方式的启动时序

（5）作为确认，机器人会从 UO[18-11]（SNO8-SNO1）输出对应的程序号码二进制信号：00000110，并发出 UO[19] SNACK 脉冲进行确认。

STYLE 自动运行模式设置完毕，且 UO[1] CMDENBL 为 ON（遥控条件成立）时，即可按照如图 12.4.3 所示的启动时序来选择和启动程序。

三、任务实施

（一）STYLE 自动运行方式的设置

1. 依次按键操作：【MENU】（菜单）→6【SETUP】（设置）→F1【Type】（类型）→【Prog Select】（选择程序），进入程序选择设置界面，如图 12.2.4 所示。

2. 按 F4【CHOICE】（选择）→【STYLE】→【ENTER】，切换至 STYLE 方式。

3. 按 F3【DETAIL】（细节），进入 STYLE 设置界，如图 12.4.4 所示。

4. 将光标指向对应程序号码的“程序名称”条目，按下 F4“选择”，弹出如图 12.4.5 所示的程序选择界面，进行 STYLE 程序的设定。

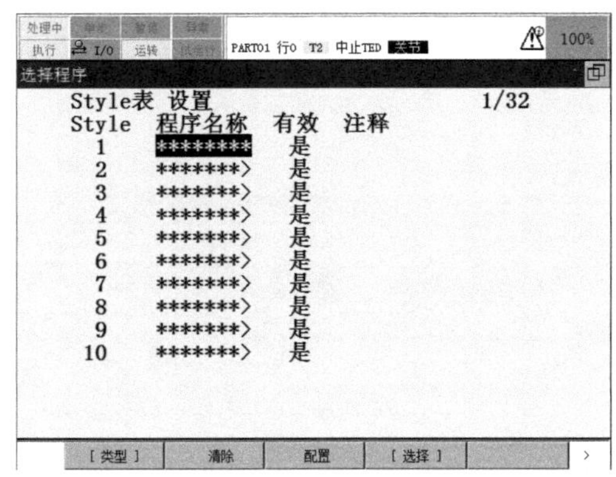

图 12.4.4　STYLE 自动运行方式设置界面

PART01
PICK
STYLE6

图 12.4.5　选择程序界面

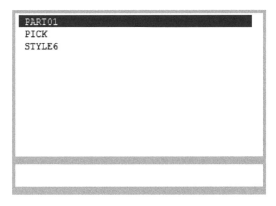

5. 光标指向“有效”条目，设定该程序号码是否有效；光标指向“注释”条目，设定注释信息，设定完成的界面如图 12.4.6 所示。

6. 按下 F3“配置”，即可进行确认信号（初始设定为无效）、STYLE 最大数等的设定，如图 12.4.7 所示。

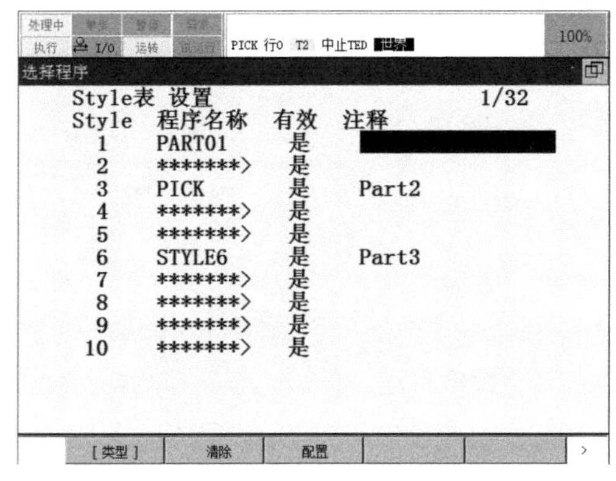

图 12.4.6　STYLE 设定完成界面

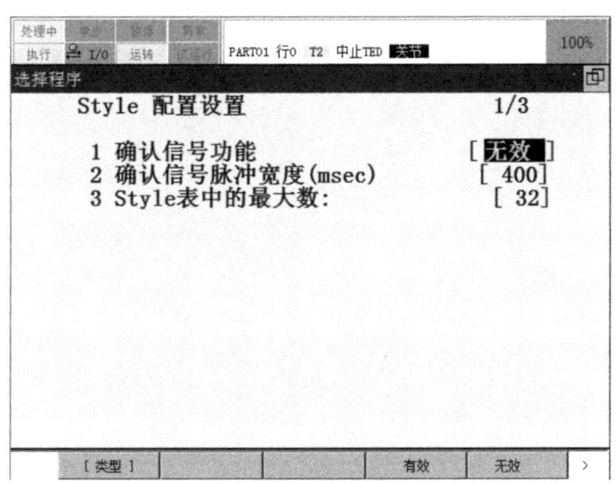

图 12.4.7　STYLE 详细设定界面

注意：从其他的选择程序方式切换成 STYLE 方式时，设置完毕后，为使设置生效，需断电重启机器人。

（二）STYLE 自动运行程序测试

STYLE 的设定已经完成，遥控条件成立，且作业空间内没有人和障碍物时，操作遥控装置，接通机器人的 UI[10]和 UI[11]（STYLE2 和 STYLE3）信号使其为 ON；然后给 UI[6] START 或 UI[18] PROD_START 一个脉冲信号，观察程序“STYLE6”是否被启动（信号下降沿启动）。“PART01”和“PICK”程序的启动操作原理同上。

习　题

1. UO[1]信号为“ON”，表示__________________。

2. 机器人设置为 PNS 自动运行模式，且基数设为 100 时，接通__________________信号即可选择启动 PNS0121 程序。

3. 请简述 PNS 和 STYLE 自动运行模式的程序启动时序。

项目十三 文件备份与加载
Item XⅢ File Backup and Loading
Item XⅢ Backup dan Loading File

教学目标

1. 知识目标

(1) 了解对 FANUC 机器人进行文件备份与加载的意义；

(2) 了解 FANUC 机器人的内存类型和文件类型；

(3) 了解 FANUC 机器人文件备份与加载模式的特点；

(4) 掌握 FANUC 机器人文件备份与加载的操作步骤。

2. 能力目标

(1) 能够正确选择文件备份与加载的设备；

(2) 能够在一般模式下进行文件的备份与加载；

(3) 能够进入控制启动模式进行文件备份与加载，并正确退出该模式；

(4) 能够进入 Boot Monitor 模式进行文件及系统的镜像备份和还原。

3. 素质目标

(1) 通过动手实践的教学组织，对比各模式下的文件备份与还原的异同，培养学生善于思考和总结，严谨务实的良好工作作风。

(2) 通过强调文件备份的重要性，培养学生防患于未然的安全意识和良好的工程思维。

文件的备份和加载，是应对机器人出现故障或者系统数据丢失后的常用手段。通过文件备份将数据文件、程序文件、系统文件等保存到外部存储设备中，当机器人出现数据丢失的情况时，把备份的文件导入，能够缩短让机器人重新正常工作的时间。

1. 机器人的内存

如图 13.0.1 所示，FANUC 机器人的内存主要有：

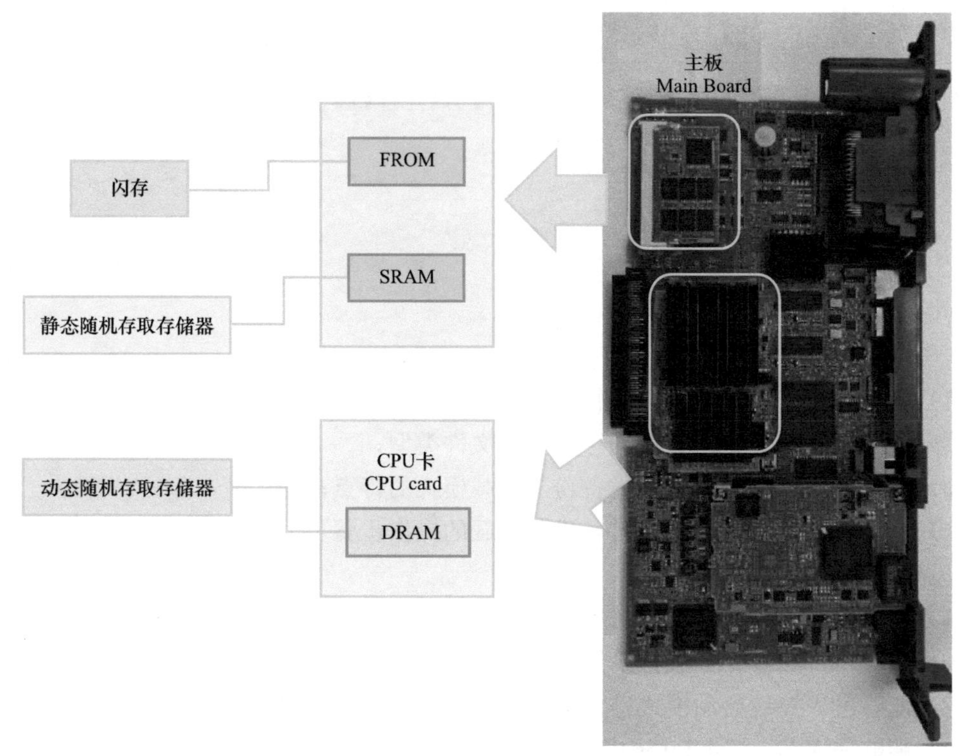

图 13.0.1　FANUC 机器人的内存

（1）FROM（闪存），容量一般为 32MB、64MB 或 128MB，用于存储系统软件，控制器断电后其数据不会丢失。

（2）SRAM（静态随机存取存储器）或 CMOS，容量一般为 1MB、2MB 或 3MB，用于存储程序、配置、数据等文件，它一般由主板电池供电，以保证控制器断电后数据不会丢失。如果主板电池没电了，数据恐将丢失。

（3）DRAM（动态随机存取存储器），容量一般为 32MB、64MB 或 128MB，用于控制器运行过程中的临时数据存储，控制器断电后其数据将会丢失，类似于电脑的内存。

文件的备份就是把上述内存（除了 DRAM）中的数据，保存到外部存储设备中，加载/还原时则反之。

2. 文件备份/加载的设备

FANUC 机器人常用的文件备份/加载存储设备，主要有 MC:、FRA:、USB 存储器（UD1:、UT1:）等，除此之外的其他设备除非明晰其使用方法，否则不推荐用户使用。

（1）存储卡（MC:）

可以使用从 FANUC 购买的小型闪存卡或 PC 卡适配器用于文件的备份和加载，R-30iB 控制器的存储卡插槽在主板上（R-30iB Mate 控制器无法使用存储卡）。

（2）备份（FRA:）

这是自动备份时保存文件的区域，可以在没有后备电池的状态下，在电源断开时保持信息。

（3）USB 存储器（UD1:）

这是插在控制柜面板 USB 端口上的 USB 存储器，如图 13.0.2（a）所示为 R-30iB Mate 控制器的 UD1 插口位置。

（4）USB 存储器（UT1:）

这是插在新型示教器 USB 端口上的 USB 存储器，如图 13.0.2（b）所示。

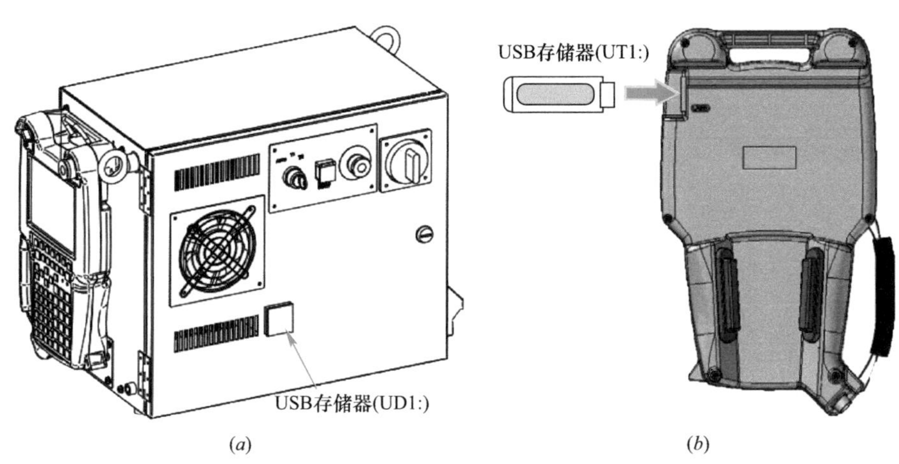

图 13.0.2　USB 存储器的插口位置示意图

3. 文件的类型

FANUC 机器人控制器中主要使用的文件类型有：

（1）程序文件（＊.TP）

（2）标准指令文件（＊.DF）

（3）系统文件（＊.SV）用来存储系统设置

（4）I/O 配置文件（＊.IO）用来存储 I/O 分配的设置

（5）数据文件（＊.VR）用来存储寄存器数据

其中：

1）程序文件（＊.TP）

程序文件被自动存储于控制器的 CMOS（SRAM）中，通过按下示教器上的【SELECT】键可以显示程序一览界面，如图 13.0.3 所示。在程序一览界面上可以进行如创建、复制、删

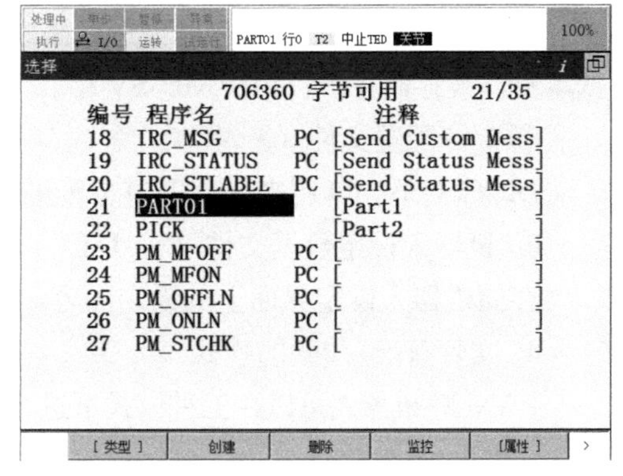

图 13.0.3　程序一览界面

除、重命名等操作。

2）标准指令文件（＊.DF）

标准指令文件：DEF_MOTNO.DF、DF_LOGI1.DF、DF_LOGI2.DF、DF_LOGI3.DF分别用于存储程序编辑界面上的F1、F2、F3、F4功能键的标准指令语句设定，如图13.0.4所示为F1键标准指令设定（依次按键F1【POINT】（点）→F1【ED_DEF】（标准）进入）。

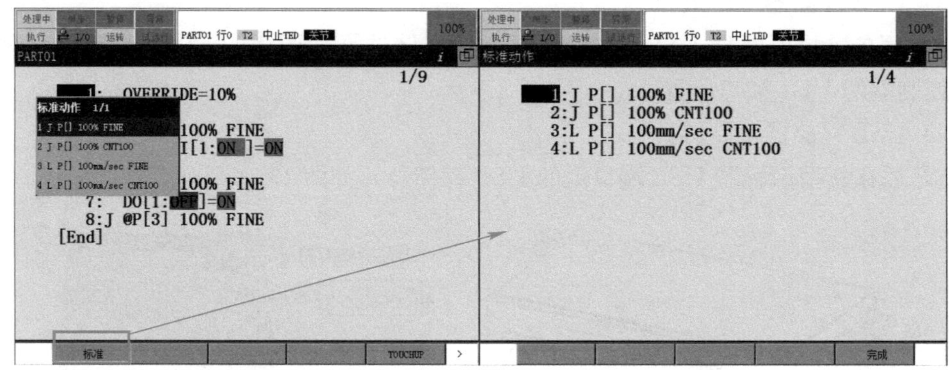

图 13.0.4　F1 键（POINT）的标准指令设定

3）系统文件（＊.SV，非系统软件）

① SYSVARS.SV 存储参考位置、关节可动范围、制动器控制等系统变量的设定。

② SYSFRAME.SV 存储坐标系的设定。

③ SYSSERVO.SV 存储伺服参数的设定。

④ SYSMAST.SV 存储机器人当前位置、Mastering（零点标定）数据。

⑤ SYSMACRO.SV 存储宏指令的设定。

4）数据文件（＊.VR、＊.IO、＊.DT）

① 数据文件（＊.VR）

A. NUMREG.VR 存储数值寄存器的数据。

B. POSREG.VR 存储位置寄存器的数据。

C. STRREG.VR 存储字符串寄存器的数据。

D. PALREG.VR 存储码垛寄存器的数据。

E. FRAMEVAR.VR 存储为进行坐标系设定而使用的参照点、注解等数据。坐标系的数据本身，被存储在 SYSFRAME.SV 中。

② I/O 配置文件（＊.IO）

DIOCFGSV.IO 用来保存 I/O 分配的设定数据。

③ 机器人设定数据文件（＊.DT）

存储机器人设定界面上的设定内容，文件名因不同机型而有所差异。

4. 文件备份/加载的模式

FANUC 机器人可以在三种模式下进行文件的备份/加载，不同模式下文件备份/加载的异同点，见表 13.0.1。

不同模式下文件备份/加载的异同点　　表 13.0.1

模式＼可以进行的操作	备份	加载/还原
一般模式	1. 一种或全部类型的文件备份（Backup）； 2. 文件及系统的镜像备份（Image Backup）	单个文件加载（Load），注意： 写保护文件不能被加载； 处于编辑状态的文件不能被加载； 部分系统文件不能被加载
控制启动模式（Controlled Start）	1. 一种或全部类型的文件备份（Backup）； 2. 文件及系统的镜像备份（Image Backup）	1. 单个文件加载（Load）； 2. 一种类型或全部文件的还原（Restore）。 注意： 写保护文件不能被加载； 处于编辑状态的文件不能被加载
Boot Monitor 模式	文件及系统的镜像备份（Image Backup）	文件及系统的镜像还原（Image Restore）

5. 文件与镜像备份/加载的区别

如图 13.0.5 所示，FANUC 机器人的数据备份/加载，主要有文件及镜像备份/加载两种方式。其中：

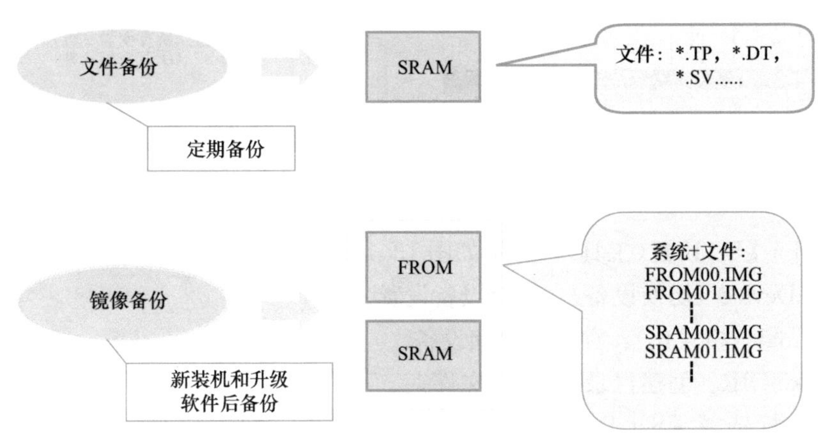

图 13.0.5　机器人文件备份与镜像备份的区别

（1）文件备份/加载：仅对 SRAM 中的程序文件、数据文件、系统文件等进行备份/加载操作。建议定期进行文件备份，特别是更改了系统设置、修改或新增了程序后，应及时进行备份。

（2）镜像备份/加载：除了对 SRAM 进行操作外，还对控制器的 FROM（操作系统软件）进行备份/加载。镜像备份会将系统软件和其他文件一起打包成一个个 1MB 的镜像文件（*.IMG），存储到外部存储设备中，建议在新装机或安装、升级软件后进行一次镜像备份。

任务一　一般模式下的文件备份与加载

一、任务分析

任务描述：在一般模式下对机器人一种或全部类型的文件进行备份，并对单个文件进行加载操作。

任务分析：机器人正常启动后的操作模式即是一般模式，该模式下可以很方便地对一种或全部类型的文件进行备份，但一般模式下只能对单个文件进行加载。

13-1 文件的备份和加载

二、任务实施

（一）选择备份/加载的设备

以选择 Memory Card（MC：存储卡）为例，其他存储设备的操作方法相同：

1. 按下【MENU】（菜单）键→移动光标选择 7【FILE】（文件）→选择 1【File】（文件），如图 13.1.1 所示。按下【ENTER】（回车）键确认，进入文件操作界面，如图 13.1.2 所示。

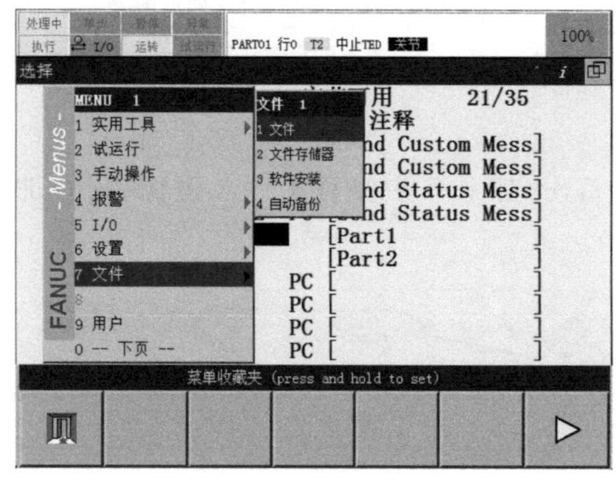

图 13.1.1　操作选择 File（文件）

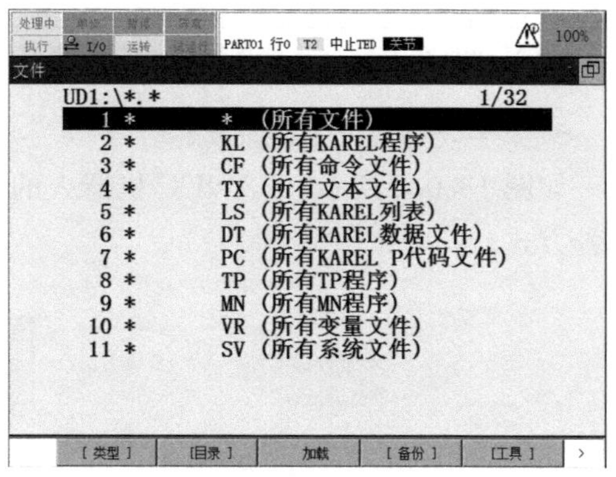

图 13.1.2　FILE（文件操作界面）

2. 按下 F5【UTIL】（工具），显示如图 13.1.3 所示界面，其中：

（1）Set Device（切换设备）：存储设备设置。

（2）Format（格式化）：存储卡存储设备。

（3）Make DIR（创建目录）：建立文件夹。

3. 移动光标选择【Set Device】（切换设备），按下【ENTER】（回车）键，显示如图 13.1.4 所示界面。

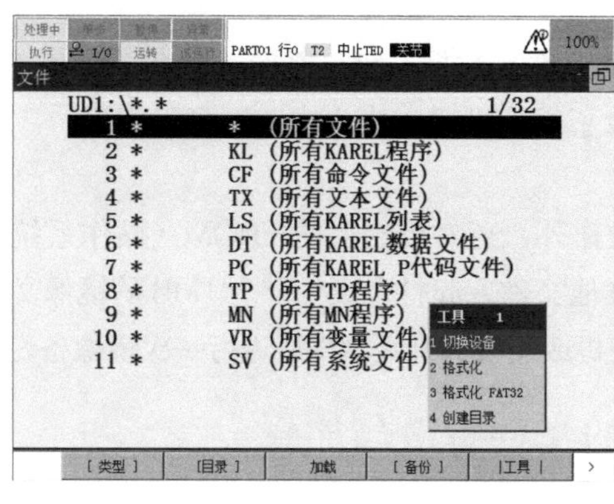

图 13.1.3　UTIL（工具）选项

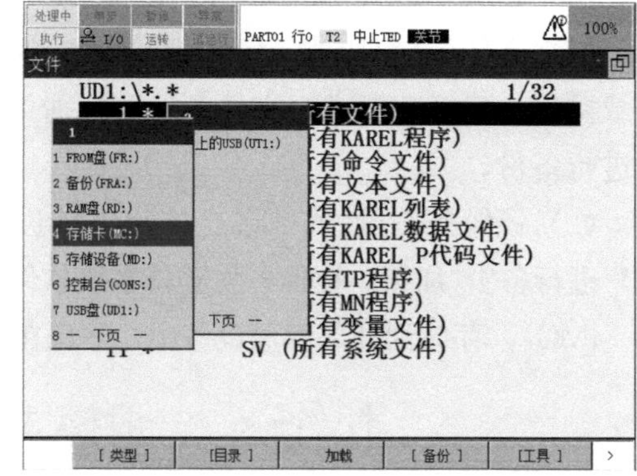

图 13.1.4　选择存储设备

4. 移动光标选择 Mem Device（存储卡 MC:），按下【ENTER】（回车）键，界面显示如图 13.1.5 所示。

（二）格式化存储设备

以 MC：存储卡为例，注意：非必要时，不需格式化存储设备。

1. 存储设备选择为 MC：后，按下 F5【UTIL】（工具），移动光标选择 2【Format】（格式化），按下【ENTER】（回车）键，显示如图 13.1.6 所示界面。

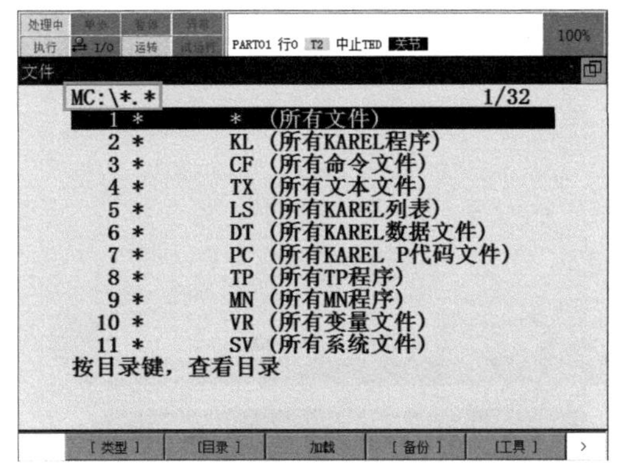

图 13.1.5　设定 MC:存储卡存储设备

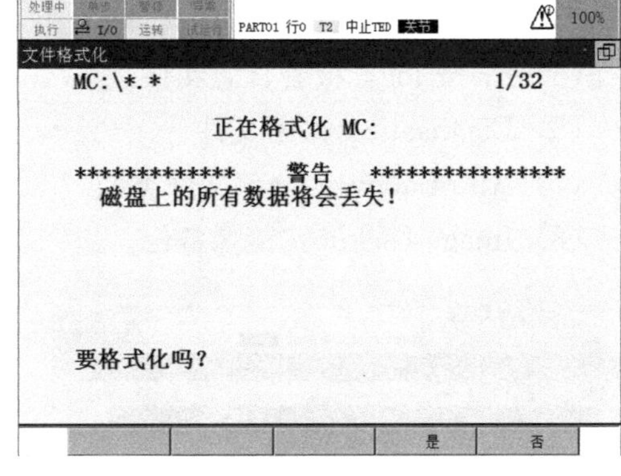

图 13.1.6　选择格式化 MC 卡

2. 按 F4【YES】（是）确认格式化，显示 Enter volune label：请输入卷标界面，如图 13.1.7 所示。移动光标选择输入类型，用 F1～F5 输入卷标，或直接按【ENTER】（回车）键确认即可。

（三）创建目录

以 MC：存储卡为例：

1. 存储设备选择为 MC：后，按下 F5【UTIL】（工具），移动光标选择 4【Make DIR】（创建目录），按下【ENTER】（回车）键，显示如图 13.1.8 所示界面。

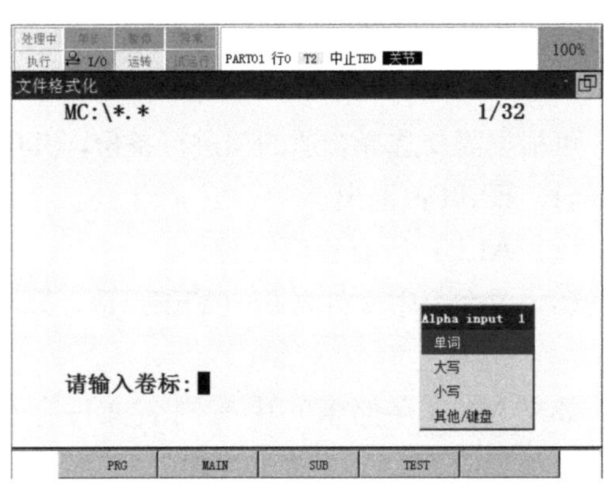

图 13.1.7　输入磁盘名称显示界面

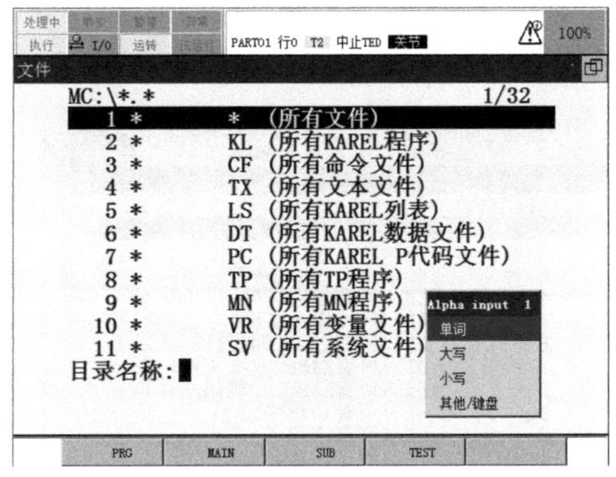

图 13.1.8　输入文件夹名

2. 移动光标选择输入类型，用字母或数字键输入文件夹名如 TEST1，按下【ENTER】（回车）键确认，如果创建成功则自动进入目录，如图 13.1.9 所示。

其中：移动光标至【1..(Up one level)＜DIR＞】（上一层目录），按下【ENTER】（回车）键可以返回到上一目录。

（四）一般模式下的文件备份

1. 目录创建完成后，按 F4【BACKUP】（备份），如图 13.1.10 所示，出现以下选项：

（1）System files：系统文件。

（2）TP programs：TP 程序。

（3）Application：应用文件。

（4）Applic.-TP：TP 应用文件。

（5）Error log：报警日志文件。

（6）Diagnastic：诊断文件。

（7）All of above：全部文件类型。

（8）Image backup：镜像备份。

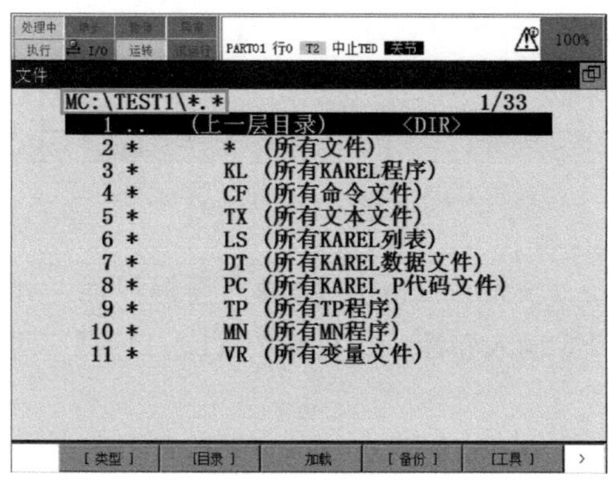

图 13.1.9 成功创建并自动进入目录界面

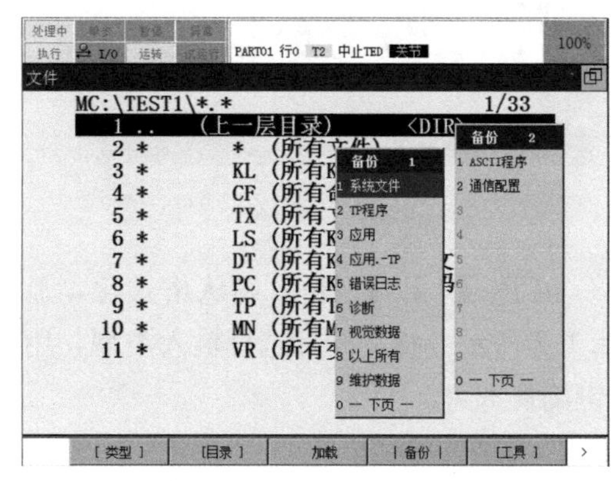

图 13.1.10 备份功能界面

可以选择进行镜像备份或需要的一种文件类型、全部文件类型进行备份。

2. 以选择备份所有 TP 程序为例

移动光标选择【TP programs】（TP 程序），按【ENTER】（回车）键确认，显示如图 13.1.11 所示界面。

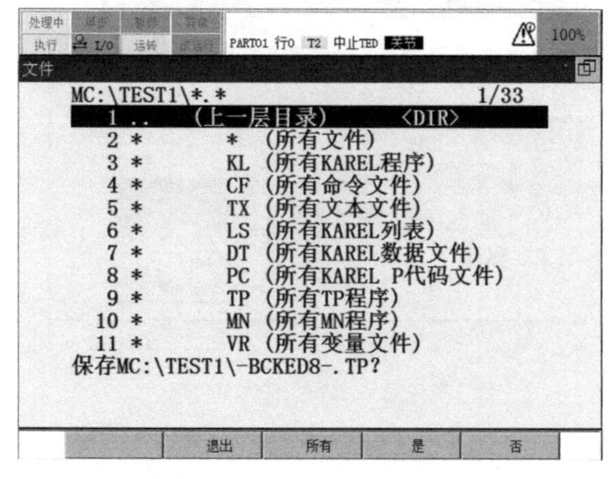

图 13.1.11 备份确认显示界面

可根据需要选择合适的项进行备份，其中：

（1）EXIT：退出。

（2）ALL：所有程序文件。

（3）单个程序文件备份（YES—是，NO—否）。

如果 MC（存储卡）中有同名文件存在，则会显示如图 13.1.12 所示界面。

根据需要选择合适的项：

（1）OVERWRITE：覆盖。

（2）SKIP：跳过。

（3）CANCEL：取消。

3. 以备份所有文件为例：

按下 F4【BACKUP】(备份) 后选择【All of above】(所有的文件类型)，按【ENTER】(回车) 键确认，则显示如图 13.1.13 所示界面。屏幕中出现：Delete MC:\TEST1\before backup files? (文件备份前删除目录下的文件吗?)，可选择 F4【YES】(是)：确认；F5【NO】(否)：取消操作。

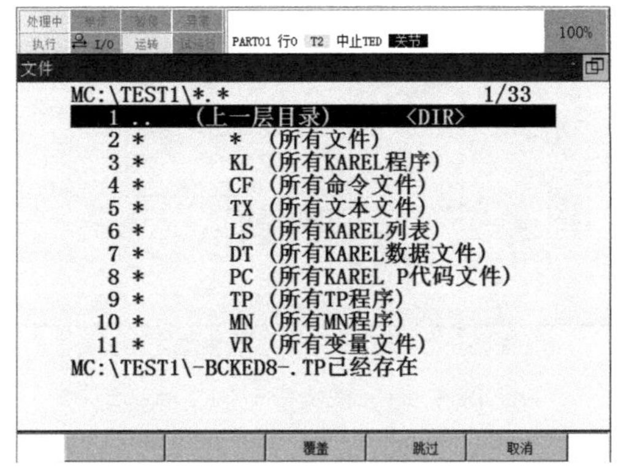

图 13.1.12　备份有重名文件时

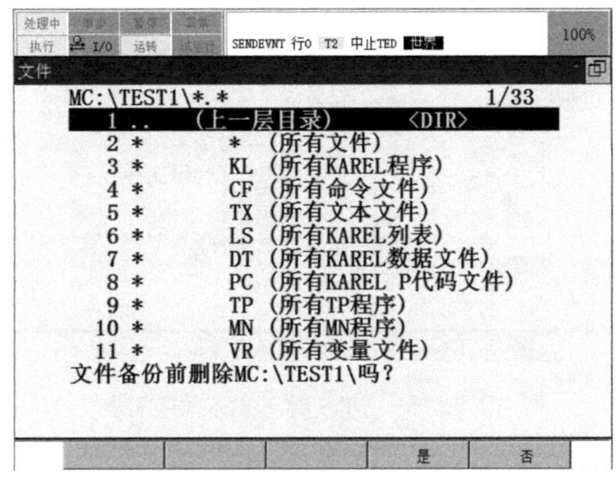

图 13.1.13　备份所有文件时

按 F4【YES】(是) 后，显示如图 13.1.14 所示界面，屏幕中出现：Delete MC:\TEST1\and backup all files? (删除目录下的文件然后备份所有文件吗?)。

按 F4【YES】(是) 后，开始删除 MC:\TEST1\下的文件，并备份所有文件。备份结束后，显示如图 13.1.15 所示界面。

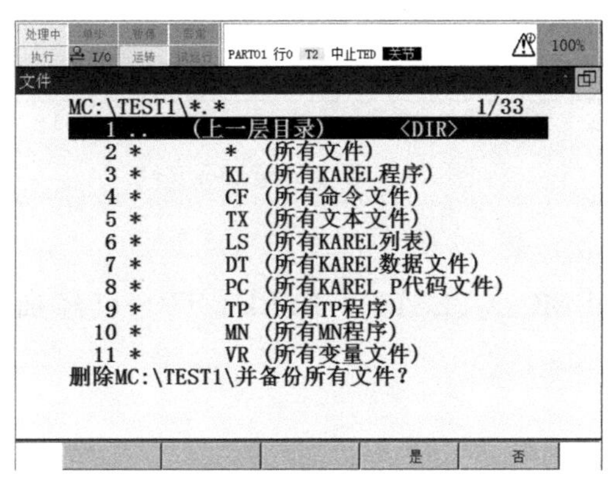

图 13.1.14　确认删除目录中的文件时

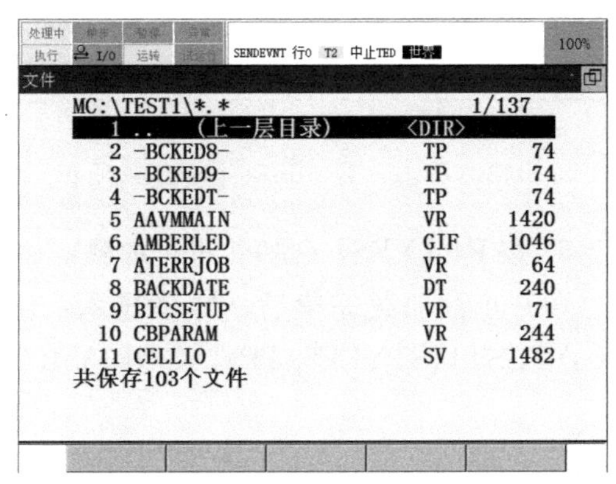

图 13.1.15　所有文件备份完成

(五) 一般模式下的文件加载

1. 按下【MENU】(菜单) 键→移动光标选择 7【FILE】(文件)→选择 1【File】(文件)，确认当前的外部存储设备路径 (如 MC:\TEST1*.*)，如图 13.1.16 所示。

2. 按下 F2【DIR】(目录)，显示如图 13.1.17 所示界面。其中，可以选择显示目录下的所有程序文件 (*.TP)、设定数据文件 (*.DT) 或所有文件 (*.*)。

3. 移动光标在【Directory Subset】(子目录) 中选择查看的文件类型，如移动光标选择 1【*.*】并按下【ENTER】(回车) 键，显示该目录下的所有文件，如图 13.1.18 所示。

4. 移动光标，选择要加载的文件如 STYLE8.TP 后，按下 F3【LOAD】(加载)，显示如

图 13.1.19 所示界面，屏幕中出现：Load MC:\TEST1\STYLE8. TP?（加载 MC:\TEST1\STYLE8. TP?）。

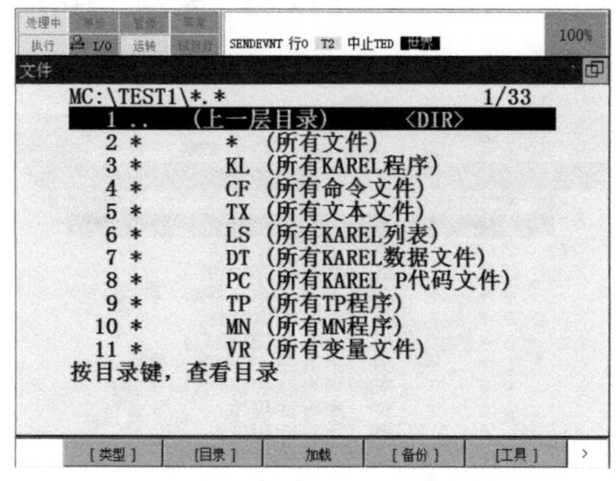

图 13.1.16 进入要加载文件的目录

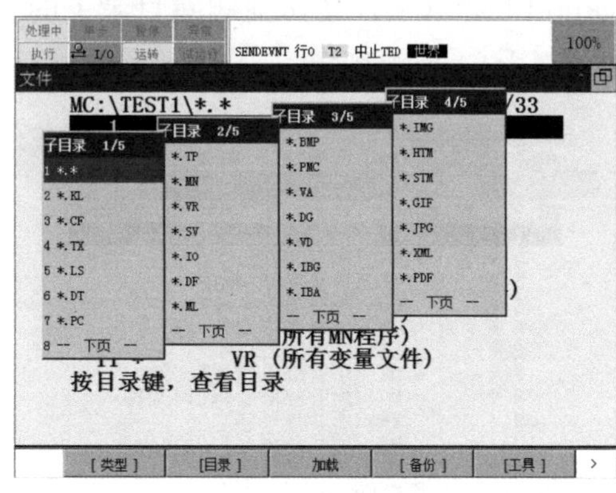

图 13.1.17 选择显示的文件类型

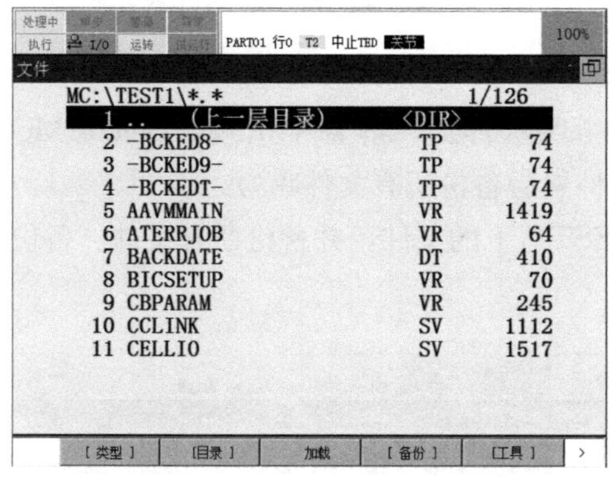

图 13.1.18 列出 MC：\TEST1 \目录下的所有文件

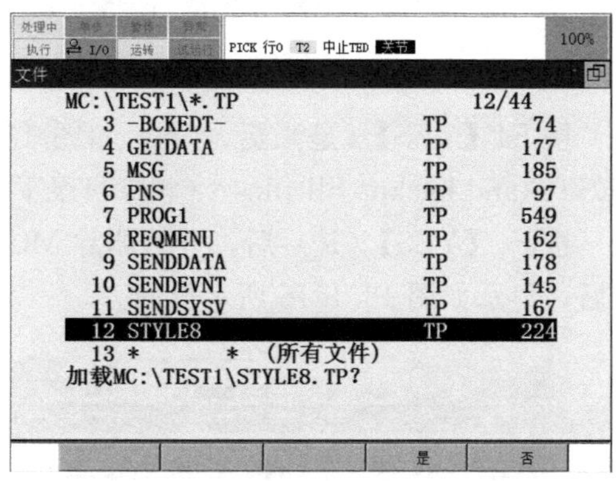

图 13.1.19 确定加载文件

5. 按 F4【YES】（是），进行加载：

（1）正常加载完毕后，屏幕显示：Loaded MC:\TEST1\STYLE8. TP（已经加载 MC:\TEST1\STYLE8. TP），如图 13.1.20 所示。

图 13.1.20 完成文件加载

（2）若控制器中已经存在同名文件，则出现如图 13.1.21 所示的提示界面。

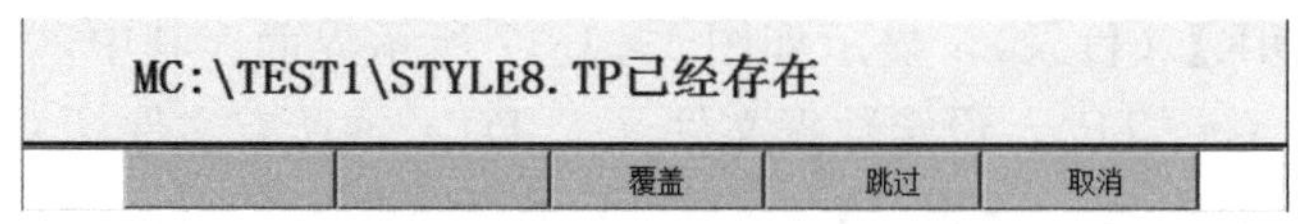

图 13.1.21 所加载文件已存在

根据需要选择合适的项：

1）【OVERWRITE】（覆盖）：覆盖原有文件。

2）【SKIP】（跳过）：不覆盖，跳过该文件的加载。

3）【CANCEL】（取消）：取消操作。

① 若要覆盖的程序文件正处于编辑状态，则会出现如图 13.1.22 所示的提示界面。

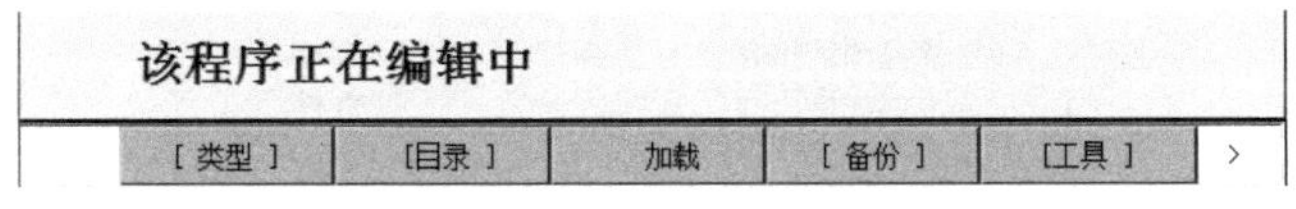

图 13.1.22　覆盖编辑中的程序文件时提示

此时，需在程序列表界面中另选一个程序进入编辑状态后，方可覆盖加载该文件。

② 若要覆盖的程序文件处于写保护状态，则会出现如图 13.1.23 所示的提示界面。屏幕中出现：无法加载文件 MC:\TEST1\STYLE8.TP；同时发出 TPIF-218 MC:\TEST1\STYLE8.TP 载入失败和 MEMO-006 指定程序处于写保护状态的报警。

注意：部分系统文件不能在一般模式下进行加载操作。

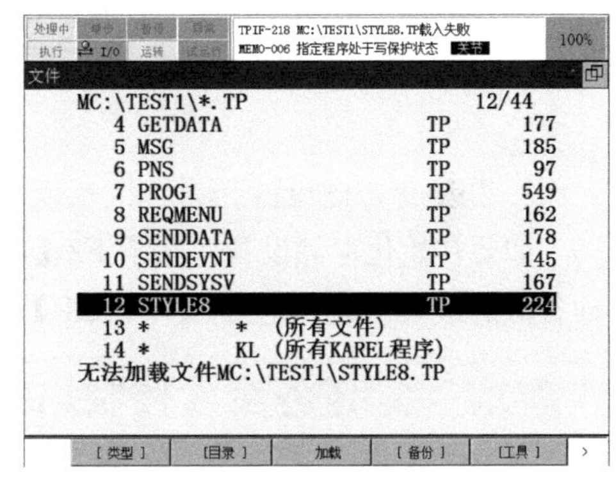

图 13.1.23　覆盖写保护的程序文件时提示

三、知识扩展

FANUC 机器人的自动备份功能：

FANUC 机器人具有自动备份文件的功能，其相当于文件操作界面上的“全部保存（F4（备份）→“以上所有的”）”（即所有文件类型的备份）。它可以在以下时机自动执行：

（1）在所指定的时刻（1 日 5 次）。

（2）所指定的 DI 接通时。

（3）接通控制器电源时。

1. 自动备份功能的注意事项

1）只能指定存储卡（MC:）、U 盘（UD1:）或控制器内的 F-ROM 的自动备份用区域（FRA:）作为保存设备，标准情况下设定为 FRA。

2）可以自动保存 1～99 个备份（标准设定为 2 个）。

3）自动备份中要使用的存储装置，应事先初始化为自动备份用。尚未被初始化为自动备份用的外部存储装置，不会进行自动备份，“FRA:”已事先被初始化。

4）应先格式化存储装置后，再进行初始化。执行“初始化”时，将会创建自动备份功能用的文件和目录。

2. 自动备份功能的设置

按下【MENU】（菜单）键→移动光标选择 7【FILE】（文件）→选择 4【Auto Backup】（自动备份），按下【ENTER】（回车）键确认，即可进入自动备份设置界面，如图 13.1.24 所示。

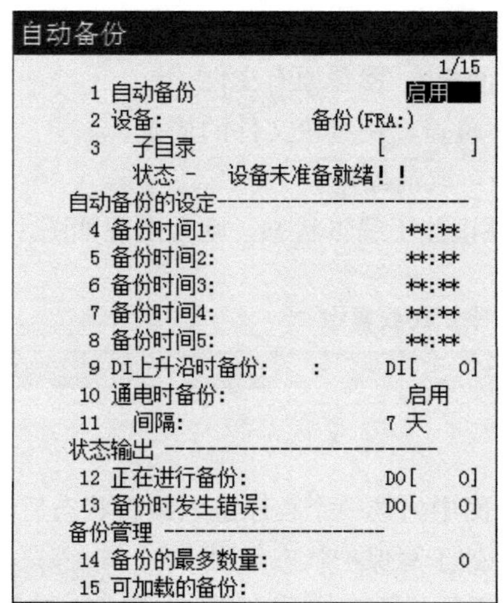

图 13.1.24　自动备份设置界面

3. 初始化存储设备

如要初始化存储设备，按下 F2【INIT_DEV】（初始化）→ F4【YES】（是）→ 输入自动备份的最大个数→ 按下【ENTER】（回车）键即可。

任务二　控制启动模式下的文件备份与加载

一、任务分析

任务描述：在控制启动模式下对机器人一种或全部类型的文件进行备份与加载操作。

任务分析：在控制启动模式下可以很方便地对一种或全部类型的文件进行备份，还可以对单个文件、一种或全部类型的文件进行加载、还原操作。

二、任务实施

（一）进入控制启动模式

1. 同时按住【PREV】（前一页）键和【NEXT】（下一页）键后给控制器上电开机，直到出现 CONFIGURATION MENU 菜单，如图 13.2.1 所示，松开按键。

2. 用数字键输入 3；选择【CONTROLLED START】（控制启动），按【ENTER】（回车）键确认，进入 CONTROLLED START 控制启动模式，如图 13.2.2 所示。

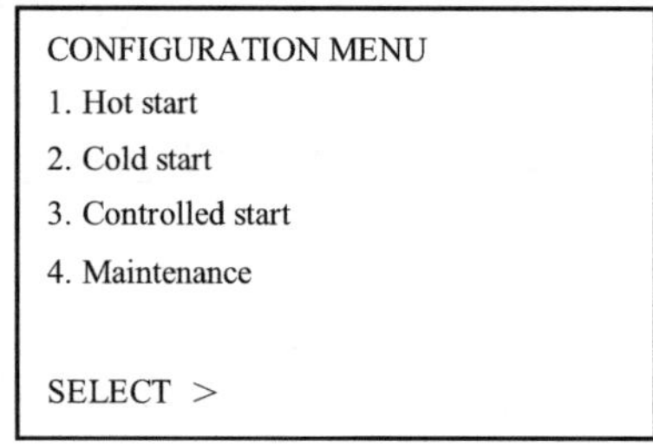

图 13.2.1　进入 CONFIGURATION MENU 菜单

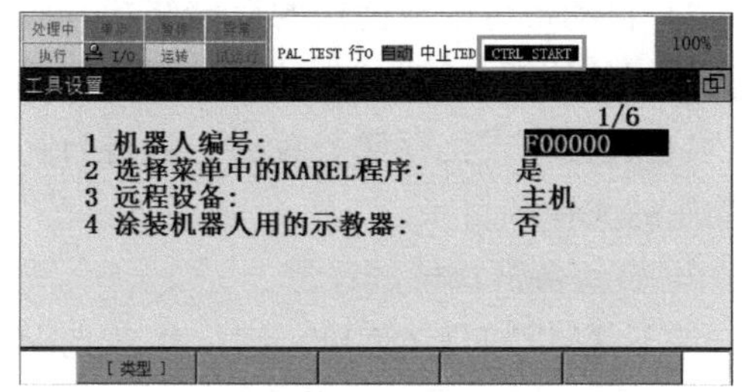

图 13.2.2　进入控制启动模式

（二）控制启动模式下的文件备份

以下均以仿真软件中的操作为例，实机操作相同。

1. 按下【MENU】（菜单）键→移动光标选择【FILE】（文件）→如图 13.2.3 所示，按下【ENTER】（回车）键确认，进入文件操作界面，如图 13.2.4 所示。

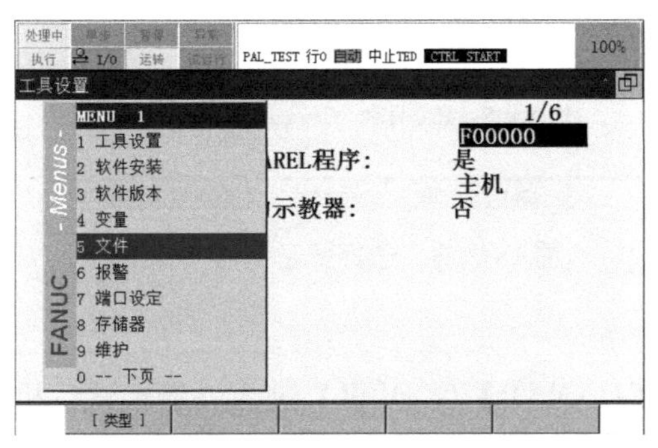

图 13.2.3　选择进入文件操作界面

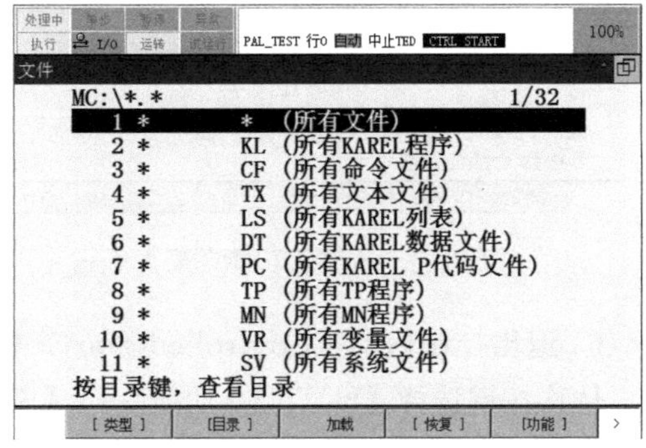

图 13.2.4　控制启动模式下的文件操作界面

2. 选择外部存储设备

以选择 Memory Card（存储卡 MC:）为例，其他存储设备的操作方法相同：

按下 F5【UTIL】（功能），选择 Set Device（切换设备），按下【ENTER】（回车）键确认，出现如图 13.2.5 所示的界面。移动光标选择 4 Mem Card（存储卡 MC:）并按下回车键确认即可。

3. 格式化存储设备或创建目录

格式化存储设备和创建目录的操作请参考：项目十三任务一的相关内容（格式化存储设备、创建目录）。

4. 依次按键选择【FCTN】（功能）→2【BACKUP/RESTORE】（备份/全部载入）进行切换，如图 13.2.6 所示，使 F4 键的功能由【RESTOR】（恢复）变为【BACKUP】（备份），如图 13.2.7 所示。

5. 按 F4【BACKUP】（备份），选择要备份的文件类型进行备份，如图 13.2.8 所示。

文件备份的后续操作方法和项目十三的任务一相关内容（一般模式下的文件备份）相同。

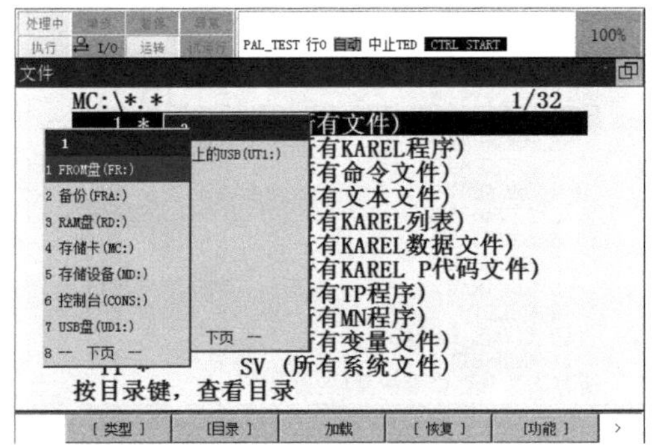

图 13.2.5　选择存储设备

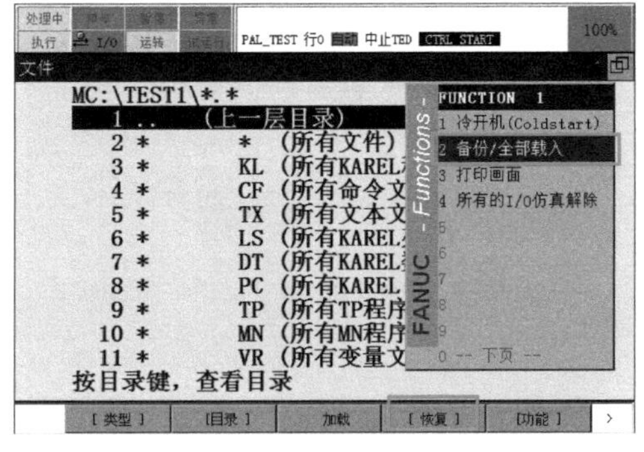

图 13.2.6　使用【FCTN】键切换 F4 键的功能

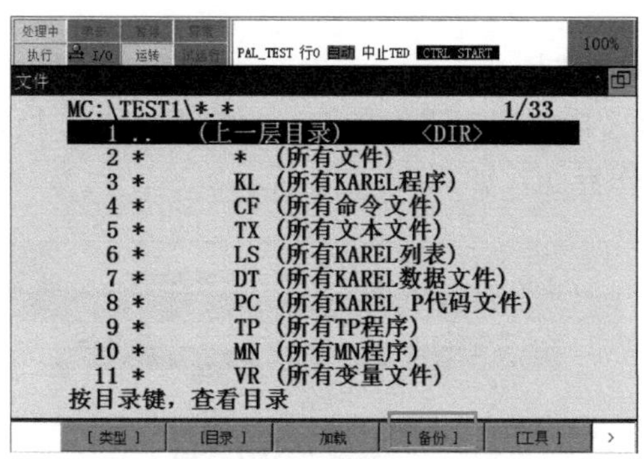

图 13.2.7 F4 键的功能切换为备份

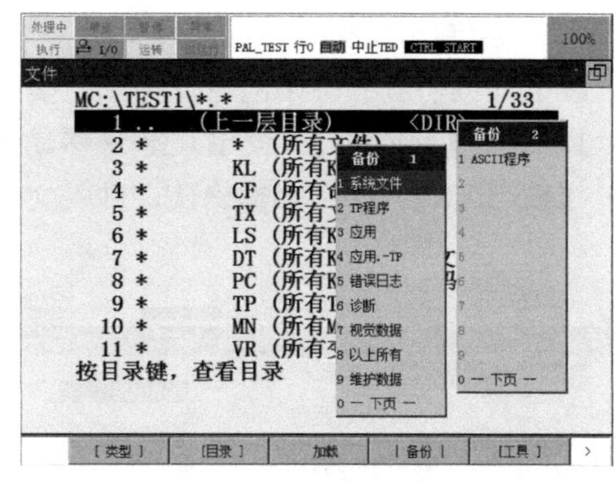

图 13.2.8 选择要备份的文件类型

6. 退出控制启动（Controlled Start）模式

依次按键选择【FCTN】（功能）→1【START（COLD）】（冷开机）进入一般模式，机器人可以正常操作。

注意：在控制启动模式下，无法通过直接操作控制器的断路器断电→通电重启的方式来进入一般模式，必须使用冷开机的方式切换。

（三）控制启动模式下的文件加载和还原

1. 文件的加载

进入控制启动模式的文件操作界面后，文件加载的操作方法和项目十三的任务一相关内容相同（一般模式下的文件加载），在此不做赘述。

2. 文件的还原

进入控制启动模式的文件操作界面后，若 F4 为【BACKUP】（备份），则依次按键【FCTN】（功能）→选择 2【BACKUP/RESTORE】（备份/全部载入）进行切换，使 F4 键的功能由【BACKUP】（备份）变为【RESTOR】（恢复）。

（1）按 F4【RESTOR】（恢复），出现如图 13.2.9 所示界面。

（2）移动光标选择需要还原的一种或所有文件类型，按【ENTER】（回车）键确认。此时屏幕显示 Restore from Memory card（OVRWRT）?（所有文件从存储卡恢复（覆盖）?）的提示信息，如图 13.2.10 所示。

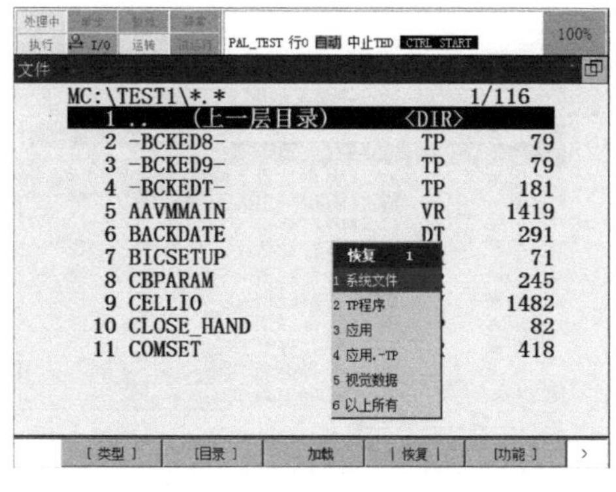

图 13.2.9 选择需还原的文件类型

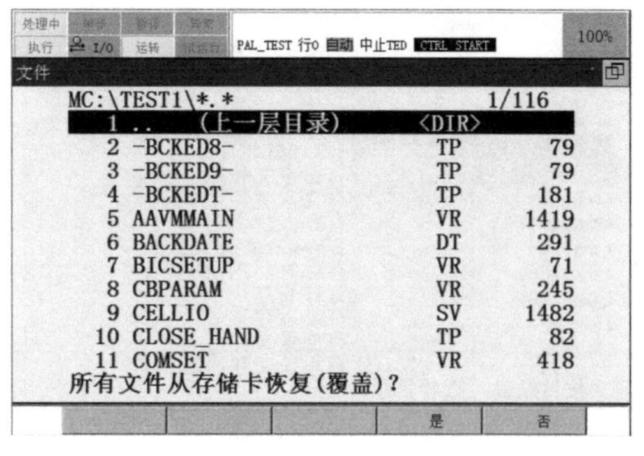

图 13.2.10 是否从 MC 卡还原文件提示

(3) 按下 F4【YES】(是) 确认还原，完成后，出现如图 13.2.11 所示界面。

注意：

(1) 只能进行单个文件的加载操作。

(2) 可以对一种或全部类型的文件进行还原操作。

(3) 处于编辑状态的文件不能被加载/还原。

(4) 处于写保护状态的文件不能被加载/还原。

图 13.2.11　文件还原完成

3. 退出控制启动 (Controlled Start) 模式

依次按键选择【FCTN】(功能)→1【START (COLD)】(冷开机) 进入一般模式，机器人可以正常操作。

任务三　Boot Monitor 模式下的镜像备份与加载

一、任务分析

任务描述：在 Boot Monitor 启动模式下对机器人进行镜像备份与还原操作。

任务分析：在 Boot Monitor 启动模式下可以对控制器的操作系统和所有文件进行镜像备份和还原的操作。

建议在新装机或安装、升级软件后进行一次镜像备份，以便系统崩溃或出现故障时进行还原。此外，镜像备份可以很方便地在一般模式或控制启动模式下进行操作。

二、任务实施

(一) Boot Monitor 模式下的备份 (Image Backup)

1. 同时按住 F1 键和 F5 键后给控制器上电开机，直到出现 BMON MENU 菜单，如图 13.3.1 所示，松开按键。

2. 用数字键输入 4，选择【CONTROLLER BACKUP/RESTORE】(控制器备份/还原)，按【ENTER】(回车) 键确认，进入 BACKUP/RESTORE MENU 界面，如图 13.3.2 所示。

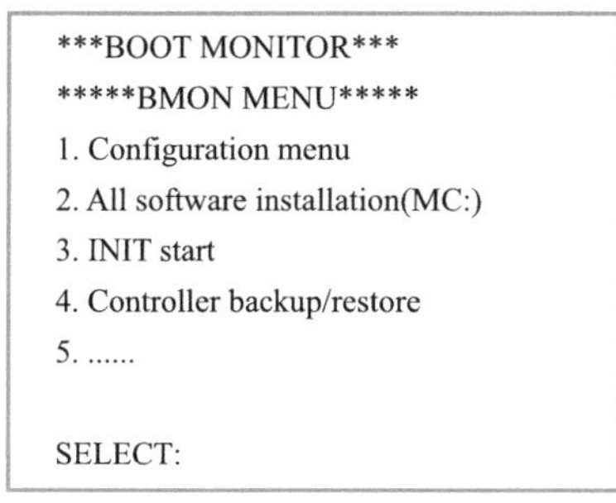

BOOT MONITOR
*****BMON MENU*****
1. Configuration menu
2. All software installation(MC:)
3. INIT start
4. Controller backup/restore
5. ......

SELECT:

图 13.3.1　进入 BMON MENU 菜单

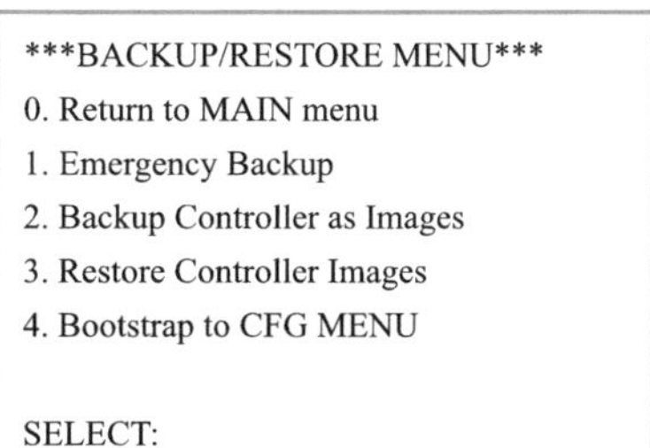

BACKUP/RESTORE MENU
0. Return to MAIN menu
1. Emergency Backup
2. Backup Controller as Images
3. Restore Controller Images
4. Bootstrap to CFG MENU

SELECT:

图 13.3.2　进入 BACKUP/RESTORE MENU 菜单

3. 用数字键输入 2，选择【Backup Controller as Images】（给控制器做镜像备份），按【ENTER】（回车）键确认，进入 DEVICE SELECTION MENU（设备选择菜单）界面，如图 13.3.3 所示。

4. 以 USB 设备为例：用数字键输入 3，选择【USB（UD1:）】（控制柜上的 USB 接口设备），按【ENTER】（回车）键确认，进入存储设备目录界面，如图 13.3.4 所示。

```
***Device selection menu***
1. Memory card(MC:)
2. Ethernet(TFTP:)
3. USB(UD1:)
4. USB(UT1:)

SELECT:
```

图 13.3.3　进入 Device selection Menu 菜单

```
***BOOT MONITOR***
Current Directory:
UD1:¥
1. OK(Current Directory)
2. BACKUP01
3. ......

SELECT[0.NEXT,-1.PREV]:
```

图 13.3.4　选择 UD1:的存储设备

其中：输入 0 为翻页，输入－1 为后退；输入 1、2、3... 为选择 USB 设备下的相应文件夹作为保存的路径。

5. 用数字键输入 2，选择 USB 设备下的 BACKUP01 文件夹，按【ENTER】（回车）确认，系统显示如图 13.3.5 所示界面。

6. 用数字键输入 1，选择当前目录，按【ENTER】（回车）确认，系统显示 Are you ready? [Y=1/N=else]（输入数字 1，备份继续；输入其他值，系统将返回 BMON MENU 菜单界面）。

7. 用数字键输入 1，按【ENTER】（回车）确认，系统开始备份，如图 13.3.6 所示。

```
***BOOT MONITOR***
Current Directory:
UD1:¥BACKUP01¥
1. OK(Current Directory)
2. ..(Up one level)

SELECT[0.NEXT,-1.PREV]:
```

图 13.3.5　选择 UD1：USB 设备下的 BACKUP01 文件夹

```
***BOOT MONITOR***
Selected
UD1:¥BACKUP01¥
Backup image files to this path
Require Device at least
128Mb free space

Are you ready?[Y=1/N=else]:1
Writing FROM00.IMG   (1/128)
Writing FROM01.IMG   (2/128)
Writing FROM02.IMG   (3/128)
```

图 13.3.6　开始镜像备份

8. 备份完毕，显示 PRESS ENTER TO RETURN 的提示。按【ENTER】（回车）键，返回 BMON MENU 菜单界面。

9. 关机重启，进入一般模式界面。

（二）Boot Monitor 模式下的还原（Image Restore）

以还原备份在 UD1:\BACKUP01\下的系统镜像备份为例：

1. 同时按住 F1 键和 F5 键后给控制器上电开机，直到出现 BMON MENU 菜单，如图 13. 3. 1 所示，松开按键。

2. 用数字键输入 4，选择【CONTROLLER BACKUP/RESTORE】(控制器备份/还原)，按【ENTER】(回车) 键确认，进入 BACKUP/RESTORE MENU 界面，如图 13. 3. 2 所示。

3. 用数字键输入 3，选择【Restore Controller Images】(给控制器进行镜像还原)，按【ENTER】(回车) 键确认，进入 DEVICE SELECTION MENU (设备选择菜单) 界面，如图 13. 3. 3 所示。

4. 用数字键输入 3，选择【USB (UD1:)】(控制柜上的 USB 接口设备)，按【ENTER】(回车) 键确认，进入存储设备目录界面，如图 13. 3. 4 所示。

5. 用数字键输入 2，选择 USB 设备下的 BACKUP01 文件夹，按【ENTER】(回车) 确认，系统显示如图 13. 3. 5 所示界面。

6. 用数字键输入 1，选择当前目录，按【ENTER】(回车) 确认，系统显示如图 13. 3. 7 所示界面 (输入数字 1，还原继续；输入其他值，系统将返回 BMON MENU 菜单界面)。

7. 用数字键输入 1，按【ENTER】(回车) 键确认，系统开始还原，如图 13. 3. 8 所示。

```
***BOOT MONITOR***
*****RESTORE Controller Images*****
Current module size:
FROM:128Mb SRAM:3Mb

Image files are detected in
UD1:¥BACKUP01¥
FROM:125files SRAM:3files

Correspond with module size.

Restore image files?[Y=1/N=else]:
```

图 13. 3. 7　确认进行镜像还原

```
***BOOT MONITOR***
Checking UD1:¥BACKUP01¥FROM00.IMG.Please wait.

***************************************
CAUTION:NEVER TURN OFF THE POWER
SUPPLY WHILE CLEARING FROM!!!
***************************************

Reading FROM00.IMG ...Done
Reading FROM01.IMG ...Done
Reading FROM02.IMG ...
```

图 13. 3. 8　开始镜像还原

8. 还原完毕，显示 PRESS ENTER TO RETURN。按【ENTER】(回车) 键，返回 BMON MENU 菜单界面。

9. 关机重启，进入一般操作界面。

注意：在镜像还原过程中，不允许断电!!!

习　题

1. UD1 表示____________________，UT1 表示____________________。

2. ____________________文件用于存储机器人当前位置、零点标定数据，还原覆盖该文件后，如果机器人不在备份文件时的位置，将会发出__________报警。

3. 一般模式，控制启动模式，Boot Monitor 模式下均可以进行的是______备份。其中，控制启动模式是通过同时按住____________后上电开机进入，而通过按________后选择____________才能返回一般模式。

项目十四 故障诊断与零点复归
Item XIV Fault Diagnosis and Zero Calibration
Item XIV Diagnosis kesalahan dan Mastering

教学目标

1. 知识目标

（1）了解 FANUC 机器人的报警信息和报警严重程度；

（2）了解 FANUC 机器人零点复归的定义；

（3）了解 FANUC 机器人出现零点数据丢失的原因；

（4）掌握 FANUC 机器人零点复归的操作步骤。

2. 能力目标

（1）能够查阅 FANUC 机器人的报警信息和故障手册；

（2）能够正确消除 FANUC 机器人零点数据丢失的相关报警；

（3）能够采用正确的方式对 FANUC 机器人进行零点复归。

3. 素质目标

（1）通过学生自主查阅资料，努力寻求答案，培养学生严谨细致、精益求精的工匠精神和自主探究、分析和解决问题的能力。

（2）通过对比各零点复归方式的异同，强调各零点复归方式对机器人位置精度的影响和工程现场的实际应用，锻炼学生精准操作、精心调试和精细维护工业机器人的专业实践能力，从而进一步培养学生一丝不苟、精益求精的工匠精神。

任务一　机器人的故障诊断

机器人在使用过程中，难免会出现各种故障或错误而产生报警。我们可以根据报警信息了解机器人当前或过去所发生的报警情况，以便诊断和处理相应的故障。

14-1 故障诊断与处理

一、报警信息手动查询

FANUC 机器人的报警信息可以在以下几个位置查看：

（1）示教器屏幕的最上方：此处显示的是机器人的实时报警信息，但只能显示一条，如图 14.1.1 所示。

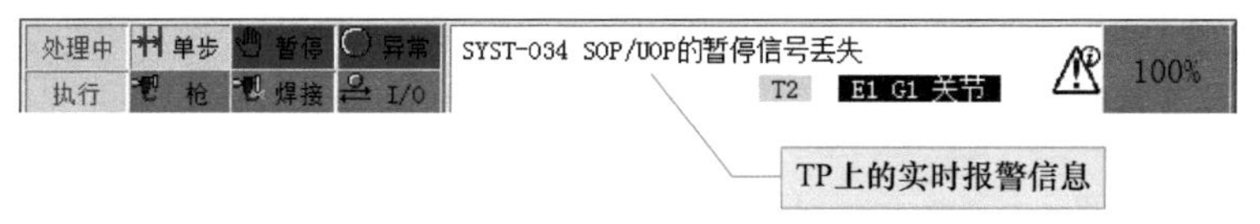

图 14.1.1　TP 上的实时报警信息

（2）当前发生的报警信息：机器人当前发生的所有实时报警信息，如图 14.1.2 所示。可以通过依次操作选择【MENU】（菜单）→【ALARM】（报警）→ 1【Alarm Log】（报警日志）→ F3【ACTIVE】（有效）进行查看。

（3）历史报警记录：机器人发生过的所有报警信息都会记录在历史报警记录里（仅显示最新的 100 条），如图 14.1.3 所示。可以通过依次操作选择【MENU】（菜单）→【ALARM】（报警）→ 1【Alarm Log】（报警日志）→ F3【HIST】（履历）进行查看。

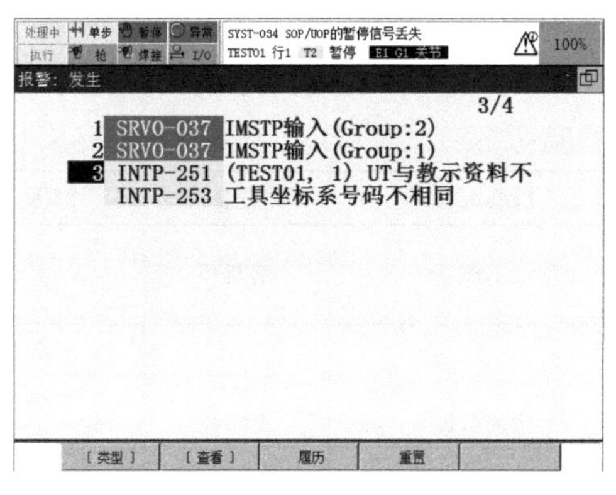

图 14.1.2　当前发生的报警信息

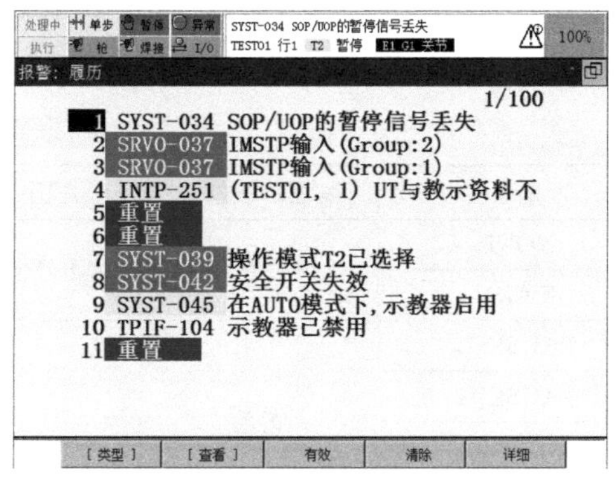

图 14.1.3　历史报警记录

此外，在【MENU】（菜单）→【ALARM】（报警）的报警信息界面中，按下 F1【TYPE】（类型），如图 14.1.4 所示，还可以只选择查看以下类型的报警记录：

（1）Motion Log（动作日志）：与伺服报警等机器人动作相关的报警记录。

（2）System Log（系统日志）：与系统报警等机器人控制器相关的报警记录。

（3）Appl Log（应用日志）：应用固有的报警信息记录。

（4）Password Log（密码日志）：与密码及登录相关的报警记录。

（5）Comm Log（通讯日志）：与通讯功能相关的报警记录。

二、详细报警信息的查询

在图 14.1.3 所示的历史报警记录界面中，选择某一行报警信息后按下 F5【DETAIL】（详细），即可展开查看该报警的详细信息，如图 14.1.5 所示。

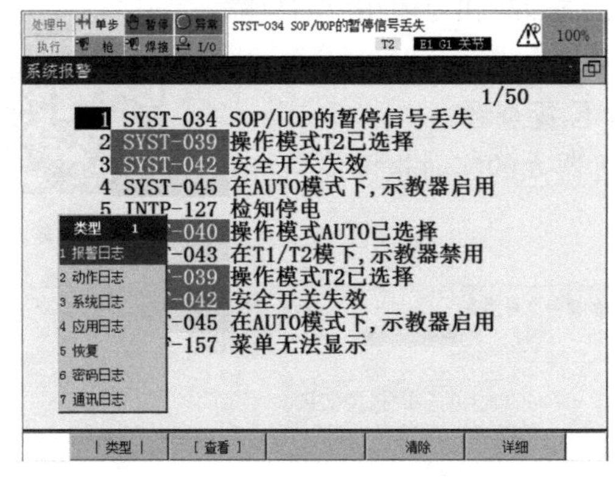

图 14.1.4 选择查询报警记录类型

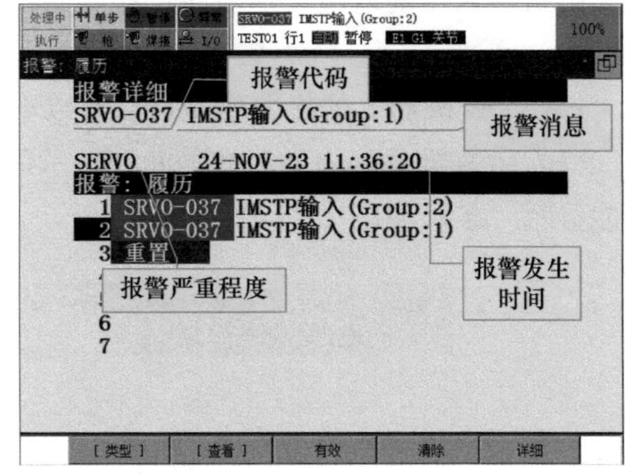

图 14.1.5 详细的报警信息

报警的详细信息包括：

（1）报警代码：通过报警代码，可以很方便地在机器人随机文档《R-30iB 控制装置报警代码列表》中查询到故障原因及处理对策。

（2）报警消息。

（3）报警详细代码：某些报警还附带一个更具体详细的报警代码和信息。

（4）报警严重程度：根据报警发生原因的严重程度，将使程序或机器人停止的操作不同，见表 14.1.1 和表 14.1.2。同时，根据报警严重程度以规定的颜色显示报警代码。

（5）报警发生时间。

报警严重程度　　表 14.1.1

严重程度	显示颜色	程序	机器人动作	伺服电机	范围
NONE	白色	不停止	不停止	不断开	
WARN					
PAUSE. L	黄色	暂停	减速后停止	不断开	局部
PAUSE. G					全局
STOP. L					局部
STOP. G					全局
SERVO	红色		瞬时停止	断开	全局
ABORT. L		强制结束	减速后停止	不断开	局部
ABORT. G					全局
SERVO2			瞬时停止	断开	全局
SYSTEM					全局
RESET	蓝色	“RESET（复位）”以及“SYST-026 系统正常启动”以蓝色显示			
SYST-026					

注：范围是表示同时运行多个程序时（多任务功能）适用报警的范围。L（局部）：只适用于发生报警的程序；G（全局）：适用于全部程序。

报警严重程度的说明　　表 14.1.2

报警严重程度	说明
WARN	WARN 种类的报警，警告操作者出现了比较轻微的或非紧要的问题。WARN 报警对机器人的操作没有直接影响，示教器和操作面板的报警灯不会亮。为了预防今后有可能发生的问题，建议用户采取相应对策
PAUSE	PAUSE 种类的报警，中断程序的执行，使机器人在完成动作后停止。再次启动程序之前，需要采取针对报警的相应对策
STOP	STOP 种类的报警，中断程序的执行，使机器人的动作在减速后停止。再次启动程序之前，需要采取针对报警的相应对策
SERVO	SERVO 种类的报警，中断或者强制结束程序的执行，并断开伺服电源，使机器人的动作瞬时停止。SERVO 报警，通常是由于硬件异常而引起的
ABORT	ABORT 种类的报警，强制结束程序的执行，使机器人的动作在减速后停止
SYSTEM	SYSTEM 报警，通常是发生了与系统相关的重大问题时引起的。SYSTEM 报警使机器人的所有操作都停止。如有需要，请联系 FANUC 维修服务部门。在解决所发生的问题后，重新通电

注意：

（1）按下【SHIFT】和 F4【CLEAR】（清除），可以清除所有历史报警记录。

（2）一定要将故障原因消除，按下【RESET】（复位）键才能真正消除报警。

（3）如果采用基本的修复步骤无法清除错误，请尝试重启控制器。

（4）有时，TP 上实时显示的报警代码并不是真正引起故障的原因，这时要通过查看报警记录才能找到引起问题的报警代码。

三、自动显示报警日志

FANUC 机器人可以在发生严重故障报警时，自动显示报警界面。要自动显示报警日志界面，需满足以下条件：

（1）在【MENU】（菜单）→ 0【NEXT】（下一页）→ 6【SYSTEM】（系统）→【Variables】（变量）菜单里将系统变量 $ER_AUTO_ENB 设为 TRUE（开启）；或者在 6【SYSTEM】（系统）→【Config】（配置）菜单里将“Auto display of alarm menu”（报警界面自动显示）设为 TRUE（开启），如图 14.1.6 所示，然后进行冷启动。

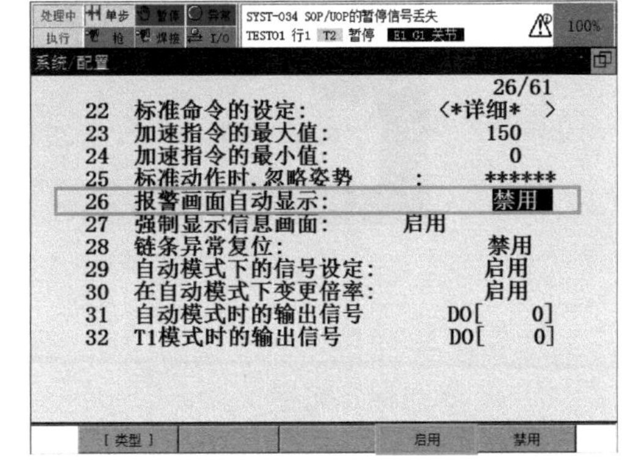

图 14.1.6　报警界面自动显示设置

（2）已经发生的，且严重程度为 PAUSE（暂停）或 ABORT（中断）的错误。

注意：

（1）要禁止自动显示某种严重程度的所有错误，请修改系统变量 $ER_SEV_NOAUTO[1-5]的值（NONE 和 WARN 报警不予自动显示），这些错误仍将记录在当前报警屏幕中，但是不再强制屏幕立即显示。

（2）要禁止自动显示某个错误代码，请修改系统变量 $ER_NOAUTO. $NOAUTO_NUM 和 $ER_NOAUTO. $NOAUTO _CODE。这些错误仍将记录在当前报警屏幕中，但是不再强制屏幕立即显示。

（3）要显示报警之前的屏幕，请按 RESET（复位）键。如果已经在 HIST（履历）和 ACTIVE（有效）之间切换，则可能无法显示上一屏幕。

任务二　全轴零点位置标定

一、任务分析

任务描述：对 FANUC 机器人进行一次全轴的零点位置标定操作。

任务分析：全轴零点位置标定，这是将机器人的各轴对合于零度位置，而进行的零点标定操作，此操作通常在机器人 6 个轴的脉冲编码器数据全部丢失的情况下进行。

零点位置标定，需要参照安装在机器人的各个轴上的零度位置标记，如图 14.2.1 所示为 M-10iA 型机器人 J2 和 J4 轴零度位置标记对合示意图，其表示 J2 和 J4 轴在零度位置。

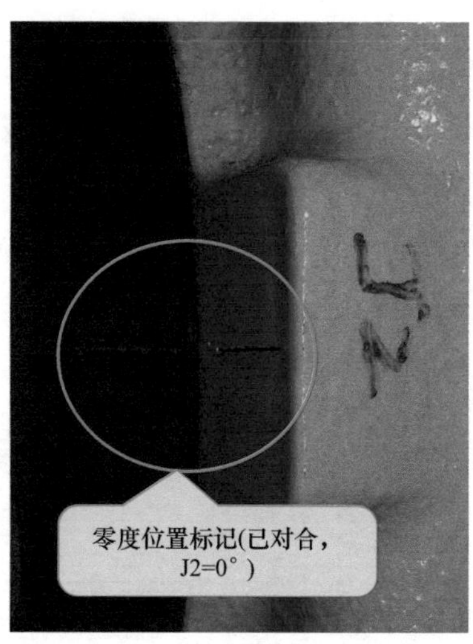

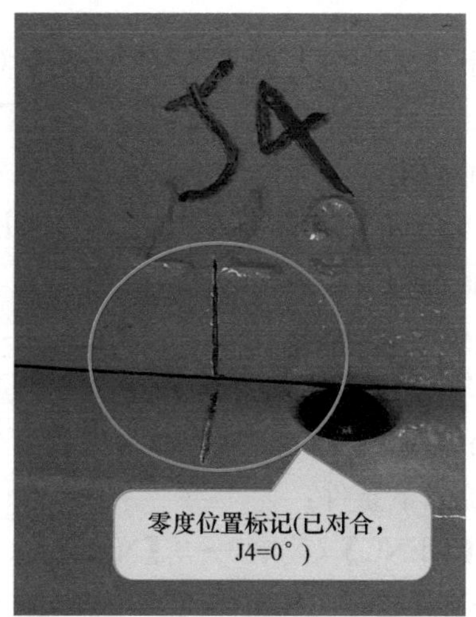

图 14.2.1　零度位置标记示意图

二、相关知识

（一）零点标定概述

零点标定（Mastering，亦称零点复归）是使机器人各轴的轴角度与连接在各轴电机上的脉冲编码器的脉冲计数值对应起来的操作，将机器人的机械信息与位置信息同步，来定义机器人的物理位置。具体来说，零点复归是求取零位中的脉冲计数值的操作。

通常在机器人出厂之前已经进行了零点复归，但是，机器人还是有可能丢失零点数据，需要重新进行零点复归，否则机器人将无法正常工作。发生以下情况之一时，就必须执行 Mastering（零点复归）：

（1）机器人执行了一个初始化启动。

（2）SPC（串行脉冲编码器）的备份电池电压下降导致 SPC 脉冲计数丢失。

（3）在关机状态下卸下了机器人底座或变位机上的电池盒盖子。

（4）脉冲编码器电缆线断开。

（5）更换了 SPC。

（6）更换了伺服电机。

（7）机械拆卸。

（8）机器人的机械部分因为撞击导致脉冲计数不能指示轴的角度。

（9）机器人在非备份姿态时，SRAM（CMOS）的备份电池电压下降导致零点标定数据丢失。

机器人的每一个运动轴都是伺服电机驱动的，串行脉冲编码器（SPC）安装于伺服电机上，用于把各个轴的当前位置数据反馈给控制器。

当控制器正常关电时，每个 SPC 的当前数据将保留在脉冲编码器中，由机器人本体上的后备电池供电维持。而控制器内，由主板电池来保持 Mastering 数据和机器人停机的位置数据。如果电池没电，数据将会丢失。为了防止这种情况发生，两种电池都要定期更换，当电池电压不足时，将有警告提醒用户更换电池。

当更换电池不及时或其他原因，而出现 SRVO-062 BZAL alarm（Group：i Axis：j）报警时，需要重新做零点复归。

> 注意：
>
> 错误进行零点标定，会导致机器人进行意想不到的操作，十分危险。因此，零点标定界面只有在系统变量 $MASTER_ENB=1 时才予以显示。在进行零点复归操作后，应按下零点标定界面上的 F5【DONE】（完成），此时，系统自动设定 $MASTER_ENB=0，零点标定界面不再显示。

（二）零点复归的方法

FANUC 机器人的零点复归，主要有表 14.2.1 所述的方法。

零点复归（Mastering）的方法　　表 14.2.1

零点复归的方法	解释
Jig Mastering （专用夹具核对方式）	出厂时采用的方法，需卸下机器人上的所有负载，用专门的校正工具完成
Zero Positions Mastering （零度点核对方式）	也称全轴零点复归，需将 6 个轴同时点动到零度位置而进行的零点标定。通常用于 6 个轴脉冲编码器数据一起丢失的情况，由于靠肉眼观察零度标记刻度线对合，误差相对大一点
Single Axis Mastering （单轴核对方式）	用于单个轴的脉冲编码器数据丢失的情况，只针对某一个轴进行零点标定
Quick Mastering （快速核对方式）	也称简易零点标定，可将零点标定位置设定在任意位置上，事先需设定好参考点。通常用于机器人无法调整到 6 个轴在零度位置的车间现场情况
输入零点标定数据	直接输入零点标定数据的方法

（三）消除相关报警

当机器人出现“SRVO-062 BZAL alarm（Group：i Axis：j）”脉冲编码器数据丢失

报警时（其中：i 为组编号；j 为轴编号），机器人无法动作，需要重新做零点复归，才能恢复机器人的正常运行。

消除该报警和恢复机器人正常运行，通常需要进行如下三个步骤的操作：

(1) 消除 SRVO-062 报警。

(2) 消除 SRVO-075 报警（消除 SRVO-062 报警后出现）。

(3) 采用合适方式进行零点复归操作。

此外，当控制器电源断开时的脉冲编码器值和电源接通时的脉冲值不同时（如加载了轴位置与当前的轴位置不同时保存的文件：SYSMAST.SV 时），会发生“SRVO—038 Pulse mismatch（Group：i Axis：j）脉冲编码器数据不匹配”的报警，机器人无法动作。

1. 消除 SRVO-062 报警

操作步骤如下：

(1) 依次按键操作：【MENU】(菜单)→【NEXT】(下一页)→【System】(系统)→ F1【Type】(类型)→【Master/Cal】(零点标定/校准)，进入如图 14.2.2 所示的零点标定界面。

(2) 按下 F3【RES_PCA】(脉冲置零)，界面上将显示如图 14.2.3 所示的提示：Reset pulse coder alarm?（解除脉冲编码器报警?）。

(3) 按下 F4【YES】(是)，消除脉冲编码器报警。

(4) 关机并重启机器人。

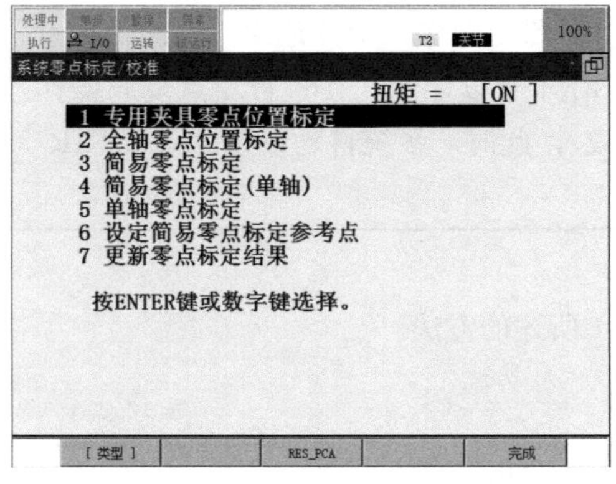

图 14.2.2　零点标定界面

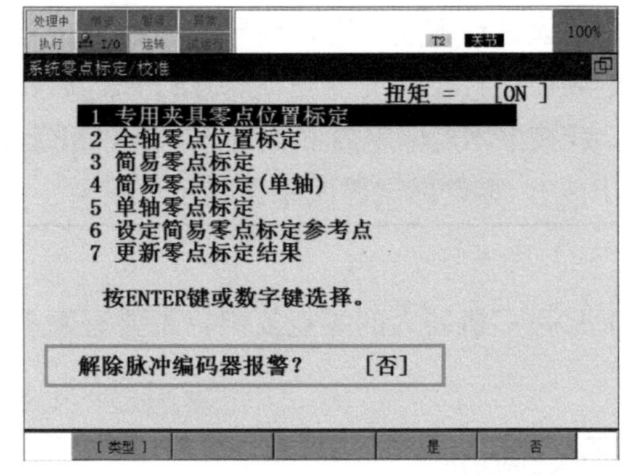

图 14.2.3　重置脉冲编码器报警

> 注意：若系统设定菜单中没有【Master/Cal】(零点标定/校准）项，可进入【Variables】(变量）界面，将变量 $MASTER_ENB 的值改为 1。

2. 消除 SRVO-075 报警

当消除了 SRVO-062 报警后，将会发生“SRVO-075 Pulse not established（Group：i Axis：j）脉冲编码器无法计数”报警。此时，机器人只能在关节坐标系下，单关节运动。若屏幕上无此报警，可在报警历史中查看：【MENU】(菜单)→【ALARM】(报警)→ F3【HIST】(履历)。

消除 SRVO-075 报警的操作步骤如下：

(1) 按【COORD】键将坐标系切换成 JOINT（关节）坐标。

（2）使用示教器点动机器人发生报警的轴 20°以上（【SHIFT】+运动键）。

（3）按【RESET】（复位），消除 SRVO-075 报警。

3. 消除 SRVO-038 报警

（1）进入 Master/Cal（零点标定/校准）界面。

（2）按 F3【RES_PCA】（脉冲置零），显示“Reset pulsecoder alarm?（解除脉冲编码器报警?）”信息。

（3）按 F4【YES】（是）消除脉冲编码器报警。

（4）按【RESET】（复位），SRVO-038 报警消除。

（5）进入系统变量界面｛【MENU】（菜单）→【NEXT】（下一页）→【System】（系统）→F1【Type】（类型）→【Variables】（变量）｝，将光标定位至 $DMR_GRP 变量，如图 14.2.4 所示。

（6）按 F2【DETAIL】（详细），选择对应组的【DMR_GRP_T】项，按 F2【DETAIL】（详细），如图 14.2.5 所示。

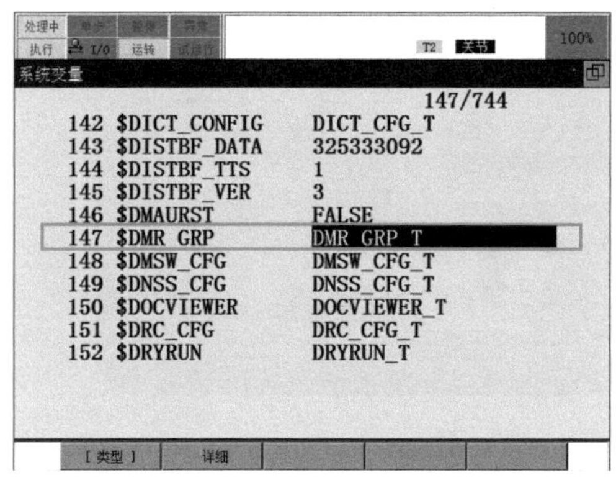

图 14.2.4　系统变量界面

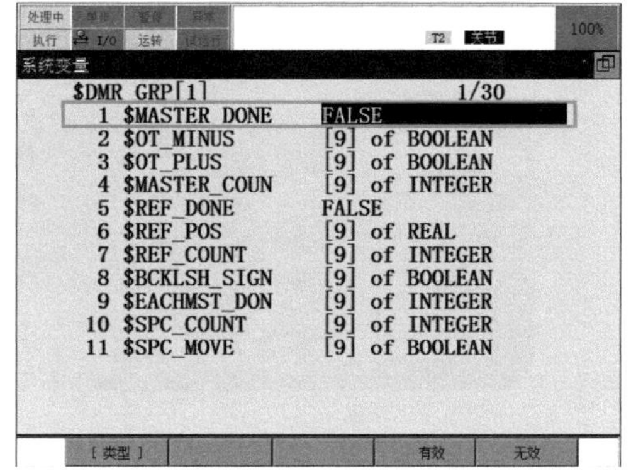

图 14.2.5　DMR_GRP [1] 的内部变量

（7）将变量 $MASTER_DONE 通过 F4【TRUE】（有效）从【False】（无效）改为【True】（有效）。

（8）进入 Master/Cal（零点标定/校准）界面，选择【CALIBRATE】（更新零点标定结果），按【ENTER】（回车）键确认，如图 14.2.6 所示。

（9）按 F4【YES】（是）确认后，按 F5【DONE】（完成），隐藏 Master/Cal（零点标定/校准）界面即可。

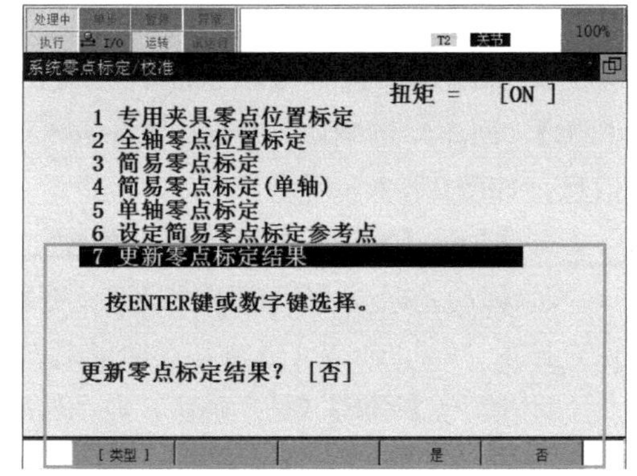

图 14.2.6　校准确认

三、任务实施

（一）设置全轴脉冲编码器数据丢失故障

在断电关机的状态下，打开机器人本体底座上的电池盒盖子，人为地设置全轴脉冲编码器数据丢失故障。重新拧好电池盒盖子，上电开机，机器人将发生 6 个轴的 SRVO-062 报警。

注意：在车间现场正常使用的情况下，不可在关机状态下松开机器人本体底座上的电池盒盖子！

14-2 FANUC 机器人的全轴零点复归

（二）消除机器人的相关报警

按顺序消除 SRVO-062 报警和 SRVO-075 报警。

（三）实施全轴零点复归操作

1. 依次按键操作：【MENU】（菜单）→【NEXT】（下一页）→【System】（系统）→ F1【Type】（类型）→【Master/Cal】（零点标定/校准），进入 Master/Cal（零点标定/校准）界面。

2. 在关节坐标系下，示教机器人的每个轴到 0°位置（零度刻度标记对合的位置），如图 14.2.7 所示。

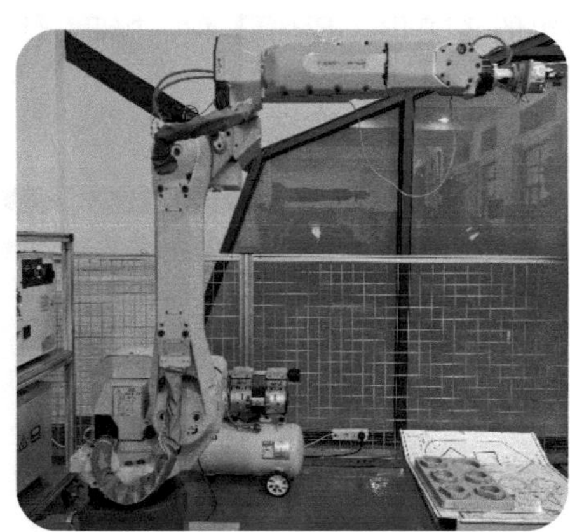

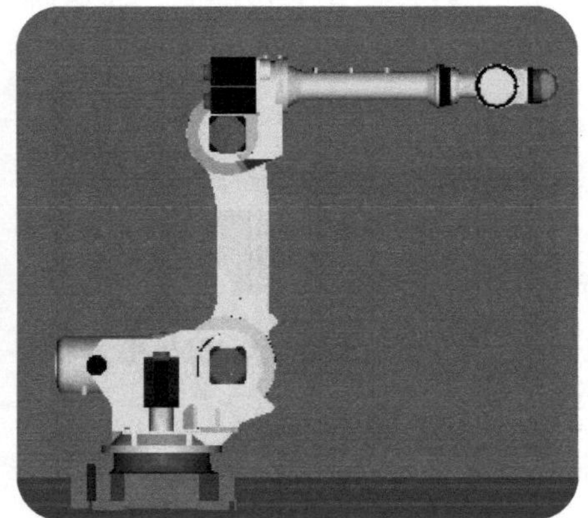

图 14.2.7　机器人全部轴在零度位置示意图

注意：应确保各个轴的零度位置标记对合，以便降低零点复归后原示教位置点的偏差！

3. 移动光标选择【ZERO POSITION MASTER】（全轴零点位置标定），按【ENTER】（回车）键确认，显示“Master at zero position?（执行零点位置标定?）”的提示信息，如图 14.2.8 所示。

4. 按 F4【YES】（是），显示如图 14.2.9 所示的 Mastering 数据界面。

5. 移动光标至【CALIBRATE】（更新零点标定结果）项，按【ENTER】（回车）键确认，显示“Calibrate?（更新零点标定结果?）”的提示，如图 14.2.10 所示。

6. 按 F4【YES】（是）确认，显示校准完成，6 个轴关节角度均为 0°，如图 14.2.11 所示。

7. 按 F5【DONE】（完成），隐藏 Master/Cal（零点标定/校准）界面。

（四）确认完成全轴零点复归

先将机器人调离奇异点，切换当前示教坐标为【WORLD】（世界坐标），按【SHIFT】+各运动键。如果可以在世界坐标系下正常点动机器人，则说明全轴零点复归操作完成。

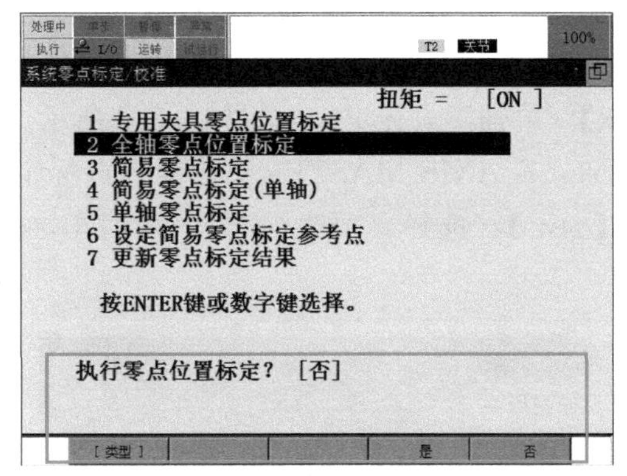

图 14.2.8 执行全轴零点位置标定确认

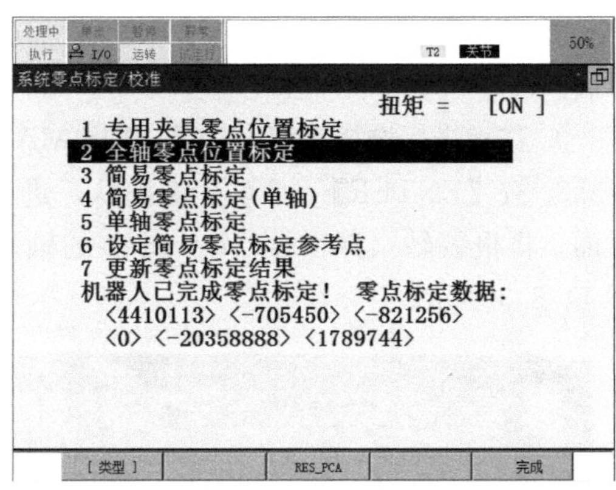

图 14.2.9 Mastering 数据

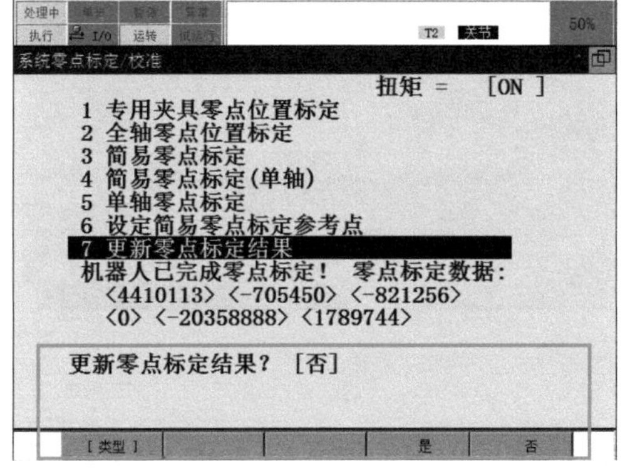

图 14.2.10 确认校准

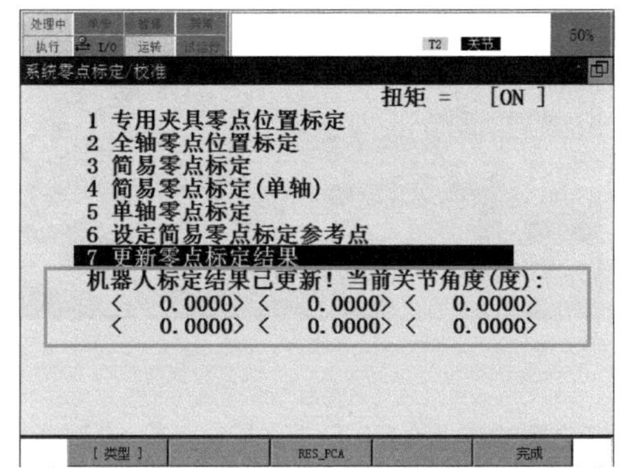

图 14.2.11 校准成功示意图

任务三 单轴零点标定

一、任务分析

任务描述：对 FANUC 机器人进行一次单轴的零点标定操作。

任务分析：单轴零点位置标定，用于单个轴的脉冲编码器数据丢失的情况，只针对该轴进行零点标定，不进行全轴零点复归，最大限度地保证原示教点位的准确。

二、任务实施

（一）设置单轴脉冲编码器数据丢失故障

以 J4 轴为例：在断电关机的状态下，拔下 J4 轴脉冲编码器的电缆线插头，如图 14.3.1 所示，人为地设置 J4 轴脉冲编码器数据丢失故障。重新插上插头，上电开机，机器人将发生 J4 轴的 SRVO-062 报警。

注意：在车间现场正常使用的情况下，不可拆下各轴脉冲编码器的电缆线！

（二）消除机器人的相关报警

按顺序消除 SRVO-062 报警和 SRVO-075 报警。

（三）实施单轴零点复归操作

1. 依次按键操作：【MENU】（菜单）→【NEXT】（下一页）→【System】（系统）→ F1

【Type】（类型）→【Master/Cal】（零点标定/校准），进入 Master/Cal（零点标定/校准）界面。

2. 移动光标选择【SINGLE AXIS MASTER】（单轴零点标定），如图 14.3.2 所示。

3. 按【ENTER】（回车）键确认，进入 SINGLE AXIS MASTER（单轴零点标定）界面。将报警轴（即需要 Mastering 的轴）的【SEL】（选择）项改为“1”并回车，如图 14.3.3 所示。

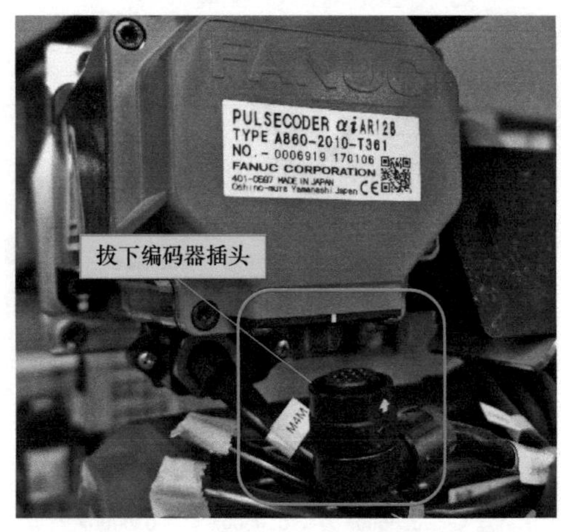

图 14.3.1　人为设置 J4 轴 SPC 数据丢失故障

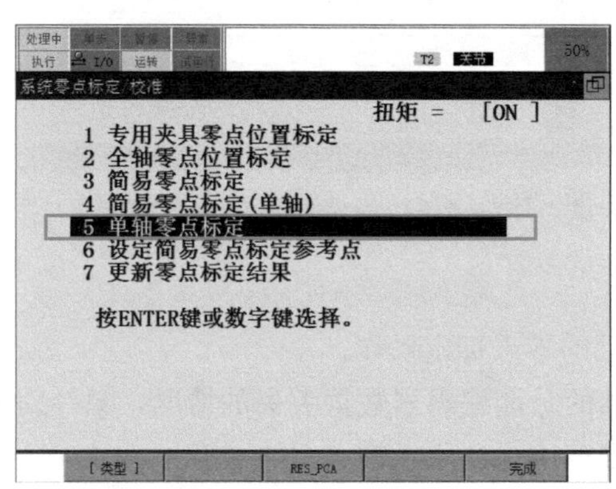

图 14.3.2　选择单轴核对方式

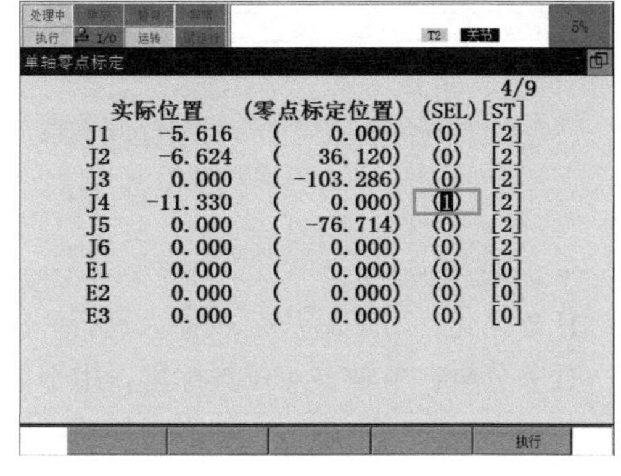

图 14.3.3　单轴核对方式界面

4. 示教机器人的 J4 报警轴到 0°（零度位置标记对合），如图 14.3.4 所示。

5. 光标移至报警轴的【MSTR POS】（零点标定位置）项，输入轴的 Mastering 数值（如“0”度）。按 F5【EXEC】（执行），则相应的【SEL】（选择）项由 1 变成 0，【ST】（状态）项由 0 变成 2，如图 14.3.5 所示。

6. 按【PREV】（前一页）退回 Master/Cal（零点标定/校准）界面，移动光标至【CALIBRATE】（更新零点标定结果）项，按【ENTER】（回车）键确认，显示“Calibrate?（更新零点标定结果?）”的提示，如图 14.3.6 所示。

7. 按 F4【YES】（是）确定，被 Mastering 的轴的对应项值为＜0.0000＞，如图 14.3.7 所示。

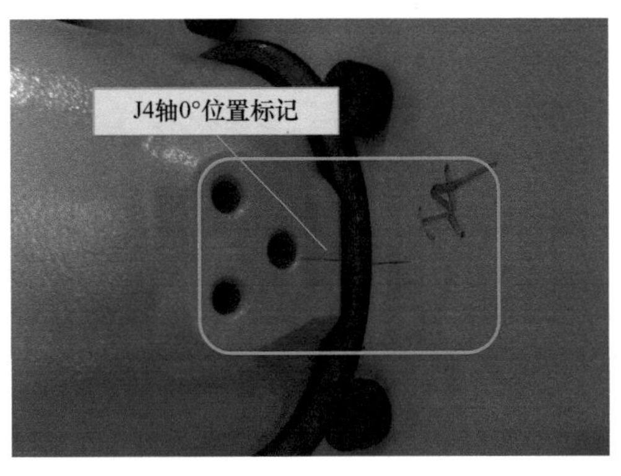

图 14.3.4　R-0iB 型机器人 J4 轴零度位置标记对合示意图

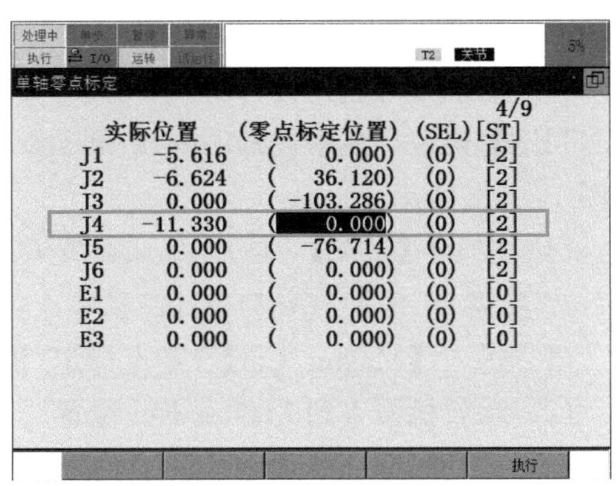

图 14.3.5　执行单轴零点位置标定

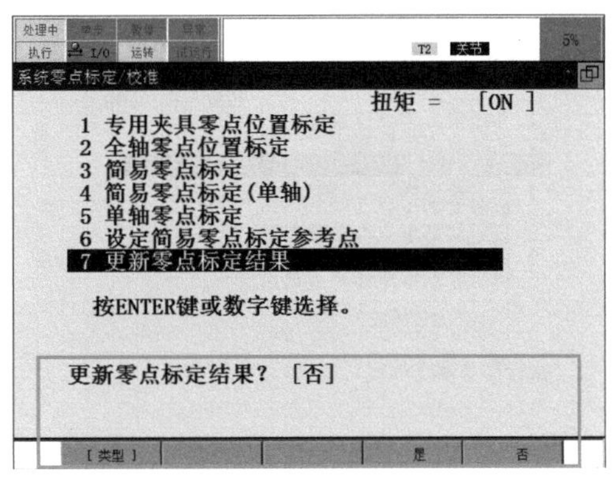

图 14.3.6　确认校准

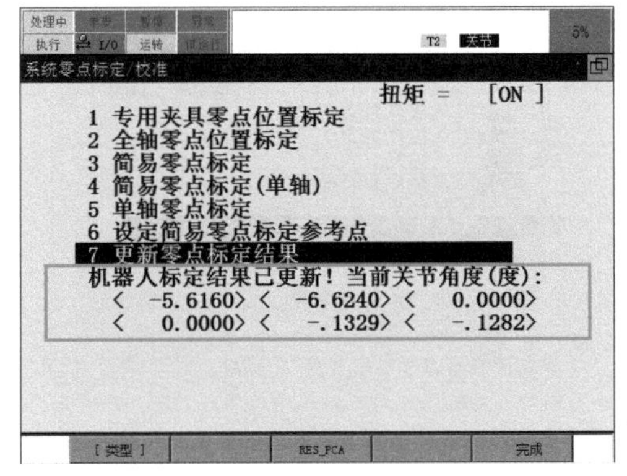

图 14.3.7　校准成功示意图

8. 按 F5【DONE】(完成)，隐藏 Master/Cal（零点标定/校准）界面。

> 注意：若需要对 J3 轴做 SINGLE AXIS MASTER（单轴零点标定），则需要先将 J2 轴示教到 0°位置。

三、知识拓展

(一) QUICK MASTER（简易零点标定）

QUICK MASTER（简易零点标定），需要进行如下两个步骤的操作：

(1) SET QUICK MASTER REF（设定简易零点标定参考点）

设置参考点，在机器人正常使用（即无报警）时，设置零点复归参考点数据。

14-3 简易零点标定

(2) QUICK MASTER（执行简易零点标定）

当机器人意外由于电气或软件故障而丢失零点后，可以使用“QUICK MASTER”（简易零点标定）方式恢复零位数据。

1. SET QUICK MASTER REF（设定简易零点标定参考点）

(1) 进入 Master/Cal（零点标定/校准）界面。

(2) 将机器人调整到 Master Ref（标定参考点）位置（用户自己定义的位置，但要做好物理标记!)。

(3) 移动光标选择【SET QUICK MASTER REF】(设定简易零点标定参考点)，按【ENTER】确认，显示“Set quick master ref? (设定简易零点标定参考点?)”的提示，如图 14.3.8 所示。

(4) 按 F4【YES】(是)，确认设置 QUICK MASTER REF (简易零点标定参考点)。

2. 使用 QUICK MASTER (简易零点标定) 进行零点复归

(1) 进入【Master/Cal】(零点标定/校准) 界面。

(2) 示教机器人到 Master Ref 位置。

(3) 移动光标选择【QUICK MASTER】(简易零点标定)，按【ENTER】(回车) 键确认，显示“Quick master? (执行简易零点标定?)”的提示，如图 14.3.9 所示。按 F4【YES】(是) 确认。

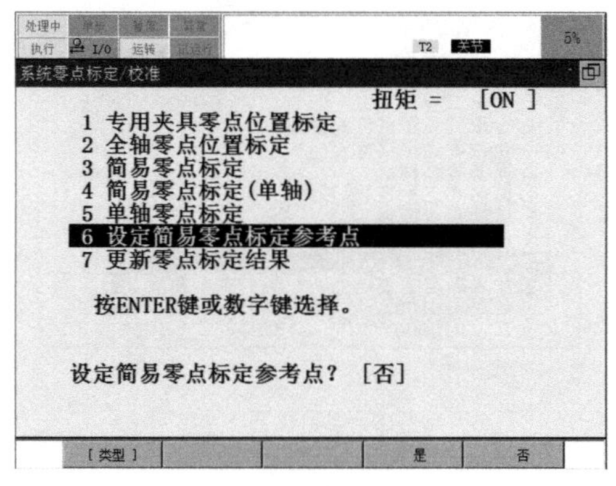

图 14.3.8 确认设置参考位置

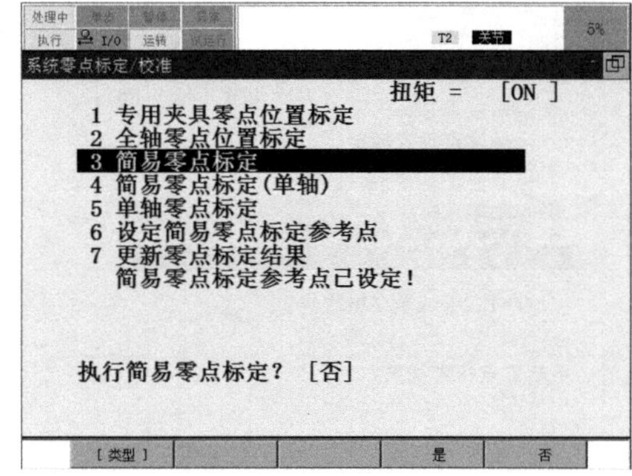

图 14.3.9 确认执行简易零点标定

(4) 移动光标至【CALIBRATE】(更新零点标定结果) 项，按【ENTER】确认，按 F4【YES】(是) 确认。

(5) 按 F5【DONE】(完成)，隐藏 Master/Cal (零点标定/校准) 界面。

(二) 输入零点标定数据

这一操作用于零点标定数据丢失而脉冲计数值仍然保持的情形，可将零点标定数据值直接输入到系统变量中。零点标定数据存储在系统变量 $DMR_GRP. $MASTER_COUN 中，可预先查看和保存。操作步骤为：

1. 依次按键操作：【MENU】(菜单)→【NEXT】(下一页)→【System】(系统)→ F1【Type】(类型)→【Variables】(变量)，进入系统变量列表界面。将光标定位至 $DMR_GRP 变量，如图 14.2.4 所示。

2. 按 F2【DETAIL】(详细)，选择对应组的【DMR_GRP_T】项，按 F2【DETAIL】(详细)，如图 14.2.5 所示。

3. 将光标定位至 $MASTER_COUN 变量，按下 F2【DETAIL】(详细)，如图 14.3.10 所示。

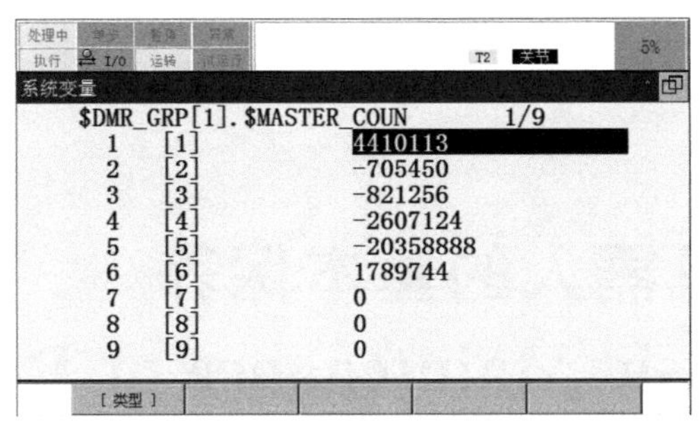

图 14.3.10　$DMR_GRP.$MASTER_COUN 变量详情

4. 输入事先准备好的零点数据，按【Prev】(返回) 键，将变量 $MASTER_DONE 通过 F4【TRUE】(有效) 从【FALSE】(无效) 改为【TRUE】。

5. 进入 Master/Cal (零点标定/校准) 界面，选择【CALIBRATE】(更新零点标定结果)，按【ENTER】(回车) 键确认。

6. 按 F4【YES】(是) 确认后，按 F5【DONE】(完成)，隐藏 Master/Cal (零点标定/校准) 界面。

习　题

1. 根据报警发生原因的____________，将使程序或机器人停止的操作不同。

2. 机器人发生 ____________故障时会显示 SRVO-062 报警，此时，在排除故障之后还需要进行____________操作，机器人才能正常使用。

3. 请简述零点复归的基本流程。

4. ____________的零点复归方式，一般用于机器人各轴因干涉而无法到达机械零点的情况。

项目十五　机器人的基本保养
Item XV　Basic Maintenance of Robot
Item XV　Pemeliharaan Dasar Robot

教学目标

1. 知识目标

（1）了解工业机器人定期保养的重要意义；

（2）了解 FANUC 机器人的保养周期和保养内容；

（3）了解 FANUC 机器人电池、注油口和排油口的位置；

（4）掌握更换 FANUC 机器人电池和润滑脂的操作步骤。

2. 能力目标

（1）能够正确更换 FANUC 机器人的主板电池和本体电池；

（2）能够正确更换 FANUC 机器人各轴减速器和平衡块的润滑脂。

3. 素质目标

（1）通过更换润滑脂的学习，培养学生不怕脏不怕累、脚踏实地、吃苦耐劳的劳动精神。增强学生的环保意识，践行绿色发展理念，提高安全意识，养成文明生产的良好职业素养。

（2）通过学习机器人要定期保养，培养学生的细节意识、防患于未然的安全意识和吃苦耐劳、按规章作业的良好职业行为习惯。

定期保养机器人可以防患于未然，延长机器人的使用寿命。FANUC 机器人的保养周期可以分为日常、三个月、六个月、一年、两年和三年等。具体保养内容见表 15.0.1。

FANUC 机器人的保养周期及内容　　表 15.0.1

保养周期	检查和保养内容
日常	1. 不正常的噪声和震动，马达温度
	2. 周边设备是否可以正常工作
	3. 每根轴的抱闸是否正常（有些型号的机器只有 J2、J3 抱闸）
三个月	1. 控制部分的电缆
	2. 控制器的通风
	3. 连接机械本体的电缆、管线包
	4. 接插件的固定状况是否良好
	5. 拧紧机器上的盖板和各种附加件
	6. 清除机器上的灰尘和杂物
六个月	更换平衡块轴承的润滑脂（有些型号没有）
	其他参见三个月保养内容
一年	更换机器人本体上的电池（非常重要！）
	其他参见六个月保养内容
二年	更换控制柜主板电池（非常重要！）
	其他参见六个月保养内容
三年	更换机器人减速器的润滑脂（非常重要！）
	其他参见一年保养内容

任务一　更换控制器的主板电池

一、任务分析

15-1 FANUC 机器人的基本保养

任务描述：按机器人的保养周期，更换控制器的主板电池。

任务分析：机器人的程序、系统变量及配置均存储在主板上的 SRAM 中，由一节位于主板上的锂电池供电，以保存数据。

当主板电池的电压不足时，则会在示教器上显示 SYST-035 Low or No Battery Power in PSU（主板的电池电压低或为零）的报警，此时应及时更换电池。

当电压变得更低时，SRAM 中的数据将不能保持，这时需要更换旧电池，并将原先备份的数据重新加载。因此，平时注意用 Memory Card（MC 卡）或 U 盘定期备份数据。

按照机器人的保养周期，控制器主板上的电池两年更换一次。如果机器人长期处于断电状态，则更换周期将更短。

二、任务实施

1. 准备一节新的 3V 锂电池（推荐使用 FANUC 原装电池，R-30iB 控制器主板电池订货号：A98L-0031-0012；R-30iB Mate 控制器主板电池订货号：A98L-0031-0028）。

2. 机器人通电开机正常后，等待 30 秒以上。

3. 机器人关电关机，打开控制器柜，拔下电池接头，取下主板上的旧电池。

4. 装上新电池，插好接头，如图 15.1.1 和图 15.1.2 所示。

注意：在断电停机时间过长的情况下更换主板电池，恐会造成 SRAM 数据丢失！

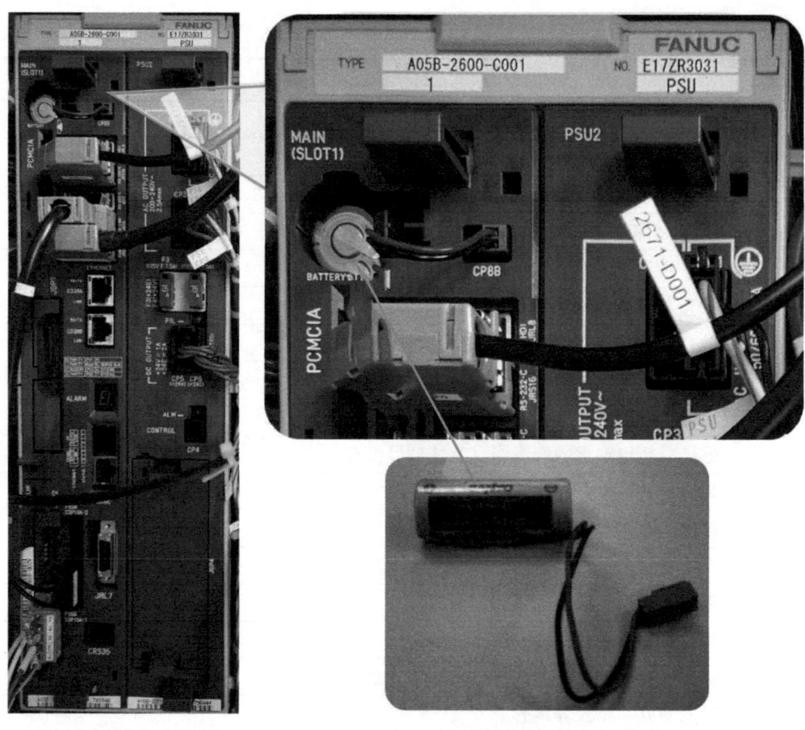

图 15.1.1　R-30iB A 型控制器主板电池示意图

图 15.1.2　R-30iB Mate 型控制器主板电池示意图

任务二　更换机器人本体上的电池

一、任务分析

任务描述：按机器人的保养周期，更换机器人本体上的电池。

任务分析：机器人本体上的电池用来保存每个轴的脉冲编码器数据，机器人本体和控制器分装运输时，靠此电池保持各轴的位置数据，此电池需要每年更换一次。如果机器人长期处于断电状态，则更换周期将更短。

当本体电池的电压不足时，则会在示教器上显示 SRVO-065 BLAL alarm（Group：%d Axis：%d）（脉冲编码器的电池电压低）的报警，此时应及时更换电池。

若不及时更换，机器人将会出现 SRVO-062 BZAL alarm（Group：%d Axis：%d）（脉冲编码器数据丢失）的报警，此时机器人将不能动作。遇到这种情况再更换电池，还需要做 Mastering（零点复归），才能使机器人正常运行。

二、任务实施

1. 保持机器人处于通电状态，按下机器人的急停按钮。

2. 打开电池盒的盖子（一般在 J1 轴的底座上），拿出旧电池，如图 15.2.1 所示。

3. 换上新电池（推荐使用 FANUC 原装电池），注意不要装错正负极（电池盒的盖子上有标识）。

4. 盖好电池盒的盖子，拧紧螺丝。

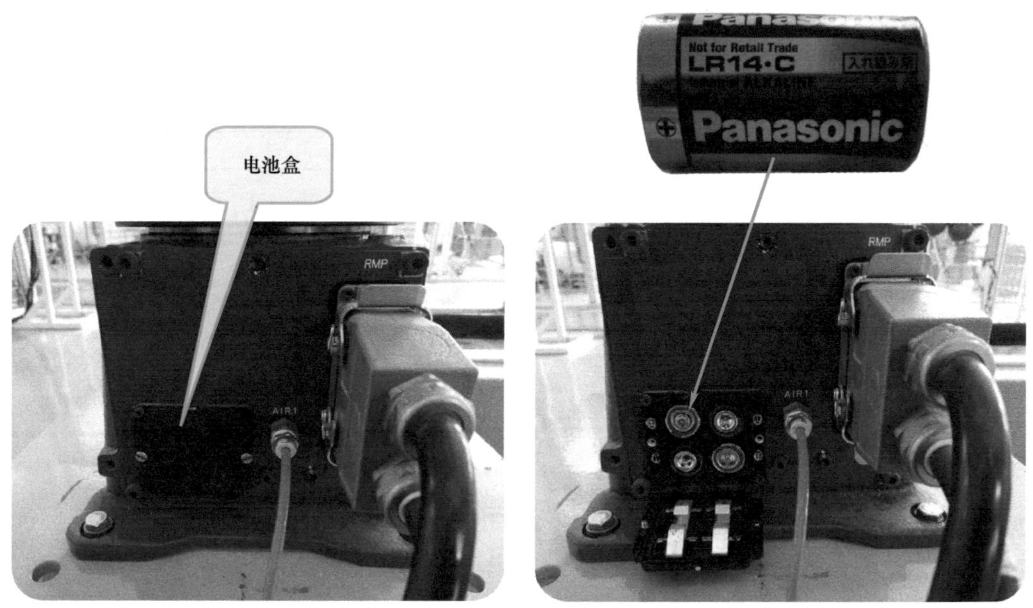

图 15.2.1　机器人本体电池更换示意图

注意：在断电停机的情况下更换本体电池或松开电池盒盖，将会造成各轴的脉冲编码器数据丢失（机器人位置信息丢失）！

任务三　更换机器人的润滑脂

一、任务分析

任务描述：按照保养周期，更换机器人各轴减速器和平衡块轴承的润滑脂。

任务分析：机器人每工作 3 年或工作 11520 小时，需要更换 J1、J2、J3、J4、J5、J6 轴减速器润滑脂和 J4 轴齿轮盒的润滑脂。

某些型号的机器人如 R-2000iB/iC 系列等，每 1 年或工作 3840 小时还需更换平衡块轴承的润滑脂。

二、任务实施

以 R-2000iB/165F 型机器人为例，更换润滑脂的具体步骤如下：

（一）更换减速器和齿轮盒润滑脂

1. 将机器人手动示教到适合更换润滑脂的正确姿态，见表 15.3.1（其他型号机器人更换润滑脂时的姿势，请查看随机的文档：《机构部操作说明书》）。

2. 断开机器人的电源。

3. 拆除排脂口的密封螺栓（图 15.3.1～图 15.3.4）。

更换润滑脂时的姿势（R-2000iB/165F，210F，185L，250F……）　表 15.3.1

<table>
<tr><th rowspan="2">供脂部位</th><th colspan="6">姿势</th></tr>
<tr><th>J1</th><th>J2</th><th>J3</th><th>J4</th><th>J5</th><th>J6</th></tr>
<tr><td>J1 轴减速机</td><td rowspan="5">任意</td><td>任意</td><td rowspan="2">任意</td><td rowspan="4">任意</td><td rowspan="4">任意</td><td rowspan="4">任意</td></tr>
<tr><td>J2 轴减速机</td><td>0°</td></tr>
<tr><td>J3 轴减速机</td><td>0°</td><td>0°</td></tr>
<tr><td>J4 轴齿轮箱</td><td rowspan="2">任意</td><td>0°</td></tr>
<tr><td>手腕</td><td>0°</td><td>0°</td><td>0°</td><td>0°</td></tr>
</table>

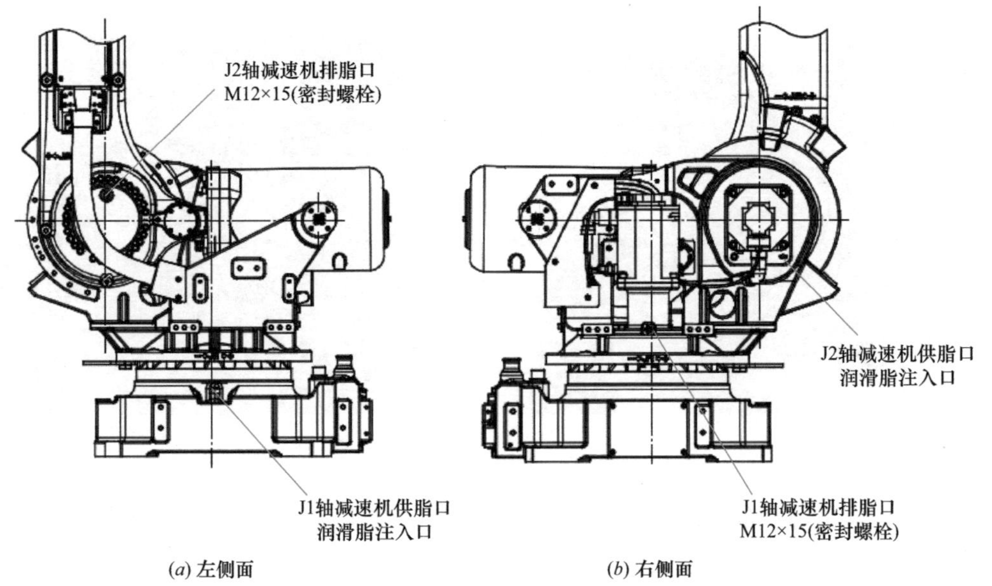

图 15.3.1　R-2000iB/165F 的 J1、J2 轴供脂/排脂口示意图

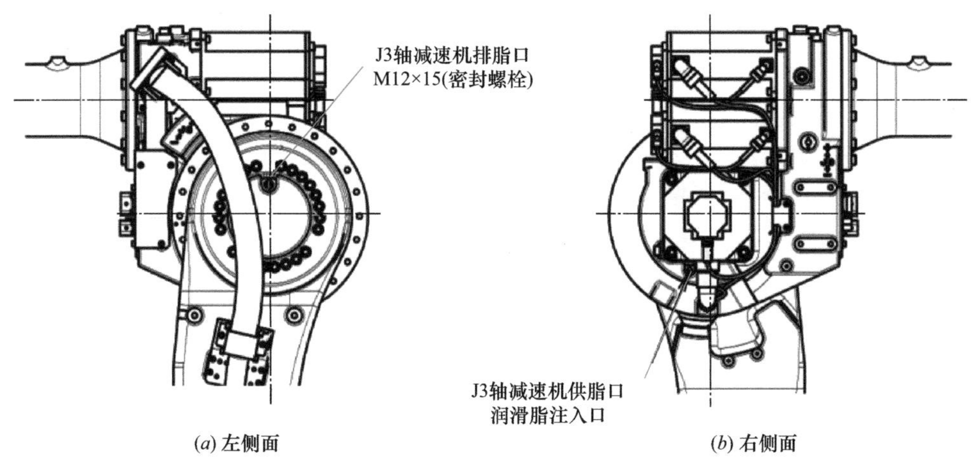

图 15.3.2　R-2000iB/165F 的 J3 轴供脂/排脂口示意图

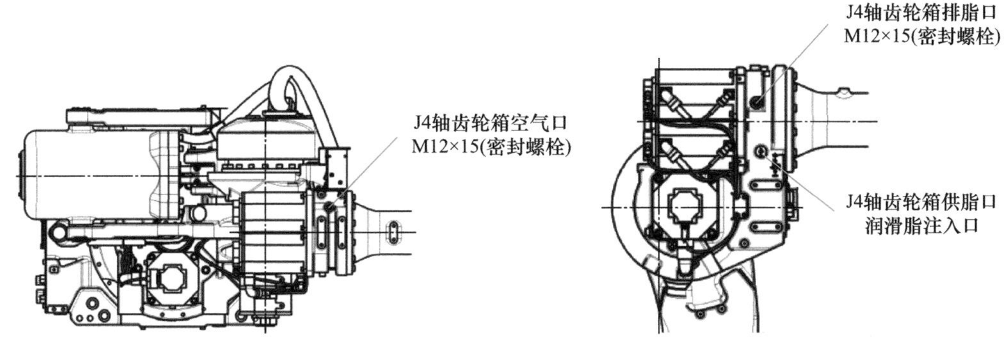

图 15.3.3　R-2000iB/165F 的 J4 轴供脂/排脂口示意图

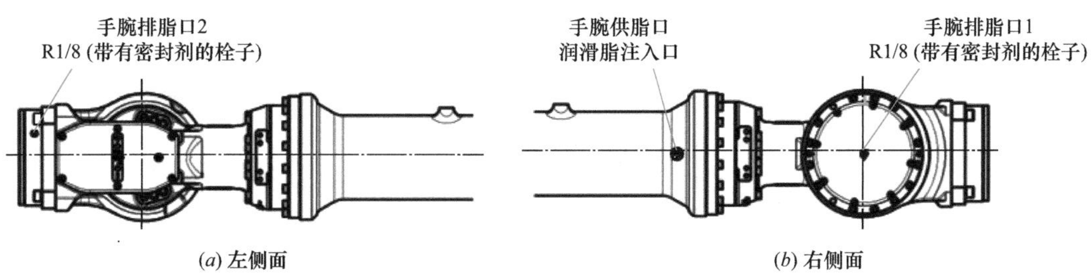

图 15.3.4　R-2000iB/165F 的 J5、J6 轴手腕部供脂/排脂口示意图

·注：J6 轴排脂口需要在 J5 轴加完油，封闭排脂口后再打开。

4. 从供脂口处加入润滑脂，直到排脂口处有新的润滑脂流出时，停止加油。

5. 让机器人被加油的轴以轴角度 60°以上、100%的速度运行 20 分钟以上，释放残留压力（若同时向多个轴供油，可以使多个轴同时运行）。

6. 重新密封好排脂口。

注意：

（1）释放残留压力时，在供脂/排脂口下安装回收袋，以避免流出来的润滑脂飞散。

（2）彻底擦掉沾在地面和机器人上的润滑脂，以避免滑倒和引火。

图 15.3.5　FANUC 机器人专用润滑油脂—Nabtesco 品牌

（3）为避免操作错误使润滑脂室内的压力急剧上升而造成油封破损，进而导致润滑脂泄漏或机器人动作不良，务必遵守下列注意事项：

1）供脂前，务必拆下封住排脂口的孔塞或密封螺栓。

2）使用手动油枪缓慢供脂（以每 3 秒按压泵 2 次作为大致标准）。

3）避免使用工厂提供的压缩空气作为油枪的动力源，如果非用不可，压力必须控制在 0.15MPa 以下。

4）必须使用 FANUC 指定的润滑脂，如图 15.3.5 所示，其他润滑脂会损坏减速器。

5）供脂后，请勿立即封住排脂口。要让机器人被加油的轴以轴角度 60°以上、100%的速度运行 20 分钟以上（具体按随机文档：《机构部操作说明书》的要求进行），再将排脂口密封。

（二）更换平衡块轴承润滑脂

直接从供脂口处加入润滑脂（图 15.3.6），每次约 10mL。

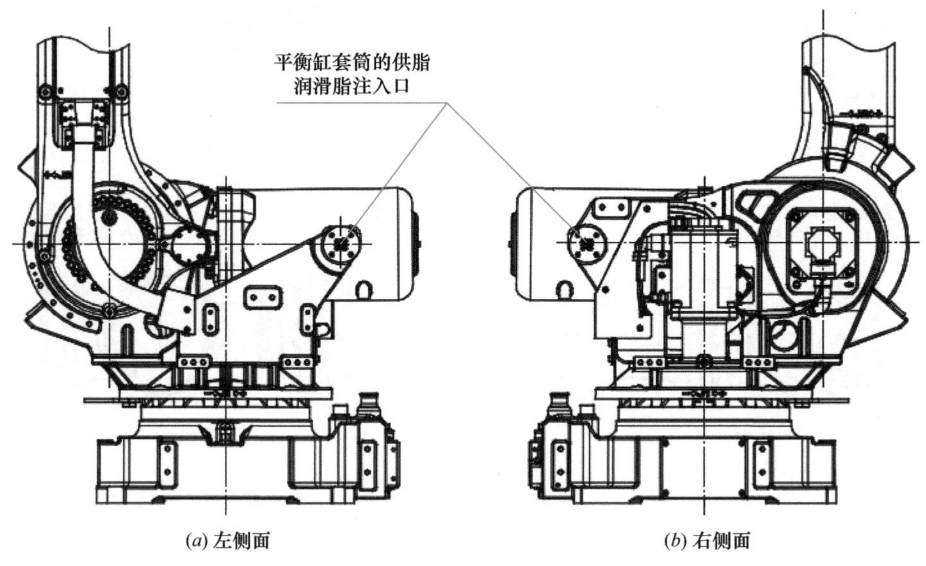

图 15.3.6　平衡块轴承润滑脂供脂口示意图

习　题

1. FANUC 机器人的________电池需要断电更换，________电池需要通电更换。
2. 请简述更换机器人润滑脂的操作步骤。

附录　英文版数字资源一览
Appendix　Overview of Digital Resources in English

Item 项目	Name 名称	QR Code 二维码	Item 项目	Name 名称	QR Code 二维码
Item I 项目一	Composition of FANUC Robot Workstation FANUC 工业机器人单元的组成		Item V 项目五	Program Management 程序的管理	
	Know about FANUC Robot 认识 FANUC 机器人			Action Instructions and Programming 动作指令及编程	
Item III 项目三	Basic Operation of FANUC Robot FANUC 工业机器人的基本操作			Editing of Instructions 指令的编辑	
Item IV 项目四	Coordinate Systems of FANUC Robot FANUC 机器人的坐标系			Common Control instruction 常用控制指令	
	Setting and Application of User Coordinate System 用户坐标系的设定与应用			Application Programming of Position Registers 位置寄存器的应用编程	
	Setting and Application of Tool Coordinate System (3 point method) 工具坐标系的设定及应用（三点法）			Application Programming of Numerical Registers 数值寄存器的应用编程	
	Setting and Application of Tool Coordinate System (6 point method) 工具坐标系的设定与应用（六点法）		Item VII 项目七	IO Signal and Wiring of FANUC Robot FANUC 机器人的 IO 信号及接线	

续表

Item 项目	Name 名称	QR Code 二维码	Item 项目	Name 名称	QR Code 二维码
Item VIII 项目八	Application Programming of Handling Systems 搬运系统的应用编程		Item XIII 项目十三	File Backup and Loading in General Mode 一般模式下的文件备份与加载	
Item IX 项目九	Application Programming of Arc Welding System 焊接系统的应用编程			File Backup and Loading in Control Startup Mode 控制启动模式下的文件备份与加载	
	Application Programming of Spot Welding System 点焊系统的应用编程			File Backup and Loading in Boot Monitor Mode Boot Monitor 模式下的文件备份与加载	
Item XI 项目十一	Communication With EtherNet/IP of AB PLC 与 AB PLC 之间的 EtherNet/IP 通信		Item XIV 项目十四	Troubleshooting and Handling 故障诊断与处理	
	Communication With PROFINET IO of S7-1200 PLC S7-1200PLC 与 FANUC 机器人的 PROFINET IO 通信			Mastering 零点复归	
Item XII 项目十二	RSR Automatic Operation Mode RSR 自动运行模式			Six Axis Mastering 6 轴零点复归	
	PNS Automatic Operation Mode PNS 自动运行模式		Item XV 项目十五	Basic Maintenance of The FANUC Robot FANUC 机器人的基本保养	
	STYLE Automatic Operation Mode STYLE 自动运行模式				

参 考 文 献
Reference
Referensi

［1］ 黄忠慧. 工业机器人现场编程（FANUC）［M］. 北京：高等教育出版社，2018.
［2］ 孟庆波. 工业机器人离线编程（FANUC）［M］. 北京：高等教育出版社，2018.
［3］ FANUC Robot series R-30iB/R-30iB Mate 控制装置 操作说明书（基本操作篇）［CD］. 日本：FANUC 株式会社，2016.
［4］ FANUC Robot series R-30iB 控制装置 伺服焊枪功能 操作说明书［CD］. 日本：FANUC 株式会社，2014.
［5］ FANUC Robot series R-30iB/R-30iB Mate 控制装置 弧焊功能 操作说明书［CD］. 日本：FANUC 株式会社，2015.
［6］ FANUC Robot series R-30iA/R-30iA Mate/R30iB CONTROLLER EtherNet/IP OPERATOR'S MANUAL［CD］. 日本：FANUC 株式会社，2012.
［7］ FANUC Robot series R-30iA/R-30iA Mate/R30iB CONTROLLER CC-Link Interface (Slave) OPERATOR'S MANUAL［CD］. 日本：FANUC 株式会社，2012.
［8］ FANUC ROBOGUIDE OPERATOR'S MANUAL［CD］. 日本：FANUC 株式会社，2013.
［9］ 智造云科技，徐忠想，康亚鹏，等. 工业机器人应用技术入门［M］. 北京：机械工业出版社，2018.